COMMAND CULTURE

Officer Education in the U.S. Army
and the German Armed Forces, 1901-1940,
and the Consequences for World War II

コマンド・カルチャー

米独将校教育の比較文化史

Jörg Muth
イエルク・ムート

Takeshi Oki
大木 毅 訳

中央公論新社

日本語版のための序文

日本の名門出版社である中央公論新社が、わが著作『コマンド・カルチャー』（いくつかの賞を受けた）を翻訳出版すると決断してくださったことは、私にとって大きな名誉である。日本のみなさんが新しい視点から第二次世界大戦について知ることができるようになるのは、非常に嬉しいことだ。それは、大木毅氏の入念で素晴らしい訳業によって可能になった。彼の仕事に、特別の感謝を捧げたい。

私は十四歳のときにマーシャルアーツを習いはじめ、それによって、少年のころから日本の歴史と哲学に接するようになった。武士道を見いだしたのである。その価値観に忠実であるよう努めてきたし、その時以来、マーシャルアーツの稽古を欠かしたことはない（あいにく、もう、試合に出るほど若くはないが）。マーシャルアーツは、わが人生を豊かにしてくれた。その関係で、ほんのティーンエイジャーだったころに、宮本武蔵の『五輪書』を読んで以来、何度も読み返した。この偉大な戦士の書物に示されたさまざまな見解が、人生の指針となっている。

歴史家は、偏見にとらわれることなど許されない。偏見は、その著作を必然的にそこねてしまうからだ。私がドイツで歴史を学んだとき、わが国の人々を「われわれ」ではなく、「ドイツ人」と認識するように教えられた。また、歴史の第一義的にして最大の宝とは、真実であるとも教えられた。たとえ、不都合で苦々しいものであったとしても、である。真実をあきらかにしなければ、歴史と歴史学は腐敗してしまう。だが、それは、ときとして困難なことだ。第二次世界大戦下に生起した戦争犯罪や虐殺事件を調査する歴史家にとっては、なおさらである。「著者あとがき」には、以下のような一文がある。それは的を射ていたのか、研究者仲間の何人かが引用してくれたものだ。「歴史を学ぶことは、その本来の性格からして、厳格な仕事なのである」。

歴史家に、その祖国の尊厳を守るように強いることはできない。そんなことをしたら、歴史家ではなく、政治家になってしまうだろう。歴史家は、ただ真実に対してのみ、僕《しもべ》となる。この世界に、冷たく厳しい真実が必要とされるときに、歴史家は招集されるのであり、歴史家という職業において大志を抱く者はみな、それに気づいている。偉大なる戦士武蔵は、「よこしまになき事をおもふ所」〔よこしまなことを思わないこと〕とわれわれに教えている。戦士のみならず、歴史家にとっても素晴らしいアドバイスだ。

ドイツと日本の人々は、軍事史において、少なからぬ重要性を共有している。十九世紀には、ドイツ人顧問が日本軍の近代化を助けるために派遣され、相当な進歩をなさしめた。しかし、彼らも、委任戦術（訓令戦法）の発想を、日本軍の将校に伝えることはできなかった。この委任戦術こそ、ドイツ軍を戦術レベルで無敵にした思考方法であって、そのことは本書に詳述されている。その点で成功が得られなかったのは、両者の文化があまりにも異なっていたからだ。この近現代の将校教育に関する私の著書と考察が、現今の日本自衛隊の将校に読まれ、彼らがより有能で強力になるための助けとなることを期待する。もっとも、私の本は歴史書である。過去の教訓は忘れられるべきではない。さもなくば、災厄が訪れるであろう。軍隊というものは、かつて得た勝利と同様に、その敗北や悪行を覚えていなければならない。とくに第二次世界大戦を研究する際には、「濃《こまやか》にちいさく目を付るによつて、大きなる事をとりわすれ、まよふ心出」〔細かいことに目を付けることによって、大局を見失い、心に迷いが出る〕という武蔵の忠告を肝に銘じておくことが大切である。

二十世紀初頭、日本もドイツもその隣人を不正に、しかもまったく無情に支配しようとした。ドイツや日本の兵士個々人は通常、きわめて勇敢に戦ったのだけれども、その上官たちは往々にして、倫理的に適切な指導をやらなかった。両国の軍隊の将校は、大規模な戦争犯罪や残虐行為を看過、あるいは実行した。両軍が敵捕虜を扱ったやりようも、多くは不名誉なものだったのだ。

第二次世界大戦における両国の同盟は悪しき性格を帯びていたが、今日の民主ドイツと民主日本の紐帯は、まったく良きものであり、それが以後いっそう堅固になることを希望する。日独には共通点が多々ある。いずれの国も、世界にとっては、工業・経済上の動力源となっている。他の国の人々は、日本人とドイツ人が示す規律と几帳面さにしばしば驚嘆し、その模倣は非常に難しいと考えるのである。

ドイツ人の著作が日本語に訳され、日本人のそれがドイツ語に訳されることは、両国民の相互理解をさらに深めてゆく。中央公論新社は、私の著作を日本語で出版してくれることにより、偉大な貢献をなしたといえる。

私の『コマンド・カルチャー』を日本の読者が楽しんでくれ、また、本書の執筆にあたり助けとなった武蔵の忠告、「能々《よくよく》吟味あるべき也」〔よくよく研鑽すべきである〕を追い求めることを願う。

イエルク・ムート博士

ムハンマド・ビン・ファハド大学准教授
サウジアラビア王国アル・コバール市

訳註：『五輪書』からの引用は、『対訳・五輪書』（英訳ウィリアム・スコット・ウィルソン、現代語訳松本道弘、講談社インターナショナル、二〇〇一年）を参照した。

目次

第二部　中級教育と進級

第三部　結論

訳者註釈

一、「編制」、「編成」、「編組」については、秦郁彦編『日本陸海軍総合事典』、東京大学出版会、一九九一年に従い、使い分けた。以下、箇条書きに直して引用する。

◎軍令に規定された軍の永続性を有する組織を編制といい、平時における国軍の組織を規定したものを「平時編制」、戦時における国軍の組織を定めたものを戦時編制という。

◎ある目的のため所定の編制をとらせること、あるいは編制にもとづくことなく臨時に定めるところにより部隊などを編合組成することを編成という。たとえば「第○連隊の編成成る」とか「臨時派遣隊編成」など。

◎また作戦（または戦闘実施）の必要に基き、建制上の部隊を適宜に編合組成するのを編組と呼んだ。たとえば前衛の編組、支隊の編組など。

二、［ ］内は原著者による補註、〔 〕内は訳註である。原綴などを示す際に（ ）も用いる。

三、原文に引用されている文章で、邦訳が刊行されているものはできるだけ参照したが、用語や文体の統一のため、必ずしもそのままではない。

四、原著で参照されている文献に邦訳がある場合、註の初出と参考文献一覧に示した。

五、ドイツ語の地名などは、原文は英語呼称で記されているが、すべてドイツ語呼称に直した。ただし、「ベルリン」や「ミュンヘン」といった、日本語で定着していると思われる慣習的表記については、それらを採用した。

謝辞

私が、十二分にレベルの高い修士論文を書き上げ、それを出版して好評を得たのちも、ドイツで支援を受けたり、より良いポストに就くことはできなかった。なぜ、そうなのかについて、当時、あらゆる種類の説明を受けた。だが、実のところ、この拒絶反応は、ドイツのアカデミズムが異端者を扱うのが困難なシステムになっており、そうした者たちを活用するよりもはじいてしまうゆえだとみるのが、もっとも説得力があった。本書で指摘するように、アメリカ陸軍のシステムもまさに同じなのだ。

本書のもとになっている博士学位論文を完成させるため、私をアメリカに招聘してくれたロナルド・スメルサーには大恩がある。その招聘がなければ、本研究は不可能だった。それゆえ、博士号を得る手段を与えてくれたスメルサーこそ、第一の恩人である。この学位のために、私は、実に長い間刻苦《こっく》勉励《べんれい》してきたのだ。

エドワード・ディヴィスは、私を歓迎してくれた。もっと多くの人々にもそうしてもらいたかったけれども、結局、それほどの厚遇を得られたのは彼からだけだった。ディヴィスは、いつでも私が抱えていた問題に耳を傾けてくれた。私と話ができるように、別の人からの電話を切ってしまったこともあるほどだ。最後の仕上げのあいだ、助けてくれたベン・コーエン、軍事史について話をし、議論につきあってくれたジョン・リードにも感謝する。

また、「駆けだし時代」のころ、私にとっては大学代わりだったポツダムの軍事史研究局（*Militärgeschicht-liches Forschungsamt, MGFA*）〔ドイツ連邦国防軍の軍事史研究機関で、日本の防衛研究所戦史研究センターに相当する。二〇一四年に、連邦国防軍社会科学研究所と統合され、連邦軍軍事史・社会科学研究センターに改編された」を、毎日のように訪ねた。それがなかったら、ドイツの大学の仰々しいヒエラルヒーに耐えられなかっただろう。軍事史研究局では、いつでも温かく迎えてくれた。そこの文官研究者だけでなく〔MGFAならびに、その後継機関である連邦軍軍事史・社会科学研究センターには、いわゆる「制服組」ではない、非職業軍人の研究者が勤務している〕、少尉から軍事史研究局長まで、さまざまな階級の軍人研究者が、軍事史のあらゆる側面について、私と議論してくれた。まだ学部生だったというのに、対等に扱い、大きな尊敬を払ってくれたのである。実質上の指導教授であるMGFAの出版業務の責任者アルニム・ラングは、私の願いをたがえずに、最初の著作を出版してくれた。彼は、私が最後には博士論文を完成させるだろうと、信じて疑わなかった。何年にもわたる、その激励はかけがえのないものであった。

何通も推薦状を書いてくれた、慈母のごときベアトリス・ホイザーにも感謝する。結局のところ、それで、ことが動きだしたのだ。

最初の調査旅行で合衆国を訪れた際にお膳立てをしてくれたロジャー・シリーロにも有り難うといいたい。長きにわたり、彼がアドバイスを与えてくれたこと、文献について教示してくれ、また常に連絡をくれたことは、きわめて有り難かった。

ガーハード・ワインバーグとエドワード・コフマンは、求めれば、いつでも喜んで専門家として相談に乗ってくれたし、何度も推薦状を書いてくれた。この推薦状というものは、アカデミズムの仕組みを衰退させている原因の一つで、受け手が書き手のことをよく知っていなければ、まったく無効だし、そういう関係は稀だ。だが、両者ともに思いやり深く、彼らに頼ってしまって申し訳ないという気持を起こさせなかったのである。

一冊の本を書くと、大きな支援を与えてくれた人たちの誰かが亡くなって、完成した著作を生きてみることができないことがあるのは悲しい。最初の本を出版する前に、良き友ロルフ・ヴィーマーが死去した。今度は、チャールズ・カークパトリックだ。彼は、アメリカ軍とその将校団の専門家で、その早世まで、ずっと楽しい電子メールのやり取りをしたものだった。チャールズは私に有り難いアドバイスをしてくれ、あらゆる質問に辛抱強く答えてくれた。名誉なことに、彼は、できあがった私の研究をぜひとも読みたいと願っていた。私を助けてくれた人々が生きていて、彼らが読むことができるうちに私が本を書き上げられるような職に就くことが、私の心からの願いであり、望みである。

フォート・レヴンワース〔カンザス州レヴンワース市に在る米軍基地。陸軍指揮幕僚大学校など、教育研究施設が多数置かれている〕で、保証人となって、宿舎の便宜をはかってくれたウォルター・ハドソンにも深甚なる感謝を表したい。

本書に収録した写真を集めるのに際して、協力してくれたロバート・ブラック、ダーラ・トンプソン、エリザベス・メリフィールド、ポール・バロン、ペギー・スタルプフラッグ、アラン・アイモーネ、アイリス・トンプソン、オリヴァー・サンダー、ウィルソン・ヒーフナー、ケイシー・マドリック、ティーノ・トロネン、ルイス・ソーリィ、アリシア・モールディンリン・ビームにも礼をいいたい。

「Ｈ-Ｗａｒ」〔軍事史研究者のためのネット・フォーラム〕編集委員会の新旧の友人や研究仲間、その編集者たちにも感謝する。彼らは常に、最高のプロ意識を以て、丁重かつ懇切に私に接してくれた。その心遣いは、ほかのところではまずみられなくなったもので、とくに貴重だった。

ブルー・コート・システムズ社〔著者が勤務していた、インターネット・プロバイダー〕の上司、クレイグ・ベーカーにも恩義を負っている。彼は、私の普通でない作業スケジュールに理解を示し、ブルー・コート社の仕事を自由裁量でやらせてくれた。私がこの本を書き上げるにあたり、その支援は実に重要であり、ゆえにベーカーは、私の学位審査委員会における六番目の名誉委員〔著者の学位審査委員会は五人で構成されていた〕ともいうべき存在なのである。

良き友、ジャネット・ヴァレンタインが、さまざまな社交の機会を与えてくれ、おかしなドイツ人の仲間に、真の多文化共存的理解を示してくれたことも有り難かった。

「文化交流クラブ」のキース・ピニー、ジュリー・スコットと他のスタッフは、ユタ大学のさまざまな国から来た学生にとっては、非常に大切な存在で、ユタの暮らしを耐えられるものにしてくれている。「文化交流クラブ」で過ごした楽しい時間にも、心から感謝する。

いちばんの親友、ミヒャエル・「パン焼き」・ザネトラにも有り難うと言いたい〔著者によれば、ザネトラ氏はパン焼き職人のマイスターである〕。彼は、たえず電話をよこして、最悪のときに笑いを取り戻させてくれた。

本書を、もう四年半も会えずにいる、わが父母アンネマリーならびにエルンスト・ムートに捧げる。

メリーランド州カレッジ・パークのアメリカ第二国立公文書館、カンザス州アビリーンのドワイト・D・アイゼンハワー大統領図書館、ミズーリ州インディペンデンスのハリー・S・トルーマン図書館、カンザス州フォート・レヴンワースの諸兵科協同戦調査図書館〔米陸軍指揮幕僚大学校付属図書館〕における史料調査を可能にしてくれたのは、ドイツ歴史研究所〔ドイツ連邦教育研究省が管轄するマックス・ウェーバー財団により設立された歴史研究所。ローマ、パリ、ロンドン、ワシントン、ワルシャワ、モスクワに置かれ、主として所在国とドイツの関係史を研究する〕である。

米国立公文書館新館では、ティモシー・ネニンジャー、ロビン・クックソン、ラリー・マクドナルド、レス・ワッフェンから、多大な支援を受けた。

アイゼンハワー図書館では、デイヴィッド・ハイトが、私専用の文書管理官であるかのように献身的に、膨大な知識を授けてくれた。ハイトは、義務の範囲を超えて、決然と私を助け、他の図書館への門を開いてくれた。そうした図書館の責任者たちは、私が「民間人」であるという馬鹿げた理由で、特殊文書コレクションの閲覧を峻拒《しゅんきょ》していたのだ。

合衆国陸軍士官学校〔ニュー・ヨーク州ウェスト・ポイントに所在。その地名にちなみ、「ウェスト・ポイント」と呼ばれることが多い〕歴史部は、光栄にも私を毎年恒例の軍事史夏季セミナーの講師に任命してくれた。十二分に豊かな俸給を得た私は、ウェスト・ポイント特殊文書コレクションの調査を実行することができた。その際、深い知識を持つアラン・アイモーネが助力してくれた。

バートン奨学金の給費生に採用し、学位論文執筆にあたっていた最後の一年間、助教に任じてくれたユタ大学史学科にも感謝する。また、この奨学金の匿名の設立者は、まさにのどから手が出るほど必要なときに、調査旅行のための補助金を出してくれた。彼、もしくは彼女には、大変な恩恵を受けた。

合衆国陸軍軍事史研究所は、私にマシュー・B・リッジウェイ研究助成金を与え、ペンシルヴェニア州カーライル所在の同研究所施設での史料調査を可能にしてくれた。その調査を実り多いものにする上で、リッチ・ベーカーが助けてくれた。意図したことではないが、本書の記述にマシュー・リッジウェイが含まれているのは、まさにふさわしいことだろう。

いちばん素晴らしい財政的な支援は、ジョージ・C・マーシャル財団より得た。同財団は、由緒あるジョージ・C・マーシャル／バルーク奨学金を給費してくれた。それによって、旅費をどうやって工面しようと思いわずらうことなく、信じられないような史料を発掘することができたのだ。ジョージ・C・マーシャル図書館での調査中にポール・バロンがあらゆる支援をくれたこと、ジョージ・C・マーシャル財団の前理事長ウェズリー・テイラーが適切なタイミングで正しいアドバイスをしてくれたことに感謝する。

けんめいに調査してきたのと同じぐらい熱心に、私を助けてくれた人たちの名前を記そうと試みてきた。しかし、この研究にかかった期間は非常に長く、その間、さまざまな地を転々としてきたから、名を挙げそこなうこともあろう。本書の新版が刊行されるときに名前を明記してほしいとお望みの方、または脚注にお名前が出ている方は、jmuth@gmx.net 宛に電子メールをくだされば幸いである。

序

「ドイツ軍と戦ったことがなければ、戦争を知っているとはいえない。」[*1]
――イギリス軍に伝わるアフォリズム

第二次世界大戦が進むなか、ドワイト・デイヴィッド・アイゼンハワー将軍（合衆国陸軍士官学校United States Military Academy 一九一五年卒業クラス）〔以下、USMAと略し、卒業年を付す〕は、戦争の経緯について自ら記すことはしない、歴史家ならびに、自己正当化を必要とするような人々にゆだねる、と決めていた。しかしながら、戦争に決着がつくと、連合軍のさまざまな司令官たちが表舞台に出てきて、インタビューや著作で、アメリカの戦争遂行努力や米軍将校団の指揮能力を批判した。これは、アメリカ人をおおいにいらだたせた。アイゼンハワーの親友で、その参謀長を務めたこともあるウォルター・ベデル・スミスは、アイゼンハワーに手記を書くよう説得を試みる一方、いくつかの記事を新聞に公表した。戦争中のアイク〔アイゼンハワーのニックネーム〕の諸決断を説明し、弁護するものだった。[*2]
これらは、だいぶあとに一冊の本にまとめられた。[*3]

部隊指揮を経験していないも同然なのに、ある士官が本を書き、アメリカの将校数名、とくにアイクの友人で、イタリア方面担当の第五軍司令官だったマーク・ウェイン・クラーク将軍（USMA一九一七年）の戦争中の行動やリーダーシップの欠如を激しく批判したこともあった。[*4] その著者、ハリー・C・ブッチャー海軍大尉は、当時の陸軍参謀総長ジョージ・カトリット・マーシャル将軍〔ヴァージニア軍事学校一九〇一年卒業クラス〕〔アメリカには、ウェスト・ポイント以外に、州の支援を受ける士官学校が存在する。ヴァージニア軍事学校（Virginia Military Institute）は、そのなかでも名門として知られ、多くの優れた指揮官を輩出している。以下、VMIと略し、卒業年を付す〕によって、最高司令官付「海軍副官」に任命されていた。マーシャルは、アイゼンハワーは責任の重荷を負うのだから、実質的には上下の関係にない人間とつきあって、ときどき話をする必要があろうとおもんぱかったのである。だが、戦場にあって、多くの野戦指揮官は、ブッチャーを厄介者とみなした。彼らのまわりをうろつきまわり、実際には有していない権限を持っているかのごとくに振る舞ったからだ。けれども、彼がアイゼンハワーとじかに話せる立場にいることも、よく知られていた。アイクの「提案」に従い、ブッチャーは自分の著作から批判のきつい箇所を削除したが、それでも最終稿は何人かの指揮官たちにとっては、かなり厳しいものになっていた。[*5]

こうした米軍の運営や統率ぶりに対する指弾に加えて、ジョージ・スミス・パットン（USMA一九〇九年）が戦争中に考えていたことを記した草稿が出版された。けっして、そんなかたちで出版するつもりではなかったはずだが、パットンが一九四五年に自動車事故で世を去ったため、改稿も編集もできなかったのである。[*6] しかし、その未亡人は、故人となったとはいえ、夫が考えたことはきわめて重要なものだと判断し、この手稿を公表した。連合軍の司令官たちや同僚将校に対するパットンの批判は、ときに罵倒に近く、ブッチャーのそれ同様に容赦なかった。パットンは戦闘指揮官として大きな功績をあげていたし、米軍やほかの連合軍司令官との個人的な交友もあったから、彼の批判的な評価はおおいに広まっていった。かつての司令官たちが論争をくりひろげるのをみたアイゼンハワーも、自身の考察を刊行する決意を固めた。その回想録は、アメリカ側からみた第二次世界大戦の戦略・作戦レベルの観察として、もっともバランスが取れた著作となっている。[*7]

議論は、すぐに新しい段階に入った。一九四六年三月、テキサス州選出の連邦議会下院議員が、マーク・W・クラークを、彼が第三六歩兵師団に下したラーピドゥ川渡河命令に関する調査委員会に召致し、証言を強いたのである。同師団は、元はテキサス州兵〔National Guard. アメリカ軍の予備部隊として各州に置かれ、戦時には動員されて、前線に派遣されることもある。災害救助や治安出動なども行う〕部隊だった。一九四四年一月二十日から二十二日にかけて実行されたこの作戦は、困難な状況におちいっていたイタリアのアンツィオ橋頭堡にかかる重圧を軽減することを企図していた。しかし、大損害を出しただけで、何ら得るところはなかった。にもかかわらず、アイゼンハワーの親しい友人であり、凱旋将軍となったクラークの責任を問うべきだとする者は、ほとんどいなかったのだ。[*7a]

同じ年に、国防計画の調査にあたっていた上院特別委員会が、先の戦争における国家動員についての報告書を公刊した。この報告書はとくに一般的な注目を集めたわけではないのだが、その批判は厳しく、合衆国の軍隊には「油断なく、慧眼で、深慮遠謀にみちた」と評価できるような人員選抜システムはなかったと決めつけ、酷評した。「不注意で愚かしく、無駄も多かった。とりわけ軍の高級指揮官層には、適切な選抜システムが必須である」[8]。

このような、ささいなエピソードがおおやけになったのち、アメリカの将軍たちは、自己宣伝に近い回想を出し、自分は戦争遂行に重要な貢献をなしたと説明、古い借金を返そうとした。しかし、それによって大論争がはじまったり、さらに激しい批判が浴びせられるようなことはなかった。とどのつまり、戦争に勝ったのは、アメリカ人だったからである[9]。

だが、イギリスの元帥バーナード・ロウ・モントゴメリー卿が一九五八年に、自らを持ち上げる一方で、アメリカの将軍たちの指揮統率能力をおとしめる内容の回想録を出版した。あらたな議論が惹起され、小康状態がくずれたのだ[10]。だが、論争は、おおむねジャーナリストと元将軍たちのあいだで行われたにすぎない。軍事史家が、米軍指揮官のリーダーシップについて、徹底的かつ批判的に検討しようとはしなかったためである。著名な軍事史家ラッセル・ワイリーが、今なお影響をおよぼしている古典『アイゼンハワーの将校たち』を刊行したのは、ようやく一九八一年になってのことだった[11]。そこでは、米軍指揮官の慎重さが作戦を長引かせ、「より純粋に攻撃をめざした計画」があれば、実際よりも早期に目的を達成する助けとなっただろうと述べられている[12]。また、米軍司令官たちが、わが将兵には攻撃精神が欠けていると、しばしば不満を洩らしていることも注目された。が、それと米軍に攻撃的な指揮統率がなかったこととの関係性についてはあきらかにしていない。軍隊の戦いぶりは、どのように指揮されるかによる。ある米軍指揮官が豪胆さを示したり、敵に「仮借なき圧力」を加えたりした場合があっても、「それは上官からやってはいかんと散々言われながらも」やむなくそうしたというのが普通だったと、軍事史家ワイリーは正しく観察した[13]。さらに悪いことに、「用心深いアメリカの将軍たちは、敵もまた同様に慎重である」と思っていたのである。[14]アメリカの将軍は、第一に物質的資源の優位に頼ったのであり、「もっと勇敢に指揮されていれば、戦争を短くできたかもしれない」というのが、彼の結論だった。[15]ワイリーがこう断じたのは、戦時の指揮官たちに関する文書を広く読み通した上でのことだったから、上級将校の「精力的指揮の欠如」を非難する、別の将校の一群も彼の評価をオウム返しに口にした。[16]

そのわずか一年後に、マーティン・ファン・クレフェルトが、ドイツ軍とアメリカ軍について、両者の「戦闘力」を比較した古典的な研究を出版した。[17]このとき、ファン・クレフェルトは、独創的な研究方法を用いた。彼が発見したことのいくつかは、最近の研究により必ずしも正しくないと証明された。とはいえ、多くは時の試練に耐え、今なお認められている。彼は、「第二次世界大戦における米陸軍の将校団は、けっして二流ではなかった」[18]と述べた上で、こう続けている。「米公刊戦史が率直に認め、また損耗人員数が裏付けるように、前線で指揮を執った者には、しばしば統率失敗の責任があった」[19]。ファン・クレフェルトが示した知見のごく一部は、本書で正しいものと確認された。だが、その一方で、米軍前線指揮官と「ここで示した対手のドイツ軍指揮官との比較は、まったく不可能である」との指摘が正しくないことも、本書で証明されるであろう。[20]

一九八四年、ジョン・エリスは、一九四四年における連合軍のイタリア戦役の初期段階を論述した書物を刊行した。そこでは、英米の司令官の多くはあきらかに、必要な指揮統率能力、戦時に有効な攻撃精神にみちたそれを欠いていたと、辛辣な評価がなされていた。[21]六年後、彼は、その続刊として、戦争全体における連合軍の作戦遂行についての研究書を出す。[22]『粗雑な軍隊』という書名からして、内容を暗示していた。この戦争は、「連合軍の指揮官たちが、おのが戦術を戦場の地勢に合わせることがまったくできなかったことを暴露した」[*23]と、エリスは述べている。「相対したドイツ軍に戦術的に劣っていたこと」や「はっきりグロッギー状態になっている相手を片付けるのに必要なのは、わずかなスピード、少しばかりの決断力でしかなかったときにさえ」、連合軍、とくにアメリカ軍の指揮官には、そうする「能力がなかった」。そのことも、広い範囲にわたって指摘された。[*24]

一九八〇年代の終わりごろ、アラン・R・ミリットとウィリアムソン・マーレーは、軍事的効率性〔military effectiveness. 単純な兵器の質や量ではなく、将兵の教育訓練や編制のあり方、兵站システムなど、さまざまな側面から、軍隊の機能性をはかるための概念〕に関する、よく練られた三巻構成の論文集を編纂した。その論集の内容の多くは質の高いもので、今日でも有益である。しかしながら、そこで、米軍将校教育とそれが米軍将校団の戦いぶりに与えた影響について、しかるべき批判的な検証がなされているとはいえないし、その背景も検討されていないのは、いくつかの点からあきらかだ。

両大戦間期の米軍の軍事的効率性を扱った論文で、「軍種ごとの〔陸海空三軍と海兵隊の意〕学校で主として行われた、将校団への任用は、競争原理に基づいていて、新任将校の質は高かった」と、ロナルド・スペクターは述べた。[*25] 同じ論文の二段落あとでは、「一九四〇年に合衆国の軍備増強と陸軍の拡張が開始されると、正規将校の多数が、戦時に前線や上級司令部で勤務する上で、能力や肉体的資質に疑問があることがはっきりし、陸軍将校の質の問題が深刻になった」と、正しく断じられている。ところが、ここで問題にされている将校たちの大多数は、士官学校やフォート・レヴンワースのさまざまな軍学校の教程をこなしてきたのだから、この二つの主張が矛盾をきたしているのは明白だ。こうしたスペクターの議論は、ウェスト・ポイントの合衆国陸軍士官学校やフォート・レヴンワースの陸軍指揮幕僚大学校の教員が一貫して素晴らしい教育をほどこしたとしながらも、最終的に生み出されたのは二流品だったことを明示している。本研究は、この、何十年にもわたり米陸軍につきまとってきた問題に、いくばくかの光を当てることになろう。

このシリーズの最終巻では、アラン・R・ミリットが、第二次世界大戦における米陸軍の軍事的効率性を評価している。彼は、戦闘に向けてアメリカ兵を「組織し、装備を与え、訓練をほどこし、率いた将校たちの手腕」を疑問視している。[*26] 主として、陸軍指揮幕僚大学校が発展させ、教育していた戦術ドクトリンには、「さまざまな点で欠陥がある」ことが証明された。[*27] ミリットの見解によれば、「合衆国の軍隊は」、平均以下の将校団が犯した「作戦上の瑕疵《きず》を、豊富な兵站支援で埋めた」ものだった。[*28] また、「陸軍師団は地上戦闘において数の優位に頼っており」、ドイツ軍に対する攻撃は、四倍以上の「局地的な歩兵の優越」がうまく得られた場合にのみ成功したと、断言されてもいる。[*29]

七年後、リチャード・オヴァリーが、今日なお影響力を有している研究『なぜ連合軍は勝ったか』を出版した。[*30] これは、基本的にエリスの議論を継承したもので、いくつかの点は、彼の本からの引用によっている。ただし、オヴァリーの書は、ずっと簡潔だ。彼は、数の優位のみが連合軍に勝利をもたらしたわけではないと明快に述べ、「テクノロジーの質」がまさっていたのだと判定する。[*31] 驚くのは、おおいに議論の的になってきた連合軍の軍事的効率性を、重要なポイントに挙げていることだ。オヴァリーは、それは連合国の経済力により得られたと指摘した。[*32] その統率や指揮能力については、とくに注目していない。一方、ドイツでは「最良の軍事的頭脳は、後方ではなく、最前線にいた」と認めている。[*33] おおおむね正しいことである。

簡潔にまとまっており、多くの影響を及ぼした列伝においてチャールズ・カークパトリックは、自分の研究によれば、アメリカの将軍たちの訓練と経験の程度では、すべてかき集めても「ありふれた結果しか出なかった」と述べている。[*34] また、カークパトリックは、当時の合衆国陸軍では、一貫性のない選抜と昇進システムがまかりとおっていたとも批判した。[*35] 同じ年に刊行された論文では、彼の見解はより肯定的になっていたが、同時にアメリカの軍学校は「いくぶん想像力に欠けるところがあり」、あきらかに旧套墨守の軍人たちを生みだしていたとも主張されている。[*36]

カール＝ハインツ・フリーザーも、その著書『電撃戦という幻』で、ドイツ軍は戦術的指揮能力に優れていたばかりか、しばしば作戦レベルでの指揮能力でも優越していたが、「第二次世界大戦も最終的には、第一次世界大戦同様に、戦場ではなく工場で決せられた」のだと指摘した。[*37] ミゲル・デ・セルバンテスの『ドン・キホーテ』になぞらえて、「電撃戦におけるドイツ軍装甲部隊の諸作戦は、はるかに優った工業ポテンシャルという風車に対して、馬上槍試合を挑んでいるようなものだった」[*38]とフリーザーは述べている。

他の著者の記述はフリーザーよりも慎重であるが、米軍将校のリーダーシップと指揮能力が戦争を決定するファクターだったとみなす者はいない。それどころか、重要だったと判断する者さえいないのだ。むしろ、彼ら米軍将校の職業的能力は、各方面から批判された。

マーティン・ブルーメンソンのそれのような個別研究では、より率直な評価がなされている。[*39] 北アフリカでドイツ軍と初めてぶつかったのち、「われわれの指揮官たちの戦闘準備がいかに未完成なものであったか、また、戦時指揮官養成システムも貧弱な働きしかしていないということが衝撃的なかたちで暴露された」というのだ。[*40]

　将校の任用昇進に関し、システマティックな選抜などなされていなかったのはあきらかだ。これは、歴史家のみならず、当事者たる将校をも悩ませる事実である。[*41] 彼らがより責任の高い地位に任ぜられたのは、任命した側がその能力を個人的によく知っていたからだった。書類上で優れた能力の持ち主を選びだすのとは対照的に、彼らはお互いに気心の知れている仲間である将校たちに推薦されるか、高位の師父《メントーア》を有していたために引き上げられた。[*42] 多くの将校は、ウェスト・ポイントの合衆国陸軍士官学校（USMA）にいたころからお互いを知っていた。同校では、戦時のいくつかの期を除けば、四年間在学することになっており、当然同期生だけでなく、先輩後輩とも知り合うことになる。ウェスト・ポイントの生徒がその「戦友」といかに親密になるかは、本研究の第二章で示すことにする。

　第二次世界大戦のすべての師団長ならびに高級司令部のG‐3作戦将校〔G‐……は、米軍幕僚部の区分を示す用語。G‐1が人事、G‐2が情報、G‐3が作戦、G‐4が兵站を担当する〕の大多数は、さらにカンザス州フォート・レヴンワースの陸軍の諸学校で、より進んだ軍事訓練を受けている。これらの諸学校は、一九二〇年代初期に何度となく改称されたのち、一般的には「指揮幕僚大学校」（CGSS）として知られるようになった。[*43]

　アメリカが第二次世界大戦に勝ったのは間違いないことであり、その際、軍の枢要な地位を占めていた者のほとんどは、レヴンワースの卒業生だった。それゆえ、この戦争について省察を及ぼしたかつての司令官たちでさえも、アメリカ将校団に戦争を勝ち抜く手段を提供する上でCGSSは有効だったと思い込んだ。[44] この学校に関する研究には、いくつか優れたものがあるが、基本的には同様の結論に達している。[45] しかしながら、米軍の勝利に際してレヴンワース卒業生が指揮を執っていたことは、レヴンワースの経験がそうした者たちに優れた軍事専門知識を授けていたという結論とイコールではないのだ。レヴンワースの訓練が、第二次世界大戦を勝ち抜くのに必要な軍事能力を発展させたと決めてかかることなど不可能なのである。

合衆国陸軍の教育システムに関する研究で見過ごされがちなのは、ジョージア州フォート・ベニングの歩兵学校である。この歩兵学校は、軍人に一定の練度を得さしめる上で、合衆国の他のいかなる軍教育機関よりも大きな貢献をなしたかもしれない。当該の章では、その可能性を指摘する。

本研究は、合衆国陸軍将校団の「指揮統率文化《コマンド・カルチャー》」を検証し、叙述する。その際、ドイツ軍の「コマンド・カルチャー」を含め、比較の手法を用いた検討がなされる。その過程は、とくに興味を惹くものと思われる。というのは、ドイツの軍隊は、アメリカ独立戦争以来、アメリカの将校たちにとって憧れの組織だったからだ。加えて、第二次世界大戦のドイツ軍、すなわち国防軍、さらにその将校団は今日なお多大なる関心、注目の的になっているし、米軍人とアメリカ社会の双方に、それらを美化する向きさえある。[46] 第二次世界大戦初期に、ドイツ軍将校はすでに強敵とみなされていたし、米軍の対手に尊敬され、ときには恐れられたのである。

「文化とは、個人もしくは集団の思考に一定程度の規則性を課すもので、共通の決定ルール、処方箋、標準作業手順〔特定の行動の実行要領を定めた基準〕、決定のルーティーンである」[47] と、研究者たちは論じてきた。より重要なのは、「文化が行動に作用する場合、それは選択される行動に制限をつけること、そして、その文化に属する者が相互の交流から何を習得するかに影響を与えることによってなされる」[*48]という点だ。本研究もこの定義に従って進められる。だが、ここで検証される将校たちには、社会化〔周囲から文化的な行動パターンを取り入れること〕と教育の結果、ある限られた選択肢しか与えられていなかったとしても、実はかかる選択肢は多数あったのだということを強調しておく。

ある将校団における指揮統率の原則というものは、往々にしてはるか過去にさかのぼるし、いわば、軍隊の「コーポレート・アイデンティティ」〔企業の理念や社会的責任、存在意義を体系的に整理し、ロゴをはじめとするイメージやデザインを統一し、企業内外で存在価値を高めていく経営戦略。CIと略称されることが多い〕の一部なのである。[*49]本研究では、「コマンド・カルチャー」は、ある将校がいかなるかたちで指揮を執るかというかたちで理解される。陣頭に立って部下の将兵に見えるかたちで指揮するのか、それとも、後方の指揮所から幕僚を通じて命令を出すのか？　それはまた、将校が、戦闘と戦争の動揺と混乱にどう対処するか、その方法を示している。ドクトリン通りに理解するのか、そうした混沌を逆手にとって勇敢な手を打つのに利用するかだ。ゆえに、本研究では、ある将校団のコマンド・カルチャーが個人のイニシアチヴを強調するか、それとも、しきたりと規則に従うほうを重視するかという問題が取り扱われる。加えて、コマンド・カルチャーは、ある将校によって指揮統率というものがどのように理解されているか、戦争におけるその目的と重要性は何かといったことをも意味する。

指揮統率の文化は、前述のごとく、同じ職業軍人によって、なかんずく軍の学校によって教え込まれるのであるから、本研究では、それぞれの陸軍の教育システムを検証していく。[*50]職業軍人と教育システム、その双方が、ある軍隊の担い手と考えられるのだ。[*51]

将校は、教育を受ける以前に選抜され、任官しなければならない。そこで、ドイツと合衆国の社会のどういった部分から若者が集まってくるのか、任官し、より高い階級に進むまでにどのような経路をたどるのかも考察されることになろう。

本研究の対象となるのは、職業将校として成功した人々で、すべて正規軍に属しており、ほぼ例外なく地上部隊のメンバーである。よって、「合衆国陸軍」という用語が使われた場合、本研究が扱う時期のそれが航空隊のような兵科を含んでいたとしても、おおむね地上軍を意味する。ただし、あらゆる場合にそうであるわけではない。[*52] 一九二〇年より一九三四年までのヴァイマール共和国〔従来、「ワイマール」または「ヴァイマル」とした表記が多かったが、最近では原音に基づく「ヴァイマール」表記が一般的になりつつあるため、本書でもそれに従う〕の軍隊、すなわちライヒスヴェーア〔三八五頁訳註参照〕ならびに、その後継組織、一九三五年から一九四五年のヴェーアマハト〔同じく三八五頁訳註参照〕についても同様である。[*53]

それゆえ本書は、おおむね、アイゼンハワー、パットン、グデーリアン、フォン・マンシュタインといった将星の世代を追ってゆく。もっとも、ここで対象となる将校たちの大部分が、彼らのようにずばぬけていたわけではない。本研究に登場する将校は、第二次世界大戦中少なくとも大佐、もしくは「大佐《オーベルスト》」(*Oberst*)に進級していたし、たいていは、数はともかくとして星を付けた将軍〔米軍の将官の階級は、星のマークと数で示される。従って、星を付けるということは、すなわち将官に進級したことを意味する〕になっていた。[*54] なかには、一九〇一年もしくはその後に任官したものもいるが、多くは一九〇九年より一九二五年のあいだに任官している。

アメリカの職業軍人教育は、ドイツほどには仕組みが定まっておらず、ここで観察の対象になるアメリカ陸軍将校の大半は、ジョージア州フォート・ベニングの歩兵学校、そしてカンザス州フォート・レヴンワースの指揮幕僚大学校もしくはその前身の諸学校など、さまざまな軍学校のどれかに入った。入学年は一九〇二年から一九三九年まで散らばっているが、多くは一九二四年より一九三九年に入校している。一方、対手となるドイツ軍将校は、一九一二年から一九三八年にかけて、「陸軍大学校《クリークスアカデミー》」（*Kriegsakademie*）で学んだ。

こうした軍の諸学校、専門大学校、大学校を調べる際、本研究は、授業時間数や学校名の改称、それがいつ何ゆえに起こったのかについて、過度に言及することはしない。将校の在校期間も、さほど重視はしない。上級軍学校では、一年制、二年制、三年制のいずれを採用すべきかについて、長いこと議論されてきた。だが、実践的な要素としては、教育における「どのように」と「なぜ」は、「何を」「いつ」よりもはるかに重要なのである。一般に退屈とみなされていた論題でさえ、そこから啓発を引き出してくれた教師もいれば、もっとも興味深い学科でさえも台無しにしてしまう教師もいる。学校にいたころ、あるいは大学時代を思い起こせば、そういったことが誰の頭にも浮かぶだろう。

本書は、合衆国とドイツにおける上級軍学校の歴史ではない。そうした研究は、すでに存在するからである。[*55] 本研究は、異なった視角と文化的構成要素といった点を付け加えることによって、既存の論述をあらためて、驚くべき結論をみちびくものである。また、誰がそうした学校に入れたのか、先のキャリアにつなぐために、どの課程に進まなければならなかったかが指摘される。この軍諸学校の教育哲学、用いられた教授法や教育学、教職員の姿勢なども俎上《そじょう》にあげられるであろう。なぜなら、こうした学校が、生徒となった将校に注入したコマンド・カルチャーを把握するための主要なポイントがそこにあるからだ。おおむね時系列に沿っていくつもりではあるけれど、連続性や、のちのちまで影響をおよぼした重要な事件などを強調するために、時系列が前後することもある。

本研究は、双方の陸軍における中間的な職業軍人教育の検証に終始する。それまでに、将校は自らのコマンド・カルチャーを形成するからだ。米軍将校が合衆国陸軍大学校〔The United States Army War College, 略称USAWC。ペンシルヴェニア州カーライルに所在する。すでに指揮幕僚大学校を卒業した陸軍の大佐ないしは中佐に戦略教育を授ける。ただし、そうした性格から、陸軍以外の将校、国防省の文民官吏も多く入校する〕や軍産業大学校〔The Industrial College of the Armed Forces, 略称ICAF。ワシントン軍管区フォート・マクネイア所在。選抜された軍の将校や国防に携わる文官に、物資調達や統合兵站計画の立案、戦時平時の双方における国家安全保障戦略への兵站計画の統合などを教える〕に入ったり、ドイツ軍の上級将校が兵棋演習に参加することは〔実兵を動かすのではなく、地図上で隊標（隊章）を使って作戦を研究する兵棋演習は、プロイセン・ドイツにおいて、作戦思想の統一や錬磨のために非常に重視されていた〕、彼らにとって職業上の利益につながるだろう。だが、それによって、彼らのコマンド・カルチャーが変わったということは、まずありそうにない。

米軍が「ドイツより受け継いだ軍事的遺産」の重要性、米独両軍の数世紀にわたる関係を考えれば、この研究に組み込むには、ドイツ軍は理想的である。そのため、第一章では、一九〇一年以前の両国軍隊の関係ならびに第一次世界大戦のある側面が吟味される。また、ドイツを視察した米軍将校が、ドイツ軍の制度組織、演習、その戦いぶりを観察した結果、誤った認識に至ったことも指摘される。一九〇一年以降、合衆国陸軍は、ドイツ軍を精査した上で自らの大改革にとりかかった。だが、その多くは誤解に基づいていたのである。本研究の視野は、一九四〇年までにとどまる。この年、合衆国は真剣に戦争に備えはじめ、何十年ものあいだ用いられてきた教育パターンも解消した。その一年前、ポーランド侵略の準備にかかったときに、ドイツ軍も同様の変化を経験していた。

第二章では、ウェスト・ポイントの合衆国陸軍士官学校（ＵＳＭＡ）、またその生徒がいかに選抜され、教育されたかが検討される。以後、本文中では、合衆国陸軍士官学校は通常、「ウェスト・ポイント」、「士官学校」、もしくはその略称（ＵＳＭＡ）で表記される。すでに多数の研究があるから、この、ほとんど秘密主義的な扱いを受けている学校の歴史に新たな一書を加えるつもりはない。[56] むしろ研究対象になるのは、士官学校生徒に残された文化的なしるし、いつ、どのように学んだかということである。また、士官学校内部での選抜システム、教授団の選考、それが未来の将校に職業的なコマンド・カルチャーを付するに当たっての影響なども重要だ。他の士官学校、ヴァージニア州レキシントンのヴァージニア軍事学校やサウス・カロライナ州チャールストンのシタデル校〔正確には、サウス・カロライナ軍事学校。かつての城塞《シタデル》内にキャンパスがあることから、「シタデル」と通称される〕出身の、ごく少数ながら影響力を持った将校も、この章で手短かにだが検討される。この両校ともに、その仕組みはウェスト・ポイントに酷似しているが、合衆国軍隊の正規機関ではない。

ウェスト・ポイント卒業生がいかに多数の指揮官ポストを得たかを示し、彼らのあいだにきわめて長期にわたり存在する紐帯《ちゅうたい》をあきらかにするために、本文中では、個々人の名が出た際、少なくとも一度は卒業期を付す。ドワイト・デイヴィッド・アイゼンハワー、ＵＳＭＡ一九一五年、マーク・ウェイン・クラーク、USMA一九一七年といったぐあいだ。

第三章では、アメリカの諸機関に、ドイツの「予備門《フォアアンシュタルテン》」(*Voranstalten*)である「陸軍幼年学校《カデッテンシューレン》」(*Kadettenschulen*)(十歳以上の少年が入校可能)〔一八七一年のドイツ帝国成立以後も、プロイセン内に複数、また他の邦国にも存在した〕ならびにベルリンのリヒターフェルデに在った「陸軍士官学校《ハウプトカデッテンアンシュタルト》」(*Hauptkadettenanstalt, HKA*)〔直訳すれば、「陸軍中央幼年学校」ぐらいになるが、機能に即して、よりわかりやすい「陸軍士官学校」を訳語に採用する〕が対置される。この陸軍士官学校には、十四歳前後で入学できた。一方、ウェスト・ポイントは、おおむね十七歳以上二十二歳までの若者が受け入れられる。

陸軍幼年学校は、ドイツの軍事において中心的な役割を果たしてきた。ハインツ・グデーリアンやエーリヒ・フォン・マンシュタインのような、傑出した将校多数が、そこで数年間学んだからである。かつての「幼年学校生徒《カデッテン》」(*Kadetten*)は互いをよく知っていたのだが、ウェスト・ポイント卒業生のあいだに在るような、部外者にはわからぬ兄弟めいた一体感は、彼らにはない。それには、多くの理由が数えられる。幼年学校生徒の多くは、多数の予備門で鍛えられてきており、陸軍士官学校に入るころには、同期生数百名を持つことになる。普通なら、せいぜい百人強ないし百五十人の同期生しかいないウェスト・ポイントとは対照的である。それゆえ、かつての幼年学校生徒には、卒業期数を付さない。

加えて、ドイツの将校にとって、いちばん重要なのは、自らの連隊への帰属であって、それは陸軍士官学校の卒業期数よりもはるかに重視されていた。連隊の戦友は、にかわで固められたごとく団結しており、ときには、特定の連隊閥がドイツ陸軍の指揮系統の上位官職を独占することさえ可能にした。[*57]

第三章ではまた、ドイツ軍「士官候補生《フェーンリヒ》」(*Fähnrich*)のやや複雑な任官過程が簡潔に論述される。合衆国とは対照的に、彼らのうちたいていの者は、士官学校を卒業すれば自動的に「少尉《ロイトナント》」（*Leutnant*）に任官するというわけではないからである。彼らはまず、連隊、そして「軍事学校」で、将校志願者としての気概があることを証明しなければならない。それから、ようやく念願の将校団の一員となるのだ。もちろん、ドイツは正式には一八七一年まで存在しないし〔この年の一月十八日に、占領下のヴェルサイユ宮殿で、プロイセン国王ヴィルヘルム一世がドイツ皇帝となることを宣言、それまで分裂していたドイツ諸国が連邦国家に統一され、ドイツ帝国が成立した〕、それ以前には、プロイセンとその軍隊がアメリカ人にとっての主たる関心の的であった。ただし、本書では読みやすさを優先して、通常「ドイツ」が使われる。

第四章は、合衆国における上級軍事教育の中間過程、とくにレヴンワースの、もっぱら指揮幕僚大学校（Command and General Staff School, CGSS）が検証される。この学校の名前はしばしば改称されているので、本文中では、混乱を避けるためにレヴンワースもしくはCGSSと表記する。ただし、実際には、レヴンワース基地には複数の学校が存在した。

CGSSの場合ほど徹底的にではないが、ジョージア州フォート・ベニングの歩兵学校、とくに一九二七年から一九三二年の時期も考察したい。そのころ、ジョージ・C・マーシャルは同校の副校長でカリキュラムに責任を負っており、自ら教鞭を執っていた。この章は、アメリカの職業軍人教育のいくつかのポイントに光を当て、どうすれば、それが米軍全体にほどこし得ただろうかという可能性をあきらかにするだろう。

歩兵学校に続き、この章では、ドイツ側の有名な陸軍大学校が分析される。陸軍大学校は、ドイツ軍国主義の源とみなされていたので、一九一九年にヴェルサイユ条約の合意により廃止された。しかし、それは、一九三五年に公式に再開されるまで、さまざまなかたちを取り、多かれ少なかれ秘密にされながら、教育哲学も変わらぬままに存在し続けた。ゆえに、陸軍大学校が両大戦間期に、以前とほぼ同じ内容を教えていたとはいえ、代替将校学校の一つにすぎなかった場合についても、そう呼ぶことにする。

ドイツ人はすぐに、ヴェルサイユ条約の条項の多くに違背していったのだけれど、参謀将校の教育禁止ほど徹底的に「迂回された」ものはなかったし、「参謀本部も一連の偽装のもとに存続していた」[*58]。第二次世界大戦初期の三年間において、ドイツ軍の高級司令官の大多数は参謀本部の部員だったことがあるので、彼らの選抜教育過程についてもまた精査する。

第六章では、本研究により得られた新しい知見が結論づけられるが、この章はまた両国将校団の他の決定的な差異と共通点を指摘する厳しい議論の場にもなる。そこでは、おのおのの将校団の文化的特徴があきらかにされる。それらは、教育システムによって強調されたり、補完されてきた。また、そのいくつかは、第二次世界大戦での指揮統率のあり方を形成したのだ。加えて、この章では、合衆国陸軍の教育システムが今日、その将校団にいかなる歴史的文化的な跡を残しているか、それが現代の戦争にどのような影響を及ぼしているかが短く論じられる。

第一章

前触れ

合衆国とドイツの軍事関係ならびに大参謀本部幻想

「ドイツ軍は、かの戦争〔ドイツ統一戦争〕以前にもそうであったように、それ以降もずっと、新兵器の開発、古い兵器のあらたな運用方法、新戦術、新しい訓練方法を開発発展させるのに大わらわである。[*1]」

——十九世紀末から二十世紀はじめまで駐仏アメリカ陸軍武官を務めたトーマス・ベントレー・モットの言葉

「戦争術を教えるシステムに関しては、われわれはドイツ人に恩恵を受けているし、それは今や、わが軍においても、しだいに機能しはじめている。[*2]」

——合衆国歩兵・騎兵学校長年次報告、一九〇六年

「ライン川を渡り、最後の攻勢をはじめたときのアメリカ軍は、ドイツ軍のことを熟知していた。これほどに敵を知っていた軍隊は、歴史上ほかにない」[*3]との発言がある。なるほど、米軍は多くを知っていたかもしれない。だが、ほとんど理解していなかった。

ドイツ陸軍、それが結成される前の先駆であるプロイセン陸軍は、合衆国陸軍が誕生して以来、インスピレーションや教育の源であり、ロール・モデル〔組織や個人が、行動する際のやりようや実例として、模範とする対象〕でさえあった。ドイツ統一戦争の成功以後は、なおさらである。[*4] アメリカ人は、今日までドイツの戦争文化を誤解し続けてきた。ゆえに、合衆国陸軍がドイツ軍から引き出した教訓は、往々にして欠陥があるか、現実に即さないものだった。それは、現在も同様だ。戦争は、文化、伝統、歴史に多くを負っている。だから、ある軍隊が戦争を遂行する際の文化のありようを他の軍隊に移し換えて実践するのは、どうやっても困難だし、その文化が誤って解釈されている場合には不可能に近い。[*5]

アメリカ陸軍がプロイセンの戦争流儀と最初に深く関わり、経験を得たのは、フリードリヒ・ヴィルヘルム・フォン・シュトイベン「大尉《ハウプトマン》」(*Hauptmann*)——のち将官——においてであった〔一七三〇～一七九四年。プロイセンの軍人。アメリカ独立革命で、ジョージ・ワシントンの軍事査察監を務め、アメリカ植民地側の軍隊、大陸軍《たいりくぐん》(Continental Army) 少将にまで進級した〕。彼は、旧プロイセン軍〔一八〇六年から一八〇七年の戦役においてナポレオンに敗れ、シャルンホルストの軍制改革が実行される以前のプロイセン軍〕では二級の将校とみなされており、ゆえに軍事顧問として外国に割愛し得たのである。[*6] この査定は、自らも軍人として玄人《くろうと》だったフリードリヒ大王〔フリードリヒ二世。一七一二～一七八六年。プロイセン国王。オーストリア継承戦争や七年戦争で将才を発揮し、「大王」と称された。また、プロイセンの国力増強に努め、啓蒙専制君主の典型とされる〕ですら、軍事、とくに、おのが将校に関する判定においては、必ずしも無謬《むびゅう》でなかったことを示している。フォン・シュトイベンは、自らがアメリカ植民地での仕事にうってつけの人物であることを証明した。そして、彼がプロイセンの戦争流儀をそのままのかたちでは教えず、大幅に変えたために、まったく新しい何かが生じた。

注目されるのは、植民地側の軍隊に従軍した、もう一人のプロイセン人（ジョン・エウォルト大尉）が、アメリカ人の戦友と軍事文献について熱心に議論したことに加え、彼らが翻訳されたプロイセンの議論、とりわけフリードリヒ大王が部下の将軍たちに出した訓令などを多数読んでいたことであろう。大尉によれば、アメリカ軍の将校たちがそれらを携えているのを、「百回以上は見た」という。[*7]

独立革命軍と戦う助けとして、イギリス軍が「借り出した」ヘッセン兵〔当時のイギリス国王ジョージ三世の叔父にあたるヘッセン＝カッセル方伯フリードリヒ二世は、アメリカ独立戦争に際し、のべ一万数千の兵力をイギリス軍援助のために派遣した〕は、プロイセン軍のコピーだった。フォン・シュトイベンには当たり前のことだったが、それは、他の植民地軍将兵にとっては、ほとんど知られていない事実だった。プロイセン軍はあらゆる面において、できる限り模倣されていたのだ。ヨーロッパ中で、それが普通のことになっていた。ただし、ヘッセン軍は極端なケースだった。[*8] ヘッセンには、軍人対民間人の比率が欧州一高いという特徴があり、規則や操典、軍服の裁断、教練に至るまで、プロイセン軍を真似ていた。ゆえに、ヘッセンでは、多くの「不幸な」、そして往々にして無能な元プロイセン将校が迎え入れられたのである。[*9] ヘッセン兵は、しばしば誤って傭兵とされているが、そうではなかった。ヘッセン軍の多くは徴募兵と常備軍の将兵で、傭兵の定義に関する歴史的理解にも、現代のそれにも合致しない。[*10]

独立戦争中、すでに世界的に有名になっていた、プロイセンの伝説的支配者フリードリヒ大王とアメリカ人の関係はずっと良好であった。それからすれば、卓越したプロイセン将校数名から、実り多い経験を得た合衆国の軍人が、折に触れてプロイセンの軍事面に眼を向けたのも驚くにはあたらない。

目下のところ、学問的な文献で、合衆国陸軍士官学校がプロイセンの陸軍幼年学校をロール・モデルとして設立された可能性があるという手がかりを示すものはない。[*11] しかし、二十世紀に入るころの米軍将校たちは、ウェスト・ポイントは「プロイセンの土台の上につくられた」[*12] と述べている。この、ウェスト・ポイントが旧プロイセンの陸軍幼年学校に、たとえゆがんだかたちであっても類似していたかどうかという問題は、次章で論じることにしよう。

米軍将校は、絶えず旧大陸に旅した。常に戦争をしているといっても過言ではないヨーロッパ諸国の軍隊を観察し、記録を取り、教訓を得るためだ。ナポレオン時代とその直後、また第一次世界大戦中の短い期間を除けば、彼らが主として滞在するのは、普通、プロイセン、もしくはドイツであった。[*13] 一八一二年の戦争〔米英戦争〕からアメリカ南北戦争のあいだだけでも、百五名も米軍将校がそうした目的で大西洋を渡り、なかには何年も滞在する者もいた。[*14] この、ヨーロッパの思想に順応したり、異なる軍事文化の流入を進めたいという熱望について、フィリップ・ヘンリー・シェリダン将軍（USMA一八五三年）〔一八三一～一八八八年。南北戦争で北軍に従軍し、数々の戦功を立てた〕は皮肉なコメントを加えざるを得なかったという。「彼らがヨーロッパで戦争するたびに、われわれは勝った側の軍帽を採用するのだ」[*15] というのがそれだ。シェリダンの論評には、いくばくかの真実がある。一八八一年、合衆国陸軍は、そのときまでフランス型に傾きがちだった被《かぶ》りものを、有名なドイツのスパイク付きヘルメット《ピッケルハウベ》(*Pickelhaube*) に替えたのである。[*16] 合衆国陸軍はまた、外国で編まれた教範類を熱心に参照した。そこで、一八五九年にヨーロッパで刊行された軍事文献をみると、「半分以上が最初にドイツ語で出版されていた」のである。[*17]

ただ、戦闘での戦術や軍隊機構についてなら、フランス陸軍は、一八三九年になっても米軍将校の関心を惹いたようだ。この年、アメリカの将校フィリップ・カーニー少尉は、フランス軍の、おもに騎兵隊を訪ね、多くの称賛を与えはしたものの、規律や清潔さの欠如に着目し、「もしドイツ軍の厩舎を視察したなら、建物も馬も完璧な状態に保たれているだろう」[*18]と想像を述べている。こうしたドイツ軍に関する決まり文句は、すでに十九世紀前半に広く流布していたのである。

アメリカ南北戦争中、ドイツ系移民の士官や連隊は引っ張りだこになり、また一般に高く評価された。この戦争の諸戦闘で用いられた戦術は、ナポレオン戦争以来のもので、決定的な力に欠け、不必要な大損害を出すことになった。[*19] 両陣営に観戦武官として従軍したプロイセン将校は、重大な作戦が素人流《しろうと》に遂行されているという悪印象を受けた。[*20] 大参謀本部〔*Der Große Generalstab.* 連邦国家であったドイツ帝国では、バイエルン、ヴュルテンベルク、ザクセンが自らの陸軍省や参謀本部を保持していた。が、ドイツ帝国全体の作戦立案や戦争指導にはプロイセン参謀本部があたることになっており、上記三構成国の軍隊もその指揮下に置かれる。ゆえに、プロイセン参謀本部は、「大参謀本部」と称された〕からは、アメリカ南北戦争の両軍は、単に、互いを追いかけ合っている武装した暴徒と考えられるという情報、あるいは噂が流れてきた。[*21] のちに、この観察は、プロイセン陸軍大参謀本部総長ヘルムート・カール・ベルンハルト・フォン・モルトケ伯爵その人のものだともいわれた。一八七二年の訪欧中、こうした言明についてモルトケに真偽を尋ねたのかと訊いた新聞記者に対し、ウィリアム・ティカムシ・シャーマン将軍〔一八二〇～一八九一年。南北戦争の北軍指揮官。南部諸州に対し、焦土作戦を実行したことで知られる〕（USMA一八四〇年）は怒り、「そんな質問はしなかった。彼が、そんなことを口にする間抜けだなんて、考えもしなかったからな」[*22]と言い返したという。

大参謀本部では毎年、世界の軍事力に関する概観報告を出していたが、一八九六年まで合衆国の軍隊には言及されていなかった。やがてアメリカ軍もわずかなりと触れられるようになったが、それも、当時の世界で米軍が重要な役割を演じるようになったからというよりも、おそらくは、アメリカの将校が多数訪欧してくるのが眼につくようになったためだろう。一九〇〇年になっても、合衆国の軍隊は、ヨーロッパの多くの国々において「いまだに冗談のたぐいだと考えられていた」[*23]。ロシア駐在米陸軍武官は一九一二年に、ロシア軍将校団ならびに、彼らの職務仲間であるヨーロッパ諸国の駐在武官のあいだに、「一般に、われわれの軍隊は真面目に考慮するに値しないとの認識がある」[*24]と報告している。

ドイツ大参謀本部も同じ意見であった。歴史的にみるなら、ドイツ軍の高位の将校たちは合衆国の軍隊を過小評価し続け、それが二つの世界大戦で惨憺たる結果をもたらしたのである。

名高い「撃針銃《ツュントナーデルゲヴェーア》」(*Zündnadelgewehr*)〔撃針が紙製の薬莢を貫いて、弾底の雷管を撃発させる機構を備えていた。従来の、銃口から弾丸と弾薬を装塡する前装式小銃では、伏せた姿勢での次弾装塡が困難だったが、この撃発機構の導入によって、それが容易になり、著しい優位が得られた。発明者の名前から、ドライゼ(Dreyse)銃とも呼ばれる〕のような、根底からの技術革新も、アメリカ軍の観察にあっては、重要な個人用統合兵器《インディヴィジュアル・ウェポン・システムズ》〔統合兵器とは、複数の兵器を単一目的のために統合したもの。たとえば、戦車〕と認識されていなかったのは明白で、ほとんど見過ごされていた。ただ、合衆国の観測筋がこの小銃に注目しそこねたことには、プロイセンの異常なまでの秘密主義が与っていた可能性はある。撃針銃は一八四一年に発明され、数年後、プロイセン軍に導入された。最初は、近衛連隊隷下《れいか》のエリート、「銃兵《フュジリーア》」

（*Füsilier*）中隊にしか配備されず、使うごとに武器庫に戻されなければならなかったほどだ。よって、訪問してくるアメリカの将校たちは、十五年ものあいだ、手がかりすらつかめなかった。コルト、シャープス、スプリングフィールド〔いずれもアメリカの銃器メーカー〕の国から視察にやってきたものが、この近代的軍用小銃にほとんど気づかなかったことには驚かされる。発明されてから約三十年後、普仏戦争で撃針銃が二度目に姿をあらわしたとき〔一度目は一八六六年の普墺戦争〕、アメリカの観測筋はようやく、それは「われわれの前装銃と同じぐらいに速射できる」[*25]と注目したのだった。

アメリカ側が、ナポレオン軍以上にプロイセン軍に関心を抱いたのは、一八六六年七月、プロイセンとその同盟国がケーニヒグレーツの戦いで決定的な勝利を得たときだった。アメリカ南北戦争が終わってからわずか一年後、プロイセン軍はその地で、アメリカ軍が四年にわたって実現しようと努力しながら、とうとうできなかったことをやってのけた。多数の軍団を長駆動かし、決戦を行おうと企図する特定地点で規則正しく合流させたのである。[*26]プロイセン軍がおよそ五十年も戦争をしていなかったという事実を考えれば〔普墺戦争以前に、プロイセンが大規模な戦争を経験したのは、一八一五年のワーテルロー戦役が最後だった〕、この成功は驚愕すべきものだった。[*27]

アメリカの観察者二人、ジョン・グロス・バーナード名誉少将〔文字通り、名誉職的に少将の階級と権限を与えられたもの。ただし、給与や年金はそのまま〕とホレイショ・ガヴァナー・ライト名誉少将は、かなり視野が狭く、自軍をプロイセン軍と比較しても「何の引け目も感じない」と記している。しかし、フィリップ・ヘンリー・シェリダンのように、もっと聡明な将校の印象はちがう。[*28]彼の観察のなかには、合衆国陸軍によって予言となったものがある。シェリダンは、「プロイセン軍の機構を細部まで真似ていながら、その精神に倣《なら》わぬ」のは過ちであろうと述べた。[29] プロイセンを模範とする改革をはじめたとき、合衆国陸軍はまさにこの過誤を犯したのである。

ただし、優れた組織であるとされたプロイセン大参謀本部によってこそ勝利が得られたのだという、誤った判断を下したのは、合衆国陸軍だけではない。世界中の高級軍人たちの観測も、ほとんどが同様だった。だが、本当に勝利の要因となったのは、大参謀本部総長ヘルムート・カール・ベルンハルト・フォン・モルトケ伯爵の指揮統率と天才であり、将校から下士官兵に至るまでのプロイセン軍人にほどこされた専門訓練であった。しばしば称賛された撃針銃は、有効であることが証明されたが、戦闘を決するものではなかった。

のちのドイツ軍大参謀本部のさまざまな見解とは対照的に、モルトケの下では、まず第一に常識が支配していたと言われている。[30] それこそ、最大の長所だったのかもしれない。

また、戦後のインタビューで、モルトケは、ある書物が名声を得る上での土台であったと答えている。それは、将校と軍事史家の双方にとって、恩恵であり、同時に困惑の種となる本であった。いちばん有益で重要だと考える本は何かと問われたモルトケは、複数あるなかの一冊として、カール・フォン・クラウゼヴィッツの『戦争論』(*Vom Kriege*)を挙げたのである。[31] クラウゼヴィッツは、一八二三年から一八二六年にかけて、下級将校だったモルトケが軍事学校(当時は、プロイセンの陸軍大学校に相当する存在だった)に在校したころ、同校の校長だった。[32] 軍事学校長の地位は一般に名誉職とみなされていたのだが、いまだ若く精力的だったクラウゼヴィッツは、この機構のカリキュラムを変える権限が無きにひとしいことに失望していた。[33] 軍事学校は、あとになって改称され、同じく有名になる陸軍大学校となる

（詳しくは第三章で論じる）。

クラウゼヴィッツが一八三一年に没してから数年後、『戦争論』は、その未亡人によって出版されたが、ほとんど忘れ去られていた。[*34] この本に人気がなかった理由の一つとしては、十九世紀の基準に照らしてさえ、ドイツ語として読むに耐えないものだったことがある。クラウゼヴィッツが知的な将校であり、業績のある軍事理論家であったことは疑いない。しかし、著述家としての才能は皆無に近かった。そのため、この本を最初に書評したフランス人は、「翻訳不可能」な書物だとしている。[*35] 同時代のドイツで『戦争論』を評した者も、「読んで理解することはできず、検討分析されなければならない」[*36] と記した。『戦争論』がとにかく難解なのは、一つには、改稿整理の時間がないままクラウゼヴィッツが亡くなってしまったことが理由として挙げられる。けれども、このプロイセンの将軍が抱いた思想の根本が、その草稿ですでに完成していたことは疑い得ない。[*37] それはただ、読みやすくするための編集が必要だったというにすぎないのである。他の七巻（『戦争論』は、もともと最初の三巻で構成されていた）〔一八三二年より三五年にかけて、クラウゼヴィッツ夫人マリーは、亡夫の全集を刊行したが、そのうち第三巻までに『戦争論』が収められている〕は、ずっと読みやすいし、さまざまな戦役、とくにナポレオン戦争を扱っている。[*38] プロイセン将校クラウゼヴィッツは、これらの戦役に自ら参加、つぶさに観察していたし、参戦将校の多くも知己だったから、その七巻は非常に価値あるものだ。クラウゼヴィッツがそうした戦役について行った知的な分析は、あいにく現在では、彼の哲学的著作の陰に隠れている。今日のクラウゼヴィッツ研究の問題点の一つは、彼が『戦争論』の哲学的な序章で示したことと、数巻にも及ぶ諸戦役の分析とを結びつけようとしないことにあるだろう。

このように、クラウゼヴィッツの文章には問題があるため、要約整理された『戦争論』英語版のほうが、クラウゼヴィッツのオリジナルよりもずっと普及した。[*39] それは今日でも同様だ。この事実は、かのプロイセンの将軍の思想と哲学の解釈において、いくつかの間違いが生じた理由についての説明となろう。

われわれの分析対象となるアメリカ軍将校の大多数は、クラウゼヴィッツを読み、彼の著作を同僚や友人に推薦し、指揮幕僚大学校の授業でも必ず引用された。[*40]「アメリカ軍人にとって、『戦争論』はまさしく聖句に近い」[*41]と、ずっと言われているのである。

大モルトケ〔甥であり、やはり参謀総長になったヘルムート・ヨハネス・ルートヴィヒ・モルトケ（小モルトケ）と区別するために、こう呼ばれる〕が、この本が重要であると述べると、短期間ではあったものの、ドイツではクラウゼヴィッツ熱が高まった。多くのものにとって、クラウゼヴィッツは「ケーニヒグレーツの戦いを勝ち取った校長」[*42]ということになったのである。だが、ブームはすぐに去った。ドイツのいかなる軍学校や大学校でも、『戦争論』が必読図書に指定されることはなかった。そのため、ヒトラーが第二次世界大戦を遂行するのに加担した者たちに、重要で、視野が広く、独立独歩の哲学的なものの見方が（プロイセンの軍人は常に、クラウゼヴィッツは異端者であるとみなしていた）教えられることもなかったのである。[*43] ただし、一九二二年に「軍管区試験《ヴェーアクライス・プリューフング》」（*Wehrkreis-Prüfung*）の受験準備をしていたころ、クラウゼヴィッツの本は推薦図書だったと証言している将校が一人だけいる。[*44] この軍管区試験については、以下の章で詳細に扱うことにする。

二十世紀初頭のドイツの職業軍人筋のあいだで人気がなかったとしても、『戦争論』は、史上もっとも成功した司令官の一人、大モルトケと永遠に結びつけられるであろう。[*45] ドイツ統一戦争に突入すると、大モルトケはすぐに、ビスマルクとの軋轢《あつれき》を引き起こした「政治的な配慮を重視するビスマルクと、軍事的に徹底した戦略を取ろうとするモルトケは、しばしば対立した。たとえば、普墺戦争では、敵首都占領を主張するモルトケを、戦後のオーストリアとの関係を重視するビスマルクが押しきり、ウィーン進軍を止めている」。有能な戦略家ともあろう者が、戦争における政治指導の優位というクラウゼヴィッツの金言を破ったのである。この軍事理論家はあっさりとその金言を解釈し直し、自分の領分でビスマルクを批判した。

政治は目標を達するために、戦争を用いる。開戦と戦争終結にあたって、それは決定的な影響を及ぼすが、戦争遂行中にも、目標を増やしたり、そのハードルを下げることに関して、同様に作用する。こうして目標は不確かになるから、戦略にできるのは、可能な限り最大の成果を追求するということになる。そのように政治のためにのみ、ただし、それとはまったく独立して行動することにより、戦略は、もっとも政治を助けるのだ。[*46]

ビスマルクその人は『戦争論』を読んでいなかったから、それも、この政治家と大戦略家の摩擦の一因となっていた。[*47] 一八八八年に大モルトケが八十八歳で退役したのち、大参謀本部が同様の実績を示すことは絶無となった。モルトケの後継者たちは、この有名な戦略家の風貌や習慣をまねたものの、彼が受けた広範な教育や指揮統率の特色に学んだり、作戦・戦略に熟達することはなかったのである。

第一次世界大戦開始時に、主たる相手はフランスではなく（参謀本部は、同国が主敵になるものと予測ちがいをしていた）ロシアであることがあきらかになると、皇帝《カイザー》ヴィルヘルム二世は、ときの参謀総長ヘルムート・フォン・モルトケ（小モルトケ）に、動員の重点を東の隣国向けに変えられないかと下問した。偉大なる指揮官の甥は、それは不可能であると答えた。「書類づくりだけでも一年はかかる」[48]というのが、その理由であった。こうして、小モルトケが、みなが考えているよりもずっと賢いことを示したにもかかわらず、カイザーは、氷のような声で応じた。「貴官の伯父上ならば、別の答えをよこしたであろうに」[49]。

その伯父は、「偉大なる無口者《デア・グローセ・シュヴァイガー》」（*der große Schweiger*）として有名だった。部下たちと話すにも、ごく短い物言いしかしなかったし、無駄なおしゃべりをすることなど絶対になかったからだ。一八五五年、モルトケは王太子、のちのヴィルヘルム二世帝付きの副官となる。二人は、ともに何時間も騎行することがあったが、一言も話さなかったという[50]。とはいえ、必要とあれば、モルトケは皇帝臨席の帝国議会《ライヒスターク》（*Reichstag*）において演説し、成功を収めることができた。彼の後任参謀総長たちはモルトケと張り合って、寡黙を気取ってみせたが、あまりにも極端だったため、下僚たちはもはや、その意図を察しかねることとなった。それが、第一次世界大戦の多くの作戦を挫折させた。一九一六年初めのヴェルダンへの致命的な攻撃などは、その顕著な例である[51]。

しかし、上官の企図を知ることは、有名な委任戦術《アウフトラークスタクティーク》（*Auftragstaktik*）（「訓令戦法」の訳語もあり。子細に行動を指定した命令を出すのではなく、目標と使用し得る手段を提示して、いかに実行するかは当該指揮官の判断と創意工夫にゆだねる戦法）の必須の前提となる。このドイツ軍事文化の要石《かなめいし》である概念については、のちに、より詳細に分析することにしたい。大モルトケは、もっとも早く、この概念を主唱した一人であった。早くも一八五八年、毎年伝統的にドイツのいずれかの地域で行われる大参謀本部年次図上演習に際して、彼は、「一般に、命令には、指揮下にある者がその目標を達成するにあたり、自分で決めるわけにはいかないことだけを記しておくべきだ」と述べている。[*52] 言い換えれば、他のことはすべて、現場の指揮官に任せるべきだというわけだ。

一八七〇年より七一年の戦争で、ドイツがフランスを破ってからというもの、アメリカの観測筋の関心は、諸外国の軍隊における「歩兵の行軍用装備、軍馬に合った鞍《くら》、効率的な野戦工兵術」から、プロイセンの参謀本部と将校教育にと完全に移った。[*53] ドイツ軍の頭脳集団が、再びその優越性を示したものと思われたのである。

この問題に関する米軍将校による実地調査から、大きな影響を及ぼすことになる本が二冊生み出された。一八七二年に出たウィリアム・バブコック・ヘイズンの『ドイツとフランスにおける学校と軍隊』、そして一八七三年のエモリー・アプトンの『ヨーロッパとアジア諸国の軍隊』である。[*54] これらはアメリカ軍内外で真剣な議論を引き起こしはしたものの、行動の方針は定まらなかった。合衆国軍隊の将校教育ならびに計画能力をなんとかしなければならないという点ではかなりの者が一致していたのだが、動機付けがないところでは何も変わらなかった。米西戦争とそれに続くフィリピン反乱において、軍の管理運営がほとんど破綻したことにより、その必要な動因が得られることになった。[*55] 海軍次官セオドア・ローズヴェルトに、自分の義勇騎兵連隊を創設する手助けをしろとしつこく迫られた陸軍省のある局長は、「ご冗談を。こんな大きな局を動かしているのに。おまけに、戦争まではじまったんですよ！」と声を張り上げたという。[56]

一年経っても、野戦指揮官にとっては、状況はまったく改善されなかった。ある大佐は冷笑的なユーモアをこめて、陸軍省のことを以下のように書いている。この役所の書類屋から、すぐに行動報告書を提出せよと繰り返し要求され、さんざんに悩まされたのちに、彼は答えた。「一頭たりとも馬を見たことがない二百人の将兵と、ただの一人も兵隊を見たことがない馬百頭、馬も兵隊も見たことがない少尉六名が、私のもとに到着したところだ。これで明日は戦場に出るんだぞ[57]」。

新しい陸軍長官イライヒュー・ルートは、当初おおかたからその能力をみくびられていたけれども、改革を押し進めていった。セオドア・ローズヴェルトは、弁護士〔ルートの元々の職業は弁護士だった〕に陸軍省を運営させることなど「馬鹿げている。あまりに愚かしいので、私などは実際」、ウィリアム・マッキンレー大統領が「この省の全面的な改革を望んでいないことを隠す口実にしているのだとしか思えなかった」と指摘している。[58] ローズヴェルトの主張の前半は正しかったかもしれない。しかし、彼は、イライヒュー・ルートという人物をあまりにも過小評価していた。未来の大統領はすぐにルートについての見解を変え、のちに両者は良き友人になった。とはいえ、マッキンレー大統領は本当のところ、陸軍の教育ならびに計画立案システムの全面改革よりも、まず第一にフィリピンに適切な行政を敷くことが念頭にあったのだろうと、ローズヴェルトは判断している。

ルートは民間人であったにもかかわらず、彼の任用は、陸軍総司令官ネルソン・アップルトン・マイルズ少将と陸軍省の高級将校たちに受け入れられた。前任長官のラッセル・アリグザンダー・アルジャーのもとでは、軍人と文官が、ほとんど互いに口を利かないほどの深刻な事態に立ち至っていたからだ。

ここまで状況が緊張するには、軍人と文官の双方に落ち度があった。[*59] イライヒュー・ルートは、人の話に耳を傾けることができた。おそらく、この能力こそ、誰からも称賛された勤労倫理とともに、軍人たちから支持を得るにあたって鍵となった特性であったろう。

当時の合衆国陸軍のような小規模の軍隊が、かくも広漠《こうばく》で肥大した官僚支配にどっぷりとはまりこんでいたのは驚くべきことだ。陸軍省に勤務する将校たちについての同時代の観測は、そうしたありさまは少なくともあと五十年は続くとしており、合衆国がフィリピンや他の場所に軍隊を送り込み、維持することの難しさについての説明としたのである。ある陸軍省内部の人間の結論は、「陸軍省の将校の半分は何でもできるが、残り半分は何もできない」[*60] というものだった。後者の無能な半分は、いつでも階級の高い者にいたように思われる。

ルートもすぐに、陸軍省の将校を二つに分けるようになった。ただし、区分の理由はちがう。一方は改革を指向する将校たち、他方はいまだ南北戦争時代のやり方に固執し、高等教育は軍人にふさわしくないと見下す連中だ。新陸軍長官がきわめて知性の高い人物であるのは疑いなかったけれど、「独創的な思考をする人」[*61] ではなかった。ルートは、「簡素で効率的であること」をめざしているようにみえた。陸軍にとって喫緊の要があったのは、この二つの性質だったのである。[*62] 彼は報告書や書物からさまざまな発想を得たし、軍人からの知見同様、文官のそれも信頼していた。いちばん影響力があったのは、研究視察の任務でプロイセンに赴いた米軍将校、なかでも最近帰国して、ルートが直接質問できる者が著した本や報告書であった。そうした新規帰還組のなかでもっとも重用されたのは、ドイツ生まれで、合衆国陸軍将校になったセオドア・シュワンだったろう。彼の著作『ドイツ軍の組織に関する報告』は、輝かしい名声を得ていたアプトンの書物ほどの人気は得られなかったものの、軍内部ではプロイセン・ドイツ軍の組織と教育についての決定的な解説書だとされることになる。[*63] ある観察者によれば、シュワンの役割は、「適切な幕僚システムや陸軍の軍事教育システムを進化させようとする副官部に助けの手をさしのべるという点で」代え難いものなのだった。[*64]

これらの報告のすべてに、極度にプロイセン軍に好意的で、称賛、さらには崇拝するような見解があったが、大参謀本部に関してはまた格別だった。[*65] おおやけに発表された、こうした意見は、「参謀本部創設の主たる妨げ」になることがわかる。[*66] 想定されたアメリカ軍のプロイセン化、もしくはドイツ化は、有益であるとも災いであるとも、あるいは効率性の模範、あるいは民主主義を破壊する要素としても、さまざまに提示することができた。それは、軍改革に賛成、または反対する陣営のいずれにとっても容易だったのである。[*67] たとえば、ジョン・マカリスター・スコウフィールド少将（USMA一八五三年）は、ドイツ軍は合衆国陸軍に大きな影響を及ぼすとの事実を認めながら、そうした改革については「ドイツ化しても、ほとんど利益は得られない」と述べている。[*68] 他にも、馬鹿げてはいたものの、きわめて強固だった主張に、北軍は参謀本部なしで南北戦争に勝ったのだから、将来もそんなものは要らないというものがあった。ルートは、このような議論にも対処しなければならなかった。[*69]

当時の古参将校たちは「ルートは、自分が望んでいることについて明快な理念を持っていない」と述べ立てたけれど、陸軍長官が決めた行動方針が、そんな言いがかりは間違っていると証明した。[*70] ごく初期、最初に取られたステップは、反対派を懐柔して、陸軍大学校創設法案を通すことだった。一九〇〇年、ルートはそれに成功した。一年後、彼は参謀本部法案を提出する。議会の決定に任せるべく準備された、参謀本部が担当する業務リストは、「パウル・ブロンザート・フォン・シェーレンドルフの『(ドイツ)参謀本部の任務』を、ほぼそのまま引用したものだった」[*71]。

ルートを驚かせたのは、同志と目されていたネルソン・マイルズ将軍が上院軍事委員会に出頭し、陸軍長官たる自分が、それまで、その同じ委員会で陳述してきたことの多くに反駁したことだった。このマイルズによって与えられたダメージを回復するために、ルートはすぐに「彼の派閥の将軍たち《ヒズ・ジェネラルズ》」を整理にかかり、そのなかには次長のヘンリー・C・コービンもいた。陸軍長官はこの年を通じて、広い範囲のロビー活動を続ける。「参謀本部法案」は一九〇三年に投票にかけられることになり、同年議会を通過したのである。

アメリカ参謀本部が、プロイセン参謀本部の「模倣と応用の組み合わせ」だったとみるのは正しいものの、プロイセン参謀本部は(a)本当に理解されてはいなかったし、(b)あらゆる面で優越していたわけではなかった[*72]。一九三七年に指揮幕僚大学校の教官団が編んだ手引き書『指揮と幕僚の原則』では、ドイツ参謀本部とは、「きわめて特殊な職務」のみを遂行する将校たちを集めた「将軍の幕僚」なのだという、まったく誤った主張がなされている[*73]。幕僚業務にあたるドイツの参謀将校は、特殊なことなど何もせず、地図作成や鉄道運用といった参謀本部の部局の多くにあって広範な任務を果たすのが常だったのだ。しかし、そうではあっても、モルトケ以後の「大」参謀本部は、陸海空三軍の統合作戦を立案することができなかった。合衆国空軍の将軍たち同様、ドイツ空軍の将官たちも、少なくともその出身は陸軍であったことを思えば、いよいよ驚くべきことだ〔第二次世界大戦におけるドイツ空軍の将官の多くは、第一次世界大戦の陸軍航空隊出身である。一部には、ドイツ海軍航空隊に所属していたものもいた〕。従って、「ヴェーアマハトは一度たりとも、真の意味での参謀本部を持ったことがない」というのも、また正しいのである。[*74]

大モルトケの時代には、ごくわずかな気球隊しか空軍はなかったし、誇大妄想癖のあるカイザー・ヴィルヘルム二世が即位し、大英帝国との建艦競争を承認するまで、プロイセン・ドイツは取るに足らない程度の海軍しか保有していなかった。文化的にはプロイセン軍は地上軍であり、大モルトケは、鉄道や電話といった最新のテクノロジーを組み込みながら、この軍隊の作戦を練ったのであった。モルトケの後継者たちには、それと同じことをする能力がないことが露見したのである。

合衆国陸軍がドイツのシステムのさまざまな部分を採用した前後には、その本当の機能や目的について、多くの混乱が生じた。[*75] 第一次世界大戦でアメリカ遠征軍（AEF）作戦参謀（G-3）だったジョン・マコーレー・パーマー将軍の述べることは正しい。「実際には、当時の［第一次世界大戦前の］将軍たちは、参謀本部の歴史的な起源について、何の知識も持っていなかった[*76]［後略］」。この言明は、第二次世界大戦のアメリカの将軍たちにも、そのまま当てはまる。

第二次世界大戦後、軍事史部長オフィスのインタビューにおいて、ウォルター・クルーガー将軍は、「ドイツの大参謀本部に比べれば、われわれのWDGS［War Department General Staff. 参謀本部］〔直訳すれば、「陸軍省参謀本部」。早くから軍政をつかさどる陸軍省と軍令事項担当の参謀本部が分離していた旧日本陸軍と異なり、米陸軍の軍令機構は陸軍省からしだいに分かれていったために、このような名称になる〕は非効率的で」、「単なる討論会」のようなものだった。[*77] このクルーガー発言の続きは間違いである。「ドイツでは、CS［Chief of Staff. 参謀総長］は、参謀本部の長というだけである。われわれのCSは、大統領のCSで［も］あるのだ」[*78]〔米陸軍参謀総長は、軍令に責任を持つだけでなく、大統領の参謀長の機能も果たさなくてはならないという意味〕。実際には、ドイツの参謀総長も歴史的に、皇帝やライヒ宰相《ライヒスカンツラー》（*Reichskanzler*）〔第二帝政からナチス・ドイツの崩壊まで継承された首相の呼称〕に対して、同じ機能を果たしていた。戦争計画局長を務めたことがあるため、クルーガーは、内と外からWDGSを知っていた。だが、ドイツ生まれであるにもかかわらず〔クルーガーはドイツ系で、少年時代に家族とともにアメリカに移民した〕、彼は、ドイツ参謀本部について限られた理解しか持ち合わせていなかったし、その戦友たちの大多数も同様だった。[*79]

近代軍にとって、進歩した計画立案組織が不可欠であることは疑い得ない。しかし、それが一種の二項対立になってしまってはならない。一方に、いつでも端正な身だしなみをしているが軽蔑されている事務屋と「後方勤務者の戦術」があり、他方に「隊付だった期間が長すぎる」という馬鹿げた理由でしばしば昇進できない（今日もっとも進んでいる合衆国の軍隊でさえもそうなのだ）前線将校がいるという二元性である。[*80]残念ながら、ドイツ参謀本部に関する学問的な研究も、多かれ少なかれ、その美化に傾きがちであり、批判的な視点に欠けている。[*81]

理屈の上では、将校は、隊付と幕僚指揮勤務とを交互に等しく経験していくべきである。たとえ、大参謀本部のメンバーだったとしても、だ。現実には、ドイツ参謀本部のシステムは、デスクワークのみで実兵指揮を行ったことがないのに、大きな権限を持つ高級将校を生み出すことがしばしばであった。彼らは一般に、第一次世界大戦の戦闘体験を持たないか、ごく短い期間のそれしか持たず、前線の困難や窮乏、戦争の現実について、はなはだ無知だった。[*82]こうした将校が異論にさらされると、歴史的な対立が生じる。何十万もの将兵の命がかかっているのでなければ、滑稽に感じられるぐらいの対立だ。ドイツ国防軍がさまざまな窮境に置かれた時期、一九四二年八月に、陸軍参謀総長フランツ・ハルダー上級大将《ゲネラルオーベルスト》（*Generaloberst*）は、アドルフ・ヒトラーに北方軍集団の部隊を後退させる許可を求めた。独裁者は、それは実行不能だと判断し、「固守することこそが、部隊の最大の利益にかなう」と応じる。[*83] ハルダーは怒って言い返した。ヒトラーの石頭のおかげで「わが勇敢なる小銃手や下級将校が数千人単位で、無意味な犠牲となって斃《たお》れつつあるのだ」と。[*84] この発言は、かえって独裁者を激怒させた。ヒトラーは参謀総長に怒鳴った。「何がお望みなのかね、ハルダーくん？　第一次世界大戦でもそうだったが、同じ回転椅子に座って、私に部隊のことを説明するだけの君が？　黒色戦傷章一つ持っていないくせに?!」〔ドイツの戦傷章は一九一八年に制定され、戦傷一回から二回につき黒色章、三回から四回で銀章、五回以上で金章が授与された〕[*85] この抗議により、高位の軍人たるハルダーも完全に黙らざるを得なかった。問題となっている戦略はともあれ、ハルダーの経歴についていうなら、独裁者はまったく正しかったからである。ヒトラーのほうは、第一次世界大戦で軍隊に志願し、戦傷を負ったときには一等兵《ゲフライター》（*Gefreiter*）に昇進していた。もっとも、第一次世界大戦で、ヒトラーが勇敢であり、評価されていたというのは、あまりに誇張されている。彼は連隊伝令で、きわめて危険だった中隊伝令の任務は行っていない。それゆえ、連隊の戦友からは、「後方勤務の豚《エタッペンシュヴァイン》」（*Etappenschwein*）と見られていたのだ。[*86] 対照的に、ハルダーはその全生涯を通じて、幕僚勤務しかしていない。ただ、当時のドイツ将校団にあって、これは特異なことではなかった。[*87]

　米陸軍省は、社会学的な構造をもとにドイツ将校団を分析しようとはしなかった。もし、そうしたなら、戦闘経験のある高位の将校は、予想よりもはるかに少ないことを発見したはずだ。何人もの駐在武官から迫られて、G-2（情報部）はようやくドイツ軍将校の個人情報をまとめたデータカードを作成した。このカードの内容たるや話にならず、まったく不正確なものだった。それは、根拠のないうわさ、ゴシップ、風聞にみちみちていたのである。その記述は、あるドイツ将校がナチであるか否かを知るには役立ったかもしれないが、こんな具合だった。ヴィルヘルム・カイテル元帥《ゲネラルフェルトマルシャル》（*Generalfeldmarschall*）は、「お飾りとみなされて」いて、ジークムント・ヴィルヘルム・リスト元帥は「無為であることを強いられ〔ナチスに批判的だったリストは、大戦の後半は何の任務も与えられず、ずっと待機状態に置かれていた〕、忍耐の限界を超えてしまい、ほぼ無気力になって」いる。ヴァルター・モーデル元帥は、『豚野郎《カラクターシュヴァイン》』（*Characterschwein*）。ゼップ・ディートリヒ武装親衛隊上級大将《エスエス・オーベルストグルッペンフューラー》（*SS-Oberstgruppenführer*）は「教育のない田舎者」と決めつけられ、ゲルト・フォン・ルントシュテット元帥については四六時中酒びたりだという憶測が記されていた。[*88] こうしたデータはすべて裏付けがなかったばかりか、彼らが有しているかもしれない軍事的能力や決断力には何も触れていなかったし、いくつかのカードは根本的に間違っていた。よって、この作業全体が馬鹿げたものだったと、著者〔ムート〕には思われる。ハインツ・グデーリアン上級大将のデータカードには、この将校は熱狂的な仕事の虫で、私事に時を費やすことがなく、結果として、仲間たちとちがい、独身のままでいると記述されている。しかし、グデーリアンはすでに二十年以上の結婚生活を送っており、二人の息子は装甲部隊の将校だった。

　合衆国陸軍がドイツ軍将校に関する予備知識を調査検討するのは稀だったものの、ドイツ軍の特定の戦役について考察することには人気があった。米軍将校にとって、プロイセン・ドイツ軍の名声の源である諸戦役を懸命に研究したことは、いくつかの点で、きわめて有益だった。第一次世界大戦において、彼らはドイツ軍と戦うのだが、その戦場の地形は、自国にいるうちにすでに綿密に調査済みということになったのである。[89] 思いがけないことに、米軍将校は、「どの村も町も、この地域のおもだった地理的な特徴はなじみのものだ」と識《し》ったのだ。[90]

ただし、連合軍が標準化された地図を用意していなかったことや、どんなものであれ地図が無いこともしばしばだったことを考えると、そのような知識を過大評価することはできない。とはいえ、過去の戦争におけるプロイセン・ドイツ軍の威名は、かくのごとく、別の戦争での没落に与ったのである。ドイツ軍が敗れたあとでは、その評判がまったく従前通りというわけにはいかなかったのも、驚くにあたらない。多くの米軍将校は、ドイツ軍の戦闘力を見くびるようになった。合衆国陸軍が生んだ、もっとも頭が切れる将校の一人であるジョージ・C・マーシャルは、一九一七年と一九一八年のドイツ軍将兵は、一九一四年のそれとはちがうことに注意をうながしたのだが、ほとんど耳を貸すものはいなかった。[91] けれども、ここでまた、彼が同時代の人間よりも常にものごとが見えていたことが示されたといえる。

第一次世界大戦でドイツ軍と戦った者は、戦時の蔑称を使い、彼らを「ボッシュ」または「フン」と呼んだ。前者はフランス軍、後者はイギリス軍が思いついたものだ。こうした対独戦経験者は、当然のごとく、つぎの戦争でもなお「フン」を用いている。ジョージ・スミス・パットン将軍（USMA一九〇九年）は自ら、第二次世界大戦で戦死したドイツ軍将兵の写真を多数撮影したが、その説明に「良きフン」と書いた[92]〔良き敵兵は死んだものだけという意味のブラック・ユーモアであろう〕。第一次世界大戦に参加していなかった、若い世代の米軍将校は、ドイツ兵のことを「ハイニー」、「フリッツ」、もしくは徴募されてきた兵隊と同様に「クラウト」と呼んだ。「ハイニー」はドイツ語の洗礼名「ハインリヒ」の短縮形で、米軍将兵のあいだでは「フリッツ」〔フリードリヒの短縮形〕と同じく一般的だった。「クラウト」は、ドイツで国民的に好まれている料理「キャベツ漬けと焼きソーセージ《ザウアークラウト・ウント・ブラートヴルスト》」（*Sauerkraut und Bratwurst*）に由来するものと推測される。もっとも、この料理はバイエルン〔ドイツ南部の州。かつてのバイエルン王国で、地方の多様性で知られるドイツでも、とりわけ独自の気風と文化を保っている〕のご馳走なのだが、アメリカ人が思い浮かべるドイツとは、往々にしてバイエルンなのである。

さて、第一次世界大戦を経験した米軍の将校たちに、より人気があったニックネームは、前述の「ボッシュ」であった。フランス語の「頭《カボシュ》」に由来するもので、「間抜け」や「鈍物」を意味する。この他にも、やはり前出の通り、ドイツ兵はイギリス軍から「フン」のあだ名を奉られている。一九〇〇年七月二十七日、中国の義和団の乱を鎮圧するために東アジア遠征軍団《オストアジアーティッシェ・エクスペディツィオーンスコーア》（*Ostasiatische Expeditionskorps*）が送り出される際に、ヴィルヘルム二世帝がブレーマーハーフェンで行った悪名高き「フン族演説《フンネンレーデ》」（*Hunnenrede*）にちなんだものだ。この演説は、典型的なヴィルヘルム二世流で、勇ましく華やか、残虐さが誇張されていた。だが、それはヴィルヘルム二世としても、通常のナンセンスより一段進んだものだった。彼は、助命はするな、捕虜も取ってはならぬとした上で、一千年前にエッツェル（アッティラ）王に率いられたフン族が今日なお強者とみなされているごとく、おのが名を馳せよ、と将兵に命じた。そのようなやり方で、「ドイツ」の名を中国の地に刻み込み、今後は中国人がドイツ人をちらと見ることさえも恐れるようにせよ、と兵士らに訓令したのである。[*93]

十四年後、そして三十九年後にも、世界の別の地域でそうだったように、白紙委任状を与えられたドイツ兵の中国における振る舞いは騎士道的というには程遠かった。連合軍が、つぎの戦争のために、彼らドイツ兵の古いあだ名を取っておいたのもむべなるかな。

当時、在華米軍の大尉だったペリー・L・マイルズは、「武装した小集団に遭遇したドイツ軍が、彼らを蹴散らし、軍人であると民間人であるとを問わず、殺戮する」さまを目撃した。[*94] マイルズは、後知恵のコメントを付け加えている。「われわれは、戦争におけるドイツ人の無情さを、あらかじめ見ていたのだ。このことを覚えておけば、のちの戦争におけるできごと〔第一次世界大戦におけるドイツ軍の残虐行為を指す〕に、ああまで驚かずに済んだであろう」[*95]。だが、合衆国陸軍の記憶力は、ここでも長持ちしなかった。

第一次世界大戦以前とその後にドイツを旅した米軍将校は、ドイツとドイツ人について、きわめて肯定的に描くのが常であった。なんとも意外なことに、そうした称賛を送った者の一人にドワイト・D・アイゼンハワーがいる。とはいえ、ドイツ人に関する彼の意見は、その生涯のうちに何度も、極端から極端へと変わったのだが。アイゼンハワーは、夫人ならびに友人のグルーバー一家とともにドイツ旅行に出かけているが、彼らの旅行日記の一九二九年九月二日月曜日の項には、一週間の訪独の結果、「私たちは、ドイツとその地の人々、美しい風景に夢中になった。〔中略〕われわれはドイツが好きだ！」[*96]

第一次世界大戦直後、ドイツの一部を占領すべく派遣された将校たちの多くには、このような熱狂はみられず、肯定的な声が否定的なそれを圧倒した第二次世界大戦のあとの占領とは著しい対照をなしている。第一次大戦後には、ドイツはわずかな飛び地しか占領されておらず、従って、ごく限られた経験しか残されていないということはいえる。だが、第三帝国が粉砕されたのち、米軍将校たちはドイツを自由に動きまわった。ドイツ人自身の態度にも、大きな差異を見いだしうる。第一次世界大戦後、その軍隊は敗れてはいなかったのだと聞かされた彼らは〔戦場では敗れていなかったのに、国内の共産主義者やユダヤ人が革命を起こして、ドイツを敗北に導いたのだとするプロパガンダ、もしくは伝説。しばしば、匕《あい》首《くち》で背中を刺されたとの比喩が用いられたことから「匕首伝説」などと呼ばれる〕、ヴェルサイユで進行中の講和交渉や占領に憤った。[*97] 一方、第二次大戦後には、ドイツ人は、占領側に対し、従順かつ極度に友好的に振る舞うのにやぶさかでなかった。戦争とホロコーストゆえに、迫害されたり、仕返しをされる恐れがあったからだ。「普通のドイツ人」には、おのれを「ナチス」と区別しておくことが必要だったのだ。[*98] こうした馬鹿げた話がどこでも聞かれるようになったため、ある米軍将校が「本当のドイツ人一人一人に眩しい後光が差しているにちがいないぜ」と皮肉なコメントを加えたほどだった。[*99]

こうしたドイツ軍の評判の下落は長続きしなかった。そもそもアメリカの軍学校では、衰えもしなかったのだ。その理由としては、プロイセン軍とドイツ軍の戦闘に関する資料が大量にあったというのが一つにはあるし、また、ドイツ軍を敵にまわした第一次世界大戦は、かろうじて勝った戦争だという認識がのちに生じたということもある。このような事情から、ドイツ軍の作戦のほうが、連合軍や米軍自身のそれよりも多く議論されるという、奇妙な現象が生じた。とりわけ、圧倒的な数のロシア軍に対してドイツ軍が勝利を得た一九一四年八月末のタンネンベルク会戦は、アメリカ軍の教官や学生を魅了したようである。ところが、彼らの講義や研究は、本書の指揮幕僚大学校を扱う章で示されるごとく、仕事の上で必ず役に立つというものではなかったのだ。

語学力を生かして、フランス語やドイツ語の教範（後者ならば格別だった）を英語に翻訳した米軍将校は、特別の称賛を受けた。それは、第一次世界大戦の終わりから一九三五年にドイツの軍事力が急増するまでの〔一九三五年にドイツは、陸海軍の増強と、ヴェルサイユ条約で禁じられていた空軍の創設を宣言した。いわゆる再軍備宣言である〕「退屈な」時代に顕著であった。活発な将校ほど、やることなすこと、うんざりするようなルーティーンワークばかりで、精神的な刺激がないと感じていたから、この翻訳作業に携わることを選んだ。膨大な課外作業をやることにはなったが、知識の獲得、さらには、その成果が出版されたり、ときには海外旅行をさせてもらえるといったご褒美があったのである。

一八八一年にドイツに生まれ、一九二二年には合衆国陸軍中佐になっていたウォルター・クルーガーは、ドイツ軍の騎兵に関する、途方もない量の文献、さらに、もっと必要とされていた連隊レベルの兵棋演習教範を英訳した。[*100] 第一次世界大戦についての調査のため、彼は、ポツダムのプロイセン陸軍文書館に旅することを許可された。そこで、クルーガーは、ドイツの文書管理官からあらゆる支援を受けた。

翻訳されたフランスやドイツの教範がアメリカのそれの基盤となることもしばしばで、修正されたり、あるいはまったく変更を加えずに米陸軍に使用されることもあった。[*101] 語学力のある将校が、他国の軍隊の重要な教範や専門誌記事、書物を母語に訳すのは当たり前のことである。だが、合衆国陸軍のように、それらを頻繁に採用した軍隊は、実に珍しい。もちろん、こうした処置は、より柔軟な方法につながる可能性がある、異なる視点と「外国のインプット」を得るという点で、大きな利点があった。一方、その不利はというと、ドクトリンの混乱と矛盾を招きやすいことであった。[*102]

合衆国陸軍に外国の軍事教範を用いる習慣があったことは、軍人としての（もしくは学問的な）能力に対する不安感で説明できるかもしれない。合衆国陸軍の将校には自前の教範類を作成する能力がなかったか、あるいは、そのように思い込まれていたのである。とはいえ、それができた場合には、広く称賛を受けた。[*103] アメリカの上級将校、とくにその下級部分の能力に対する信頼の欠如は、以下の章でまた論じることにする。

このようなドイツ軍の教範や専門誌記事の流入、プロイセン・ドイツ軍の戦闘に関する授業、分析、再検討が行われたために、合衆国陸軍将校団においては、仰ぎみるべき軍隊というドイツ軍のかつての勢威が回復された。

第二次世界大戦の決着がつき、ドイツが敗れたのちも、対手であったドイツ軍について米軍将校が下した評価には同族意識があった。多くのドイツ軍将校はナチであり、侵略戦争の罪を負った共犯者、虐殺の加害者であるという点では、米軍将校はおおむね一致していた。けれども、彼らに協力することになったドイツ軍将校は一般に、あらゆる否定的な評価をまぬがれた。ところが、それ以外の者は、極端な猜疑にさらされていたのである。あるドイツ軍将校への敬意は、英語に堪能であるというだけで高くなった。こうしたドイツ将校の評価はすべて、根拠となる事実なしで行われ、むしろ情緒的な理由に依っていた。

ドイツ軍と米軍の将校が第二次世界大戦後に簡単に結びついてしまったのは、彼らが両大戦間期に同様の経験をしていたということで説明できるかもしれない。この事実には、ドイツ軍の参謀将校フリードリヒ・フォン・ベティヒャーが注目している。彼は、一九二二年から一九二三年にかけて、広い範囲にわたり合衆国を旅行し、軍の施設や民間の学校や大学を視察した。[*104] 当時、米独両軍ともに、訓練や装備に対する厳しい制限、全般的な縮小に直面していた。アメリカ軍の場合、その理由は国内的なものだった。まず第一に予算の問題。だが、そればかりではない。今となっては馬鹿馬鹿しい話だが、常備軍保持と軍国主義化に対するアメリカ人の歴史的な恐怖感が作用していたのである。ドイツ軍のほうは、もちろんヴェルサイユ条約の規定による外圧と制限の下、再編を実行しなければならなかった。

いずれの軍隊も、ほぼ同じ規模の将校団を持っていたのだが、合衆国陸軍の数はドイツ陸軍《ヘーア》（*Heer*）よりも少なかった。後者には、ヴェルサイユ条約の定める通り、歩兵師団七個、騎兵師団三個があった。[*105]第一次世界大戦後のドイツには、国防能力を奪われ、不当な扱いを受けているという共通認識があり、そのため、ライヒスヴェーア統帥部と指導的な政治家たちは、早期のうちに、この条約の制限をひそかに有名無実のものとすべきだという了解に達していた。だが、ライヒスヴェーアは了解成立を待たず、すでに段取りに入っていた。たとえ、政治的支援がなかったとしても、ライヒスヴェーアはヴェルサイユ条約を侵害していただろう。その場合は、もっと慎重に行動していたかもしれない。ともあれ、黒国防軍《シュヴァルツェ・ライヒスヴェーア》（*Schwarze Reichswehr*）、さらに、のちの突撃隊《シュトゥルムアップタイルンゲン》（*SA, Sturmabteilungen*）〔ナチス党の暴力組織。一九三三年の政権掌握後、国防軍に替わり、自らが国軍の地位を得ようとするかのごとき勢いを示したが、一九三四年に突撃隊幕僚長エルンスト・レーム以下の幹部が粛清され、政治的には無力となった〕を加えれば、ドイツ地上軍は、合衆国陸軍のちっぽけな地上部隊をはるかに上まわっていたのである。こうした黒国防軍として知られる部隊は、武装していながら、ライヒスヴェーアの正規の建制部隊ではなかった。が、程度の差はあれ、ドイツ軍統帥部の間接的な指揮下にあった。[*106]これらの中には、短期志願で訓練を受け、ヴェルサイユ条約の規定をしだいにくずしていった義勇軍《フライコーア》（*Freikorps*）、国境警備隊、さまざまな種類の民兵隊があった。[*107]唯一、長期服務の前提で、第三軍管区司令部《ヴェーアクライスコマンド》（*Wehrkreiskom-*

mando）により編成されたのが、労働隊《アルバイツコマンドス》（*Arbeitskommandos*）であった。この部隊は、おおやけには軍事施設に隣接して置かれる建設隊ということになっていたが、実際には軍服をまとって兵営に駐屯していたのである。一九二三年までに、その数は一万八千人に達し、重火器はないにせよ、完全編制の一個師団が増加されたようなものだった。[*108]

　一九一九年、義勇軍はドイツ東部地域を転戦しており、その数は、およそ二十万人に達していた。同時期のライヒスヴェーアも、ほぼ同じ数の将兵を有している。[*109]統制は弱かったし、指揮系統はあいまいだったが、これら義勇軍部隊により、旧ドイツ帝国の常備軍に近い数のマンパワーが得られたことになるのだ。しかしながら、この時点で「義勇軍はおそらく単一組織としては、ドイツでもっとも重要な勢力であった」という主張は、誇張が過ぎる。[*110]義勇軍部隊の規模は、消耗した一個中隊から増強された一個連隊程度までさまざまで、指揮系統は統一されておらず、指揮官個人のリーダーシップに頼っていた。[*111]彼らのうちのいくばくかについては、おそらく「軍隊の無法者」――「心理的に復員したくないもの」[*112]という用語がぴったり来るだろう。彼らの多くは互いに協同することができず、軽野砲や塹壕臼砲〔初期の迫撃砲の呼称。塹壕内で使える軽便な火器であったことに由来する〕以上の重火器を保有している部隊はごく少数だった。

　第一次世界大戦後、合衆国陸軍は著しく縮小されたため、一九二〇年代から一九三〇年代初めにかけて、その兵力が十三万五千を超えることは稀だった。[*113]当時は、「歴史上いかなる時代よりも、軍事力を機能させる態勢ができていなかったかもしれない」のである。[*114]そのころ、ドイツ軍の将校たちもおそらく、自らの陸軍について同様に感じていただろう。

両国の軍隊にあっては、将校の進級も、苦痛を感じさせるほど遅々たるペースでしか行われなかった。合衆国陸軍では、中尉から大尉になるのに十三年かかり、しかも、たいていの場合、そのあと十七年は大尉のままに置かれた。[*115] ライヒスヴェーアでは、将校が大尉になるためには、その前に平均して十四年は中尉《オーバーロイトナント》(*Oberleutnant*)の階級で勤務しなければならなかった。[*116] ドイツ軍でとくに難しいのは、少佐《マヨーア》(*Major*)への進級を認められることだった。これは「少佐の曲がり角《マヨーアス・エッケ》」(*Majors-Ecke*)と呼ばれ、伝統的にキャリア上の困難なハードルとみなされていた。

ドイツ軍部は、第一次世界大戦ののち、フランス、イギリス、ロシアによって計画されていた制裁措置を緩和するにあたり、合衆国が味方となって助けてくれるのではないかと、大きな望みをかけていた。ほんの数年前、自分たちがロシアにブレスト＝リトフスクの「講和条約」を押しつけたときには、何の慎みも示さなかったことなど、どこ吹く風だったのだ。しかし、アメリカの政治家は、ヴェルサイユ条約に熱心に介入することなどしなかった。ドイツの希望は、彼らがこれは背中にもう一刺し喰らったようなものだと思うようなやりようで粉砕されたのである。それがなければ良好であった、ドイツとアメリカの将校団の関係にも亀裂が走ったが、それも短期間のことで、すぐに以前の友好的なありかたに戻る。ヴェルサイユ条約第一七九条は、ドイツが他国に駐在武官、もしくは軍事使節を送ることを禁じていたというのに、一九二二年から一九三三年にかけて、ほとんどが高位の階級を有するドイツ軍人およそ三十名が合衆国で歓待された。[*117] この二国間関係について一般的にいわれたことは、軍の関係についても、たしかに同じことがあてはまる。すなわち、「一九三〇年代の合衆国とドイツほど、二つの大国が問題なしにうまく協同していた例はないといっても過言ではな」かったのだ。[*118]

何人かのドイツの高級軍人がウェスト・ポイントの合衆国陸軍士官学校を訪問したが、さしたる感銘は受けなかったようだ。他方、フォード自動車工場見学は、「合衆国に派遣された将校の必須の日程」となっていた。[*119] テクノロジーへの関心は何物をも上回っていたし、アメリカの動員能力は第一世界大戦での米陸軍の戦争努力において決定的だったと、ドイツ将校たちは正しく認識していたのである。こうした知識があり、また、アメリカの潜在的な工業力を目の当たりにして深い洞察を得ていながら、彼らが、この将来の敵の工業発展性を把握するどころか、まったく理解できなかったのは、実に驚くべきことだ。その理由の一つとして、非物質的なもの、意志の力や創造性といった精神的能力こそ、戦争においては工業力よりもはるかに決定的なのだとする文化の障壁が挙げられるだろう。これについては、以下の諸章で論じる。

ヴェルサイユ条約は、ドイツ人にとってトゲであり続けたが、ドイツ軍人にとっては丸太のごとき障害だった。かくも重要かつ厳重に監視されている国際条約の規定を骨抜きにするには巧緻な工夫——そしてまた犯罪的なエネルギーを必要とした。この二つの特性は、第二次世界大戦において、将官や元帥に進級していた同じドイツ将校によって誇示されることになる。充分に力で後押しされて、うまく取り繕われていれば「何でもありの態度でいけ」というのが、多くの将校たちの共通のモットーとなり、そうした態度が客観的には間違いとみなされる場合にも、「彼らの道義心を弱めた」のであった。[*120]

常に民主制のもとに生活し、行動するアメリカ軍の将校には、そんな振る舞いは不可能だったし、考えもしなかった。だが、彼らの創意工夫や「型にはまらない思考」も、同様に試されることはなかったのである。

ドイツでは、若い将校たちが、トラックによる実験をもとにして戦車戦術を創案し——上官の怒りや戦友たちの愚かさに、ひるむことなく対していた。合衆国には、戦車隊が一個あるだけで、これもクロスカントリーでの走行はほとんどできず、消耗や故障、高価な砲弾の費消を厭い、めったに砲撃を行わなかった。この戦車隊が成功しているかどうかは、お偉方の査察に際して、どれだけ多くの戦車と兵員が洗われ、磨きあげられて、「健康的」なところを誇示できるかという基準で、定期的に判定されるといった具合だった。一方、彼らの燃料消費には制限がかけられていたため、長距離走行は困難だった。ドイツでは、青年将校たちが出世をふいにする危険を冒しながら、新しい戦術と兵器を発展させたが、合衆国陸軍では、そうした行動の芽は事実上つみとられてしまい、ぴかぴかに磨いた茶色い靴の陸軍、とりわけ騎兵隊の亡霊が勝ちを得たのである。

　ライヒスヴェーアで育まれた異端者精神は、ドイツ軍に大きな利益をもたらすことになる。だが、それは、将校が陸軍総司令部《オーバーコマンド・デス・ヘーレス》（*Oberkommando des Heeres, OKH*）〔陸軍参謀本部をもとにした軍令機構。一九四一年の独ソ開戦以降は、主として東部戦線を担当した〕や国防軍最高司令部《オーバーコマンド・デア・ヴェーアマハト》（*Oberkommando der Wehrmacht, OKW*）〔国防省の流れをくむ、ドイツ国防軍の統帥機構。ただし、自分以外に権力が集まることを嫌うヒトラーの性向により、その名に反して、陸海空三軍を統合指揮する機能は乏しい〕内で高い地位を得たり、軍や軍集団の司令官になるとともに消え失せた。このことについては、以下のような説明がなされている。「将官への進級が目前になると、野心的な将校も、トップに昇って実践に移せるようになるまで、保身のための用心に自らの思想や理念を隠しておこうと考えるようになる。あいにく、そうして大望実現のために自己抑制を数年間続けると、ついにボトルが開けられたときには中身が蒸発しているという結果になるのが普通だ」。[*121]これほど感銘を与えるものではないが、著者なりの説明を終章で提示することにしよう。しかし、そこにこぎつけるには、何が合衆国とドイツの若者に職業軍人の道を選ばせるのか、任官への最初のステップはどういうものなのかという問いに答えることが重要である。これは、以下の二章で検証される。

いくつかの戦争に勝っているのだから、プロイセン・ドイツ軍をもっと詳細に研究すべきだ。合衆国陸軍がそう決定したとき、その将校たちは、おおむね間違った場所から、自らの文化の眼鏡を通して眺めたため、現実がゆがめられてしまった。いかなる軍隊も計画立案組織を必要とする。けれども、ドイツ参謀本部とは、そのためだけの組織にすぎなかった。ヘルムート・フォン・モルトケ（大モルトケ）に率いられていたときには、それは有能無比に機能したが、そのあとの凡庸な参謀総長たちのもとでは、単なる書類ずくめの官僚組織に堕してしまった。あまつさえ、絶えざる内紛やまったくの無能力ゆえに作戦を妨げさえしたのだ。まず挙げられる例は、モルトケの後継者の一人、アルフレート・フォン・シュリーフェン伯爵によって考案された「シュリーフェン計画」であろう。[*122]それは、一九四五年の壊滅的な敗北に至るまで続いた、ドイツの「当たって砕けろ」式作戦立案という不幸な歴史の始まりとなった。モルトケは常に、万一の事態に備えて戦争計画を提示しており、これは少なくとも二年ごとに改訂された。こうした柔軟で現実的なアプローチは、モルトケの後継者中もっとも傑出していたシュリーフェンにも受け継がれていなかった。シュリーフェンはまた、若き君主に印象づけるため、毎年御前演習《カイザーマネーヴァー》（*Kaisermanöver*）を催した最初の参謀総長である。[*123]しかし、あらかじめ結果を決められて挙行される演習では、指揮官とその部隊の成績はもはや適切に評価できない。こうしたことによっても、青年将校の上級者に対する信頼は損なわれていったのである。

将来フランスを攻撃するために案出されたシュリーフェン計画は、お膳立てされた御前演習を遂行する際と同様のやり方で書かれたものだった。[*124] まったく柔軟性を欠き、存在しない部隊を用いた馬鹿げた計算がなされ、完全に兵站を無視していたのだ。こうした大参謀本部の惨状は、シュリーフェンの後任である小モルトケが計画にほんのわずかな変更しか加えず、しかも対案を用意していなかったという事実が、何よりも雄弁に物語っているだろう。百人を超える、高度に教育され、厳しく選抜された将校たちを自由に使えたというのに、歴代の参謀総長たちは彼らを有効に活用できなかったのである。

それが仮に可能だったとしても、モルトケの後任参謀総長エーリヒ・フォン・ファルケンハインは、一九一六年に、より無能であることを暴露してしまった。戦略的ないしは作戦的な創意工夫を進めることもせず、ドイツはただ出血を強いるだけで、フランス軍を覆滅することができると提案したのだ。そのために、彼が選んだ地点は、ヴェルダンであった。[*125] フランス兵は、この重要な要塞都市の失陥を恐れて、大規模な殺戮の場に誘い込まれるはずだった。そうした信念には毛ほどの根拠もなかったのだが、ファルケンハインの考えではドイツ軍は常にフランス軍に勝ち、ゆえに損害も少ないはずだから、最終的にはフランス軍が潰滅するとされた。[*126] この「作戦計画」すべてが、悲劇的な失敗に終わった。

両大戦間期のドイツ参謀本部は、統合された計画を立案することができなかった。それどころか、「実際、財政、経済、政治、軍事のいずれのファクターも、まったく調整されていなかった」のである。[*127] シュリーフェンがその作戦計画の最終草案を承認してから二十八年後、そして、それが役に立たぬものだと証明されてから二十五年後にあたる一九四〇年に、フランツ・ハルダー上級大将を長とする大参謀本部は、シュリーフェン計画にほんの少し修正をほどこしただけで、基本的にはまったく同様のフランス攻撃計画を推進した。[*128] 大モルトケの死後、ドイツの「偉大な」参謀本部が「想像力皆無であることを示した」のは、これが初めてのことではなく、また最後でもなかった。[*129] この時点よりも前と後で示された大参謀本部指導層の仕事ぶりに照らせば、このように素人くさい作戦案が提案されたのは、ヒトラーの侵略計画への抵抗という含みがあったとする解釈もあるにはある。だが、説得力がない。[*130] 独裁者はすでに将軍たちを侮っており、それは武装親衛隊《ヴァッフェン・エスエス》（*Waffen-SS*）〔もともとはヒトラーの警護隊だったが、政権掌握後拡張されて、実質的には地上戦闘部隊になった。総兵力はのべ九十万近くとなり、陸海空三軍と並ぶ「第四の軍」となった〕の創設と拡張、オーストリア合邦《アンシュルス》（*Anschluß*）、チェコスロヴァキア併合によって如実に示されていた。加えて、ヒトラーは、ポーランド攻撃を指導するに際し、将軍たちに助力を強いていた。ヒトラーの計画は、ドイツ軍部の「きわめて広範囲にわたるコンセンサスによって支持されていた」のだ。[*131] この期に及んで、将軍たちが劣悪な作戦計画を出すことで抵抗がなし得ると考えたというのは、まず、ありそうにない。何よりもドイツは現実にフランスと交戦状態にあり、戦いを遂行しなければならなかったのである。

熟練した参謀将校であり、A軍集団参謀長の任にあったエーリヒ・フォン・マンシュタイン少将《ゲネラールマヨーア》（*Generalmajor*）が、アルデンヌの森林山岳地帯を通過攻撃し、戦略・戦術の両次元において敵に奇襲をしかけるという、フランス攻撃計画のための傑出した新提案を行った際も、参謀総長と彼の周囲の上級将校たちは、愚にもつかない議論でこの案を妨害した。くだんの計画に独裁者の気を引くことは、マンシュタインの下にいた二人の参謀、ギュンター・ブルーメントリット大佐とヘニング・フォン・トレスコウ少佐（*Major*）が策を講じて、ようやく可能となった。トレスコウは、今や大佐としてヒトラー付副官になっているルドルフ・シュムントと、同じ第九連隊に勤務したことがあったのだ。第二次世界大戦中にみられる、こうした実例は、国防軍の上級将校が意志決定する際に、かつて同じ連隊の戦友だったことから生じるつながりが非常に重要であったことを示唆するが、その点についての研究はいまだない。[*132]

フォン・マンシュタインと話したのち、シュムントもその作戦案の健全性を確信するに至り、ただちに策を講じた。あらたに軍団長に任ぜられ、フランス攻撃に参加することになる者たちを、ベルリンでのヒトラーとの朝食会《ワーキング・ブレックファスト》に招待するという「うまいアイディアがひらめいた」ということにしたのだ。[*133] 軍団長のなかにはフォン・マンシュタインも混じっていた。その前に、ある軍団の指揮を任されることになっていたのである。マンシュタインは回想録で、軍集団参謀長の地位に留まる代わりに、軍団長に更迭されたのだとし、この一件はすべて、フォン・マンシュタインが書いた作戦案に関する覚書のために自分に悪意を抱いた陸軍参謀総長フランツ・ハルダーの差し金だと思われると記している。マンシュタインに教えを受けた将校たちも同意見であった。しかしながら、フォン・マンシュタインが経歴的に実施部隊指揮にあたる頃合いにあったこと、また、陸軍参謀総長が彼の異動について裏面工作をはたらいたという証拠がないのも事実である。とはいえ、この発想すべてがハルダーの狭量な性格から出ているというのは、あり得ることだと認めなければなるまい。

朝食会後、ヒトラーと話す機会を得たフォン・マンシュタインは、その新しい計画を提案し、独裁者は夢中になって支持を与えた。ドイツ軍の秘匿名称で「黄色の場合《ファル・ゲルプ》」（*Fall Gelb*）、のちのプロパガンダでは「鎌の一撃作戦」とされたそれは、とほうもない成功を収め、軍事史に名を残している。しかも、同作戦は、大モルトケの時代以来、ドイツ軍が策定した戦略計画のうち唯一決定的な結果をもたらしたものだった。この挿話は、第二次世界大戦でドイツ参謀本部が何らの成果もあげなかったことに照らすと、輝かしい光を放っている。一人の老練なドイツ参謀将校が「黄色の場合」を発想したのだが、上の指導層、とくに戦略策定にあたる部局のメンバーは、これに反対した。その案を議論する度量を示すどころか、握りつぶそうとさえしたのである。[*134]ところが、この作戦は現実のものとなったのだけれど、それは「多数の歴史的偶然が運良く積み重なった」ことによるものだったので、参謀本部のプロ意識や創意工夫のゆえではなかったのだ。[*135]

以後の戦争の経緯は、国防軍がいまだ訓練・装備・補給不足の状態にあるというのに、大参謀本部がソ連に対する自殺的攻撃に賛成したことを示している。軍事の専門家ということになっている参謀本部の者たちは、対ソ戦は「現有装備で遂行可能」と、はっきり述べたのだ。[*136]ドイツ軍で高位にある参謀将校は、軍事的案件について大部分ヒトラーと一致していなかったという理解は、どれもこれも、とっくの昔に伝説の領域に押しのけられている。[*137]大モルトケ以後のドイツ大参謀本部が、優れた組織でもなければ、戦争に勝つために決定的な役割を果たしたわけでもないのは明白だ。なんとなれば、この間、ドイツ人は負け続けているのである。

いかなる組織も、トップからリーダーシップが示されて初めて良好に動く。仕組みによって多くを補うことはできるが、とくに軍事組織には、堅固なリーダーシップが不可欠なのである。「軍隊の頭脳」は、脳腫瘍になりやすい。[*138]ドイツ軍を観察した米軍将校は、あまりにも大参謀本部幻想に囚われていたので、ドイツ軍将校団のもっと重要で、成功につながるような特質を見逃してしまった。米軍は、自らの目的に合わせた変更を加えて、ドイツ大参謀本部をコピーしたが、そのために深刻な官僚主義と部課長間の内紛に苦しむことになった。ジョージ・C・マーシャルが責任者となって、必要なリーダーシップを発揮するのは、のちのことである。アメリカ軍は、ドイツに存在していた、精妙な選抜、教育、任官のプロセスを試行しようとさえしなかった。おそらく、ウェスト・ポイントとレヴンワースの学校が、何十年にもわたり、そうしたことをやっているかのように、うまく取りつくろっていたからだ。この事実については、次章で論じる。

あとにどんな職業軍人教育システムの改革が続いたとしても、それらは本質的に狭量なものにしかならなかった。アメリカ軍の諸学校が相互に連絡を取ろうとしなかったためである。一方、ドイツでは、一つの軍学校は別のそれに進むための踏み石になっていたから、互いに連結したカリキュラムを有していた。指揮統率概念に革命をもたらしつつあった委任戦術に関する議論も、ドイツ軍将校団を有能な集団たらしめた他の特質同様、ドイツを訪れた米軍将校の観察からはまったく抜け落ちていた。

ドイツ軍の洗練された任官システムも、注目されはしたものの、合衆国陸軍では実行されなかった。なぜ、そんなことになったのかという点と米独のシステムの差異については、次章で議論しよう。

第一部　将校の選抜と任官

第二章

「同胞たる将校に非ず」

合衆国ウェスト・ポイント陸軍士官学校の生徒たち

「ひとたび軽蔑を覚えたものに対して、『同胞《はらから》たる将校』として接することは絶対にできない。［中略］戦闘時、自由な国家の軍人を頼りがいあるものとする紀律は、苛酷な、あるいは暴君のごとき扱いによっては得られない。」[*1]

——ジョン・マカリスター・スコウフィールド少将（USMA一八五三年）

「人間を駄目にするのにいちばん良い方法は、ウェスト・ポイントに入れることだ。」[*2]

——陸軍軍医チャールズ・ウッドラフ博士の言葉、一九二二年

第一章で論じたように、ドイツとアメリカの陸軍に、一定程度の「仕組み」の類似性はあるにせよ、両国において、将校への道は著しく異なる。将校になることを望むドイツの若者は、生涯正規軍人であろうと考え、陸軍士官学校生徒になるか、既存の連隊に入って、その目的を達しようとした。[*3]対照的に、ウェスト・ポイントに入学願書を出すアメリカの若者の大多数は、軍学校や士官学校を、学費の高い私立大学では得られない無料の教育を受けるための手段とみなしていた。もっとも、アメリカ青年がしだ

いに、軍隊を貴ぶ気運にかられるようになってからは、少なくともキャリアのスタートだけは軍隊に置こうとすることが往々にしてあった。一九〇〇年より一九一五年にかけてウェスト・ポイントを卒業した将校の八十五パーセントが、退役に至るまで現役軍人の地位にとどまっている。[*4] ただし、長く軍隊にいる理由を軍人精神や責務の観念にのみ帰することはできず、両世界大戦の勃発ということも考慮しなければならないだろう。

ウェスト・ポイントの合衆国陸軍士官学校で学んだ者は少数派にすぎないが、彼らの多くはのちに高位の階級に進級し、アメリカ陸軍の重要な地位のほとんどを占めている。第一次世界大戦中、ウェスト・ポイントの卒業生は全将校のうち、わずか一・五パーセントだったけれど、将官レベルになると四八〇名中の七十四パーセントを構成していた。[*5] 一八九八年から一九四〇年にかけて、恒久的に准将以上の階級に進級した〔米軍では、戦時に臨時昇進させ、復員と同時に元の階級に戻す制度がある。ここで「恒久的に」と表現されているのは、そうした戦時昇進などではないという意味〕将校の六十八パーセントが、この士官学校の卒業者である。このような事情ならびに、単に調査の可能性が限られているという事実から、筆者は、アメリカ側の分析対象をおおむねニュー・ヨークのウェスト・ポイント士官学校とヴァージニア州レキシントンのヴァージニア軍事学校（VMI）に絞った。ただし、必ずしもそれ以外はまったく対象にしないということではない。

独立戦争が終わり、十九世紀の初めにさしかかったころ、合衆国陸軍には、充分な教育を受けた将校団などいなかったし、今もなおそうであるという認識が一般的だった。一八〇二年創立のウェスト・ポイント合衆国陸軍士官学校は、とくに工兵将校を陸軍に供給することを目的としていた。[*6] 「フリードリヒ大王より主たる着想を得た」り、「プロイセンの土台の上につくられた」というのは、あり得ることではあるが、証明できない。[*7]もし、フリードリヒに触発されたのだとしても、米軍将校にあっては常にそうであったように、かのプロイセン国王もまったく誤解されていたのだ。[*8]

陸軍にとって、工兵はかくも重要だった。というのは、独立戦争中に、まったくの民間人であったり、もしくは軍事教育を受けたことのない技術者が要塞や砲台を設計構築すると、機能性や適切な配置よりも「絵になる」外観を重んじるということがあったからである。[*9]こうした無能なやりようが繰り返されたため、この明々白々たる欠陥を是正しようと、議会実情調査団が多数組まれたほどだ。それゆえ、「工兵は、大陸軍《たいりくぐん》でもっとも優れた兵科であろう」という主張は誤解だ。[*10]ともあれ、その結果、新設された士官学校のカリキュラムが、数学と「工業技術的な学問」を重視したのも理解できなくはない。だが、すでに南北戦争以前に、ウェスト・ポイントは陸軍将校全般の育成の場となっていたのに、カリキュラム上の要件は変わらなかったのだ。[*11]将校たるもの、もっと純粋な戦争とリーダーシップへの理解が必要となっていた。それこそ、南北戦争中に渇望されることになるものだった。ところが、ウェスト・ポイントの生徒には、そうした教育はなされていなかったのである。

信じ難いことに、一九〇〇年には、ウェスト・ポイント在校中の四年間に生徒が受ける授業コースの七十五パーセントが、自然科学と工学技術に当てられるようになっていた。[*12]軍事史や近代歩兵戦術の科目を導入すべきだという、旧式カリキュラムの修正要求がなされたが、学術評議会は、現今のそれは「精神的規律」を生み出すものだという主張を行い、すべてに反対した。[*13]この「施政方針《パーティ・ライン》」は一世紀ものあいだ固持されてきたし、現代の歴史書に出てくることさえある。[*14]

ところが、いかにして精神的規律を得るかという問題は、当時の学者たちのあいだに激烈な論争を引き起こしていた。ある者は古典、またある者は自然科学、さらに別の者は生物学を利用すべきだと唱えた。[*15] だが、これらの思想はすべて、若者の心を統制するために老人が思いついた似非《えせ》科学だったと思われる。

ウェスト・ポイントのある古参の教授は、こうした事実を薄々認めて、以下のように述べている。「実際、民間または軍の教育機関のなかにあって、わが士官学校のみが、まったく実利性の観点を持たず、もっぱら精神的規律の価値と涵養という観点からカリキュラムの大半を維持しているのだ」[*16]。将校教育の必須要件《シネ・クア・ノン》である軍事史が、独立した科目としてウェスト・ポイントのカリキュラムに導入されたのは、ようやく一九四六年になってのことであった。[*17]

一九一九年、より近代的な精神の持ち主であるウェスト・ポイントの新校長、ダグラス・マッカーサー（USMA一九〇三年）は、数学や自然科学の割合を減らし、合衆国陸軍の若い士官たちにとって有益な科目を増やそうと、あらたな戦いを挑んだが、ほぼ失敗に終わった。陸軍参謀総長ペイトン・マーチ大将（USMA一八八八年）より、士官学校の新校長に就任するよう命じられたとき、彼は、「ウェスト・ポイントは、四十年も時代から遅れている」と言われていたのである。[*18]

マッカーサーがなしとげたことの多くは、彼がウェスト・ポイントを去ったのち、元に戻されてしまった。とりわけ、そのカリキュラム変更闘争の成果は短命だった。マッカーサーは、士官学校で、また学術評議会で、格段に厳しい姿勢を取ったのかもしれない。というのは、生徒時代のマッカーサーを教えた教授たちがまだ学校にいたのである。マッカーサーが「居座っていること自体が、寡頭支配を及ぼしていた常任教授連にはいらだたしかったにちがいない」[19]という推測は正しい。こうして、三十九歳の若き将軍は「マッカーサーは、第一次世界大戦中に准将に進級している」、ウェスト・ポイントで何十年も教えてきた七十一歳の校長と交替することになった。

この後任校長が、生徒の負担が過剰になっているから、効率的なカリキュラムを組むように、と学科の古参幹部に提案すると、教授たちの狭量さが暴露されることになった。彼らは、自分の担当科目の割り当て時間を倍にし、同僚のそれを四分の一にせよと求めたのである。[20]こうした姿勢のために、いかなる妥協も改革も不可能となった。ある人物は、自分が体験したなかで「ウェスト・ポイントの古参教官団ほど、強力で、深々と掘られた塹壕にこもっている集団はない」と観察している。[21]

かくのごときマッカーサー以前の校長たちがなした闘争は、その後任の校長たちによっても繰り返されることになった。ところが、校長は、望めば、いくらでも長くその職にとどまっていられるわけではない。先任教授連と適性に欠ける学科の教官たちは、校長を「疲れさせたり、やりすごしていることができた」[22]。校長の任期は通常四年だったのに対し、古参教官たちは生涯奉職するのであった。

教授たちを権限で抑えることも不可能なのは自明のことだった。学術評議会の上級メンバーのなかにあって、校長は一票しか持っていなかったからである。しかし、軍隊機関の話なのだから、どんなことでも校長権限の執行命令によって変えられるはずだった。[23]事実、メリーランド州アナポリスの海軍兵学校では、校長が三票を有している。一九〇五年に、ごく短いあいだ、ウェスト・ポイントの校長は追加の票を得ることができた。だが、多くの好ましい士官学校改革同様、その追加票制度もすぐに廃止された。

ウェスト・ポイントの上級教官たちは、全員、もしくは大多数が、退役、あるいは現役の将校だった。それゆえ、校長が命令を実行する上で、なぜ、こうもさまざまな問題に直面したのかという疑問が生じる。[*24] 士官学校教育の惨状をどうにかするために、民間人教官を雇うというのは、一つの解決策だったろう。しかし、わずかな例外を除けば、上級教官たちはそれを拒み続けた。学校の、すこぶる武張った気風を保つためだ。ただし、少なくとも一九一四年には、月に二回、一般大学の教授を講義に招聘するのが慣例となっている。[*25]

ウェスト・ポイントが生徒に課した要件、とくに数学と物理学の科目に関するそれを知って、同校を卒業した父親たちは、入学試験に合格し、またその後のウェスト・ポイントの授業で要求される条件を乗り越えられるようにするために、息子を特別の予備校に通わせることがしばしばだった。[*26] 士官学校生徒は、ただの一科目でも及第できなければ、ほかでどんなにいい成績をあげていようとも、退校もしくは留年になったからである。[*27]

職業軍人教育のための基準はなくてはならない。だが、士官学校生徒が将来将校としてやっていくのに、数学の腕前はある程度あれば充分だということは明白である。その代わりに必要なのは、汲めども尽きぬ指揮統率能力だ。ジョージ・ワシントンの言葉を借りれば、士官学校生徒は少なくとも「長く、苦難にみちた軍務を通じて［中略］得られる知識[*28]」のいくばくかを教えられるべきなのであった。卒業した士官学校生徒が軍の生活を送る上で、四年間に及ぶ工学と数学の訓練がものを言うことは稀であり、こうした分野のスキルは往々にして忘れ去られてしまうことになる。それらが使われることは、まずなかったからだ。[*29] リーダーシップは、常に技術的な技能に打ち勝つ。ところが、ウェスト・ポイントでは指揮統率能力よりも、まさにその技術的技能のほうがずっと重視されていた。あきらかな欠陥だった。がんこな数学教授チャールズ・P・エクルズの教育に関連した問題を検討するために、マッカーサーによって任命された小委員会は、士官学校のシステムの欠陥を指摘し、こう記している。「あまりにも多くの素質優良な生徒が退校させられてきたし、学科中、数学が、不釣り合いなほど大きな割合を占めている」[*30]。

士官学校でも、人格形成が一つの課題であるのは、はっきりしていた。しかし、ドイツの学校ときわだった対照をなすことだが、士官学校の教授たちは「人格を高めるのにベストのやり方は何かという点について、必ずしも完全な一致に至っていなかった」[*31]。あきらかに、人格形成は、服従、広範囲にわたる教練、「精神的な規律付け」に道を譲っていたのだ。

片寄った教育は、結果として、合衆国第二十六代大統領セオドア・ローズヴェルトの介入を余儀なくされるという事態さえ招いた。彼は断言している。「数学の訓練は、工兵や砲兵に必要な事柄で、それは疑いない。けれども、騎兵や歩兵にとっては、まったく重要ではなかろう。明日戦争になって、要職に任じる将校を常備軍から選ばなければならないとしたら〔アメリカ陸軍は第二次世界大戦に至るまで、伝統的に常備軍は小規模に抑え、戦時には民兵と志願兵により拡充するのが常であった〕、数学の知識など、ホイスト〔四人でプレイするトランプ・ゲーム。コントラクト・ブリッジの原型といわれる〕やチェスのそれ程度にしか重んじられないだろう」[*32]。

そのとき校長だったヒュー・スコット大佐と専任教官たちは、ねじれた論理で応じた。数学を学ぶことは、将来の将校にとって、「いつ、いかなる種類の任務達成を要求されても、不慣れなことをも躊躇なく行い、誤りなく不屈の精神を以て結果を出せるようにするための」手立てだというのだ。[*33]

大統領の正しさを疑う余地はない。事実、のちに傑出したリーダーとして一般に知られるようになるウェスト・ポイント出身者の大多数は、並程度の学業成績でこの学校を卒業しているのである。[*34] なるほど、少なくとも統計的には、士官学校で好成績を収めることと軍人としての出世のあいだには相関関係があるだろう。しかし、上の階級を得たことは、星付きの軍服にふさわしい〔将官を示す〕、優れた将校であるという保証にはならない。[*35] 合衆国軍隊の将校進級システム、なかんずく将官選抜のそれは、第二次世界大戦以来ずっと批判されてきたし、つい最近もそうした議論が盛んになってきている。もっともなことだ。[*36]

ウェスト・ポイント入学者が将官に至るまでには、踏むべき長い道がある。とはいえ、士官学校卒業者は、非卒業者よりも一般に成功している。ごくわずかだが、歳をごまかしたり、証明書を偽造して、規定よりも上か下の年齢の者が入校を許された例があるものの、ウェスト・ポイントが受け入れるのは、十七歳から二十二歳までの若者であった。[*37] 入校志願者は、十八歳の時点で身長五フィート五インチ〔約百六十五センチ〕以上でなければならない。[*38]

生徒の大多数は、上院議員の推薦状を得て、ウェスト・ポイントに入校する。[*39] 議員一名につき、自分の担当地区から毎年一人若者を選ぶことができるから、合計で一州から二名ということになる[*40]〔アメリカの上院議員の定数は一律、一州につき二名〕。こうしたシステムは「民主主義の自衛策」として、政党や派閥が将校団を支配できないようにし、あらゆる州の若者が士官学校に入れるようにするための保険となっているのだ。[*41]

元士官学校生徒の日記や手紙に、えこひいきについて書かれていることは、ごく稀である。上院議員が候補者を決めるのは、自ら催すか、学校や公務員評議会が実行する競争的試験によるというのが普通だった。[42]しかしながら、統計上の数字は、以下のことを示している。すなわち、選抜された志願者のうち、相当多数の者がウェスト・ポイントに出頭することさえしていない。最初から確固たる決意を持っていなかったのだ。一世紀強のうちに、実に二千三百十六人もの候補者が、推薦を受けながら志願申告しなかったのである。[43]陸軍が将校を必要とした時期、とりわけ一九一四年から一九一六年のあいだにも、政治家たちは充分な数の候補者を指名してこなかったし、その時期ウェスト・ポイントに入校したものの六十五パーセントは、いかなる入学試験も受けずにきたのであった。[44]

このように、士官学校入校という問題は、ごくささいなことに思われてきた。だが、そこで生き残っていくのは、はるかに難しかった。新しい校長マッカーサーは、その事実をよく知っていた。陸軍最年少の准将であり、フィリピンの諸戦闘と第一次世界大戦で多数の勲章を得たマッカーサーは、ウェスト・ポイントを大幅に改善した。とくに、「マッカーサーの最下級生徒システム」を導入し、最下級生徒の扱いを変えたことが顕著である。[45]それによると、たとえば「しごき」に積極的に反対する行動を取らなかったものには、いかなる名誉も与えられない。単に「しごき」をやらない、もしくは見て見ぬふりをするというのでは、もはや不充分だったのだ。

マッカーサーは、士官学校生徒が在校中に経験するであろうことを、根幹から変えたいとも望んだ。彼によれば、それは「異常なほど拘束的」[46]だったのだ。ウェスト・ポイントは、その「生徒たちは誠実で正直だと誇る」のが常であるのに、「この中世の本丸から、門を抜けて外出させるほどには信用していな」かった。[*47] この矛盾した態度に、マッカーサーが注目したのは正しかった。彼は、一八九九年に最下級生として、こうした拘束やしごきを経験している。「鷲にされる」、つまり担架から吊り下げられ、それから二十二分間「シャワーを浴びる」ことを強いられた。これらについては、あとで説明しよう。そういった扱いを受けたマッカーサーは疲労困憊し、意識を失った。生徒間に共有されている、誤てる名誉規範に従い、マッカーサーは最初、議会の聴聞会で彼を痛めつけた男に不利な証言をするのを拒否した。軍法会議で、真に正しい名誉ある行動について諭されて、マッカーサーはようやく彼をしごいたサディストの名を告げたのである。

この現象、しごきについては、本章で綿密に論じることにする。なぜなら、こうした発想は、軍隊におけるリーダーシップの原則すべてに反するというのに、合衆国陸軍士官学校では、かなりのしごきが常に存在しているからだ。

ウェスト・ポイントの教育は四年制であるが、そのうち第一年がもっとも脱落率が高かった。「平民《プリーブス》」と呼ばれる新入生は、それぞれ、「二歳馬《イヤーリングス》」、「乳牛《カウズ》」、「一号《ファースティーズ》」と称される二年生から四年生までの上級生に、好き勝手に弄ばれたからだ。後者は、絶大な権力を持っていた。他の士官学校でも、新入生は、呼び方こそさまざまであるものの、蔑称で呼ばれていた。ヴァージニア州レキシントンのヴァージニア軍事学校（VMI）では「ネズミ《ラット》」、サウス・カロライナ州チャールストンのシタデル校では「こぶ《ノブズ》」〔髪を剃った坊主頭に由来する〕だ。

入校後最初の数週間には、「けだもの兵舎《ビースト・バラックス》」という、実にふさわしい俗称が付けられている。その間、プリーブスは、情け容赦のない嫌がらせ、侮辱、健康上とても推奨できないような激しい肉体訓練を耐え抜かねばならないのだ。この過程は「しごき」と呼ばれ、その苛酷さは、年度と生徒中隊によって、さまざまに異なる。それは、時代を超えて、合衆国陸軍士官学校の生活の一部であった。[*48] この苦行は、「けだもの兵舎」の数週間のあと、いくぶん厳しさは弱まるものの、終わるどころか、「平民学年」〔第一学年〕を通じて続いていく。プリーブスは上級生のなすがままだ。

上級生のいくばくかは、「決まりごと」で、そうするよう期待されているからという理由で、しごきに関わった。だが、他の者はサディズムゆえにしごいた。ひそかなしごきのテクニックを集めて記せば、サド侯爵著作集の補巻であるかのごとくに感じられるだろう。極端に厳しいヒエラルヒーのなかに追い込まれた若い男性が、注意も受けぬまま、何十年にもわたって磨きあげられたしごきのテクニックをしこまれたなら、何をなし得るか。そうしたことの集積を、これらのテクニックはわかりやすく示しているのだ。

ウェスト・ポイントで本格的にしごきがはじまったのはいつなのか、いまだにあきらかではない。おそらく、南北戦争よりあとのことと思われるが、あるいは士官学校創設以来存在していて、単に残忍さが増しただけなのかもしれない。[*49] 一八三〇年代を通じて校長を務めていたシルヴェイナス・セイヤー（USMA一八〇八年）の任期の末に、しごきが生じたとする向きもある。[*50] セイヤーはまた、生徒たちの規律弛緩をなくそうと常に努めていたため、生徒の外出を大幅に制限する規則を公布した。[*51] しかしながら、規律の維持に必要なのは、何よりもまずリーダーシップであって、服務規程ではない。前者は、ただ模範を示すことによってのみ得られる。多くの校長たち、ウェスト・ポイントの隠語でいう「スプ」〔supes. superintendent に由来する〕は、必ずしも生徒たちの役割モデルにぴたりと当てはまるわけではなかった。[52] しごきは「サディズムに堕落」することがあったし、『古手の卒業生《オールド・グラッズ》』や校長には上級生の肩を持つ傾向があったから、よけい悪化した」。これは、本章後半で実証しよう。[53]

プリーブス虐待による放校者の数は、南北戦争後に増加している。だが、こうした数字は、どの時代をみるにせよ、しごきの激しさを判断する基準にはほとんどなり得ない。この恥ずべき行為が、通常、上級生を懲戒する権限を持つ将校が見ていないところで生じるからというだけではない。放校された生徒のうち、半数近くがのちに士官学校に復帰しているのだ。一八四六年より一九〇九年までのあいだに、放校、もしくは退学を強いられた四十一名の生徒のうち（対象期間はかなり長い。また、この問題の大きさを考えれば、相対的に少ない数である）、十八名が復帰した。[54] プリーブスしごきが頻繁になったと推定される時期には、もっと多くの放校処分になった者が再入学している。[55] 士官学校首脳部に、しごき問題に断固として対応する意思などなかったことが、はっきり示されているといえよう。

軍学校以外の大学におけるしごきに関しては多数の書物があるが、管見の限り、陸軍士官学校のしごきの歴史を学問的に研究したものはない。[56] 不幸なことに、しごきは、アメリカの民間大学に、ごく初期から広まっていた。そこでは、学生たちは「苛酷な処罰を通じて、上下関係の重要性を」学ばなければならなかったのである。[57] おそらく、ジョン・アダムズ〔第二代アメリカ大統領。一七三五〜一八二六年〕の「男になるとは何を意味するのか、あるいは、どうやって男になっていくのかということを、青年が理解しづらいような社会では、男らしさを得るための通過儀礼として、軍隊勤務を推奨すべきだ」という言葉は、軍人たちに誤解されたのである。[58] 男を育てるという発想は、時を経てプリーブスが「けっして坊やではない」[59] 者として扱われるようになるにつれて、消えたと思われる。だが、軍の諸学校では、あとになるほど、より苛酷な通過儀礼がはびこり、しごきは激しさを増していった。つまり、本書で観察する時期、主として一九〇九年から一九二七年に卒業した者のあいだでは、しごきは、一九六〇年代、もしくは七〇年代より、まだしもきつくはなかったのだ。[*60] 日記や回想録、学問的な著作などを比べれば、そうした理解が得られる。ドワイト・D・アイゼンハワー（USMA一九一五年）などは、上級生にいたずらをしかけても大丈夫だった。[*61] ベンジャミン・アボット・「モンク」・ディクソン（USMA一九一八年）は、早くも十代のころからウェスト・ポイントの教育システムに批判的であったが、「矯正具」をやられた経験しかないと記している。これは、直立不動の姿勢のことを誇張した表現だ。[*62] 後に傑出した情報将校になるディクソンはまた、「W（ウェスト）P（ポイント）の単調さには飽き飽きした」との感想を残した。[*63] 士官学校卒業からわずか二年で、ディクソンは将校の職を辞し、ある大学に入り直している。ウェスト・ポイントで学んだことは、「私の幼なじみだった若者たちが教育によって得た能力に比べて、水準以下」だと確信したからだった。[*64]

「平民」時代のドワイト・デイヴィッド・「アイク」・アイゼンハワー（右）。1911年秋、ウェスト・ポイントにて、友人のトミー・アトキンズ（左）とともに。プリーブスは、微笑むことも声をあげて笑うことも控えていた。さもなくば、上級生から罰をくらうことになったからである。［ベイブ・ウェイアンド撮影、ドワイト・D・アイゼンハワー図書館］

上記の諸体験よりも軽いしごきが存在した

ベンジャミン・アボット・「モンク」・ディクソンは、すでに10代だったころにウェスト・ポイント教育の問題に気づいており、その日記は、同校での体験を率直に評価したものになっている。彼は、しごきは子供っぽく、軍人らしくないことと馬鹿にした。士官学校卒業の２年後、ディクソンは将校の職を辞し、ある大学に入り直している。ウェスト・ポイントで学んだことは、「私の幼なじみだった若者たちが教育によって得た能力に比べて、水準以下だ」と確信したからだった。［合衆国陸軍士官学校図書・文書館］

ことは、その当時、陸軍士官学校が、しごきに対する厳密なガイドラインを定めたことからもわかる。次章で論じるドイツの陸軍幼年学校の規則同様、それは曲解の余地を残さぬものだった。[*65] 漠然とした文言でしごきを定義するのではなく、禁止された行動のリストが付け加えられ、上級生たちの抜け道はなくなったのだ。

しごきのやりようは、想像し得るかぎりの身体運動と肉体的虐待を含んでおり、通常、プリーブスが意識を失って倒れるまで続いた。身体運動は、たとえば、「平民」の身体の下にガラスの破片を置き、容赦なく腕立て伏せを強いるといったふうに、より厳しいものにすることができた。プリーブスの髪を糖蜜で固め、アリ塚近くの地面に縛りつけたり、何時間もロッカーに閉じ込めるというようなこともなされた。大量の飲食を強いられることもある。互いに反吐《へど》をかけ合うために、だ。[*66] 普通の食事でさえも、「狙いすました拷問の実行」になり得た。[*67] ときに、プリーブスは食物や水を奪われて身体運動をやらされ、栄養障害や脱水症状で参ってしまった。「シャワー」というしごきは、こうだ。プリーブスは、毛織物製の制服、いわゆる「最下級生の肌」と重いレインコートを着て、壁を背にして、後頭部と壁のあいだにグラスを挟んで、立たされる。心身ともにストレスがかかり、また通風が欠けていることから、あっという間に汗が噴き出て、彼らはびしょ濡れになる。これが「シャワー」で、すぐに脱水症状を引き起こす。グラスを地面に落とすと、ひどいことにその代金を支払わされる。だが、通常は、卒倒するまで立たされっぱなしなのだ。新入生はかくも貶められているため、上級生が

1944年ベルギーにおける米第1軍戦術指揮所。参謀長のウィリアム・B・キーン（左）が、第1軍司令官コートニー・H・ホッジス中将（左から2番目）に、南ドイツに展開した諸部隊の位置を地図で示している。ともに見ているのは、G-3作戦参謀のトルーマン・C・トーソン准将（1番右）、第1軍首席砲兵将校チャールズ・E・ハート准将（右から2番目）。中央の、ひどく退屈しているのを隠しかねている、口ひげをたくわえた男が、当時第1軍のG-2情報参謀だったモンク・ディクソン大佐である。彼は、キーンを嫌っていた。キーンは、幕僚たちをウェスト・ポイントで「二歳馬」がプリーブスに対しているかのように扱うし、ディクソンのドイツ軍に関する洞察を自分がやったものとして示したというのだった。
ディクソンは、今日「バルジの戦い」として知られる1944年12月のドイツ軍反攻を、開始日に至るまでほぼ正確に予測した。のちに有名になった情勢判断第37号は握りつぶされた。ドイツ軍はもう絶体絶命だとみなが考えているときに、彼らは逆襲してくるかもしれないなどということは、誰も聞きたくなかったのである。［米陸軍通信部隊撮影、ドワイト・D・アイゼンハワー図書館］

小便をかけることさえある。アメリカの軍事学校ではどこでも、規則により、プリーブスは上級生の従僕を務めなければならない。彼らは、上級生のなすがままにされる。上級生は、ほんの少しでも監督者の眼がなければ、それをよく承知した上でプリーブスに、想像をはるかに超えるような非道な行為をしかけた。[*68]

しごきは他の領域にも浸透し、士官学校の体育学科で優秀な成績をあげている者をおびやかしさえした。体育学科のコーチは、ときに上級生たちに、チームメイトのプリーブスを保護せよと指示した。彼らは、虐待によって心身ともに消耗しており、長期にわたりスポーツのトレーニングや試合ができない状態になっていたのである。しかし、士官学校のスポーツ・チームに上級生が少ない場合には、そうした保護も限られたものとなり、しごきに関連した退部により、チームが最良の新入生選手を失うこともしばしばだった。アメリカの軍事学校でどういうことがあるのかを知る手がかりさえも持たないコーチは、いきなりベストの選手を失って困惑するばかり、なぜ最高の基幹要員が抜けてしまったのかといぶかしむだけだった。[*69]

第二次世界大戦と朝鮮戦争における、もっとも優れた指揮官の一人であったマシュー・バンカー・リッジウェイ（USMA一九一七年）は、しごきのシステムに疑義を示し、「心身ともに傷つき、痛めつけられた者が、だいたいウェスト・ポイントに入学するなんて無分別なことだったんじゃないかと自問する夜が多々ある」と詳述している。彼が頑張る、おもな理由は、「父も耐えたのだし、何千もの他の連中もへこたれずに切り抜けた。彼らにできたのなら、俺にもできる」[*70]という考えだ。リッジウェイ自身も、「個人的な嫌がらせ」の一年間が終わって、初めてウェスト・ポイントの生活を楽しむようになった。[*71]

将校にしごきを取り締まらせようという試みがなされたのはあきらかであるが、それも失敗した。将校には、十代の若者の乱暴を抑えるだけの確固たる意志や根気が欠けていたからである。[*72]

ウェスト・ポイント創設以来、当局は公式にしごきを禁止することを繰り返してきた。最後に禁令が

ウェスト・ポイントの最終学年、「一号（ファースティーズ）」時代のマシュー・B・リッジウェイ。リッジウェイは、新入生のころにひどいしごきに遭ったため、そうしたシステムを疑うようになった。退校しなかった唯一の理由は、彼の父も士官学校の卒業生だったから、それよりも劣る男になりたくはないという考えだった。［米陸軍軍事史研究所、ペンシルヴェニア州カーライル］

少将に進級、1943年のシチリア進攻作戦で、有名な第82空挺師団を率いているころのリッジウェイ。彼は、常に前線で指揮を執った。ここでは、指揮用ジープの無線機によりかかり、フランク・モラング曹長に対し、前進する部隊を指し示している。左手のウェスト・ポイント卒業指輪に注目。［米陸軍通信部隊撮影、ドワイト・D・アイゼンハワー大統領図書館］

出たのは、一九九〇年代初めだった。多数のしごきスキャンダルが「ハドソン・ハイ」〔Hudson High. ウェスト・ポイントがハドソン川沿いの高地に位置することに由来する異称〕を揺るがしてきた。けれども、残忍な行為は存在し続け、おそらくマッカーサー校長時代という例外を除いては、こうした非人間的な蛮行を真剣に止めようとするものがなかったことを示している。生徒隊〔士官学校の生徒は、軍隊にならった隊組織に編成される〕は、自らが望んだときにのみ変わる。この点は、何度となく指摘されてきた。[*73] しかし、こうした言明に従うなら、校長や士官学校の監事長などの指揮統率能力が疑問視されることになる。

また、しごきによって、合衆国陸軍最良の将校の一人があやうく失われかけたこともある。ヴァージニア州レキシントンのヴァージニア軍事学校（VMI）出身のジョージ・C・マーシャルは、「ネズミ《ラット》」のときに、残酷なしごきを受けて、重傷を負った。そのために、彼の軍歴は、はじまりもしないうちに終わったということになりかねなかった。[*74] マーシャルは、直立させた銃剣の刃の上にしゃがみこむことを強制され、ややあって力尽きた彼が倒れるとともに、臀部《でんぶ》がひどく切り裂かれたのである。[*75] ウェスト・ポイントでも、特別に危険なしごきをやるのは普通のことだった。「南部のウェスト・ポイント」とあだ名されるVMIは、フランシス・ヘニー・スミス（USMA一八三三年）によって創設され、何十年にもわたって彼に指導された。スミスは、しごきは、学校の運営システムに一致しているとして、それを許していたのである。[*76] 一九〇三年にVMIの「ラット」となり、一年後にウェスト・ポイントに転校して最下級生となったジョージ・S・パットンは、こう記している。ウェスト・ポイントのほうが「より懸命に踏ん張って」いなければならなかったし、上級生のプリーブスに対する振る舞いは

「数年で士官学校を崩壊させてしまうだろう」と。[*77] しかも、パットンは数学で落第したために、士官学校の一年生を二度やっているのだ。

しごきのシステムは、建前上はウェスト・ポイント精神を支えてきたことになっている「責務・名誉・祖国」というモットーを傷つけてきた。それはあきらかだ。事実、一八七六年より一八八一年まで士官学校校長だったジョン・M・スコウフィールド少将は、しごきを「すべて根絶する」のは名誉の問題であるとした。それは「将校にして紳士たるものにはふさわしくない」からだ。[*78] スコウフィールドの努力が徒労に終わったのは明白だった。およそ一世紀のちも、生徒たちはなお『平民』として一週間を暮らしたのち、ゆがんだ名誉観を抱いて去っていく」のである。皮肉なことに、プリーブスに「名誉」を教えた上級生たちは、寄宿舎に戻るなり、彼らを残忍に扱うものだから、最下級生は「自分たちが名誉ある人間とは思えなくなる」のだ。[*79] よって、生徒たちは、このような悟りを得る。「ウェスト・ポイントの名誉に関する真実とは、現実には常に相対的なもの。ずっと教え込まれてきたように絶対のものではない」。[*80]

学年が進んでも、何も変わりはしな

ヴァージニア軍事学校生徒隊長時代のジョージ・カトリット・マーシャル。VMIでのマーシャルは、数学や工学の過剰負担にくじけはしなかったが、旧来のままのしごきが待っていた。マーシャルは、あるしごき事件で重傷を負い、合衆国は、最良の将校の一人を、彼が任官すらしていないうちに失ってしまうところだったのである。[ジョージ・C・マーシャル財団、ヴァージニア州レキシントン]

ジョージ・C・マーシャルが生徒隊長として、行進場で自分の「生徒中隊」の前に立つ。背景右側にあるのは、ヴァージニア軍事学校の一方の翼。同校は「南部のウェスト・ポイント」と呼ばれ、建築までも合衆国陸軍士官学校に酷似している。［ジョージ・C・マーシャル財団、ヴァージニア州レキシントン］

いのは注目すべきことである。「もっとも苛酷に扱われてきた生徒の多くは」、上級生になると、「最悪の軍旗捧持伍長、すなわち、いちばん嗜虐的な小隊長」に化けるからだった。[*81]

訪ねてくる卒業生も、生徒たちを注意したり、制止するようなことはまったくやらないのが普通で、それどころか、「平民システムをもっと強化せよ」と生徒をたきつけ、いかにウェスト・ポイントが軟弱になったか、自分たちのころはずっと厳しくて、男らしかったと吹聴する。[*82] 彼らが、DOGども、つまり「ご機嫌斜めの老先輩」［Disgruntled Old Grads］とあだ名されるのも無理からぬことだ。そのときどきの校長や古手の教官たちとともに、「ご機嫌斜めの老先輩」も、「平民システム」を二世紀近くもはびこらせてきたことに責任があるといえる。[*83]

アメリカの将校がプロイセン・ドイツの軍事文化と歴史を判断しようとする際に、よくあることだが、ある教官が、歴史をまったく誤解して、「フリードリヒ

〔大王〕の厳格で無慈悲なシステムをもとにした」ウェスト・ポイントの規律は「十八歳の者には苛酷すぎる」とみなしたことがある。*84 この言葉の後半が正しいのは疑いない。けれども、前半はすべて思いちがいだ。こと新兵の扱いになると、旧プロイセン軍〔三四頁訳注参照〕は当時としては最先端かつ近代的な規定を有していた上に、将校ないし将校志願者に肉体的な処罰を与えることは国王その人によって禁じられていたのである。王立プロイセン歩兵隊規定《ルグルマン・フォア・ディ・ケーニクリヒ・プロイシッシェ・インファンテリー》（*Reglment vor die Königlich Preußische Infanterie*）が、他のヨーロッパ諸国の軍隊に模倣されたのも当然だった。*85 ただ、旧プロイセン軍の連隊長が、将校志願者として受け入れたユンカー〔東部ドイツの地主貴族。将校や官吏の供給源となり、プロイセンの支配階級となった〕の子弟が多すぎた場合には、互いにしごかせるということはあった。そうして、弱いほうを去らせ、残ったものは上にいくことができる。早期に少尉見習になることもあった。この過程は「嚙みあわせ」《アウスバイセン》（*ausbeißen*）と呼ばれたが、

海岸のお偉方（ブラス）。上陸1週間後のノルマンディ海岸におけるアイゼンハワー最高司令官［正面左］とマーシャル参謀総長［中央で顔を上げている］。両者とも功績をあげ、合衆国陸軍の将校教育システムにおける例外的存在となったのである。［ジョージ・C・マーシャル財団、ヴァージニア州レキシントン］

支持されてもいなければ、大目に見られていたわけでもなかった。[*86] フリードリヒは、おのが指揮官たちに対し、将校志願者を過剰に取らないよう、いましめている。

ウェスト・ポイントでうまく過ごした者やそれができなかった者が書いた文献に、常に繰り返し現れるお決まりの記述がある。いつでも、最低一人は、格別たちの悪いいじめっ子、サディストがいて、ときには一人か二人のごろつきと組んでいる。そいつは上級生で、生徒隊の小さなヒエラルヒーのなかで役職を得ていることさえある。[*87] 彼とその仲間は夜を日に継いで、最下級生と友人たちを容赦なく苦しめ、くじこうとする。優れた資質を持ちながら、この無意味なシステムに耐えられず、あるいは耐える気をなくして、親友たちの多くが退校していく。また、指導者として優秀なコーチか、戦術士官がいて、最下級生に再び信念を持たせ、最初の苛酷な一年をやり抜かせる。[*88] 戦術士官は、生徒中隊一個を監督するものとされた役職だ。この職務で重要なのは「監督する」ことであって、「指揮する」のではない。現実には、戦術士官は「おおむね関わり合いに」ならないのである。[*89] また、彼らが、塔の上にいる「人食い鬼の親玉」で、「チェーン店の店長よりも見つけにくい」〔アメリカでは、顧客がチェーン店で商品の苦情を言おうとすると、責任者の店長はどこかに雲隠れしてしまうという、ステレオタイプな固定観念がある。それに引っかけた皮肉〕とみなされる場合もある。[*90] 多くの戦術士官が、新入生に加えられる暴虐に眼をつぶる。ウェスト・ポイントの卒業生として、こうしたやり方に同意しているか、敢えて生徒隊のことに責任を負う気にならないからである。どう考えても、両方とも悪いリーダーシップの見本にほかならない。

「平民」が、その人となりを知って、尊敬するような士官学校生徒は、しごきなどやらないだろう。しかし、いじめっ子とそのサドの友人たちは卒業し、合衆国陸軍の将校になる。彼の名誉は確たるもので、ウェスト・ポイントの教育システムによって鍛え上げられたことになっている。だが、彼の下で苦しんだ者にとっては、その指揮統率能力はすでに疑わしいものだ。[*91] こうした機械的に卒業した者においてこそ、システム全体に関わる別の問題があきらかになる。かつての卒業生たちは往々にして、これらの諸問題をあいまいな物言いでつくろいがちである。「生徒隊には、名誉という規範の意味と有用性について、多少ゆがんだ理解があるようだ」と、最低限のことを認めるといったぐあいだ。[*92] より説得力があるのは、「生徒たちは、しばしば倫理的な名誉と強がりを混同している」という言明である。[*93] この重要な案件について混乱が存在するという点は、たしかにその通りだろう。

成功した卒業生に関する文献は、たっぷりとある。しかしながら、ウェスト・ポイントを去った者、優れた将校になり得たかもしれないのに、愚かで苛酷なシステムに我慢ならなかった者について、研究者たちは調査をしていないも同然である。彼らが、「少年以下」、子供のような扱いをされたことについても研究されていない。第二次世界大戦で第八二空挺師団の傑出した指揮官だったジェームズ・モーリス・ギャヴィン（USMA一九二九年）は、そうしたことを充分に認識していたし、戦争から戻ったら士官学校を改革したいと願っていた。[*94]

カール・A・「トゥーイ」・スパーツ（「トゥーイ」は、同期生のF・J・トゥーヒーに似ていたことから付けられたあだ名）も、無意味なしごきのために、あやうく入学三週間で退校するところだった。[*95] 友人たちが残るように説得し、彼は一九二四年に卒業した。その後、スパーツは、航空戦の専門家となり、そして第二次世界大戦中にはアイクの頼りになる盟友にして、その部下の指揮官中最優秀の一人となったのである。

ウェスト・ポイントで失敗しても、その陸軍指向をなくさぬ頑固者もいる。彼らは陸軍に入隊し、叩き上げで進級していく。ウェスト・ポイントほかの軍事学校向きの人材ではなかったとしても、将校となるべき資質の持ち主だったことを示すのだ。この二つの資質は、まったく異なるものであるにもかかわらず、しばしば混同されてきた。[*96] ダグラス・マッカーサーは、こう言ったとされている。「この学校を去った者で、民間で成功したり、陸軍に戻って、たいていの士官学校卒業生よりも信頼できる仕事ぶりを示す者がいるではないかという批判が多数ある」。[*97] その、ほんの十五年ほど前に、陸軍参謀総長だったフランクリン・ベル将軍も、ある手紙に同様の懸念を表明していた。彼が恐れていたのは、「ウェスト・ポイントの教官団は、［中略］ウェスト・ポイントは陸軍のために維持されているのであって、ウェスト・ポイントのために陸軍が維持されているわけではないということを忘れがち」だということであった。[*98] ベルの言葉は誇張ではなかった。陸軍省が、マッカーサーの前任校長であるサミュエル・エスキュー・ティルマン大佐（USMA一八六九年）に、第一次世界大戦で大きく増加した将校の需要に応じるため、在学中の生徒たちの卒業を早めるように命じたことがある。これに対し、ティルマンは、「彼らが士官学校を潰滅させてしまおうと意図するその理由がわからない」と発言したと伝えられている。[*99] 数十年あとの陸軍参謀総長たちも、ベル先輩と同じ観測を示した。クレイトン・ウィリアムズ・エイブラムスは、ジョージ・C・マーシャルから二十五年ほどあとに、陸軍参謀総長職に就いたが、似たような不安を表明している。エイブラムスは「ウェスト・ポイントの孤立を心配している。それは、現実の陸軍とは似ても似つかぬ。従って、卒業し、任官したあとにこなさなければならない職業的な環境に順応する用意が士官学校卒業生にはないということになる」[100]。実に五十年ものあいだ、士官学校の核となる部分は、さしたる変化なしで来たのであった。

数字も、この問題をきわだたせている。開校以来最初の一世紀のあいだ、退校になった三千八百十六名のうち、将校たる者にとっては、リーダーシップについで最重要な知識である戦術で落第したのは、ごくわずかだった[101]。ひたすら複雑な計算を重ねて、この発見にたどりついたジョゼフ・P・サンガー少将は、正しく指摘している、「これは、軍事学校としての士官学校の目的にとって有害な変則的事態と見なしうるだろう[102]」。

退校した、もしくは退校を強いられた者の大多数にとって、ウェスト・ポイントは、軍隊に勤務しようという希望をいっさいなくさせてしまうところだった。そのポテンシャルは、知られざるまま、永遠に失われたのである。学校に残った者でさえ、非人間的な扱いに耐えることを強制されたがために、多くが陸軍に対する苦い感情を抱いた[103]。

しごきの仕組みを擁護しようと試みる主張は多々ある。だが、しごきは「非公式」の習俗だから、当然公式声明もない。有力な解釈は、しごきの目的は「個人を人間以下の状態におとしめ、

ウェスト・ポイント生徒時代のクレイトン・ウィリアムズ・エイブラムス。彼は、最下級生だったころのことを、「かなり野蛮な体験だった。しごきは人を卑しめる。けっして人格形成に役立つものではない」と記している。エイブラムスは、合衆国陸軍の軍服を身にまとった者のうちでも、もっとも傑出した戦闘指揮官の一人となった。彼は中佐になってからも、前線で指揮を執り、自らの戦車で戦闘に参加した。エイブラムスは最終的に四つ星の階級〔陸軍大将の意〕まで進んだ。［合衆国陸軍士官学校図書・文書館］

クレイトン・エイブラムスとその親友コーエン少佐が、ドイツ国防軍に対するあらたな勝利を祝っている。クレイトンは第37戦車大隊長、コーエンは第10機甲歩兵大隊長だった。いずれの大隊も、第４機甲師団所属である。彼らがごく親しい友人関係にあったこと、２人とも将校・戦士として熟達していたことと相俟って、両者の部隊は抜群の協同性を示し、大きな戦果をあげた。ヴェーアマハトの宣伝は、彼らを「ローズヴェルトのいちばん高給取りの肉屋」と呼んだ。単なる大隊長にすぎない２人にとってはまさに、その能力の確たる証明だった。コーエンが短期入院していた病院が、武装親衛隊の一部隊に蹂躙されたとき、エイブラムスは、コーエンはユダヤ人だから殺されてしまったにちがいないと思い込んだ。しかし、ほんの数日のちに、コーエンは前進してきた米軍部隊に救出され、再びエイブラムスと相まみえたのである。［ハロルド・コーエン・コレクション］

教化されやすいようにするとともに、必要な決意に欠ける者を排除すること」だというものだ。[*104] 他の卒業生たちも、同様に理解の欠如と精神的な要素の混同を示した。彼らは、「もっとも厳格な規律」と個人の抑圧は必要なのであり、それゆえ、「ウェスト・ポイント魂」が最下級生によって「曲解されることがあってはならない」のである。[*105]

なぜ教え導くことが教化に取って代わられるのか、どうして困難な軍事訓練ではなく、サディズムを通じて決意を試されなければならないかは、あきらかではない。しごきのシステムを理屈で正しく説明することなど不可能だ。

合衆国陸軍の軍服を身にまとった者のうちでも、クレイトン・エイブラムスは、もっとも傑出した戦闘指揮官の一人である。彼は、士官学校生徒としてもベストを尽くしたが、のちのちまで、上級生に受けた仕打ちを思い出しては怒りを覚えたものだった。「われわれプリーブスは、物を取り上げては、きちんと戻すということをやらなければならなかった。上級生がくず籠に紙を見つけたら、私は罰せられただろう。今ようやく、くず籠は単なる道具になり、そこに紙を捨てる物になった。なんとも馬鹿げた話だ」[*106]。エイブラムスは、自らの「平民」時代について「かなり野蛮な体験だった。しごきは人を卑しめる。けっして人格形成に役立つものではない」と記している。[*107]

ここまで、平均的な生徒にしごきがなされた場合のことだけを論じてきた。だが、「間違った」宗教、肌の色、民族、表情、変わった歩き方など、とにかく眼を惹く特徴を有する最下級生には災いが訪れる。上級生は、上記の理由、もしくはまったく異なる理由から、「彼らの」隊に望ましくないものを定めるのだ。彼らは、「そうと決めたら、どんな新入生も排除することができるだろう。サムソン〔旧約聖書に登場する、イスラエルの民の英雄。怪力で知られる〕やヘラクレス〔ギリシア神話の英雄。怪物退治など、十二の功業をなしとげた〕だって〔中略〕上級生がここにいるべきでないと思ったら、追い出されてしまう」[*108]。上級生たちは、気にくわない最下級生にたっぷりと残忍なしごきを加え、昼夜を分かたず苦難を味わわせる。それによって、新入生は、これ以上の野蛮さとストレスに耐えられないと、退校に追い込まれる。あるいは、しごきの負担のために学業や体育についていくことができなくなり、脱落――士官学校の隠語でいえば「隔離」されるのだ。きわめて稀なケースとして、他の「平民」がしごかれた仲間のために団結、彼の苦労のいくばくかを引き受けることもある。そればかりか、標的にされた仲間が頑張って最初の学年をやり通せるように、上級生の悪意から彼を守ってやろうとすることさえあった。自分自身が、より悪質なしごきの対象になるかもしれぬ、きわめてリスクの大きな行為だ。

こうしたシステムを擁護したがる人々は、著者が「けだもの兵舎」による「教化過程」、「しごき」、「嫌がらせ」を混同していると反駁するかもしれない。[109] しかしながら、学問的見地から評価すれば、どれもみな同じ、ちがった装いをしているだけなのだ。かつての士官学校生徒で現在は成功した作家である人物によれば、こういうことだ。「平民システムとは、残虐さに聞こえのいい名を与えたもの、厳しい責務という衣裳をまとう、隠されたサディズムである」。[110]

のちにセオドア・ローズヴェルト大統領がウェスト・ポイントの不充分な教育に介入を試みたのと同様、グローヴァー・クリーヴランド大統領も一八九六年に、最下級生に嫌がらせをしたかどで二人の上級生を士官学校から放校にし、しごきに反対した。[111] クリーヴランドの行動による意思表示は、ローズヴェルトのそれ同様空しかった。ウェスト・ポイントの歴史における、無数のしごきスキャンダルに際して、社会とメディアはこの問題の原因を適切に指摘していた。すなわち、その時々の校長ならびに先任教官団にリーダーシップが欠如していたことである。[112]

過去数年、著者は、一九五二年から一九九六年のあいだに卒業した男女の将校と話し、しごきを受けた経験について尋ねてきた。[113] 初めて質問するときには、誰一人として、直接かつ率直に答えはしなかった。同様のインタビューを試みた他の者も、似たような経験をしている。[114] 元将校や現役将校の何人かは、まったく回答を拒否した。他の者についても、少しずつ説得していく必要があった。加害者か、犠牲者、多くの場合はその両方の立場で、しごきのシステムを通過してきた者が、それについて当惑、あるいは恥じてさえいるのは明白だった。それを回想するのは困難なことで、ときとして苦痛ですらある。ある精神科医は、恥辱の感情よりも、しごきの記憶と結びついた膨大なストレスがその原因だとした。[115]

こうしたやり取りで著者が答えを得る前に、「そもそも、しごきというのは何ですか？」という防衛的な質問が返ってくるのが常だった。これに著者自身の定義を与えるのは、比較的簡単なことだ。軍事学校におけるしごきとは、生徒の自尊心を傷つけ、侮辱し、苦痛を与え、怪我をさせる、肉体的・心理的・精神的なやりよう全般をいう。それは、近代的な軍事訓練が直接目的とすることを助けるものではない。

一九七〇年代の士官学校による公式のしごきの定義は、このようなものであった。「ある生徒が他の生徒に対して、権能を持つことが認められる。それによって、後者は苦しみ、残忍さ、憤怒、屈辱、困苦、抑圧、法的権利の剝奪もしくは縮小にさらされることになる」[*116]。この公的な定義が抜け穴だらけであるのは、はっきりしている[*117]。何世紀にもわたって、こうした定義は何度となく変わり、しごき問題に関する定見などないことが示されてきた。現代のことに脱線したのは、本研究に際して著者がみた卒業生の多くが、おそらくは同じ重荷を背負ってきているからだ。

新入生がしごきの仕組みを経験すると同時に、彼らは、ひどく人工的で厳格なルールを覚えなければならない。外見を整え、修道院にこもっているかのごとくにするというルールだ。「上の階級の者」に対して話すとき、許されるのは四つの文言でしかないし、今でもそうだ。つまり、「イエッサー」、「ノー・サー」、「申し訳ありません、サー」、「わかりません、サー」だけなのである。

当惑し、疲れ切った状態で、無意味な情報の山、いわゆる「平民心得《プリーブ・プープ》」を暗記することを強いられる。ある質問は、「カラム・ホール〔ジョージ・ワシントン・カラム名誉少将（USMA一八三三年）の寄付により、ウェスト・ポイントに建てられた記念堂〕には、電灯はいくつあるか」というものだ。これに対する答えは、比較的やさしい。正しいのは、「三百四十個であります、サー」だ。もっと面倒なことになるのは、「ラスク貯水池〔ジェームズ・S・ラスク大尉（USMA一八七八年）によって、一八九五年に建設された〕は何ガロン〔一ガロンは、約四リットル〕たくわえられるか」という質問だ。正解は、「水が余水路の上に来たときで九千二百二十万ガロンであります、サー」だ。

　ほかに、「革とは何か」と問いかけられることもある。答えは、以下のごとくでなければいけない。「もし、動物から剝いだばかりの皮でしたら、掃除し、体毛、脂肪などの付着物を除いてから、タンニン酸の薄い溶液に漬けると、化学変化が生じ、皮のゼラチン状の組織が非腐敗性の物質に変化し、水を通さず、溶けないようになります。これが革であります、サー[*118]」。

　答えは、これと一語一句ちがってはならぬ。さもなくば、何らかの罰を与えられるのは請け合いだ。ほんの数歳上であるだけで、現実に軍隊で手柄をあげたわけでもない少年が、敬称「サー」を付けて呼ばれる。上記の回答は一例にすぎない。小冊子いっぱいになるほど、そういったものがある。くたびれた頭脳に無意味な情報を詰め込む。それに、もっともらしい理由づけがされる。生徒たちはストレス下にあってもデータを迅速かつ完璧に覚える訓練をされるべきだと説明されるのだ。なるほど、それは将校にとって有益な能力だろうが、データを記憶するやり方を学ぶには、もっと教育的な方法があるだろう。そもそも、なぜプリーブスに編制装備表（TOEs〔table of organization and equipment〕）やウェポンズ・システムのデータといった軍事的に利用価値のある情報をもっぱら覚えさせないのかという疑問が残るのだ。ウェスト・ポイントの生徒らは、今日なお「平民心得」にさいなまれている。アフガニスタンの丘で小銃小隊を率いた、ある二〇〇〇年クラスの卒業生は、こう述べている。「カラム・ホールの白熱電球の数」や「軍用ラバ四頭の名前」〔ウェスト・ポイントでは、「軍用ラバ」と称して、マスコットにラバを飼う慣習がある〕ではなく、「榴弾砲の射程距離や、銃身が溶け出すまでに機関銃を何分連続射撃できるか」を習いたかったと思った、と。[*119]

ウェスト・ポイントはその生徒たちに対し、狂信的なまでに整頓と秩序を求めている。自分がやってしまったことであれ、しかたないものであれ、生徒はへまをするたびに、公式の罰を与えられるか、こっそりとしごきを増やされる。罰は、最上級生によって下されることもある。[*120] 彼らには、往々にして真の意味でのリーダーシップが欠けている。それは、彼らが与える罰が「ぐずぐずと長風呂せよ」であったり、「軍人らしくないやり方で階段を下りていけ」だったりすることに表れている。[*121]「屋内馬場に早く来すぎた」ということさえ、処罰の対象になり得るのだ。[*122]

さらに、落ち度によっては、「処罰ツアー」と呼ばれる罰則行進をやらされる場合もある。生徒は、いかなる天候であろうとも完全軍装で、歩調を速めたり緩めたりしながら、校庭を行進させられる。失敗の数に応じて「引きまわされる」のだ。

将校の子供、とくにかつての士官学校卒業生の子供や弟が、民間人の家庭から来たものに対して、少しばかり有利なことは驚くにあたらない。ただ、そういった子が、父親によってウェスト・ポイントへ行けと強いられるのは稀である。たいていの父親は、自分で志望するのでなければ、息子たちはとても生き残れないだろうと充分承知しているからだ。[*123] また、いくつかの科目で要求される水準が極端に高いことを知っているため、彼らはしばしば予備学校に入れられ、学業面では通常有利なスタートを切ることができる。[*124] 彼らの父や兄は、学校のシステム全体についての内部情報と、どうやったらいちばん上手く切り抜けられるかといったことも教え込む。[*125] 加えて、そうした父や兄たちは、士官学校で生き残ってきたものだから、不退転の強烈な意志を持っており、自分たちはそうたくさんはいない人種だと自負しているのだ。上級生たちも、「陸軍軍人の子弟」はすぐにそれと認識する。彼らの忍耐力や適応力が高いからである。[*126]

陸軍参謀総長となったジョー・ロートン・コリンズ（USMA一九一七年）は、一九〇七年の卒業生だった兄から、入校前に価値あるアドバイスを得ていた。コリンズも、一九四三年に息子のジェリーがウェスト・ポイントの最下級生となったときに、自らの経験を伝え、勇気づけた。「二歳馬《イヤーリングス》」の顔をつぶすなと力説したのである。[*127]「二歳馬」は、ウェスト・ポイント用語でいう二年生だ。彼らは、去年のプリーブスだったが、平民システムを切り抜けたものだから、自動的に新入生に対する権力を獲得し、いまや罰する側に回って、手ぐすねをひいているのだ。

ウェスト・ポイントの教育体系にあって、生徒が苦しむのは、数学と自然科学の過剰負担だけではない。後進的な教授法や教育学しか備えていない教官、さらに、問題がある教官選抜方法にも悩まされる。双方向的なコミュニケーションによる教育などは、どこ吹く風である。授業の終わりに、生徒たちは次回クラス全員の前でやってみせなければならない課題を記した紙を渡される。[*128] 生徒は、あらかじめ決められた文言を使って、それを披露し、教官が褒めたり、罰を与えたりするのだが、[*129] 疑問点をあげていくような、自由な議論や意見の交換などはない。[*130] 当惑した生徒が教科書の説明を求めても、講師は「私は、貴様を鍛えるためにいる。質問に答えるためではない」と、声を荒らげるのだった。[*131] 教室での作業の大部分は、単に記憶したことを繰り返すのみで、「たいていの卒業生にとって、ウェスト・ポイントでの

『学問』とは、毎日数学のテキストを暗誦することだった」[*132]。ウィリアム・H・シンプソン（USMA一九〇九年）は、「誰かが間違った答えを出しても、教官が正しい解を説明することはめったになかったと回想している」[*133]。軍事史のような、重要で、しかも将来の将校には刺激となるであろう科目も、生徒たちに日時や固有名詞、教科書の内容をオウム返しにさせるのみであった[*134]。

当時の士官学校の教育システム全体がそうであったのと同じく、教官の選抜方法も視野が狭く柔軟性に欠けていた。卒業から何年か経って、教官としてウェスト・ポイントに赴任するよう命じられた元生徒は、専門でないどころか、ろくに知識もない科目を教えるよう命じられて仰天するのだった。

一九〇三年に、ペリー・L・マイルズ（USMA一八九五年）は、ウェスト・ポイントで科学の教官を務めるよう命じられたが、その内容は「化学、電気学、鉱物《マ》学研究《マ》学、地質学」を含んでいた[*135]。当然のことながら、マイルズは「ウェスト・ポイント卒業から八年経っていたが「中

ウェスト・ポイントのプリーブスとして1913年のサマー・キャンプに参加したジョー・ロートン・コリンズ（左）と級友のヘンリ・フライア（右）。コリンズは第二次世界大戦で「稲妻ジョー」の異名を取り、米軍の指揮官には珍しい攻撃精神を示した。［ジョージ・C・マーシャル財団］

略」、こうした学科についての本は何も読んだことがなく」、「呆れるほどハンデがある」と思われたのだ。[*136] 彼は、そくざに転属願いを出した。自分の連隊がフィリピンに派遣されて将校不足になっていたおかげで、士官学校から逃げ出すことができたのだ。マイルズの「脱走」は、彼の人事記録に何の染みも残さなかった。だが、数年ののち、同様の状況に置かれた仲間の将校は、そう簡単に逃げられなかった。というのは、ウェスト・ポイント生徒の数は増大しており、教官の需要もさし迫ったものになっていたからである。

一九二一年八月、ウェスト・ポイントに着任したジョー・ロートン・コリンズは、化学科に配属されて、仰天した。この科目については、「卒業以来、ちらと考えることすらなかった」のだ。[*137] 彼は、ラテン語とフランス語をそれぞれ三年ずつ習っており、一九一九年から一九二〇年にかけてのドイツ占領部隊勤務にあって、何度もフランスを訪れ、「フランス語の発音をみがいた」ばかりだったから、両言語のどちらかを教えることになるだろうと思っていたのである。[*138] ところが、そうはならず、コリンズは「士官学校の骨董品的教師選抜システムの犠牲」になった。[*139] これに対して抗議したか否かについて、彼は言及していない。が、同期生のマシュー・バンカー・リッジウェイは、同様の状況に置かれたとき、苦情を申し立てた。彼も、戦友コリンズと同じく、のちに陸軍参謀総長の地位を得ることになる。リッジウェイが敢えて抵抗したのは、おそらく、すでに友好的ならざる空気にさらされていたからだろう。彼は、ウェスト・ポイント教官の仕事は「自分の軍歴に死を告げる鐘になる」と考えていた上に――といっても、このときはまだ一介の少尉にすぎなかったのだが――ヨーロッパで戦いたいと切望していた。当時、まだ第一次世界大戦が荒れ狂っていたのである。[*140] この若き少尉の場合、ヨーロッパに行きたいという願いは、ただ経歴を有利にしたいということからだけではなく、実戦に参加したいという望みから生じている。戦闘部隊勤務の将校は、戦時下に合衆国に留まっている「コーヒー冷まし」〔Coffee coolers. 米俗語で、「楽な仕事をしたがるやつ」の意〕を見下していたし、彼らの見解によれば「本当に前線に行きたい将校なら、誰だってそうできる」というものだった。*141 それゆえ、リッジウェイにとって、ウェスト・ポイント配置はとりわけ苦渋にみちていたのである。

リッジウェイは自分では、英語、さらにスペイン語なら教えられると思っていた。彼はのちに、重要

1944年7月、ある出来事に、誰もが満面の笑みを浮かべている。アイクが、ジョー・ロートン・コリンズの胸の殊勲章に、追加された柏葉章（第2級）をピン止めしている。真ん中にいるのは、アイクの親しい友人で第5軍団長のレナード・タウンゼンド・ジェロウ少将。その右で、きちんと幕僚の軍服に身を固めているのは、米第1軍参謀長ウィリアム・ベンジャミン・キーン。コリンズは、この前まで第25歩兵師団長として太平洋にいたが、ヨーロッパ戦域のアメリカ軍には攻撃的な指揮官が不足していたため、ヨーロッパに回され、第7軍団を預けられた。同軍団は、しばしば厳しい任務を与えられた。［米陸軍通信部隊撮影、ドワイト・D・アイゼンハワー図書館］

な案件について、スペイン語の翻訳にあたったぐらいだ。だが、そのとき、士官学校ではスペイン語教育をやめていた。リッジウェイはフランス語教官、それも首尾良く二年目に進んで、彼自身よりもよほどうまくなっているクラスの教官に配置され、驚愕した。リッジウェイは、コーニリュス・デ・ウィット・ウィルコックス大佐に訴えた。それが、おのれの置かれた状況に対するフラストレーションゆえだったというのは当然のことだったろう。ちなみに、大佐は、ウェスト・ポイントの現代語科長〔「現代語」とは、現在その言語を使っている集団が存在している言葉をいう〕で、「陸軍きってのフランス語使い」といわれていた。リッジウェイは、その大佐に向かって、自分には「フランスの食堂でスクランブルエッグを注文できるだけのフランス語能力もない」と告げた。[*142]

ウィルコックスが、自らの語学力にしごく満足しているばかりで、生徒たちのそれを高めることにはさほど関心がないのはあきらかだった。なぜなら、リッジウェイのもっともな主張を受けたウィルコックスは、「貴官の授業は明日はじまる」と答えたのみで、若き将校を幻滅させ、彼の前から立ち去ってしまったのだ。[*143] こうした顛末《てんまつ》にリッジウェイはつくづくうんざりさせられた。しかし、幸いにも、それは、彼が懸念したような、自身の軍歴に対する致命傷にはならずに済んだ。

ウィルコックスやその後任者たちが君臨していた時期に、「成功裡に」課程を修了したたいていの生徒が、習ったはずの外国語を使えなかったのは当然だろう。[*144] すでに一八九九年に士官学校視察委員会は、合衆国は今や世界的大国であるとして、このように述べた。「現代語の知識はいよいよ必要になっている［中略］。それは、教室での非実践的な練習や断片的な言葉を詰め込むことを意味するのではない。ウェスト・ポイントの卒業生が、自分の言いたいことを伝えられるような実用的知識が必要なのだ[*145]」。

しごくもっともな判断である。だが、数十年の時を経ても、外国語の古参教官たちがこの意見を歯牙にもかけていなかったことはあきらかだ。

ほかの科のようすも、似たりよったりだった。ウェスト・ポイントが開校百年を祝った年、そしてリッジウェイがいらだたしい経験をさせられてから十五年目にあたる年に、ハーヴァード大学学長チャールズ・エリオットは、ウェスト・ポイントの教育は「教育の方法論における大転換をまったく顧慮していない」と、公然と指摘した。[*146] 生徒に好かれている良い教官はごく稀で、彼らは卒業生たちの回想に特記されている。[*147]

ウェスト・ポイントにおける教程の中核とされていた科目、数学でさえも、教育の質はずっと平均以下であったと思われる。モンク・ディクソンは、自分の数学の進歩が遅いのは認めたが、やる気はたっぷりで、日記にこう書いた。「現在のわが教官ハントレー大尉はあきれたもので、自分と同じぐらい無知だ。まったくひどい話である」。[*148] ディクソンの観察も驚くにはあたらない。ハントレーは、ウェスト・ポイントの元凶であった者たちの一人、チャールズ・パットン・エクルズ（USMA一八九一年）によって選ばれたのだ。エクルズ自身、教育学も知らなければ、教育能力にも欠けていた。彼は、学術評議会にあまたいた重要人物気取りの者たちのなかでも、もっともきわだった存在であり、誰かに腹立たしい思いをさせられると、自分の学科で多数の生徒を落第させるという行為に走ることもしばしばだった。エクルズは二十七年間ウェスト・ポイントに「君臨」した。ある生徒は、彼のことを「生きて息をしている人間のうち、もっとも下劣なやつの一人」と記している。[*149]

合衆国士官学校教官団にいたエクルズや彼の同僚たちのような者たちは、将来の将校のために教育を進歩させることよりも、現状維持のほうに関心を抱いていたと思われる。教官は、「専門資格を持っているかどうかたしかめることなく交換可能の部品」とみなされていた[150]。教官連中の報告書が矛盾し、問題や失敗の責任をよそに押しつけるものとなったことも無理はない。古参教官で図画の教授だったチャールズ・ウィリアム・ラーニド（USMA一八七〇年）は、一九〇四年の報告に記している。「［教官に］選ばれた人物が相当程度に教育学の知識を持っていると保証するのは、まったく不可能だ。現実問題として、この部署に配属された将校の多くは、ごく限られた能力しか有していない[151]」。

教官の選考には、根拠も常識もなかったといってよい。そればかりか、校長の継続命令にも反していた。それには、「彼らが教えることになる当該科目において評価されており、教官配置に推奨できる将校が」選ばれるべきで、また、八年以上士官学校を離れていたら、選から外すべきだとあった[152]。

古参教官たちは下級教官を教育したばかりか、自ら選抜にあたった。彼らは、陸軍の若い将校の多くに対し、選択権を持っていたのである。古参教官はまた、教える教科の教育と知識について、自分で水準を設定した。何十年にもわたり、彼らは思うがままに教官を配置したりお払い箱にすることができたし、教官の能力評価がなおざりにされるのもしばしばだった[153]。

しかしながら、古参教官は常にウェスト・ポイント出身者を選んだ。ゆえに、教官の多様性は狭められたばかりか、教育システム上の「近親交配」につながっていく。それは、他の正規将校も認識するほどになった[154]。この近親交配は、校長の継続命令によって生じた[155]。驚くべきことに、こんなケースでも、学術評議会は反対していない。

一九三五年には、ウェスト・ポイントの教官の「近親交配率」は九十七パーセントに達していた。そ

1930年代のいずれかの時点で、空から撮ったウェスト・ポイント合衆国陸軍士官学校。前面の長い建物が屋内馬場、中央四角形の建築が生徒寄宿舎。丘の上の印象的な建物は生徒礼拝堂。1919年、ハワード・セリグは両親宛の葉書に記した。「無事に到着しました。たくさんの仲間がいます。ただ、ここは写真で見るほど美しくはありません」。セリグは順調に進級し、1923年に卒業した。［合衆国陸軍士官学校図書・文書館］

れに倣った海軍兵学校も、七十三パーセントの高率を示している。僅差で三位となったのがノーター・デイム大学〔University of Notre Dame. Notre Dame はフランス語で「われらが淑女」、すなわち聖母マリアの意味。ノーター・デイム大学の場合、これを英語読みするのが慣例となっている。同大学はカトリック教会が創設した私立大学で、プロテスタントが多数派のアメリカでは特異な位置を占める〕が七十パーセントだったのは、これは不思議ではあるまい。[*156] なお合衆国の民間単科大学と総合大学の「近親交配率」は、平均三十四パーセントにすぎなかった。[*157]

　リッジウェイの経験から四十五年後、またエリオットが寸評を加えてから六十年後になっても、教官団の資格証明取得状況はとほうもなく悪かった。率先して学位請求論文を書いたり、教育学や教授法のセミナーへの参加を奨励するようなこともない。その代わりに、教官や講師の資格取得が遺憾な状態にあるのをとりつくろう試みがされた。一九六三年、ディーン・ウィリアム・W・ベッセル〔准将。ウェスト・ポイントの学科長や学術評議会議長を歴任した〕は、士官学校校長にほのめかした。学士号を持つ者の数をつくろうために、若手教官三十名は「大学院生」相当の学歴を持っていると称するべきだと。[*158] その時点で、三百四十一名の教官のうち、博士号を持っているのはわずか四パーセントだった。[*159] 校長が名誉規範を守り、この案に耳を貸さなかったことは幸いであった。

この教育的砂漠のなかにあって、唯一の光はウェスト・ポイントの図書館だった。それは、一九〇一年にエドワード・S・ホールデンが司書長に任命されると、相当程度拡張された。彼は、「外国で刊行された軍事をテーマとする重要な書物のすべて、そして実質的にはアメリカで出版されたあらゆる軍事図書」を得ようと試みた。「生徒たちは、四年間ウェスト・ポイントに閉じ込められる。書物によって、彼らの世界に対する視野をできるだけ広げてやるのが、本校図書館の義務である」からだった。[*160]

生徒が受けた純粋な軍事訓練はごくわずかで、それも、ここまで議論してきた教育同様に、ほとんどが時代遅れのものだったと推測できる。[*161] その時間の大部分は、過剰な教練と乗馬に費やされ、ウェスト・ポイントは「馬事組織」であると記されたほどである。[*162] そんな能力は、第一次世界大戦に至って必要でなくなったし、第二次大戦となればなおさらだった。射撃は、サマー・キャンプ中に、旧式の小銃と装備を使って行われた。このキャンプで、生徒は、現実に即するように組まれた軍事訓練を少しばかり実行させられたのだけれど、それは武器装備同様に古くさいしろものであることがわかった。プリーブスは自分の小銃の銃身を清掃し、磨きあげるように命じられていたが、やりすぎたために小銃は〔摩耗し〕戦争の道具としては使いものにならなくなった。[*163] まさに軍人精神の戯画である。実銃射撃では、生徒たちは「普通の」小銃を使った。磨きあげたものは、まったく命中性が無くなっていたし、それどころか、使用者に危険をおよぼしかねなかったからだ。加えて、「水泳講習、ダンス教習、日に二回の正装閲兵が、午前中の教練三時間と同じく、サマー・キャンプの一部であった」*164。四年間も軍事教育と称されるものを受けたのち、一九〇〇年代のウェスト・ポイント卒業生は「陸軍

ウェスト・ポイントの近接写真。図書館［中央］と東の教室棟［右］。［合衆国陸軍士官学校図書・文書館］

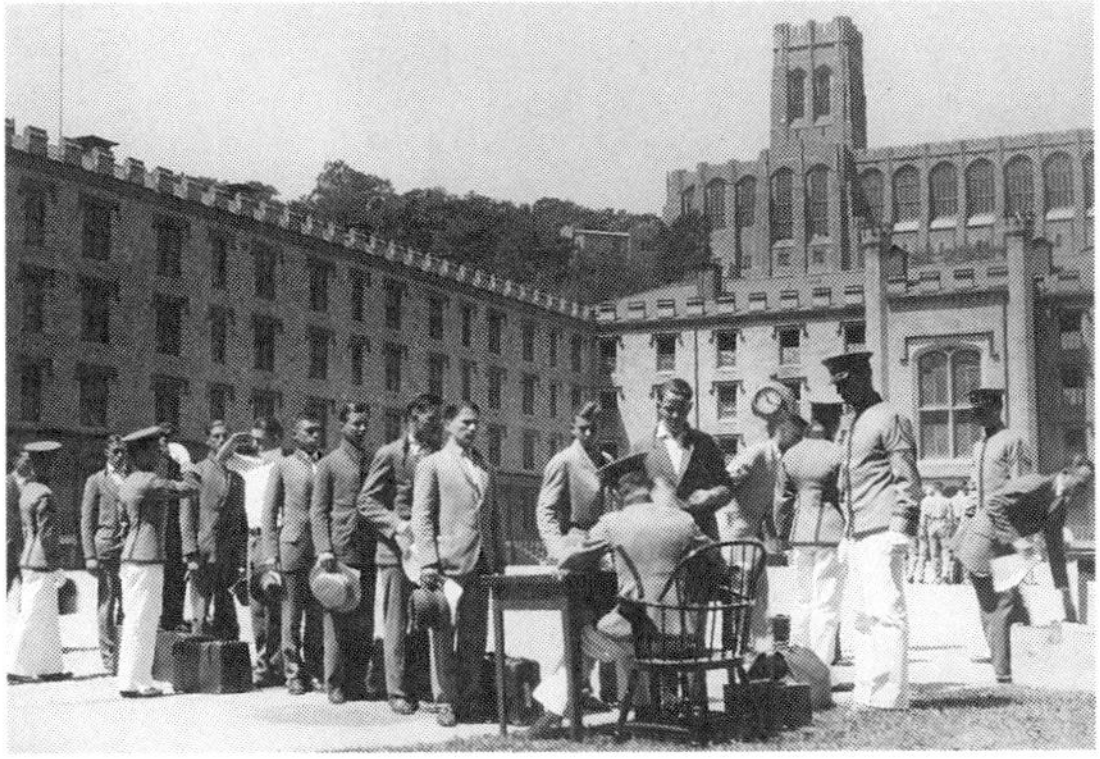

1905年のウェスト・ポイントにおける、四囲を生徒寄宿舎にかこまれた中庭での新入生受入日。上部にあるのは生徒礼拝堂。やってきたプリーブスは、行列に並んでいるうちから、敬礼の訓練をほどこしてくる「1号」生徒に悩まされる。しごきは往々にして入校初日からはじまり、続く数週間のうちに激しくなる。1年前にヴァージニア軍事学校から転校してきたジョージ・S・パットンも、今や「二歳馬」として新入生をしごくことになる。［合衆国陸軍士官学校図書・文書館］

の資格基準を満たすような小銃や回転式拳銃の射撃もできず、陸軍の新しく、より大きな武器や装備を使いこなす訓練も受けていなかった」[*165]。ささやかな改善といえば、生徒たちがついに自分でテントを張り、馬の世話ができるようにならなければいけなくなったことだ。その前まで、これらの雑用は徴集兵がやっていたのである[*166]。

第二次世界大戦が切迫してきて、士官学校生徒は初めて新兵器に接し、近代的な火力の用法について講義を受けた[*167]。こうした新しい訓練によって、生徒の教育費用は相当上がったが、これは有意義な支出だった[*168]。

ほかの点では、戦時の変化は好ましいものではなかった。在学期間が短縮され、戦時陸軍の拡大に際して、将校の資質があるはずの人材を供給するために、卒業が早められたことは理解できる。が、「工学技術に関係するもの以外は、ほとんどすべての科目が削減された。社会科学は激減し、国語〔すなわち英語〕は停止になった」[*169]。生徒に理科の学士号を持たせて卒業させることには手が尽くされたが、広範囲の教育を与えることについては何の考慮もされなかったのだ。それは、すでに平時において著しく欠けていたことだったのだが。

結局、将来の職業を将校とする若人に、士官学校の四年間はどんなプラスをもたらすのかという疑問が残る。はっきりとそれに触れた当局の見解を見つけることはできなかった。けれども、このシステム全体が、階級がないとされているアメリカ合衆国の社会において、「将校階級」もしくは「軍人カースト」をつくりだすことを主眼に組み立てられているのは明白である[*170]。生徒は金銭を所有することを禁じられており、それゆえ金持ちの生徒が貧しい級友に対して優位に立つことはないという事実も、著者の解釈の裏付けとなろう。[171] 金があると自慢することさえ問題外なのだ。

階級という発想が、当時の議論の俎上《そじょう》に載せられると、その正しさを証明するために、またしてもプロイセン軍が誤ったかたちで引き合いに出された。

1908年、兵器・掌砲術の試験を受けている1号［最終学年］生徒。ドアの左側にいる金髪の生徒は、おそらくジョージ・S・パットン。ウェスト・ポイントの一学級は、ドイツの「陸軍士官学校（ハウプトカデッテンアンシュタルト）」よりも大きい。［合衆国陸軍士官学校図書・文書館］

一九一九年の『ニュー・リパブリック』誌上の紀律に関する論争で、ある筆者は、「指揮下の徴集された兵隊たちも、自分と同じ血肉を備えた存在であるという考えが、彼〔ウェスト・ポイント出の少尉〕の頭をよぎることはけっしてないのだ」と指摘した。[172] これに対し、ある読者はこう応じている。「ウェスト・ポイント、もしくはプロイセン人の軍隊カーストや紀律といった理念は平時のもので〔中略〕、怠惰に走りがちな人間を従属させるために、抑圧的で苛酷な紀律と階級システムが採用されている〔後略〕。私見の限り、彼らに共感し、理解する能力、あるいは部下の尊敬を勝ち取る力を試すテストは存在していない」[173]。むしろ、こうしたシステムを創設した者は、プロイセンのシステムを瞥見しただけで、完全に誤解し、その結果、個人の集団としての将校団をつくることを恐れた可能性があると思われる。ウェスト・ポイントで暮らしているうちに、平凡な教育しか受けていないアラバマの貧しい農民の息子が、マサチューセッツの富裕な法律家の子同様に、同じ将校の型にはまっていく。よって、白人、キリスト教徒、アングロサクソンの男子という枠のなかで、同質性は礼儀作法や清潔さ同様に強調される。それは、一八〇二年の創設時には、追求する価値のある目標だったが、システムすべてが近代化にまったく失敗し、圧力や命令によってのみ変化が生じたのである。何十年経とうと、生徒たちは「ウェスト・ポイント。進歩に損なわれない百二十年の伝統」というシニカルなせりふを使うことになるだろう。[*174]

ジョージ・S・パットン大将（USMA一九〇九年）の例は、いかに階級観念が根付いていたかをよく示してくれる。パットンは、補佐官のフランク・グレイヴズ少尉（彼はウェスト・ポイント出身ではなかった）を叱りつけた。この若い将校が、戦友で、最高司令官の息子であるジョン・S・D・アイゼンハワー少尉（USMA一九四四年）のスーツケースを持ってやろうとしたときのことである。そんな仕事は運転手がやるものだというのが、将軍の考えだった。[*175] 将校階級に関する理解は誇張され、徴兵された者に「カースト制」とみなされた。それは、後者に苦い感情を引き起こした。[*176] 第二次世界大戦の合衆国軍隊を社会心理学的に調べた諸研究では、将校と徴集兵の溝は、「大きく口を開けた社会的亀裂」だったと述べられている。[*177] この「カースト制」は、士官学校生徒たちにはたやすく受け入れられる。彼らがそれを疑問に思うような機会はまずないし、外界との接触も限られているからだ。士官学校を卒業したあとには、それは彼らの人格に深く埋め込まれている。

生徒の大多数は、少尉に任官する。だが、修道僧のごとく閉じこもっているために、民間人、さらに彼らがすぐに指揮することになる本物の兵隊に接する機会は、極端に限られているか、存在しない。元将校の息子だけが現実の兵士を識る経験を持ち得たが、彼らは全生徒中の二十パーセントを構成しているにすぎなかった。[*178] 士官学校出の少尉たちが遭遇する、もしくは自ら使うことになるであろう武器や戦術についての実践的な軍事知識はまったく足りない（工兵科に配属された場合は別だ）。その結果、士官学校で四年間過ごしたのち、すぐに配置される軍の職務をこなす力がまったくないし、自分でもそう感じていたのである。彼らは往々にして、おのれが能力不足だという認識を、傲慢に振る舞うことで糊塗する。多くの場合、傲慢は、ウェスト・ポイント卒と同義語なのだ。また一方で、ウェスト・ポイントの平民制を乗り越えてきたのだから、自分は特別な存在なのだと考える者もある。だが、こうした自惚れ者のうち、何人かは戦闘の試練によって尊大さを失い、ウェスト・ポイントに入ったときの友人たちに忠告するはめになった。「実際、われわれウェスト・ポイント卒の最大の欠陥は、他人を見下すことだ」と。[*179]

少尉時代の自らの欠点を回顧し、職業的な軍将校教育に必要なことを詳述した上で、マシュー・リッジウェイは、その回想録で「士官学校は敢えて完成した陸軍将校を送りだそうとはしなかった」と記している。[*180] これは正しくない。同様の誤った認識が、改革を進めるのではなく、非論理的なシステムを擁護しようとする別の卒業生にもみられる。彼らは、「士官学校は、そこから将来の将校が生じてくるような素材をつくる努力をすべきだ」と述べている。[*181]

実際には、彼らは少尉に任官する。将校になるべき存在ではなく、すでに将校そのものだ。その大多数は、ただちに小隊もしくは中隊を指揮することになるが、その職務を行うための適切な知識を与えられたことなどないのである。マッカーサーの言によれば、「彼らは一人前の男として、この稼業に突っ込まれてくるのだが、経験のほうは高校生並み」だった。[*182]

ウェスト・ポイントの生徒は、いついかなるときでもきわめて厳格な管理のもとで暮らしている。そのジャングルのルールに奴隷のごとく従う以外には生き残るための選択肢はない。「個々人のささいな逸脱」は何らかの罰を受け、型破りの思考などは、教わらないどころか、抑えるように仕向けられる。[*183] そこには、ドクトリンや規則の枠外に踏み出そうとしない、視野の狭い将校を生み出す危険があった。彼らは、「個人の特性を表す機会がまったくといってよいほど欠けている」学校で教育を受けたからである。[*184]

士官学校の卒業生の実務に対する準備不足、実践的な軍事知識の欠如に、ある別の同時代人も注目している。参謀本部教育特別訓練委員会のチャールズ・R・マン博士は、一九一九年、とくに第一次世界大戦中、ウェスト・ポイント卒業生には、「機略性、主体性、新しい発想に対する適応力」といった点で「いくつもの困難」がみられたと指摘した。[*185] また、指揮統率能力や将兵の人間的な扱いといったことについても、相当の不満が表明されていた。第一次世界大戦後の陸軍長官宛報告書でも、「欠陥は、そもそも現場の正規将校にある」ことが特筆されている。[*186] だが、その将校たちの大部分は、ウェスト・ポイントで訓練されたのだ。

ジョージ・C・マーシャルが常に関心を抱いていたことの一つは、将校に充分な軍事教育をほどこすことだった。第二次世界大戦直前の重要な時期に、その面で長足の進歩がなされたのは、彼のおかげといってよいだろう。とはいえ、マーシャルも身は一つであり、改革にも限界があった。ＶＭＩ卒業生のマーシャルは、ウェスト・ポイントと自らの母校の大きな違いに注目した際、偏見にとらわれていたかもしれない。だが、学問的な視点からみるならば、彼の批判のいくばくかは正鵠を射ている。マーシャルは両士官学校の差異の一つは、VMIがずっとバランスのとれたカリキュラムを有しており、生徒たちに数学と自然科学の過剰負担をかけず、指揮統率能力を重視していることだと述べたのである。

かつての上官にして師父、そして友であるジョン・J・パーシング将軍〔最終階級は元帥〕(USMA一八八六年)宛の書簡で、マーシャルは、一九二四年に当時陸軍査察監だったイーライ・A・ヘルミック少将(USMA一八八八年)が、ウェスト・ポイントの生徒が指揮統率訓練を受けていないという問題に取り組んだ際のことを報告した。この手紙で、マーシャルは「この重大で価値がある案件は配慮されてこなかった」と、正しく観察している。[*187] 校長フレッド・ウィンチェスター・スレイデン少将(USMA一八九〇年)と監事長マーチ・ブラッド・スチュワート大佐(USMA一八九六年)は、またしても、すでにカリキュラムがひどく過密な状態にあるので、正規に指揮統率教程を実施することはできないが、監事長の「訓話」で代替しようという主張を持ち出してきた。だが、マーシャルとヘルミックのどちらも、この提案に満足しなかった。二人は、「注意深く準備された教程」を求めていたのだ。そこでは、「アメリカの若者をどう扱うか〔中略〕、いかにして彼らの忠誠や、真剣で力がこもった協力を勝ち取るか〔中略〕、戦闘でどのように部下を鼓舞するか、とくに、どうやれば、疲労、損害、敵の抵抗にもかかわらず、攻撃・戦闘精神を維持できるのか」が問題となる。そうした教程は、第二次大戦後に至るまで実現しなかった。

合衆国陸軍の将兵に関する社会心理学者の調査は、徴兵された者たちと将校の関係が崩れていることを示した。この調査を行った学者の勧告の一つには、生徒と将校候補者は「指揮官の責任、人事管理、人間関係について、もっと包括的に指示されるべき」だとあった。[*188]

マーシャルは、彼一流の率直さを以て、ウェスト・ポイントの指揮統率訓練に関する評価をまとめている。「私のみるところ、命令の出し方、つまり確固不抜であるように見せかけるやり方を生徒に教える以上のことはなされていない。これは、ウェスト・ポイントの弱点の一つであると確信する。生徒たちの多くは、『プリーブス』としてしつけられた時代に目撃した事柄から、リーダーシップや指揮に関する知識を引き出さざるを得ない状態にある。〔中略〕このシステムがもたらしたものは、『国民軍』〔National Army. 第一次世界大戦参戦に際して、アメリカが編成した軍隊の総称。多くは州兵と徴集兵の混成であった〕の扱いにおいて暴露された。国民軍の将校は〔中略〕、わがアメリカの若者から最大の働きを引き出すことに失敗し、それどころか、往々にして敵意を抱かれたのである」。[*189] かつての生徒、それ以上に彼らに指揮された者にとっては、習ったのは「物の扱いで、人の扱いではない」ということがつきまとって離れないのだった。[*190] マーシャルの言明には、第一次世界大戦後、陸軍長官に宛てて書いた報告書にレイモンド・B・フォズディックがこめた感情がこだましているといえる。フォズディックは、正規将校の指揮統率能力のお粗末さは「広く知れ渡って」おり、アメリカ遠征軍の構成員に多くの苦渋を味わわせていると力説した。[*191]「われわれの将校選抜・教育システムに何か根本的な誤りがあるにちがいない」と、フォズディックは正当にも結論づけている。[*192]

何であれ、根本的な誤りというものは、たやすく是正できない。マーシャルの批判より十一年経っても、状況は少しも変わっていなかった。マーシャルは、エドワード・クロフト少将宛の手紙で、「率直に言って、ウェスト・ポイントから任官したばかりの若い少尉たちの進歩のなさに――悪化こそしていないにせよ――ほとほと呆れている」と記した。[*193] 一年後、マーシャルは、一九三七年以来ＶＭＩの校長だったチャールズ・キルボーン少将に、以下のような提案さえしている。とくに傑出したリーダーがいるとかいうことでなかったら、ウェスト・ポイントはときにＶＭＩの卒業生を校長に迎えるべきだし、逆もまた真実である、と。[*194] これに対して、狼狽しきった答えが返ってきたため、マーシャルも、自分の正当な勧告は冒瀆行為だったと悟った。ここでも彼は、時代を先取りしすぎたのである。

一九七六年になっても、ある委員会は、それ以前の無数の同種の委員会同様、古参教官団が過大な権力を握っていることを批判し、「戦闘指揮官を訓練」するか、陸軍のあらゆる基本的な兵科に「根幹となる教育を授ける」ことを望むなら、士官学校は腹を据えるべきだと提案している。[*195]

あらたに任官する少尉たちは（一九一七年以前は、軍服に階級章が付けられなかった）、二つの際だった長所を得て、合衆国陸軍士官学校を卒業してきていた。その多くは肉体的な適性を獲得しており、まったくのスポーツ馬鹿であった。[*196] それは、もはや若者ではなくなった彼らが、第二次世界大戦の労苦にみちた闘争に従軍するにあたり、はかりしれないほど有益なことだったのだ。加えて、彼らは、長いウェスト・ポイント時代を通じて仲間をはかる物差しを得ており、自分の上と下の期にいる人々をも知ることになった。ゆえに、のちに階級や職務を定める際もとどこおることはなかったのである。[*197]

しかしながら、こうした長所があっても、最低限の軍事知識しか伝えない時代遅れの教育システムを正当化することは難しい。次章では、海の向こうでドイツの士官学校生徒《カデッテン》（*Kadetten*）がどのような生活をしていたかを検証してみよう。

第三章

「死に方を習う」

ドイツの士官学校生徒

「諸子は死に方を習うためにここにいる！」[*1]

——あるドイツの陸軍士官学校校長から新入生へ

軍事学校による無償教育の追求は、米軍とドイツ軍の将校を画然と分けている。皇帝、あるいはヴァイマール共和国の将校になろうとするドイツの若者は通常、最優秀で、「将校適性階級《オフィツィーア・フェーイゲン・シヒテン》」（*Offizier fähigen Schichten*）出身でなければならなかった。一般的にいえば、中級・高級官僚、大学教授、すべての貴族、現役もしくは退役した将校が、こうした階層に属しており、彼らの息子たちが将来の軍指揮官の隊列を満たしていたのである。こうした特権的な生まれではないが、将校になりたいとの野心を持つ者は、砲兵のような「技術的兵科」を選んで、おのが目標を追うことができた。フリードリヒ大王の時代以来、そのような兵科は、「下層」生まれの普通の人間を歓迎してきたのだ。フリードリヒは、将校となった平民は、貴族出身の者と同様の勇気を示し得ると、はっきり認めていた。とはいえ、フリードリヒは、貴族の息子にはさらなる動機付けを期待できると考えていた。家名、とりわけ父親の名誉といった、幼少期から覚え込まされた何かを辱めまいとする動機だ。[*2] このような誘因は、現代の将校の家庭にも残っている。[*3]

原則として、陸海軍の最高統帥部は、ただ「有能な階級」のみから将校を取ろうとした。ところが、軍隊の拡張により、そうした諸階級のキャパシティでは、ますます増大していた、資質ある人材の需要をみたすことができなくなってしまった。結果として、将校団に入った者の相当数が「平民」階級の出自ということになる。上流階級の多数の者にとって、この現実は、ドイツ軍人の高い指揮統率レベルを保証してきた、それまでの「基準」を確実に損なっていくものであった。[*4] 一九〇二年の報告書は不気味な調子で、本年に新しく任官した将校のおよそ半分が、以前ならば将校候補者を出すことなど稀であった「職種」の出身であると述べている。[*5] 第一次世界大戦後、あらたに軍の指導者となったハンス・フォン・ゼークトが、他の多くの案件よりも優先的に実行したのは、「よい生まれである」という古い基準を回復することだった。[*6] 一九二〇年代後半には、正規将校の九十パーセントが「将校適性階級」出身で、半分以上が将校の息子、二十四パーセントが貴族だった。[*7] 将官となると、貴族の支配は確固たるもので、その五十二パーセントを占めていた。第二次世界大戦前夜になると、軍隊を著しく拡張したために、二万四千名の将校中、「将校適性階級」に属しているのは、その半分弱になった。しかしながら、こうした抜きんでた階級が、将官や大参謀本部将校といった地位を思うがままにしていた。一般的にいえば、古い「基準」は一九四二年になって、ようやく消える。にもかかわらず、特権階級の家系に属する者は再び、将校団の上位部分、とくに参謀本部の職を独占することになる。[*8] 驚くべきことに、同じ特別な血統の者たちは、一九五〇年代初期のドイツ連邦共和国で新設された連邦国防軍《ブンデスヴェーア》（*Bundeswehr*）にあっても、指導的地位に就いているのだ。

ドイツにおける社会的背景に注目してきたが、アメリカの若い将校候補の平均的な教育レベルは、ドイツのそれよりもかなり低かった。二十世紀初頭のドイツは、世界有数の教育システムを誇っていたのである。[*9] ウェスト・ポイントで講じられる科目の多くは、ドイツの陸軍士官学校、そしてフランスのサン・シール陸軍士官学校では、すでに入学試験科目に含まれていた。[*10] ドイツの将校候補は、アビトゥーア（*Abitur*）か、それに相当する資格を持っていなければならない。アビトゥーアとは、ドイツの大学に入るための一般資格で、アメリカの高校を卒業するのに必要な知識よりも、はるかに多くを求められる。

しかしながら、プロイセンにおいては、「相当する資格」のほうが強調され続けた。貴族出身の高級将校の多くが、高い教育を受けた「肉屋の息子たち」[*11]に圧倒されるのを恐れたからだというのである。こうした解釈には根拠がない。以下に示すごとく、一定の教育は、将校候補を試し、憧れの将校団へ入れるかどうかの基準となる試金石だったが、けっして最重要というわけではなかった。そんな見解はむしろ、当時のドイツにあって、貴族出身の高位の軍事指導者が抱いていた心情を示すものであろう。

ドイツでは、少年が有名な「陸軍幼年学校」の一つに送られるときから、本格的な軍事教育がはじまる。二十世紀初頭には、それはドイツの至るところにあり、[*12]「予備門」と呼ばれ、早ければ十歳から生徒として受け入れた。しかし、もっとも重要なのは、ベルリン、リヒターフェルデ所在の「陸軍士官学校」（ＨＫＡ）で、十四歳からのティーンエイジャーを生徒に採った。[*13] ＨＫＡのみが卒業生を士官候補生と認定でき、また、ごく稀な場合ではあるが少尉に任官させることもできた。

陸軍幼年学校ならびに陸軍士官学校の生徒全体で二千五百名を数え、そのおよそ半分がベルリンの主施設にいた。[*14] 数が多いのは、いつ何時でも戦争に赴く用意をしている徴兵軍の需要を反映してのことだ。生徒の数をまとめると、プロイセン陸軍の正規将校団全体の十五パーセントになると考えられる。プロイセン正規将校団は、一八九〇年に一万六千六百四十六名、一九一四年には二万二千百十二名を数えた。[*15] ウェスト・ポイントにおいては、一九一一年より一九一九年にかけての卒業生の数は一期あたり平均一四〇名、つまり生徒隊の平均的な数は五百六十名だったことになる。ただ、陸軍幼年学校は、ドイツ将校団に補充要員を供給する唯一の手段だったことに留意するべきだろう。

軍国主義醸成の基盤であると疑われ、陸軍幼年学校はすべて、ヴェルサイユ条約に従って、一九二〇年に閉鎖された。だが、注目すべきドイツ軍指揮官の多くは、この軍事学校を卒業しているのだから、検証に価する重要性があろう。[*16] 一九一四年の将官全体の半分、そして、第二次世界大戦で元帥の階級を得たプロイセン出身者のおよそ五十パーセントが陸軍幼年学校卒なのである。[*17] 将来の将校が社会に組み込まれる上できわめて重要なことでありながら、従来のドイツ将校団に関する少なからぬ文献や歴史研究において、陸軍幼年学校がほとんど無視されているのは興味深い。[*18]

軍事学校は合衆国にも存在したが、ドイツで官立の陸軍幼年学校が持っていたような影響力を及ぼしたことはない。早くも十歳で少年たちは予備門に送り込まれ、そこで厳格な軍隊生活の手ほどきをされてから、卒業後陸軍士官学校に進む。

いったい、なぜ予備門はあるのか、どうして幼年学校の生徒たちは直接陸軍士官学校に入らないのか

ベルリン、リヒターフェルデの陸軍士官学校［HKA］。この写真は、1900年から1910年のあいだに撮影されたもの。HKAは、14歳から19歳までの生徒約1250名を収容していた。教会の中心には丸屋根の頂塔が屹立し、その先端に大天使ミカエルの像が据えられている。ウェスト・ポイントとは対照的なことに、HKAの卒業生は自動的に士官に任官するわけではなく、軍事学校（*Kriegsschule*）ならびに、どこかの連隊で、自分が有能であることを示さなければならなかった。［合衆国陸軍士官学校図書・文書館］

という疑問が常にある。[19] それは、ドイツにおいて、将来の将校を選抜するための教育が圧倒的に重要だとみなされていたことを示している。予備門を置くことによって、両親、教官を務めている将校、そして生徒自身に、彼が軍隊に人生を捧げることは、生徒と軍隊の両方にとってベストの選択なのかを考える時間がたっぷりと得られた。将来の指揮官を早期に見極めることができるのだ。「プロイセン陸軍幼年学校の生徒団における自覚的な評価システムは驚くほどの正確さで、三年後に陸軍士官学校に進むべき者を選び出した」のである。[20] もっとも、十四歳か、十五歳になるまで息子を民間の学校に通わせ、それから陸軍士官学校に入れるという選択肢も残されていた。

陸軍幼年学校は、実科学校《レアールギムナージウム》（*Realgymnasium*）と同じカリキュラムを使っており、学校として同等のものとみなされていた。[21] 基本的に実科学校は、いやがられていた古典ギリシア語の講義を廃し、ラテン語の授業時間も減らしていた〔これに対して、大学進学までの中等教育を主に行う古典学校《ギムナージウム》（*Gymnasium*）では、その名の通り、古典語のギリシア語とラテン語の習得が重視される〕。合衆国とは対照的に、陸軍幼年学校とその教官団の指導者たちは、巷《こう》間《かん》繰り広げられていた近代化の議論に積極的に加わった。幼年学校生徒たちのスケジュールはすでにいっぱいだと認識され、そこから結論が導かれた。もしカリキュラムを変更するとしても、ウェスト・ポイントでは普通だったやり方、どんどん授業時間を増やすというような単純な方法では、目的は達成されない。近代化についての議論が進むうちに、幼年学校生徒の過重負担《ユーバービュルドゥング》（*Überbürdung*）があきらかになっていた。合衆国とは異なり、おのが担当科目の授業時間を倍にしろと求める利己的な教授や、ならば自分の科目は四倍だとするような同僚教授によって、議論が妨げられることはなかった。ウェスト・ポイントでは、そんなことが起こっていたのだ。[*22] 結果として、図画は六時間、自然科学は三時間、ラテン語は三時間、宗教は二時間、それぞれ授業時間を削減されることになった。[*23] 増やされたのは、ドイツ語が二時間、フランス語が五時間、英語が三時間だった。加えて、早くも一八九〇年には、より近代的な科目の授業時間を得るために、いやがられていた「記憶訓練《メモリーシュトッフ》」（*Memoriestoff*. 文字通りに訳せば「記憶の詰めもの」、暗誦のことである）が短縮を余儀なくされていた。[*24] ウェスト・ポイント視察委員会が教官団に、生徒たちに外国語に関する現実的な知識を与えよ、それは卒業生がコミュニケーションを取る助けとなるはずだと勧告する、その十年も前のことだ。ドイツでは、陸軍幼年学校生徒は、外国語を「実際に使えるようになるよう、最初の授業から励まされ、助力を受けるべき」だとの指令が出されていたのである。[*25] 両世界大戦で、比較的多数のドイツ軍将校は、フランス軍や米英軍の敵たちと、相手の言葉でコミュニケートすることができ、しばしば相手を驚かせた。これは、ドイツの外国語教育プログラムにおける一定の成功を示すものだろう。陸軍幼年学校生徒は、古典学校のそれよりも進歩的なカリキュラムを与えられていた。もっとも、彼らは軍規に服し、教練に従わなければならなかったし、スポーツや体育の授業は、民間の学校で行われるよりもずっと多かった。[*26]

こういう学校に子供をやる理由は三つある。たとえば、エーリヒ・フォン・マンシュタインの両親の動機は、できるかぎり早く彼を軍隊のキャリアに進め、軍隊生活になじませることだった。実の父も養父もともに将官で、叔父がパウル・フォン・ヒンデンブルク元帥とあれば、軍人以外の職に就くことなど、マンシュタインには考えられなかったのである[*27]〔マンシュタインは、フォン・レヴィンスキー家に生まれ、フォン・マンシュタイン家に養子に出された。プロイセン貴族が、男子の継承者を得るために、しばしば行った措置である〕。

何年にもわたり、任地を転々とする将校にとって、幼年学校に息子を入れる主な理由は、安定した教育を確保してやることだった。ハインツ・グデーリアンの父親が、彼のために陸軍幼年学校を選んだのも、おそらくは、それが寄宿学校で、父親がドイツのあちこちに転勤させられても、子供は同じ教育環境にとどまっていられるというのが、第一の理由だった。

陸軍幼年学校に息子をやる第三の理由は、祖先に軍人がいなかったり、一族に軍隊関係者のいない家の両親が、それでも息子を将校にし、将来を安泰にしてやりたいと望む場合だった。[*28] 二十世紀初頭のドイツにあっては、将校とは、もっとも高い尊敬を受ける職業の一つとみなされていたのである。[*29]

とはいえ、授業料の問題があったから、子供をどこかの幼年学校にやろうと思う親は裕福でなければならなかった。特待生や奨学生制度もあったが、選ばれるのは、軍務にあって卓越した功績を示した父親の子か、それを必要とする現役もしくは退役将校の息子だった。[30] 後者の制度があるため、陸軍幼年学校はフリードリヒ大王の父の時代以来、「慈善施設」という第二の機能を果たしていたのである。[31]

陸軍幼年学校と合衆国陸軍士官学校の差異はたちどころに見て取れる。若者は「子供以下」の扱いなどされず、「お前《ドゥー》」（*du*）ではなく敬称の「貴君《ジー》」（*Sie*）で呼びかけられる。一方、民間の学校では、目下の者、子供に対して、友達でもないのに「お前」を使っていた〔ドイツ語の親称duは、家族や親しい間柄のもの、友人、子供やペットに対して用いられる〕。皇帝でさえ、普通は、彼らに対して「紳士諸君《マイネ・ヘレン》」（*Meine Herren*）と呼びかけたのである。[32] とはいえ、陸軍幼年学校の校長と教官たちは、生徒たちがまだ子供であることをわかっており、彼らがいたずらをしているところをつかまえても、寛大な罰を与えるだけで済ませた。[33] 陸軍幼年学校を訪問したアメリカの将校は、生徒たちは場合に応じて、普通の学校の生徒同様の、あるいは幼年学校の生徒にふさわしい扱いを受けていると観察した。[34] 上長に模範を示され、生徒たちはすでに、義務と戦友精神のバランスを取って、正しく歩むことを学んでいたのである。

陸軍幼年学校生徒は制服を五組持つ。いちばん古いものは普段着、そのつぎに古いのは教会に行くときに着用し、三番目は賜暇《しか》を得たときに、二番目に新しいものは閲兵式用に使われる。もっとも新しくて良いものは、まず着ることはない。[35] 生徒には、制服を清潔にし、整頓しておく義務があったが、靴みがきやベッド・メイキングといった雑用は、従者《アウフヴェルター》（*Aufwärter*）が引き受けてくれた。彼らは通常、退役した徴集兵で、そうして担当する生徒たちに勉強や遊びの時間をつくってやったのである。生徒たちは、彼らを尊敬を以て扱うよう、とくに言い聞かされた。生徒が任官したとき、兵をどう扱うかについて、この経験が強く働いたのも当然であろう。[36] 授業は、民間人ならびに軍人の教官によって行われたが、軍の学校のならわしというべきか、民間人教官は、生徒や学校の軍に属する人間には評判が悪い一方、軍人教官はおおむね高い尊敬を受けた。[37]

プロイセンの軍隊勤務の慣習により、幼年学校生徒たちは指揮系統を飛び越して、より上位の将校に不平を訴えることができた。そうして、敢えて告げ口をすることで、いじめにうまく対処できたのである。[38] ただし、生徒たちはこれを「密告する《ペッツェン》」(*petzen*) もしくは「へまな仕事をする《シュステルン》」(*schustern*) と称し、不服を申し出た生徒の評判が、がた落ちになる可能性があった。[39] ただし、影響力があり、陰でことをあやつることができるような学友に、下劣な上級生についての不満を洩らすことは不名誉な行為とはみなされず、往々にして効果があった。[40] 陸軍幼年学校では、新入生一人につき、「熊たちの頭領《ベーレンフューラー》」(*Bärenführer*)、あるいは「乳母」(*Amme*) と呼ばれる指導係の上級生が付けられる。彼らは新入りに陸軍幼年学校の規則と規律を教え、いじめから守るのだ。このシステム全体が、若者がうまくやっていけるように助け、怖がらせないという目的でつくられていた。それは、「乳母」に始まり、寄宿舎で同室になる上級生も同様、校長までも心を砕いていた。

生徒たちにとって、優れた校長はいつでも接しやすい存在である。陸軍幼年学校の校長も例外ではない。先任将校〔校長の意。当然のことながら、陸軍幼年学校校長は、そこで勤務する軍人たちのうち、階級、軍歴ともにいちばん長い。すなわち、最先任である〕は、詩やサー・ウォルター・スコットやジェイムズ・フェニモア・クーパーの本を生徒たちに朗読したり、戦争の話を語ったりしてやった。[41] これは、上級生に邪魔されない、生徒と校長の直接のつながりなのだった。ウェスト・ポイントでは、生徒が校長

陸軍士官学校の広大な中庭の一角で、第９生徒中隊の昼の点呼が行われている。ウェスト・ポイントに比べて、かなりリラックスした雰囲気だ。その理由の一つは、全将校が立ち会っていて、上級生によるいじめなど不可能だからだろう。問題や心配ごとがある生徒は、いつでも自由に将校に相談することができた。中央にいる将校は、届いた手紙を検閲している。生徒は、女友達に手紙を出すことも受け取ることも許されなかった。［連邦文書館。写真番号146-2007-0134］

に直接会うことはまずない。それが、ずっと昔、「士官学校が開校されたころからの慣習」にほかならなかった。[42]

教官《エアツィーアー》（*Erzieher*）は通常、少尉《ロイトナント》、ときには中尉《オーバーロイトナント》で、一般的に生徒から高い尊敬を受けている。回想文献や日記にあらわれる、ウェスト・ポイントの戦術士官に対する、さまざまな感情がないまぜになった評判とは大ちがいだ。[43] 教官は授業を行い、生徒と自分の上官をつなぐリンクとなる。そのため、生徒たちからは、教官は戦友であり、単なる上級者ではないとみなされる。[44] 軍の指導部は、教官ポストは最重要のものだと理解しており、よって、教官になるには選抜を経ることが必要だった。

陸軍幼年学校においても、多数の十代男性が集う他のところにあるのと同様、虐待やいじめといった問題はみられる。しかしながら、「けだもの兵舎」や、罵倒による「教化システム」、しごきの容認のようなことはない。[*45] 目下の者にいやがらせをしようとする輩は、軍人教官に罰せられ、生徒隊環視のなかで面目を失うことを覚悟しなければならない。[*46] 新入りに荒っぽい手ほどきをすれば、生徒中隊長といえども、ただちに、そうした不正や卑怯さを眼にして声をあげることをためらわない仲間から、憤りをぶつけられることになる。[*47] 多くの元生徒が強調するのは、陸軍幼年学校にいたころにしごきを経験したことはないし、他の学年でそんなことをやろうとしても、将校に察知されて、加害者自身が厳しい罰を受けたりしないよう、よほど秘密にして行わなければならなかったはずだということだ。[*48] 一八五〇年代から一八九〇年代にかけては、生徒間での蛮行について、信じるに足る報告があるが、十九世紀が終わり、二十世紀がはじまるころには根絶されていた。本書でのちに論じる委任戦術《アウフトラークスタクティーク》（*Auftragstaktik*）の採用と、教育改革の導入とは、時間的には一致していない。が、柔軟かつ独創的で創造性に富む将校という新しい像が現れていたし、どんなかたちであるにせよ、しごきは、そうした個人の教育と矛盾するものだった。

数字は出せないのだが、かつての生徒たちの回想から判断すると、軍隊の規律に耐えかね、逃走するのはあきらかに稀なことだった。学校から「脱走」した生徒が一人でもあれば、直接の責任者、さらには校長のキャリアまでも台無しになってしまう。よって、脱走はごく珍しいことだったと思われる。[*49]

ウェスト・ポイントとまったく異なり、陸軍幼年学校の上級生は、ただ学年が上というだけで自動的に権威や命令権を得るわけではない。[*50] 指揮権のある生徒隊内の階級はごく少なく、生徒中隊長、生徒中隊下士官、「居室最先任《シュトゥーベンエルテスター》」（*Stubenältester*）、「監督生徒《アウフジヒツカデット》」（*Aufsichtskadett*）といった地位は羨望の的であり、また、たやすく解任されてしまうものでもあった。生徒隊全体は、通常の生徒中隊や学級に加えて、

1900年から1910年までのいずれかの時点のHKAにおける地理の授業。ドイツのどの軍学校や士官学校においても、学級の規模はアメリカのそれに比べてかなり小さい。加えて、学級の編成は生徒の能力を考慮して行われる。よって、飲み込みの早い者は同様に覚えがいい生徒と一緒に教えられるし、一方、時間をよけいに必要とする者は同じく習得に時間がかかる者と学級をつくる。こうした進んだ教育法は、アメリカの諸施設にはなかった。［連邦文書館。写真番号146-2007-0133］

五つの「操行等級《ジッテンクラッセン》」（*Sittenklassen*）に分けられる。[*51] 模範となるような行動や高い品位を示した者は、より上の操行等級に進む。逆に、性格的に欠陥があったり、不品行をしでかした者は下の等級に落とされるのだ。上の操行等級に進むと、三つの大きな特典が認められる。もっとも重要なのは、より多くの自由が認められることで、そのなかでもとくに価値が高かったのは劇場に行けることだった。[*52] 第一もしくは第二操行等級に進んだ生徒は、週末の休暇をよけいに認められたり、ときには数日間の休暇を得て親戚を訪ねることができた。また、劇場に行く許可を得ることも増えた。そこには、幼年学校生徒専用の予約席が用意されていたのだ。[*53] 二番目に得られる特典は尊敬である。休暇を多くもらえたおかげで、彼らは街を自由にぶらつくことができる。その分、大人になっていると、仲間たちからみられたのだった。さらに、上の操行等級に進めなければ、昇進は問題外だった。これが上に行きたいという気持を起こさせる三番目の動機である。生徒隊の高い階級に就けば就くほど、「国王の下賜金《ケーニクリヒェ・ツーラーゲ》」(*Königliche Zulage*)も同様に高くなった。*54

下の操行等級に落ちることは自由が制限され、生徒隊の階級を失うことを意味した。第三等級が平均的なところとみなされ、どの生徒も最初はそこに配される。ここでは、規定通りの休暇しか得られない。最低ランクになると、ほとんどの時間学校にとどまっていなければならず、しかも監視下に置かれる。制服には特別のマークが付された。

ウェスト・ポイントの生徒とはちがい、ドイツの幼年学校生徒はすべて操行等級に分けられる。年長だからといって何の有利にもならないし、模範となる行いをなした生徒が、上級生を顔色なからしむることもよくある。一方、合衆国陸軍士官学校では、下級生は常に上級生のなすがままだった。ドイツでは、年下の生徒が、彼よりも三年も前に入校した先輩生徒を差し置いて上級の生徒隊内の階級に就くことさえ可能だったから、それも、うかつに新入りをしごけない別の理由となった。*55 陸軍幼年学校での正しい行いは、ウェスト・ポイントであったような、罰を受けるのをまぬがれるといったことにはつながらない。が、十代の少年には重要な褒美が得られたのだった。*56 トーマス・ベントレー・モット(USMA一八八六年)は、生徒隊のなかで進級したことへの満足を記したものの、はっきりと述べている。「どんな名誉であろうとも、若者らしい楽しみや少しばかりの自由への憧憬を押しのけることはできなかった」。*57 ドイツの陸軍幼年学校においては、適切な振る舞いをすれば、まさにこの憧れの自由が得られたのだ。

もう一つ、顕著なちがいがあるのは、ドイツでは、民間人の生活に触れることによって陸軍幼年学校生徒が堕落するなどと、誰も思わなかったことである。彼らは、休日や休暇に、数日間親戚を訪ねることが許され、民間の暮らしをする。ただし、二十世紀初頭のドイツ社会は、アメリカの大衆と比較して、まったく「軍事化」されていたことに注意しなければならない。ドイツにあっては、軍人はさまざまな面で模範であると仰ぎみられていたのである。また、一九三〇年代はじめに社会の軍事化が進んだが、それは「制服化の波」を伴っていた。[*58] 軍隊の言葉遣いや表現が普通になり、役人は制服をまとった。多くの大企業は、制服もどきのお仕着せを支給した。一九三五年、宰相府《ライヒスカンツライ》（*Reichskanzlei*）において国防軍の新しい軍服についての討議が行われた際、ヒトラーの副官、フリードリヒ・ホスバッハ少佐は、社会の他の層から「区別されるために、陸軍は将来、民間の制服を着るようになる」と冗談まじりに注意をうながしている。[*59]

もっとも進んだ民主主義社会にありながら、ウェスト・ポイントのプリーブスは信頼されておらず、いかなるときでも部署を離れてはならなかった。ところが、ドイツの陸軍幼年学校生徒は、アメリカの士官学校生徒よりも五歳以上年下だったのだが、定期的な休暇と休日を得られるほどの信用があった。彼らは、まだ将校ではなかったにもかかわらず――ほとんどのものは、伍長の権限を有する少尉候補生《ファーネンユンカー》（*Fahnenjunker*）でさえなかった――一人一人が生徒隊の名誉を代表しているのだと訓戒され、それは、どんな圧力よりもうまく機能したようである。

ただ、おかしなことに、通常生徒たちに示された信頼は、彼らが家に書く手紙にはおよばなかった。少年たちはいつも大人扱いされているのに、あらゆる予備門で、その手紙は検閲されたのである。[*60] 手紙に何か上長にとって好ましくないことが書いてあると、当該ページにそのことが記され、さらに別のページに名宛人向けの短信が付けられるのだった。

卒業と進級のシステムは、きわめて複雑だった。陸軍幼年学校生徒は、「人格」と授業成績の両方で評価される。よって、リーダーシップは優れているが、学業は苦手という若者が、数学やフランス語で一等級上の者に先んじて、進級適格になったり、実際に進級することがあった。かつての幼年学校生徒が、自分は学者や芸術家ではなく、将校になるために訓練されていたと記していることは看過されてはならないだろう。[*61]

陸軍幼年学校・士官学校を卒業した士官候補生が軍事学校に入る際、国防心理学検査《ヴェーアプシュヒョローギッシェ・ウンターズーフング》（*Wehrpsychologische Untersuchung.* 心理学・性格論的な評価）を受ける。だが、陸軍幼年学校の生徒たちは、すでに予備門にいるあいだに「人格」を判定されている。[*62] ここで「性格」の問題を論じておくのは、意味あることだろう。外国の論者は、しばしばドイツ語における「人格」の理念を誤解している。それは、以下のような性格的特徴や習慣の羅列を意味するものではない。義務の達成《プフリヒトエアフュルング》（*Pflichterfüllung*）、服従《ゲホールザム》（*Gehorsam*）、名誉観念《エーアゲフュール》（*Ehrgefühl*）、自主独立性《ゼルプストシュテンディヒカイト》（*Selbstständigkeit*）、質素倹約《シュパールザムカイト》（*Sparsamkeit*）、真実を尊ぶ精神《ヴァール ハイツリーベ》（*Wahrheitsliebe*）、清潔の維持《ザウバーカイト》（*Sauberkeit*）、秩序尊重《オルドヌングスリーベ》（*Ordnungsliebe*）[*63]……。すでに指摘したように、それは貴族の生まれであるとか、カイザーへの敬愛と結びついたものではない。[*64] むしろ、士官候補生がものごとをどのようになすか、ある状況でいかに振る舞うべきかを記述したものだ。陸軍幼年学校の幹部たちは、ヴェーアマハトの心理学者たちがやったのと同様に、幼年学校生徒や士官候補生がどんな個性を持っていて、それが将校の道を進むにあたって有益かどうかを見定めようとしたのである。[65] 彼らは、「標準的な将校適格者」を捜したわけではない。将校らしい振る舞いや、戦争・戦闘で功績をあげるに際して、その個性が有効に働くような人物を求めていたのだ。[66] そうした能力のうち最重要だったのは意志力《ヴィレンスクラフト》（*Willenskraft*）だった。それは、将校の模範たろうとする意志、どんな任務でも達成しようとする意志、敢えて戦術的決断をなす意志、思ったことをはっきり言う意志、プレッシャーのもとでも泰然としていられる意志といったものをすべて含む。[67] また、責任意識《フェアアントヴォルトゥングスベヴストザイン》（*Verantwortungsbewußtsein*）が他の領域をカバーする。おのが振る舞いが将校団とヴェーアマハトに対して責任を負うものであることを自覚し、いつ、いかなる状況にあっても将校として行動しようとする意識だ。それは同時に、非常に重要な観念、つまり部下に対する責任感を意味する。危機にあっては完全を要求する上官である一方、父が息子に接するように部下の面倒を見てやり、適切な扱いをする。つまりは戦友であり続けるのだ。また、それは何よりも、専門領域の実務で抜きんでるべく、学ぶ責任を意味する。最後に、士官候補生は戦士の精神《ケンプファーリシェス・ヴェーゼン》（*kämpferisches Wesen*）を持たなければならない。どんなに不利であろうと戦い、戦闘を希求し、最先頭に立ち、必要とあれば死を恐れないことが必須なのだ。[68]

ドイツ将校団はアメリカのそれ同様、圧倒的にプロテスタントが多かったが、公人としての性格形成においては、宗教は何の役割も演じなかった。合衆国陸軍では、それは要石となっていた。[69] ドイツでは将校教育で宗教的なテーマが前に出ることは稀である。一方、合衆国陸軍にあっては、新しい人格形成というテーマは、直接宗教的な信仰と結びついている。

ドイツにおいては、人格を示すことと率先垂範は同義である。通常、最先頭で指揮すべし（機動戦の場合はとくに重要だ）という信条が、陸軍幼年学校で少年たちに叩き込まれた。十歳の新入生ですら、陸軍幼年学校の校長によって、彼らは、ここに死に方を習いに来たのだと、すぐに教え込まれる。こうした、戦場で英雄的な死をとげんとする姿勢は、ドイツ将校団に深く浸透していた。[*70]

幼年学校の年少生徒だったころのエルンスト・フォン・ザーロモンが、当時十五歳だった兄に、自分の身の上に起こることで、考えられる最高のことは何かと聞いてみたとき、こういう答えが返ってきた。「いちばん素晴らしいのは、二十歳の少尉になって、パリ前面の塹壕でくたばることさ[*71]」。

長男が普仏戦争のサン・プリヴァの戦いで負傷し、おおいに苦しんだあげくに死んだという報告を受けた、ある老士官の答えは、まさに「人格的」なものだった。「若いというのは、本当にうらやましい。将校の死に方として、それ以上美しいものはなかろう[*72]」。

ドイツの将軍たち、ときには元帥までも最前線に姿を現し、決定的な地点でリーダーシップを発揮した。合衆国陸軍にあっては、GIは、師団長が最前線にいると驚いたものだし、自分たちの大隊長についてすら、めったに見聞きすることがなかった。大隊長は前線に姿を見せないからである。[*73] 一九四四年初頭の、ある戦闘経験豊かな師団に対する調査が実例を示している。将兵のおよそ半分は、戦闘に入る用意ができていないと感じていた。彼らのうち、八十パーセントが、「自分たちの中隊長は兵隊一人一人の福利について何の関心もないと言った[*74]」。より長期にわたってGIの将校に対する態度を調査してみても、「将校は兵に気を配っている」とか、兵隊がやるのと同じことを彼らがやってのけたと思っている者は、普通はごく少ないことがあきらかになった。[*75] もっとも、こういった美点は、兵隊たるもの、国籍を問わず、自分の指揮官に期待する特性にすぎない。[*76] だが、ドイツ兵は家郷に送る手紙でも将校を褒めた。合衆国陸軍ではめったにないことだ。[*77]

最前線のリーダーシップこそ、ドイツ軍が戦闘で示す卓越した特質だったが、戦前のアメリカ観測筋は、それを見逃した。[*78] ドイツ軍部隊は、絶望的・危機的な状況にあっても、往々にして指揮統率のよろしきを得て、圧倒的な敵に対し、攻撃、または防御を展開することができた。この事実は第二次世界大戦が進むにつれて（そのときでは手遅れだったが）、あらゆるレベルの米軍情報将校に注目されることになる。ある報告書は、「ドイツ軍将校」の章題のもと、国防軍の将校と兵士の「父と子」のような関係と、下級将校の優れた統率を扱っている。[*79] 一九四四年には、少尉や中尉が中隊長であり、彼の部隊で唯一残った将校であるということも珍しくなかった。これらの消耗しきった部隊は、それでもなお、効果的かつ猛然と戦ったのである。

模範であれ、戦闘中はとくに。それが死を意味するとしても——。これは、ドイツ将校の訓練中、常に強調された、統率上のカギとなる点だった。ゆえに、戦死した国防軍将校の数は、極端に高いものとなっている。米陸軍と比較した場合にはなおさらだ。戦死した将官ということになると、その数はさらに驚きを誘う。合衆国陸軍の戦死者でもっとも階級が高かったものは、沖縄戦で日本軍の榴弾により戦死したサイモン・ボリヴァー・バックナー・ジュニア中将（USMA一九〇八年）である。そのつぎに階級が高いのは、コブラ作戦中（一九四四年七月、ノルマンディ橋頭堡からの突破作戦）、米軍の爆撃にまきこまれて戦死したレズリー・マクネイア中将だ。両者とも、死後四つ星の将軍（大将）に進級している。

第二次世界大戦中、戦闘で命を落とした合衆国陸軍の将官は、およそ二十人になる。[*80] この数字は、陸軍航空隊のそれも含んでいる。なお、陸軍航空隊の将官戦死者は、将官戦死者のおよそ半分を占めていた。戦傷を負ったのは、わずか三十四人だが、この数字には海兵隊の将官も入っている。ドイツ軍将官の戦死者については、計数の誇張や統計の方法に問題がありはするものの、陸軍と空軍の将官、合わせて約二百二十人が死亡していることは確実である。同時期のアメリカ軍に比べて、十倍以上のドイツ軍将官が戦死しているのだ。[*81] 交戦各国のうち、赤軍の将校団のみが、ほぼ同じ数の将官戦死者を出している。とはいえ、その戦死者数の大きさが、最前線での統率に起因しているかどうかは疑わしい。[*82]

最前線に出ていくことで、アメリカの将官たちは、繰り返し感状や報奨を得た。「前線への途上で」、ときには銃火のもとで、「冷静沈着さ」を示したというのである。しかし、ここで示された「武勲」は、ドイツ国防軍にあっては無視し得る程度と判定されるだろう。[*83] ドイツ陸軍では、戦闘で勇気をみせるのが将校の仕事とみなされており、勲功をあげて勲章をもらうには、「たとえ、めったにないレベルであったとしても、単に勇敢であるだけでは不充分」だった。[*84]

こうした考えと同意見だった何人かのアメリカの将官は、かえって恥ずかしいことだからと、授与された勲章を返上しようとしたが、許されなかった。[*85] 第一次世界大戦で、ダグラス・マッカーサーが自らの部隊の攻撃ぶりを至近距離で観察していて、激しい砲火にさらされたことがある。その副官は、力ずくでマッカーサーを掩蔽物の陰に引きこもうとした。マッカーサーは彼の手を振り払って、告げた。「アメリカ遠征軍の士気高揚という面に関して期待しうる最高のことは、将官が吹き飛ばされることであろう」と。[*86]

少佐から大佐までの野戦に出るような階級で比較してみても、戦死したドイツ軍将校の数は、米軍将校の戦死者数よりもずっと大きいとみて、さしつかえないだろう。[*87]

本書の表紙カバーに使える良い写真はないかと、著者は多数のオンライン／データベースや第二次世界大戦の写真集をみて、戦時下に撮られた数千の写真を調べてみた。戦闘を指揮しているドイツ軍将校の写真を見つけるのは、何の問題もなかった。ところが、アメリカ軍のそれを探すのは不可能に近かった。休憩している兵士や死傷者を回収しているような写真でも、ドイツ側ではたいていの場合、その中に将校がいる。GIたちの写真では、いちばん階級が高いのは下士官というのが普通だった。

アメリカのGIたちが上級指揮官を見たことさえなかったのとは、まったく異なり、ドイツの兵隊が四、五十年経っても自分を指揮した将校の名前や特徴を覚えているのはごく普通のことだった。[*88] また、ドイツ軍の連隊長が、部下の将兵とともにタコツボに入って、小銃を撃ったり手榴弾を投げるのも珍しいことではなかった。[*89] 一九四二年に将校進級規定が改定されてからは、大佐が少将に進級するには一年間の前線勤務が必要であると布告された。[*90]

エルヴィン・ロンメルからアフリカ軍団を引き継いだヴィルヘルム・リッター・フォン・トーマ将軍は、一九四二年に捕虜になるまで二十回負傷している。捕虜になったのが、ある丘への突撃を指揮しているときだったというのも、よくその個性をあらわしているといえよう。[*91] 自ら手榴弾や地雷、梱包爆薬で戦車を破壊したことを示す徽章、または白兵戦章を持っているドイツの将官はざらにいた。ドイツの将校教育には「戦場での殺傷術」や「防御上の反撃術」といった科目を教えていない欠陥を有しているとの見解がある。それは、この問題について膨大な文献があるにもかかわらず、ドイツの戦争文化は合衆国ではほとんど理解されていないという、著者がすでに述べた主張を補強するものだ。[*92] 階級の上下にかかわらず、部下将兵の面前こそが、ドイツ将校の死に場所なのだ。必要ならば、将校も彼らとともに戦う。ドイツ兵はそれを知っているからこそ、絶望的な状況でも士気を鼓舞されたのである。彼ら将校は文字通り戦闘で率先垂範し、後方で指揮を執ることなどしなかった。ドイツ将校自体、「われわれの勝利の土台にあるのは、徴集兵よりも将校のほうが危険に身をさらすことだ」と断言している。[*93] ドイツ軍将校における高い死傷率は、それによって信頼できる指揮官であることを証明しているのだから、「当然」だった。[*94] ドイツ軍の指揮統率に関する基本的な教範、『部隊指揮《トルッペンフュールング》』（*Truppenführung*）は、軍団長ですら隷下師団と「個人的接触」を保つものとされ、また師団長の居場所は「その部隊とともにあるべし」としている。[*95]

第二次世界大戦における他の交戦国の兵隊同様、米軍のGIも自発的で能力があったとはいえ、適切で優れたリーダーシップを得られぬことがしばしばであった。[*96] そのため、平均的な合衆国陸軍の将校は、部下の兵隊から高い尊敬を受けてはいなかった。[*97] 大隊長や連隊長が眼の届く範囲にいることはまずなかったから、GIが彼らの顔を知らないということもままあった。[*98] だが、アメリカの小銃兵は、まさしくドイツ将校団が示したのと同質の指揮統率を求めていた。「あまりにも多くの将校が後方で安易な仕事をやっている一方、前線で指揮を執る将校はあまりにも少ない」のはあきらかだったのだ。[*99]

ある調査で、「最良の戦う軍人」の特徴を訊かれたアメリカのベテラン歩兵たちは、「戦闘でいつも部下とともにいて、自ら模範を示す」将校だと指摘している。[*100] だが、そうした将校が稀少なのは明白だった。徴集兵の四分の三は、「たいていの将校は、良い仕事をするよりも、自分の昇進に関心がある」ということで一致している。[*101] この数少ない将校の一人は、「小官は、自分も泥まみれのフィールドで濡れたボールを追うことぐらいしか、諸君に約束してやれない。しかし、諸君とともに必ずそこにいる」と、おのが部隊に告げた。そして、この約束を実際に守ったから、部隊の尊崇もおのずから得られたのである。[*102]

徴集された兵士から得られる尊敬については、戦闘部隊を率いる少尉や中尉も例外となる。彼らは、その若さゆえに、多くの場合、年上の将兵には小さな子犬のように感じられるのだ。[*103]ただ、指揮レベルの性質上、下級指揮官は戦闘のただ中にあるのが常であり、最初の死者となる例が相ついだ。

前線のリーダーシップという点では、まったく同じ理由から、アメリカ空挺部隊も例外である。[*104]そこでは、大佐どころか、少将までも、麾下部隊とともに戦闘降下するし、ドイツの場合と同様に、指揮官たちの多くは基礎訓練以来、部下将兵とともに過ごしてきている。空挺部隊の将軍と「普通の」将軍の姿勢がちがうのは、バルジの戦いにおいて明々白々となった。マシュー・B・リッジウェイは、Dデイでは将官でありながら、有名な第八二空挺師団を率いて、彼らとともに敵戦線の後方に降下した。一九四四年十二月には、アルデンヌ戦線の一部を担当する第一八空挺軍団の指揮を執った。隷下部隊におけるリーダーシップの欠如に慄然としたリッジウェイは、問題視された多数の指揮官たちに、面と向かって告げた。「師団長以下、あらゆる指揮官が、戦闘において強力でポジティヴなリーダーシップを示しそこねている」と。[*105]またイタリア戦線でも、状況はさして変わらず、攻撃精神とリーダーシップの欠如が非難されている。[*106]

合衆国陸軍が編成したのは、比較的少数の師団と軍団であり、その指揮官には少なくとも平均的な能力を持った者を配することができたが、問題は連隊レベルにあった。[*107]カセリーヌからノルマンディ、そしてアルデンヌまで、多数の連隊長が、戦闘のプレッシャー、基礎体力の欠如、さらに、何よりも能力、指揮統率術、攻撃精神の欠如ゆえにくずれていった。[108]そうした危機の一つにあって、そのころ第一八空挺軍団長だったマシュー・リッジウェイは、そのことを明言している。「喫緊の要があるのは、高度な指揮統率能力だ。［中略］適切に仕事をやらせることができ、動揺した連隊を維持し、それを何とかして、素早く立ち直らせることができる連隊長向きの人材なのだ」。[109]しかし、多くの連隊長はレヴンワースの指揮幕僚大学校を卒業している。ところが、この学校は「指揮」と名に冠してはいるものの、おそらくはリーダーシップについての教育をほどこしてはいなかった。この事実は、次章で詳細に論じることにする。[110]

アメリカの高級将校たちは、それぞれのやり方で、より有能な将校を育成してきた。一般的にいって、部隊の将校を解任して「再分類」する（平時にすでに現れていた問題だ）ことは極度に嫌がられた。[111]再分類というのは、合衆国陸軍の特殊な人事で、普通は問題の将校の左遷、最低一階級の降等を意味する。陸軍を辞めさせられるにあたっての、最初のステップだ。従って、指揮官に適さない将校は、あいまいな理由で解任され、自分の師団を追われて、ある部隊から別の部隊へと転々としはじめる。[112]マシュー・B・リッジウェイのごとき、断固たる司令官によって、ついに馘首《かくしゅ》されるようなことがないかぎり、陸軍省は彼らに適性がないことに気づかない。よって、戦闘で失敗をしでかした上級将校が帰国できたり、進級することとさえ、ときにはあった。[113]一方、プロイセン・ドイツ軍では、ある将校が指揮に適さないとわかった場合には、苛酷かつ厳格な措置が取られていた。[114]

ヴェーアマハトは、「性格学」的な判定によって、将校にふさわしい勇気がないとみなされたものを排除しようと企図していた。だが、「性格学」的判定は徹頭徹尾、近代の学問的原則を基礎としたものではなく、人種主義と組み合わされていたのだった。たいていの場合、退役した将校が、往々にして、以前軍隊に勤務していた経験を持つ民間人の心理学者を「指導」した。しかしながら、ヴェーアマハトには、将校の人格、特徴、能力はどうあらねばならないか、士官候補生はどのように選ばれねばならないかということについてコンセンサスがあり、合衆国陸軍との対照はきわだっていた。たとえば、幼年学校で指導的な立場にあったものは、士官学校に進んでもそうなるだろうし、のちに将校となっても指揮統率能力で素晴らしい評価を得るにちがいないといった理解だ。[115] いずれにせよ、将校候補の教育と選抜については、実に首尾一貫していることに注目しなければならない。

第十一学年《オーバーゼクンダ》（*Obersekunda*）修了時に、ドイツの士官学校生徒は少尉候補生試験《フェーンリヒスエクサーメン》（*Fähnrichsexamen*）を受けることになる。[116] ここでは、基本的な軍事に関する問題と並んで、外国語、地理、数学、幾何、歴史といったすべての科目にわたって試験がなされた。ドイツでは、通常第十三学年を終えたときに、大学入学のための一般資格試験アビトゥーアが催される。これは、その簡易版であった。[117] この試験に首尾良く合格すると、生徒は「帯剣待遇少尉候補生《カラクタリジールター・ポルテペー＝フェーンリヒ》」（*charakterisierter Portepee-Fähnrich*）となる。[118] この新しいステータスは、階級としては軍曹の上になり、少尉候補生の軍服を着用することが許された。今や、本物の将校候補と誰からも認められるようになるのだ。しかし、入隊先の連隊長が彼に剣《ザイテンゲヴェーア》（*Sei-tengewehr.* もともとは短剣だが、実際には銃剣を帯びる）の佩用《はいよう》を認め、「有権少尉候補生《パテンティールター・フェーンリヒ》」（*patentierter Fähnrich*）とするまで、指揮権は与えられない。この「有権少尉候補生」は、「帯剣少尉候補生《デーゲン＝フェーンリヒ》」（*Degen-Fähnrich.* 短剣を帯びた候補生、もしくは両刃剣を帯びた候補生の意）とも呼ばれた。階級としては、「帯剣少尉候補生」は曹長の下だが、大きな権限を持っており、そのため、戦時に先任将校が死亡した場合、部隊の指揮を執ることもしばしばだった。第一次世界大戦がはじまった際には、陸軍士官学校は十六歳以上の者をただちに卒業させ、最低でも「有権少尉候補生」とした。十七歳の少尉も珍しいことではなくなったのである。もっとも、少尉の階級を得るのは、普通なら十九歳だった。

よい縁故があったり、素質があると認められた者は試験のすぐあとに、帯剣待遇少尉候補生として、どこかの連隊に入る。その場合、早期に進級し、他に先んじることが期待された。たとえば、フォン・マンシュタイン家、フォン・シュテュルプナーゲル家、フォン・ボック家の者は、憧れの的である近衛連隊に入隊したが、一方、ハインリーチ家、ヘープナー家、ホート家の者は通常の連隊で満足せざるを得なかった。[*119]

貴族出身の生徒は、平民出身の級友に対して有利であり、公平ではなかった。冬季、彼らの多くは、皇帝の宮廷に勤務する小姓に選ばれた。こうしてえこひいきされた者は羨まれたし、また貴族の生徒であれば、操行や学業の成績はまったく問題にならなかったから、なおさら不公平だった。[*120]とはいえ、貴族生徒の数は、一八九五年の四十六・七パーセントから一九一八年の二十三・一パーセントへと、確実に減っていった。[*121]彼らが受けたしつけや、能力に関係なく小姓に取り立てられる特別の地位は、陸軍幼年学校内の貴族閥形成につながる。学校の幹部や平民の生徒たちは、これは、持てる手段のすべてを使って、すみやかに解消されるべき問題だと考えた。[*122]

近衛連隊で少尉候補生になるには、厳しく審査されるばかりではなく、縁故、そして閲兵用の絢爛たる軍服をあつらえることができるよう、かなりの金銭的な余裕が必要であった。候補生は、相当な金額の金を用意できることを証明できなければならず、それによって、通常の少尉候補生の大多数がはじか

1935年、ドレスデンの軍事学校で機関銃操作の訓練を受ける少尉候補生。ドイツの幼年学校・士官学校生徒ならびに少尉候補生は、広範に小火器取り扱いの訓練を受け、将校任官などまだまだ夢だというような段階にあっても、あらゆる歩兵兵器とそれを用いた戦術に熟達していなければならなかった。［連邦文書館。写真番号183-R43502, 撮影者ヴェーグナー］

れた。

もっとも、多くの者は連隊で任官する前に、「軍事学校《クリークスシューレ》」（*Kriegsschule*）に送られて、そこで八か月間から一年半分、少尉候補生の階級のままで過ごす。軍事学校においても、ドイツの軍事教育の柔軟性が再び発揮された。将校候補は、それ以前の訓練成績や上長の評価によって、別々のクラスに分けられた。[*123] 軍事学校の一日は〇六〇〇（午前六時）〔多くの軍隊では、時分を略した二十四時間呼称を用いる〕にはじまるが、授業は昼食休憩を挟んで、〇八〇〇（午前八時）から一五〇〇（午後三時）までしか行われない。教官団は、軍の組織から個々人の射撃術まで、軍事的に重要な科目をすべて教えた。

候補生たちは、午後を自由に使える。彼らの人格は、再び学校の教官や同級生によって評価されることになる。軍事学校在学中に、飲酒や賭博にふけったり、喧嘩を仕掛けた者、政治集会に参加した者、婦女子と情交に至った者、あるいは将校たるにふさわしくない振る舞いをほんのわずかでも示した者には、悲劇が訪れることになる。軍事学校に与えられた任務は、将校候補生を道徳的に堅固たらしめることにあった。それが、純粋に軍事的な科目を教え込むよりも優先されているのはあきらかだった。[*124] 勤務中であると自由時間であるとを問わず、将校候補を観察評価することの重要性は、ドイツ軍の心理学に関するほとんどすべてのパンフレットで強調されている。[*125]

士官学校に残った生徒は、第十三学年《オーバープリーマ》（*Oberprima*）で修了となり、大学入学資格に相当する学位を得る。ただし、最後の二年間に教えられる科目は、軍事に関する課題のほうが「通常」の科目をはるかに上回った。[*126] とはいえ、最終試験は、民間人委員会によって、一般の大学入学資格試験と同じ基準で実行されたのである。[*127] きわめて優れた成績を収めたものは少尉に進級するし、稀には先任順序《ラングディーンストアルター》（*Rang-dienstalter.* その身分や階級についた順序）をさかのぼらせることも認められた。つまり、先に士官学校を卒業した者以上に有利になるのだ。幼年学校・士官学校で良い成績をあげれば、経歴上ののちのちまでアドヴァンテージを得ることができる。それは、生徒たちも百も承知であった[*128]

南北戦争の英雄で、軍改革者であったエモリー・アプトン将軍（USMA一八六一年）は、ヨーロッパ視察旅行ののちに、ドイツの士官学校で教えられる数学のカリキュラムは、合衆国陸軍士官学校なら、そのすべてを一年でやってしまうだろうと注記している。[*129] 彼の観察は、この、かつてのウェスト・ポイント生徒がいかに狭い視野しか持っておらず、将校教育を誤解していたかを顕著に示している。

ドイツとアメリカの軍事学校の両方で、生徒たちは、苛酷で階層的な規律に服した。軍事学校での経験を記述するにあたり、ほぼすべてのドイツの生徒が「厳しい《ハルト》」（*hart*）と「片寄った《アインザイティヒ》」（*einseitig*）という言葉を使っている。[*130] この「片寄った」という表現は、彼らが基本的には民間学校の生徒と同じ内容を教えられていたにもかかわらず、出てきたものだ。それは逆に、ウェスト・ポイントの教育がいかに遅れていたかを如実に示すしるしでもある〔ウェスト・ポイントの生徒は、自分たちが偏頗《へんぱ》な教育を受けていることと自体に気づかず、不平も洩らさなかったという原著者の皮肉〕。

しかし、ドイツと合衆国の生徒たちにとって、最大の問題は、サディスティックな上級生、もしくは生徒隊の役職や階級を得た同級生だったと思われる。[*131] だが、いじめの加害者が、ドイツの諸学校においてうまくやっていくのは、ずっと難しかった。というのは、彼らを教化するシステムは未完成でもなければ、問題があるわけでもなかったのだ。従って、幼年学校の校長たちは常にしごきを禁じたし、上級生もまた率先してしごきを止めさせる義務を負っていたからである。[*132] 上級生は下級生に対し、権威ある立場を保とうとしたかもしれない。が、ドイツのシステムにあっては、それは自動的に得られるものではなかった。彼らは、自分が成熟した存在で、指揮統率能力があることを証明しなければならず、さもなくば、生徒隊の階級を失ったり、面目をつぶすことになる。操行等級を落とされることもあった。ウェスト・ポイントでは「罵倒屋《フレーマーズ》」（*Flamers*）と呼ばれる輩に相当するのは、「いじめ役《シンダー》」（*Schinder*）だ。下級生に、むやみにつらくあたる連中のことである。「いじめ役」は、ドイツ軍の文化と有効性、すなわち「戦友精神」の礎石を損なうものであり、よって、生徒隊のなかでは軽蔑される存在になる。[*133]

エーリヒ・フォン・マンシュタインは、自分の学年では「特訓《シュライフェン》」（*schleifen.* 負荷の大きな肉体的軍事訓練）は珍しいことではなかったと認めている。[*134] ただ、同時に彼は、幼年学校生徒時代に肉体的な力をつちかい（マンシュタインは非常に虚弱な子供だった）、少なくとも「軍務に服するにあたっての適格性の一部」[135]である肉体的な力を得たとしている。もっとも、彼の親戚である高位の軍人が睨みをきかせて、成績がどうであろうと合格させた可能性もあるのだが。[136]

時代遅れの兵器を使っていたウェスト・ポイントとは異なり、ドイツの士官学校では、皇帝の軍隊の現用兵器と同じものを生徒に与えていたし、すべての学年で銃剣戦闘訓練がほどこされた。上の学年になると、訓練のため、現役部隊に定期的に派遣された。[137]また、少なくとも第一次世界大戦中の陸軍幼年学校では、生徒の指揮による正規の中隊攻撃演習実施も珍しいことではなかった。[138]

ドイツでは、より洗練された等級付けと進級システムがあり、生徒の「人格」と学業成績の両方に等しく重きが置かれていた。[139]たとえ後者が欠けていて、最終試験に落第したとしても、その生徒が有能な指導者とみなされたなら、「カイザーの慈悲《カイザース・グナーデ》」（*Kaiser's Gnade*）により卒業できた。[140]一九〇二年から一九一二年にかけて、皇帝は、おびただしい数の慈悲をほどこしている。ドイツ帝国の軍隊は、数学が弱いだけの、優秀な将校候補を失いたくはなかったのである。[141]ただし、学業成績不振であるにもかかわらず、上の学年に進んだ者の卒業証書には、ラテン語で「教育未成も同然なり《プロプテル・バルバラム》」（*propter barbaram*）と記されていた。

座学の成績はよくても体育はからっきしの、いわゆる「くそガリ勉《パウカーエルシェ》」（*Paukerärsche*）は生徒たちから馬鹿にされた。[142]ところが、誰か、学業・運動ともに優れた者がいると、どんなに年少であっても、生徒隊内部での彼の地位は「不可侵にして揺るがぬ」ものになった。[143]勉強ができない者にも、成績向上の機会はあった。友人たちが助けてくれるだけでなく、同室の先輩たちによる適切な補講システムがあったからだ。彼ら先輩たちは、自分の下にいる生徒の知識水準に責任を負っていたのである。[*144]

陸軍幼年学校で、上長が模範となるのをみた生徒は、自らも模範を示さなければならないと学ぶ。それは、ささいだが重要なことで表現されることもあった。「衣裳祭り《コステュームフェスト》」(*Kostümfest*)は、世界中の軍事学校に一般的にみられる、ある生徒小隊全体に対する罰だ。[*145] それは文字通りに訳せば「仮装パーティ」ということになるが、ウェスト・ポイントの隠語では「着衣整列」となる。監事長が呼集をかけ、どの種類の制服をいつまでに身につけなければならないかを指定するのだ。使える時間は通常、数分間である。生徒たちは階段を駆け上がり、自室に飛び込んで制服を着替えるや、閲兵場まで走っていって整列する。そこで短い服装点検が行われると、監事長は、つぎの制服を指定し、自室への競走が再びはじまる。これが、充分罰を受けたと判断されるか、その隊のすべてが完璧に制服を着用するまで続くのだ。ただ、ウェスト・ポイントでは、監事長は競走する生徒たちを漫然と待っているだけなのに対して、陸軍幼年学校では、監事長はともに着替えるものとされている。どの種類の制服を指定されようと、完璧なかたちに着用するには、ごく短い時間しかかからないということを、生徒に示すのである。[*146]

ウェスト・ポイントの卒業生とちがって、ドイツでは、士官学校を卒業してすぐ将校に任官する者はごくわずかで、そのためには学業とリーダーシップの両面で卓越した能力を見せなければならない。他のすべての者は、少尉になる前に実際に軍隊生活をうまくやっていけることをまず示さなければならず、しばらくは将校候補の身分に留まる。

陸軍幼年学校・士官学校は、ある教育システムのモデルにすぎないが、未来の将校育成という点では、合衆国陸軍士官学校よりもずっと適していた。ただし、ここで重要なのは、アメリカとドイツのシステムを比較し、それぞれの生徒教育施設の利点と不利をみることであって、どちらかを一般的な青少年教育により好ましいものであると称えることではない。

軍事学校は、誰にとってもよいところというわけではないことを肝に銘じておくべきだろう。[*147] とくに、両親が息子の性根を叩き直そうと、そこに送り込んだ場合にはなおさらである。「ママのちびちゃん《ムッターゼーンヒェン》」(*Muttersöhnchen*)(直訳すると「母さんの小さな息子」で、母親にずっとかまってもらわなければいられない者を指す。おそらく「腰抜け坊や」[milquetoast] の訳語をあてるのがベストだろう) ならびに「優しく愛らしい」者にとって、こうした施設は恐るべきものとなる。[*148] にもかかわらず、陸軍幼年学校入学に憧れる男の子は、当時のドイツでは珍しくなかった。[*149]

ドイツでは、かつての生徒で幼年学校を批判しない者はない。これも、自分の経験を美化したがるウェスト・ポイントの卒業生と異なる点である。[*150] ごく稀少な例として、成功を収めていながら、敢えて合衆国陸軍士官学校を批判した卒業生がいた。彼の著作は笑いものにされたばかりか、他の卒業生たちが仲間の将校に手紙を出して、その本の内容をまともに考えてみたりしてはならない、けっして言及したりしないようにと念を押した。[*151]

アメリカ人はドイツ人をまっしぐらに追い越し、紋切り型のプロイセン人像にひたすら合わせて、陸軍士官学校を「プロイセン化」した。それは、極端に一面的で視野が狭く、多くの点で軍事的でさえない教育を受けた、度量に乏しい少尉を生み出した。結果として、普通の将校は、ドクトリン遵守、全員の和合、秩序、整然たるさまなどをやかましく求めるようになった。どれも、戦争と戦闘のカオスのなかにあっては、妨げになるような要素ばかりである。リーダーとして見込みがあるのに、工学や数学で

陸軍幼年学校は、ヴェルサイユ条約によって廃止された。連合国が、これぞ軍国主義の温床と考えたからである。ヒトラーが権力を得ると、その狂信的な護衛隊である武装親衛隊「アドルフ・ヒトラー親衛旗団」〔Leibstandarte Adolf Hitler. しばしば「親衛旗」と訳されるが、Standarte は中世ドイツ騎士団の編制単位に由来していると思われるので（Leib は「近衛」ないしは「親衛」の意）、中世史研究の定訳をあてた〕が、かつての陸軍士官学校を兵舎として接収した。この部隊は、戦争中に、ほとんど他に比べ得るものがないほど大量の残虐行為とマルメディ虐殺事件〔1944年12月18日、米軍捕虜84名が殺害された事件〕を含む戦争犯罪の記録をつくることになる。写真は、1935年12月17日、もとの陸軍士官学校中庭で「親衛旗団」を閲兵する独裁者。ヒトラーの右側にいるのは、指揮官のヨーゼフ・「ゼップ」・ディートリヒ。［連邦文書館。写真番号102-17311］

うまくいかなかった者を拾い上げ、学校に残しておくようなメカニズムはなかった。「分離された」〔「放校された」の意〕者は、なおあきらめずに徴兵に応じるというかたちでのみ、陸軍にとどまることができた。

ドイツのシステムは、その不公平な予備選抜、つまり「下層」に生まれると、他の階級の者よりも将校団に入るのに多大な困難があるということにより、不利益を被った。が、それはまた、幼年学校に入れた者に対しては、よくできた選抜システムを提供していたのである。ドイツの生徒は、ほんのティーンエイジャーにすぎないころから、将来の指揮官としての能力があることを証明しなければならない。ごく早くから、生徒は、生徒隊もしくは将校団での地位は、年功序列によって決められているわけではないことを悟る。ふさわしい業績さえあげれば、年少の生徒が上級生を追い越して、彼らの上官になることもあり得るのだ。これこそ、ドイツのシステムにおける最大の利点だった。ウェスト・ポイントでは、四年制の秩序が抜きがたく存在する。そこで生き残るには、リーダーシップよりも規則遵守のほうが助けになった。だが、陸軍幼年学校では、指揮統率能力が最高に評価された。また、ドイツの幼年学校では、しごきがはっきりと禁じられているばかりか、進級と指揮官率先垂範のシステムが抑止となるため、それが続く可能性はなかった。上級生もおのずから新入生に優しく接するようになる。一、二年のうちに、その新入生の部下になるかもしれないからだ。日常生活においても、権限を与えられた将校が常に生徒たちとともにいて、前年に上級生のなすがままになって苦しんだ者が、順送りだとばかりに後輩の教育に口を挟んだりしないようにしている。これに比べれば、ウェスト・ポイントで数世紀続いたリーダーシップの訓育など、お笑いぐさである。

ドイツの幼年学校において、将校は尊敬される存在でありながら、気軽に近寄って話しかけることができた。元生徒の多くが、幼年学校の校長と親しく会話したことを綴っている。一方、ウェスト・ポイントのかつての生徒が書いた文献には、校長や教官は近寄りがたい存在として現れる。戦術士官でさえ、生徒に話しかけてくるのは、彼がへまをやったときだけなのだ。将校と生徒の関係といえば、せっせとノートに講義を書き取るだけである。役人修業としては最高だろうが、リーダーシップは最低限にしか発揮されない。

四年間やり抜けば、アメリカの生徒は将校に任官する。だが、彼らが最初に指揮を執ったときから、自信が持てずに苦しむことになる。軍事やリーダーシップについて、適切な教育を受けていないからだ。数学や「平民」を怒鳴りつけたことなど、本当の軍隊での日常生活にあっては、まったく無意味だったことがわかる。多くの者が、古参下士官やもののわかった大佐に助けられる始末だった。

ドイツの幼年学校を卒業した者は、アメリカの卒業生より何歳も年少であるにもかかわらず、ずっと進んでいた。民間学校で定められているのと同等の教育を受けている上に、中隊を指揮するのに必要な戦術やリーダーシップに関する知識を得ているのだ。とはいえ、彼の階級は少尉候補生にすぎず、自らに能力があることを繰り返し証明しなければ、将校には任官できない。連隊で二期、軍事学校で一期過ごしたのちに、将校になれるかどうかが決まるのである。士官学校のお定まりの生活ではなく、人生の現実こそが決定的なファクターなのだ。

ただし、ここでは少尉候補生もしくは少尉が軍歴の緒についたものとして、ドイツと合衆国のより進んだ段階での職業的な軍人教育を比較してみることにしよう。

第二部　中級教育と進級

第四章

ドクトリンの重要性と管理運営の方法

アメリカの指揮幕僚大学校と見過ごされてきた歩兵学校

「将校を職業としたものは、生涯学校に通う。[*1]」

——マシュー・バンカー・リッジウェイ将軍

アメリカの軍人に対する職業教育システムのもう一つの礎石は、ウィリアム・ティカムシ・シャーマン将軍（USMA一八四〇年）によって、一八八一年五月にカンザス州フォート・レヴンワースに設立された。最初、「歩騎兵運用学校」とされていたそれは、たびたび名称を変更し（ずっと後年になっても名前を変えた）、「最初から、その目標が明確に定まって」いなかったことを暴露してしまった。[*2] 何を教育するか、はっきりしていないという問題は、数十年のちまで、この学校につきまとった。[*3]

同校は最初から、その評判を落としたさまざまな問題に巻き込まれていた。合衆国陸軍は、専門的な幕僚勤務の知識を持った将校を何よりも必要としていたが、レヴンワースの学校に入学を許された者は、当初、少尉か中尉にすぎなかった。これぐらいの階級の将校は通常小隊を指揮するものとされているのだが、同校ではより大規模な部隊での幕僚業務を教えることになっていたのだ。

低水準の授業や、声に出して朗読することや暗誦が要求されたために、この施設は「幼稚園」として知られるようになった。[*4]卒業生、とくに優等で卒業した者は、修了後何年にもわたって、戦友たちにからかわれ、小馬鹿にされた。そうたいしたことをやってきたわけではあるまい、と思われていたのである。[*5]

悪い評判に不安を感じ、シャーマン以降、この学校に関心のある者は改善を試みた。何人かの校長は賢明にも、部下のスタッフや教官たちに提言を求めた。続く数年間のうちにレヴンワースは改善されたが、幼稚園から脱しようとする措置はいずれも成功したと評価できるものの、ただちに素晴らしく進歩した軍事学校になったわけではない。レヴンワースの歴代校長が、たとえば、日常的だった朗読の授業を最低限度に短縮するといった、より積極的な手を打つのは、一八九〇年代初頭に、ジョン・M・スコウフィールド将軍が主導した陸軍全体の進級システム改革に追随してのことである。[*6]レヴンワースは中級学校らしくなり、説教じみた授業にはほとんど重きが置かれなくなった。それでも、「テキストに一言一句たがわずに従うほど、評点はよくなるんだろう」[*7]という、学生たちの思い込みは抜きがたく残っていた。この信仰は相当に正しかったということを、以下に示そう。

古参教官のアーサー・L・ワーグナーとエベン・スウィフトは、米陸軍の標準からすれば、相当に先見の明があった。彼らは、授業全般のレベルを上げるのに貢献したが、深刻な欠陥を持ち込むことにもなった。[*8]ワーグナーは、プロイセンの学校を訪問するためにドイツを旅し、その経験に影響されたことは、はっきりしていた。[*9]しかしながら、ついに「応用メソッド」が学生たちに導入されることになったとき、彼も「それは、われわれが採用するより三十年以上も前からよく知られていて、実践されている」と認めざるを得なかった。[10] この応用メソッドにあっては、学生は、教科書の知識や諸例則を繰り返し暗記したり朗読するのではなく、以前に習った理論を実際に使う（応用する）ことを要求される。[11] ところが、この応用メソッドがレヴンワースでもてはやされたころには、ドイツの陸軍大学校ではすでにそれを段階的に廃止しつつあった。さまざまな役割仮想演習《ロール・プレイング》や図上・兵棋演習がそれに取って代わっていたのだ。[12]

よって、レヴンワースの進歩も、全体からみれば、ごく相対的なものであるとみなすしかない。ウェスト・ポイント同様、授業の内容ならびに教授法がずっと遅れていたというのも驚くべきことではなかった。兵器体系や戦闘形態が急速に変化していたというのに、「フォート・レヴンワースの改革者たちは呆れるほど矛盾していて、ときに技術的知識・解決に反感を示しさえしたのである」[13]。

エベン・スウィフトは、ドイツの軍事学校ではあらゆるレベルで普通に行われていた兵棋演習をやることを学生たちに許可した。ドイツの軍機関に由来する、他の多くの模範同様、これもアメリカ軍の目的に合わせて水で薄められた。ドイツの学生が、突然の配置転換や戦術的奇襲といった要素を含む全交戦過程を「戦う」のに対し、アメリカの学生の課題は、主力が接触したところで終了ということになった。[14] これは、当時の合衆国陸軍の普通の実態だったものと思われ、合衆国陸軍大学校でさえ、こうした想像力に欠ける硬直したやり方で運営されていたのである。[15] レヴンワースの教官団は、この良からぬ方法を、まったく変えようとしなかった。[16] 学生たちが、複数の連続的交戦が生じるとの想定で兵棋演習を行ったのは、一九三九年度のみだった。[17]

スウィフトの意見は、近代兵器の威力により、部隊が配置されてしまったあとの戦闘の帰趨は予想可能になっているというものだった。こうした姿勢は、学生を知的に刺激しそこねただけでなく、「複雑な問題を無視する言い訳」になったのだ。[18] 多面的な兵棋演習が導入されたのはようやく一九三〇年代になってのことだったが、しかし、そのときでも、それらは筋書きが決まったもので、予想外のことなど何もなかった。[19] ドイツの書物による戦術研究は、「平均的な米軍将校にとっては荷が重すぎる」とされ、その結果、アメリカの将校学生のために「単純化」された。[20] この評価は、最初の数十年間のレヴンワース校についてては、まったく適切であろう。そこでは、教官たちが、学生の知的能力をまったく過小評価し続けていたと思われるからだ。

米西戦争に決着がつき、この学校は一九〇二年に再び開校されたが、今度は「ベルの道楽」というあだ名がついた。レヴンワース校を強く支持し、再開一年後に同校の校長となったJ・フランクリン・ベル将軍（USMA一八七八年）にちなんだものだ。[21] レヴンワース校はとくに幕僚業務を教えることになっており、中少尉とごく少数の少佐たちが入校した。[22] 兵科間の競争心は長らく、幕僚業務習得という目的の障害となり、その結果「カリキュラムは限定」された。[23] いかなる将校教育においても必須であるはずの軍事史は、レヴンワースの教育では、ささいな役割しか与えられていなかった。その一方で、「何年もの経験を持つ将校なら誰でも常識的に持っていたはずの初歩的な科目に、たっぷりと時間が費やされた」のである。[24]

そのような教育を行うとの決定は、一九一九年に下された。副校長のW・K・テイラーが「公正さを保つために」学科課程はいちばん遅れた学生に合わせなければならないとしたのだ。[25] この実例は、柔軟な教授法などレヴンワースにはまったく根付いていなかったことを示しているし、また以下の考究の証左となろう。ドイツの陸軍大学校、そして、その前身の少尉候補生軍事学校では、将校は個人の能力や兵科に従ってクラス分けされる。それによって、どの学生がどこの学校にいようと、おのおのの資質を最大限に引き出すことができるわけだ。基礎的なことで授業の進度が遅れ、優秀な学生を退屈させることはない。そもそも入学試験があるから、不適格な学生は陸軍大学校に入れないのである。これについては、次章で論じる。

レヴンワースでは、基礎教育に多くの時間をかけすぎたため、現に遂行されている戦争がまったく無視されるということがあった。一九四〇年まで、この学校を悩ませた問題だ。ペリー・レスター・マイルズが、第一次世界大戦でヨーロッパに赴き、ある部隊の指揮を執るようになったのは、レヴンワース校を好成績で卒業した直後のことだった。同校の教育は「ヨーロッパにおいて戦闘員が塹壕のなかで学んでいた教訓を認識しておらず、［中略］実践的なことは何一つ与えてくれなかった」と、彼はみている。[*26] 通常、レヴンワースの教官は、「自分が戦場で決定的なレッスンを受ける前に、教師になることを要求された」のだ。[*27] よって、「アメリカ遠征軍はあきらかに、実戦を通じて戦い方を学んでいった。それは、パーシングが「開放戦」〔open warfare. アメリカ遠征軍司令官パーシングが主張した戦術で、米兵の射撃能力からすれば塹壕戦の条件に合わせる必要はなく、あたかも開豁《かいかつ》地で戦っているかのように機動的に進退すべきだとした〕に固執したためではなく、さりとて戦前のレヴンワースが適切な戦術ドクトリンを教えていたからというわけでもない」。これは正しい観察である。[*28]

第一次世界大戦後、いくばくかの再編成が行われ、一九二二年には校名が改称された。「指揮参謀学校」（Command and General Staff School. CGSS）と呼ばれるようになったのである。一九一九年から一九二三年までの短期間、そこでの課程は二年とされた。一年は「戦列講習」と呼ばれる通常課程で、もう一年は「参謀講習」と呼ばれる上級課程である。「戦列講習」でよい成績をあげた者だけが二年目も在校することを許された。[*29]

一九二〇年の監督官年次報告によると、戦列講習では「第一に編制、第二に戦術、技術、武器を個別にもしくは組み合わせて使う能力、第三に戦術の原則、決断、計画、命令とそうしたことの応用、第四に補給の原則とその師団レベルでの運用、第五に指揮官と師団幕僚の義務と機能、第六に師団の枠内で隷下部隊を率いる上での詳細」が教えられることになっていた。[*30] これをみると、上級学校における優先順位でありながら、リーダーシップのような重要な要素が最後に置かれていることに驚かされる。とはいえ、同校のカリキュラムには、この奇妙な優先順位が反映されていた。

同校の責任者たちは、たとえ上手に仕事をこなすスタッフといえども、適切な指揮を受けなければならないという事実を、まったく見過ごしていたのである。リーダーシップこそ、どこにあっても必要であるだけに、将校のいちばん重要な特性であると考えられる。[*31] 上級将校たちは、ゆえに、以下のことに留意していた。「指揮参謀学校や陸軍大学校で高得点を得たからといって、高級統帥に向いているかどうかの指標にすべきではない。歴史に鑑みれば、たいていの指揮官は理論に秀でていたわけではない。彼らはきわめて実践的だったからこそ、成功したのだ」と。[*32]

二度目の世界大戦の直前、あるいはその後数十年の実戦を経たあとになっても、フォート・レヴンワース校の教育は、文句なしの好評だったというには程遠い。それは、動かぬ事実だった。[*33] ＣＧＳＳのカリキュラムは「指揮官と参謀将校が相互に良い影響を与え合うことを含む指揮のプロセス」を強調していたけれども、実際に上首尾を得られることは稀であることは、あきらかだったのだ。[*34]

以下、レヴンワースで教えられた学科のほとんどが理論偏重であり、にもかかわらず、「輝かしきレ

カンザス州フォート・レヴンワースに在る米陸軍指揮幕僚大学校の主教室棟「グラント・ホール」、1939年。［米陸軍諸兵科協同戦調査図書館］

この写真は、兵棋演習に分類されているが、米陸軍指揮幕僚大学校で普通に行われていた図上演習であると思われる。［米陸軍諸兵科協同戦調査図書館］

ヴンワースの課程を修了した者は良い指揮官になるのに必要なものを得た。この学校はそんな確信を抱いていた」ことを示していこう。[*35] 戦時の記録を検討してみると、そうした理解など成り立たないのだ。[*36]

一九三九年になっても、ある学生調査の示すところによれば、「指揮、部隊統率、機械化部隊と戦車、航空、補給と兵站」といった科目の授業が能率的に進められることは、まったくなかった。いずれも、まさに第二次世界大戦において将校が必要とする知識を教える科目ではないか。[*37] この調査では、情報収集、評価、宣伝といった講義に関しては、将校学生の不満はみられなかった。が、第二次世界大戦では、こうした科目の授業にも深刻な欠陥があったことが証明された。第二次世界大戦で連合軍最高司令官の参謀長だったウォルター・ベデル・スミスは、彼独特の手厳しいまでの率直さで、友人のルーシャン・K・トラスコットに指摘している。「ルーシャンよ。いざ喧嘩をはじめたら、最高レベルの計画立案と情報業務がお粗末だったというのが本当のところなんだ。われわれのG-2［情報参謀］ときたら、病気持ちの元在外武官の一団で、軍学校も、本当に計画を立てるにはどうすればいいかを教える能力を持ち合わせていなかった」。[*38] ちなみに、スミスはCGSSの卒業生だった。

ブルース・C・クラーク（USMA一九二五年）も、こう記している。CGSSのG-2教程は、情報活動について、「ごく少数の真に必須の情報ではなく、『情報の重要な要素』［後略］」を過剰なぐらいに提示することだと教えるきらいがあった。情報関係者は、「勧告書や報告を書き終える前に、何かもう一つぐらい、論拠になることはないか」と探すのが常だったのである。それによって、指揮官の意志決定プロセスに遅れが生じた。[*39]

ポール・ロビネットは、この分野に関する数少ないエキスパートで、彼の戦友たちにいわせれば「陸軍の誰よりもG-2業務に通じている」男だった。彼にしてみれば、この重要な分野の講義がうまくいっていないことは、平時からすでに一目瞭然だった。[40] ロビネットは、「レヴンワースにおける情報活動の講義について、議論」すべきだと熱心に運動したが、CGSSの教官団は彼の忠告に耳を貸さなかった。[41] この専門家、ロビネットが、欠陥は科目の程度のみならず、教授法においても著しいと看破したのは正しかった。だが、それゆえにこそ、専門家養成校の教官団は聞こうとしなかったのである。彼は、ある戦友への手紙で、こう書いている。「教程をもっと実際的なものにするべきだ——われわれ陸軍の学校では、ありきたりの古くさい会議型の授業から脱却すべきだ。そう主張したが、断固として頑張ることはできなかった」。[42]

一九三九年に刊行された教官用の出版物、その「G-2訓練」と題された章には、レヴンワース教官団に典型的なたわごとが記されている。「現在のわが校の教授法は卓越しているものと確信する［後略］」と。[43]

第一次世界大戦後の数年間は、動員によってできた将校の大群を学校に行かせなければならなくなった。この「一山《ハンプ》いくら」(hump)と呼ばれた者たちは、軍学校の足をひっぱり、進級の速度を遅らせたのである。これによって生じた進級の停滞を示してみよう。一九一七年には、五千九百六十名の陸軍正規将校がいた。この数は、第一次世界大戦終結時には、二十万三千七百八十六名にはねあがった。[44] 彼らのすべてが軍に残ったわけではないし、CGSSに適格だったわけでもない。ただ、これが大きな問題であるのは明白である。何年ものあいだ、CGSSでは一年かぎりの教程しか実行されなかったし、第二次世界大戦中には、さらに十週間に短縮された。二年教程が再導入されたのは、一九二九年から一九三六年の間だけである。CGSSに入校する者の階級構成も今や変わった。学生の六十一パーセントが大尉、三十七パーセントが少佐だったのが、数年後には、少佐の階級にある者が大多数を占めるようになったのだ。[*45] 師団・軍団レベルの幕僚業務の講義は、かつては中少尉に教えられていたのだが、この階級にある者に講授するほうがより適切であるとみなされたのである。一方、ドイツ軍にあっては、進んだ職業軍事教育をほどこすのは早いに越したことはないという考えが優勢だった。ゆえに、陸軍大学校入学者のほとんどが少尉か、中尉だった。そののち、陸軍大学校在学中に、大尉に進級するのだ。

CGSSの試験は当初、優れた生徒だけが上級コースの第二学年に残ることを許されるというものだったが、「一山いくら」の時代にはほとんど逆になった。完全に失敗した者のみが第一学年終了時に退校することになったのである。残りは、二年コースを続けることを認められた。CGSSの歴代校長は、二年教程を正規のものにしようと奮戦してきた。必要な学科は、とても一年では講義しきれないという意見だったからだ。しかし、それが単に、旅団・師団レベルの幕僚業務を教える授業のための時間だったとすれば、過大な見積もりであったろう。むしろ長い時間をかけることが必要になったのは、詳細で、教える量も多く、教科書やドクトリンを墨守した教育だった。ちなみに、おそらく当時の職業的な軍人教育で最先端を進んでいたジョージ・C・マーシャルは、適切な教授法を以てすれば必要な科目はCGSSで四か月半で教えられるという見解だった。[*46]

CGSSを出ていないと、陸軍大学校（Army War College. AWC）や、のちに設立された軍産業大学校といった、つぎの上級学校に進めないことになっていたとされる。だが、実際には、こうした学校めぐりをしなくとも、出世した者もいる。[*47] ある種の将校たちは、ここで名前をあげた学校から学校へと続けて通うことだけが、出世列車の切符にハサミを入れてもらうことになるのだと考え、こうした軍学校に配置してくれと倦まずたゆまずせがんで、上官を悩ませた[*48]。けれども、そのような施設が、いつでも高く評価されていたわけではない。とくに、今や連隊長や師団長になった古株の戦争経験者は、そうはみなしていなかった。自分たちは精鋭ドイツ帝国陸軍を叩きのめしたのであり、よって、新しいドクトリンなど導入されなくても、戦争については熟知していると考えていたのだ。彼らにとっては、学校流の新しい空想的なアイディアを抱いた、抜け目のない将校を部下に持つよりも、自分の部隊を大過なく運用することのほうが大事だった[*49]。そのため、連隊の将校のうち、代わりがきく程度の人物をCGSS入校者に指定するということが、しばしば生起した。そうした者は、重要な将校とは思われていなかったか、一歩進んで「連隊一の愚か者」とみなされていたのである[*50]。これは、けっして誇張ではない。少なくとも一例、精神を病んだ者が選抜されて、CGSSに入校した例がある[*51]。

信じ難いことではあるけれど、二十年後にも同様に、選抜に関する問題が生じていた[*52]。そのため、軍学校に配置された者のなかには、「古株の軍人の補佐官、副官、上官お気に入りの幕僚はいないということになった」のである[*53]。教育について、こうした保守的なアプローチをするのは、高級軍人に多かった。そのころ、ブラッドフォード・グレイテン・チャイネース少将（USMA一九一二年）は、チャールズ・P・サマーオール陸軍参謀総長（USMA一八九二年）について、こう記している。「当時の多くの者同様［中略］、将来の戦争で起こるであろう変化をけんめいに予測しようとはしなかった。彼は、自分の戦争像を持っていたのだ」[*54]。チャイネースは、おおかたの者から「偉大なる頭脳」の持ち主であるとみなされていたが、教育と戦車のドクトリンに関する突出した思想や、上級者の面前でも率直にものを言うことから、トラブルを繰り返した。[*55] 彼は、第二次世界大戦初期にフィリピンで追い詰められて、日本軍の捕虜となり、何年ものあいだ、日本軍捕虜収容所での非人道的な扱いに耐えなければならなかった。チャイネースが、狭量かつ旧式の将校たちとのあいだに経験したようなことは、珍しくなかった。従って、レヴンワースに入校したいと思う将校が、不透明で保守的な手続きに従わなければならなかったとしても、何ら驚くにあたらないのである。

上官によるレヴンワース校向けの将校選抜は、それ自体が問題となっていた。右記の理由、連隊から当該将校を追い出したいとか、上官が時代遅れで、上級軍事学校の価値を理解できなかったという理由からばかりではない。有能な将校も、おのが力を正しくアピールできなければ、単に目立たぬままに終わってしまう。また、優秀とみられた将校の場合には、上官がその部下本人のキャリアや教育よりも、連隊のことを考えて、彼の学校に行きたいという要望を拒否することもあった。連隊長が承認、あるいは進んで選抜したとしても、最終的な決定は兵科の長にゆだねられる。ある将校がCGSSに入るには、本来の公平な選抜過程を経るよりも、個人的な影響力や、悪賢いばかりのやり方で書類をつくるほうが、助けになったのである。[*56]

純粋に知見を広げようと望むか、進級につながる切符を切ってもらいたいという動機によるのかにかかわらず、不透明で、ほんの数年のうちに変わってしまう選抜基準は、CGSSに入ろうとする者の困難をいや増した。一般的な年齢制限、階級内の年齢制限、成績評価の前提は年とともにめまぐるしく変わった。そのため、ジョージ・C・マーシャルのような、軍のあらゆる案件に通じた者でさえ、誰がレヴンワースにふさわしく、誰がそうでないのか、ときに混乱させられた。[*57]「レヴンワースに籍を得るための毎年の競争は、年々奮闘努力を要するものになっている」と、マーシャルは認めざるを得なかったのだ。[58] 同じ年に、ある青年将校は「当節、レヴンワースか、陸軍大学校に入るには、まったく一戦闘やることが必要なのであります」と、マーシャルに苦情を申し立てている。[59] ほかにも、そうしたやりようを「陸軍運営の馬鹿げた方法の一つ」と考えていた者がいる。[60]

こういった証言には、明々白々にフラストレーションがこめられている。それが生じるのは、不透明な選抜基準のためばかりではない。青年将校が、常に誰か他者に頼らざるを得ないということも与っていた。ドイツでは、適格者たる将校なら、誰でも陸軍大学校の入学試験を受けられる。これについては、次章で論じよう。アメリカの軍学校の校長も、兵科の長たちが送り込んでくる学生の質の低さゆえに、入学試験を導入することを繰り返し、推奨・請願している。だが、彼らの進言が聞き入れられることは、けっしてなかった。[61]

アメリカの将校がついにCGSSへの入校を果たしても、同校の欠陥はすぐに学生の眼にもあきらかになった。ある教官が、授業を聞いている学生よりも、その科目を教える適性に欠けていることなどざらだったし、それは専門科目においてさえ同様だった。ただし、第一次世界大戦後、アメリカ遠征軍に参加したベテランたちが、CGSS教官団において「絶対支配」を確立するに至って、状況は変わった。彼らは、一九三〇年代なかばになっても、教官の三分の一を占めていた。[62] そうした教官は、少なくともすべて、あらゆる戦争を終わらせるための戦争〔第一次世界大戦〕で起こったのであり、将来変化が生近代戦の経験を有していたのである。しかしながら、教官としての彼らは、軍事において重要なことはすべて、あらゆる戦争を終わらせるための戦争〔第一次世界大戦〕で起こったのであり、将来変化が生じることもないという姿勢を堅持していた。教官団はドクトリンを書き直すのに忙殺されたが、彼らがつくった教範も、その教育も、来るべき近代戦の要求に合致するものではなかった。一九一九年の覚書には、レヴンワースの教官団特有の勇ましい言葉づかいで、こう述べられている。「これまでレヴンワースで認められ、教えられてきた戦術原則とドクトリンは、ヨーロッパの戦争で試験済みであり、今日にあっても従前のごとく確固たるものである」[*63]。こんな記述は、まったくのたわごとだったといっても過言ではない。結果として、第一次世界大戦の経験を持つ学生たちの何人かは、塹壕戦から得た自らの戦訓を図上演習に応用しようとして、評価を下げられた。当時の校長、ヒュー・A・ドラム大佐によれば、「開放戦ドクトリンは、より確実な戦術的解決であった」からだ[*64]。実際には、アメリカ遠征軍は、二百日に満たない戦闘期間のうちに二十五万以上の死傷者を出すという、空前の経験をしていたのだが[*65]。ともあれ、第一次世界大戦をもとにしたドクトリンに沿っての訓練は、「真正面からの攻撃で殺されていくばかりの歩兵を生み出した。彼らは、それよりましなやり方を知らなかったのである」[*66]。

アメリカ遠征軍のベテランだった教官が、教育技術や、ある分野に熟練しているからという理由で選ばれたことを示す証拠はない。しかし、彼らは個々に、さまざまな経験をしてきたことは間違いない。ところが、すべてレヴンワースのドクトリンに屈してしまったのだ。CGSSの教官自身、校長、副校長は、教官団には特別の能力があると述べるのが常である。だが、元の学生からそういう声を聞くのは稀だ。彼らは、教官の「講義は退屈」で、授業は「頭をぼうっとさせるような些事《さじ》」と「紋切り型」の教えにみちみちていたとしているのである[*67]。

かつての教官は、教官、副校長、校長といったあてがい扶持《ぶち》を得て、再びCGSSに戻って来ることになる。それゆえ、何ごとも変わらず、何ごとも疑問視されない。CGSSは教官の選抜においても、合衆国陸軍士官学校同様に不幸な方針を取っていた。つまり、同校の卒業生からのみ選ぶのである。ウェスト・ポイントで起こった「近親交配」と同じことが、上級軍事学校にも起こった。異端、もしくは新鮮で枠にはまらない考えが影響を及ぼすことは不可能に近くなったのだ。

実際、レヴンワースの融通の利かない教官たちの教育能力について、敬意を表した記述はほとんど見られない。授業は、煩雑で退屈、わかりにくいことで知られていた。だからこそ、校長はすべての教科をこなすには二年かかると、熱心に求めたのである。当然のことながら、問題が生じた。また、CGSの教育のあり方を批判する者にとって、その鈍重な講義方法は常に心配の種であった。将校学生の大多数は自伝や書簡で、レヴンワースを卒業するには猛勉強をしなければならなかったと主張している。[*68]「病気を理由にしての解放」を強いられた学生も、クラスに数人ほどは常にいた。[*69]こういった恐ろしげな記述のために、レヴンワース校の評判はまたも落ちた。同校を卒業したばかりだったころ、ドワイト・D・アイゼンハワーは、このひどいイメージを払拭するためにレヴンワースに関する記事を書くよう、慫慂《しょうよう》されている。[*70]これはPR用の記事だと思われるのだが、同校の短所はその行間からあきらかに読み取れる。また、呼び物の記事であったのに、アイゼンハワーは匿名で執筆している。上級将校が彼の意見に同意せず、出世を妨げにかかる場合に備え、あらゆる点で用心したのだ。アイクは一般に陸軍内では高く評価されていたが、この記事は、彼が一部の派閥において「ゴマスリ」呼ばわりされる一因となった。

レヴンワースの課業量が大きくなった理由は、現実の要求によるもので、さまざまなことが挙げられる。アメリカの将校が自分の連隊で受ける一般訓練は、きわめて限定されていた。「部下将校の教育は軍の学校に頼る」傾向が連隊長たちにあり、そのため、学校に入る前の将校に、進んだ軍事知識が欠けていることがしばしばあった。[*71]「兵営を学校にする」のは、イライヒュー・ルート改革の眼目とされていたが、それにあたる要員自身が教育不足だった合衆国陸軍においては、まったく無視されてしまった。[*72]ウェスト・ポイントの章で触れたクレイトン・エイブラムスの例も、特別だったわけではない。一九三六年の合衆国陸軍士官学校卒業から第二次世界大戦までのあいだに、「彼が受けた教育の総量」は「一九二〇年の国防法についてのオリエンテーション二日と第七騎兵隊装蹄学校の一週間」だった。[*73]それゆえ、大多数の将校は、専門技術も教育もないままに、CGSSに入ったのである。CGSSでは、大のおとなの大尉や少佐が教練規定についての筆記試験を強いられた。ドイツの少尉候補生なら、眠っていても唱えられるような科目だ。[*74]

もう一つ、課業が大変になった理由に、過剰負担を強いる講義方法と形式ばった授業の流儀とがある。それは、教科書資料、形式手順、教範類の暗記を求めるもので、あらゆる創造性を抑圧し、あるお決まりの起案スタイルを暗記することを必須とした。ドイツのお仲間とちがって、アメリカの将校がそうしたことに備えるための唯一の手立てといえば、卒業生に個人的なアドバイスを求めるぐらいだった。ジョージ・S・パットンは、ハワイで自分の幕僚を務めたことがあり、今やCGSS入校を命じられた若き友人フロイド・L・パークスに手紙を書いてやった。「レヴンワースで高い成績を出せるかは、知能ではなく、テクニックにかかっている。あそこにいたころ、俺は毎晩命令を手書きで筆写した。この練習の目的は、自動的に命令を正しく書けるようにすることなんだ」。[*75]パットンがレヴンワースのことを本音の部分ではどう思っていたかは、その言葉よりも行動によく表されている。卒業後、パットンは、戦術上の諸問題を理解するよう同校に求めたが、答えを出せとはけっしていわなかったのだ。[76]

パットンが「実際のところ、私が陸軍で見た戦術の授業は、九十パーセントが小手先のわざ、残り十パーセントだけが戦術といえるものだったのであります」と発言した際、ジョージ・C・マーシャルは、心から同意した。[77] マーシャルは、彼がレヴンワースにいたころのことを、このように回想している。「当時、われわれは、長ったらしい状況判断を手書きで完成させろと要求された。まるまる二時間はかかったね」。[78] 数十年経っても、ほとんど何も変わっていなかった。ゆえにマーシャルはいう。「最近のレヴンワース校生多数と話してみたが、二時間授業と三時間授業で行われている午後の科目のいくつかは、能率的にやれば一時間でこなせるはずなのに、そう感じている者はごくわずかだった」。[79]

ドイツでは、陸軍大学校の選抜方法、そして何が期待されているかは、世間一般に広まっている知識から、簡単につかむことができた。加えて、陸軍大学校の入学試験にパスした将校、さらには在校中の将校が、受験の際、あるいは陸軍大学校に在校しているあいだに扱うのと同じ教材を、同輩たちに示すのは、どの連隊でも慣例になっていたのである。後進の仲間を教育するのは、ドイツ将校たるものにとって、常に不可欠のことだった。

全員が同じ陸軍将校で、階級もしばしば同等だったにもかかわらず、CGSSの教官と将校学生のあいだには、課業が終わったあとになってもまず緩むことのない、厳格なヒエラルヒーが存在していた。将校学生とゴルフのラウンドを回っていても、教官団のメンバーは「少しばかりはリラックスしているかもしれないが、彼らこそが『われらのレヴンワース校』なのだということを絶対に忘れていない」のだった。[80] ほかにも、この学校にあったのは、師匠と弟子の関係だったと記している者がいる。[81]

一九三九年の将校学生へのあるアンケートでは、およそ五十パーセントが、学生と教官の「接触の機会が不充分」だとした。[*82] ならば、二十年前にはもっと悪かったにちがいないと想像するのはたやすい。こうした教官と学生の溝ゆえに、議論や質疑、批判などが促されることはまったくなかったし、それは意図してのことだったと思われる。歴代校長も、学生たちを独立した思考や意志決定ができるように育てるのではなく、その頭に、規範に則った作業手順や行動基準を叩き込むことのほうに関心を持っているのはあきらかだった。ところが、前者こそが、二十世紀の近代的な機動・機械化戦を指揮する者に、まさに必要とされる資質だったのだ。その代わりに、彼らは「整然たる戦闘」を遂行するよう訓練された。ナポレオンの時代にさえ、存在しなかったしろものだ。[*83]

CGSSの新入生が経験する別の大きな問題は、同校の理論的・観念的なアプローチであった。もし彼らがその前に歩兵学校の課程を経ていたら、そこで慣れ親しんだ現実的で体験重視のやりようとCGSSのそれが、まったくちがうことを知ったであろう。ほとんどの時間は、教室で図上戦術の問題や手順を扱うことに費やされた。また、初期には、出席している学生よりも、教官のほうが（彼が教えている専門科目においてさえ）実務・実戦経験に乏しいということも珍しくなかった。

ブルース・C・クラーク（USMA一九二五年）は、CGSSの教官によって、おおいに恥をかかされた。そのため、四十年を経ても怒りが消えず、それについて記事を書いたほどだった。クラークは、一九四〇年に最後の正規課程を受けている。このとき、CGSSの教官団は最後に、数日間にわたる図上演習を課した。当時大尉だったクラークは、この演習では「青軍《あおぐん》」（軍隊の演習では、彼我の部隊を「青軍」「赤軍《あかぐん》」と呼称することが多い。通常「赤軍」が敵と想定される）の戦車一個中隊を付与された一個師団を指揮した。彼は、歩兵大隊群を狭い戦区に集中して突破をなしとげ、戦車中隊がそこを通って、敵後背地のある町に陣取った「赤軍」の総司令部を直接攻撃できるようにせよと命令した。クラークの作戦が進行すると、「学校中に驚愕」が引き起こされた。[*84] 図上演習は予定よりも一日早く終わった。この独創的な将校が、敵の司令部を占領してしまったからだ。クラークは、その指揮を「手厳しく批判」され、「戦車を誤用」したと言われた。戦車は「町に送って」はいけないし、絶対に歩兵の援護なしに行動させてはならないのである、と。[*85] 演習を指導した歩兵科の大佐は、クラークは工兵だから、こんなこともわからないのだろうと憶測した。驚き呆れるクラーク大尉に対し、師団長としての行動について、学生たちがそれだけは勘弁願いたいと思っていた「不充分」の評価が下された。もし戦争がなければ、この評価のためにクラークのキャリアは無茶苦茶にされたことだろう。だが、三年後、彼はパットン第三軍の一部を成す第四機甲師団A戦闘団（Combat Command A. CCA）〔諸兵科連合効果をあげるために、戦車連隊や機械化歩兵連隊の建制をくずし、戦車大隊と他兵科の部隊を混成した米機甲師団の編組。一個師団がA戦闘団、B戦闘団、予備（R）戦闘団に編合される〕の指揮を執っていた。彼は、隷下第三七戦車大隊に、基本的にはレヴンワースの図上演習でやったのと同様の行動を取らせた。その戦車大隊を率いていたのは、すでに勇名高くなっていたクレイトン・エイブラムスだ。これまでの章でも触れたが、ウェスト・ポイントのプリーブスとして、ひどい経験をした人物である。[*86] まさに図上演習と同じように、戦車大隊は後方の町に乱入し、当該地域の防御態勢を組織する任務を帯びていたドイツ軍司令部を蹂躙した。クラークは四つ星の大将となり、のちに在欧米軍総司令官に就任した。一九六二年に退役したが、指揮統率と機甲戦術の大家とみなされていた。レヴンワースの不適格な教官によってぶちこわしにされるところだったクラークのキャリアは、戦争によって救われたのだ。数十年を経たあとになっても、そのことを苦々しく思っていたクラークは、自分が書いた記事を多くの友人たちに送ったが、そこには手書きの註釈が付せられていた。「これこそ、一九四〇年のレヴンワース教育だ。こんなやり方で、その卒業生にヒトラーの装甲軍を打ち破らせようとしていたのだ」[*87]。彼をそんなふうに扱った主任教官は「許しがたい」とした上で、その歩兵大佐は一九四四年のフランスで長らく連隊長を務めたものの、進級できぬままに退役したと、クラークは註記している。

机上の理屈からのアプローチとそれが含む危険は、ジョージ・C・マーシャルの覚書でも扱われている。「大規模な問題に対する訓練がなされるのは稀だった。レヴンワースのシステムが過重であるのと、概してゲティスバーグ戦の図上演習といった、ある程度距離を取ったことしか扱わないためだ」と、彼は述べた[*88]。そんなアプローチは不充分だ。なぜなら、そこには、とどのつまり「誰でも入ることができる、開けた平野ばかりの世界」があるばかりだからである[*89]。マーシャルは、レヴンワース教育にあきらかに欠けている機略や創造性を求めていた。

屋内の図上演習と、野外で同様の訓練を受けることが、大きくちがうのは、いくら強調しても足りない。図上演習にあけくれる将校は、いつしか誤った自信を持つようになる。知るべき必要のあることは、すべて地図が示してくれると考えるようになるのだ。戦争になっても、彼らは司令部にひきこもって、部隊や前線の状況を視察するために外へ出ていこうとしない。当然のことながら、そのありさまは、地図や続々送られてくる急送文書が表しているものとは、まったく異なる[*90]。実際の危機においては、正確な地図など、普通は手に入らないのだ[*91]。アメリカ領内で行われた大規模な演習においてすら、参加した将校は詳細な地図を与えられていなかったのである。[*92]

しかしながら、図上戦術、図上演習、図上設問は、CGSSの「講義時間の七十パーセント」を占めていた。[*93] CGSS校は、将校たちに「参謀将校の心構え」を叩き込んでいたのだ。それは、すでに同時代の人々にも注目されており、副校長のヒュー・ドラム大佐をして、年次報告に弁護論（説得力はなかったけれども）を発表させるに至った。[*94] だが、現実の指揮決断を強調するために変更されたというカリキュラムは、「実際には、実態に即したというよりも、外見を飾っただけ」だった。[*95]

当時の合衆国の軍事文化はかくのごとく貧弱なものだった。そういう文化にあっては、レヴンワース校が「学校の決めた正解」が正しいアプローチへの唯一の模範、あらゆる演習で結果が出されたことであると推奨したのも、また真実である。[*96] 自分なりに豊富な経験を得ていることも少なくなかった将校学生が、中学校の生徒のように扱われたため、彼らのあいだにはシニシズムが広まっていった。その一人が、彼らの意見を率直に述べた詩をつくっている。

ここにジョーンズ中尉の骨が転がっている
この学校が生み出したものだ。
まさに最初の一戦で
彼は光のように出ていった
「学校が決めた正解」を使ってな！[*97]

ときには、学生自らが、学校の定める解答の作成に携わったとする主張もある。しかし、在学中に頭角を現した元学生の回想録や手紙にも、そんな例は記録されていない。[*98] 事実、CGSSの講義方法をテーマとした、ある将校学生の一九三六年の研究報告も、学校が決めた正解が徹底されたことについては、きわめて批判的だった。[*99] しかも、その筆者だけが「より大きな思考の自由」を求めているというわけではなかった。[*100]

変更された（その後も何度となく修正された）新しい評価システムでは、熱望の的である「E」（Excellence. 優等）を得るには、「公認されている答えを的中」させなければならなかった。[*101] いくらかでも創造性を発揮して、学校のドクトリンを逸脱しようものなら、その学生の成績は危うくなり、「S」（Satisfactory. 充分）や、おぞましい「U」（Unsatisfactory. 不充分）を取ることになるかもしれなかった。「全体的に主体性を抑制する影響がある」のは明白だった。[*102]

硬直し、シュールでさえある雰囲気は、ジョー・コリンズが描くエピソードに、もっともよく表されている。第二章で述べたように、コリンズはウェスト・ポイントの教官に配置され、愉しからざることになった人物だ。コリンズがレヴンワースに在校していたころ、当時の校長スチュアート・ハインツェルマン少将（USMA一八九九年）が教室に座り、教官が出す「学校が決めた正解」に公然と異議を唱えることが「多々」あったという。[*103] ハインツェルマンは、すまないがと教官に断り、自分の答えを教室の者たちに話した。が、「以後、試験問題に取り組むに当たっては教官の指示に従うべしと念を押した」。さもなくば、「不充分」の評価を受けるかもしれないからだった。ちょうどチャイネースが以前に特記したように、コリンズも「学生の大半が彼のアドバイスに従い、しばしば教官のゲームをプレイしていると冗談を言った」と述べている。[*104] あり得る回答について柔軟な取り扱いをするという宣言や、「本校の機能はドグマを広めることではなく、学生に考えることを教えるところにある」というような声明が、またも教官団の多くから出された。が、それも、現実にはそぐわないことを証明しただけだった。[*105] 後者の声明はハインツェルマンその人から出たものだったけれど、教室で彼が学生に与えた忠告とはあきらかに矛盾していた。こうした一貫性の無さは、同校の成果を吟味するために、教官団の声明をみる際には、最大限の注意を払わなければならないことを示している。アイゼンハワーが「レヴンワース講習」について書いた、バイアスがかかった特別記事においてすら、彼は、教官に異議を唱えたり、議論したりしないほうがいいとアドバイスしているのだ。[*106] 学生に自ら思考せよと励ますようなものは見いだせないのである。

講義を受け、図上戦術の問題を解くことに加えて、学生は、それぞれの研究論文を作成提出する必要があった。これは、ペアになってやっても、仲間の将校学生たちと共同研究にしてもよかった（その場合は、共同研究論文と呼ばれる）。教育のあり方やカリキュラム構成全体が、田園に置かれ、高い象牙の塔を備えた民間の大学をほうふつとさせるものがあった。

当然のことながら、ドイツ帝国陸軍の諸作戦、とりわけタンネンベルクとグンビンネンの戦いは、しばしば学生と教官団の関心を集めていた。一九一九年に教官団が出した覚書には、「これまで用いられてきたドイツの教科書は、心情的に採用し得ない」と述べられていたのだが、十年もすると、このおかしな言明は忘れ去られ、ドイツの戦争と軍隊は再び人気を得た。[*107]

翻訳されたドイツの野外教範やドイツ将校による戦争と戦術に関する論文は、以前同様、一九三〇年代にも教材として用いられた。その使われ方も、そうした教材がほとんど理解されていなかったことを示している。本研究でみてきたアメリカ軍将校の大多数は、一九三〇年代初期からなかばにかけて、CGSSに在校していた。ところが、第一次世界大戦から十年以上を経たこの時期になっても、同時代のライヒスヴェーアについての講義や個人研究論文はほとんどなかったのである。[*108] その代わりに、ドイツ軍将校の手になる文献に基づいて、第一次世界大戦が繰り返し再演されていたのだった。[*109]

学生も教官も、史料批判の訓練はまったく受けていなかった。また、研究報告のために集め得る情報の量によっても制約を受けていた。にもかかわらず、彼らの研究論文は、陸軍のG-2部が利用するところとなった。当時の合衆国陸軍がいかにインプットに血道をあげていたかを示す話である。だが、そうしたインプットもたいていはファイルにしまい込まれるだけで、省察されることはなかった。

こうした共同研究論文があげた成果の一つに、たとえば、M・B・リッジウェイ少佐の名で出された「グンビンネンの戦闘からタンネンベルク戦に至るドイツ第八軍の作戦（戯曲化）」(Individual Research Paper No.88, 1935, CGSS) がある。すでにみたように、マシュー・リッジウェイは、ウェスト・ポイントでプリーブスとして苦難を強いられたばかりか、のちにはフランス語をまったく知らないにもかかわらず、生徒にそれを教えるよう命じられ、キャリアが台無しになるのでは、との不安を味わった。だが、教官配置が、彼の出世にとって致命傷になったわけではなかった。ウェスト・ポイントで六年間を過ごしたのち（健康マニアのリッジウェイは体育の管理者も務めていた）、彼は中国駐屯の第一五歩兵連隊の中隊長として勤務することになった。当時、同連隊を指揮していたのは、ジョージ・C・マーシャル中佐だった。リッジウェイは、彼がもっとも尊敬する上官の一人、フランク・R・マッコイ少佐の懇請を受けて、オリンピックの五種競技チームに参加したり、ボリヴィア・パラグアイ調停委員会の助手になる「はめに」なった。一九三四年から一九三五年にかけてCGSSの教程を受けたリッジウェイは、仲間の将校の一群とともに上記の「共同研究論文」を書き上げた。それは、他の論文の題名と比較しても、そう悪くはないように感じられる。[*110]

ところが、リッジウェイは、その写しを自分の保存文書に入れておいたのだ。CGSSの隠語で「戯曲化」と呼ばれるものは、壮大な規模で上演される劇にほかならない。それは、序幕と本編四幕、そして梗概から成っていて、三日かけて上演されたという。ユーモラスな註釈とセッティング全体からみて、あらゆる参加者がその準備、舞台設定、劇の上演をおおいに楽しんだことはあきらかである。だが、軍事的な価値は皆無にひとしかった。このお芝居は、「数字にはできず、かたちのないものではあるけれども、生き生きとした力、司令官パウル・フォン・ヒンデンブルクの意志」によって、戦闘は勝ち取られたという結論で終わる。[*111] 作業それ自体が一幕の喜劇を目していたということはまずあり得ない。それは膨大な時間の浪費であったろうし、CGSSの教官団はユーモアの欠如で有名だったからだ。[*112] 他の個人研究論文や共同研究論文も、史料の吟味や軍事的重要性に鑑みれば、同様に価値が低いものだった。

CGSSの成績評価システムは多くの学生を混乱させ、同校が教育というものをよく理解していないことを露呈した。わかりやすい等級に分けた明快な成績付けではなく、学生たちは小数点以下二桁まで分けた点数を付けられたのだ。[*113] ジョージ・C・マーシャルは、レヴンワースの学生だったころ、図上戦術の問題を解いて100点を取った。一方、フェイ・W・ブラブソン少尉は、95・17点で四十七位だった。[*114] この成績評価システムによって、実際にはどこにもないような長所があるかのように見せかけられていたのである。それればかりか、副校長や部局の責任者が、学生の達成度やその問題点を平明な言葉で説明できないものだから、学生は自分の成績について非常に不安に思った。[115] 軍事について専門知識や何年にもわたる経験を持つ将校も、しばしば「大学院生」程度といった評価をされ、憤った。[116]

二十世紀最初の二十年間、レヴンワース校は、人種主義の講義に関しては、ドイツの陸軍大学校を上回っていた。指定図書の読書を通じて、ウェスト・ポイントの生徒はすでに人種主義思想にさらされていたのだから、当然の結果と思われる。[117] レヴンワースでは、元将官たち、あるいは大尉程度でも、常におのれのゆがんだ世界観をクラス全員に表明することができたし、それは珍しいことではなかった。[118] 五年にわたりレヴンワースの戦術科上級教官を務めていたルロイ・エルティンジェ大尉（USMA一八九六年）は、小冊子『戦争の心理学』を書いたが、それはおよそありとあらゆる人種主義・性差別主義的思想を網羅したものだった。この小冊子は彼の授業のもとになっており、何年もレヴンワースで使用され、版を重ねた。権威付けのために、エルティンジェは最初の脚注で「この小論の素材は自分独自のものではない」と述べている。が、その人種主義的冗言《じょうげん》には、まったく出典が示されていない。[119]「人種の心理学」という章などは、「純粋なアングロサクソン」の優越に関する考察ではじめられている。[120] 続けて、黒人は「異なる種類の頭脳で思考する」とされ、そのため、「軍人として最良の資質を彼から引き出すことはできないだろう」という。[121] エルティンジェの観念では、ユダヤ人は「厳しい肉体労働を軽蔑」しており、「良き軍人たる資質を持ち合わせていない」。[122] その小冊子の付録「戦争の大義」では、彼は人種主義の主張を再び強調し、ついで奴隷制を正当化、諸君の娘や妹が黒人や黄色人種、ネイティヴ・アメリカンと結婚するようなことになったらどう思うかと、将校学生に問いかける。[123] さらにエルティンジェは考察を進め、学生に請け合う。中国人の頭脳は「早い時期に発達が止まる」し、ある文明が、生産するよりも費消するほうが多い状態に陥ったことを示す二つのたしかなしるしは、「女性が政治への影響力を強めること」と「上流階級の婦人が子供を持たなくなること」なのだ、と。[*124] 人種主義の講義は、陸軍大学校（AWC）でもありふれたものになっていった。[*125] そのため、「こうした理論が、わが「合衆国の」高級将校に共通する精神的特徴の一部になっていったということもおおいにありそうな」ことである。[*126] しかしながら、人種主義的確信や心情が蔓延したことの責任をアメリカの将校教育にのみ帰するのは、誇張というものだろう。アメリカ社会にそれらが一定程度存在したことは疑いないし、多数の将校（とくに南部諸州に生まれた者）が人種主義を仕込まれて育ったという証拠もある。[*127] しかしながら、当時の軍隊教育システムは、そのような信念をくじくのではなく、「助長した」のである。[*128] アメリカ軍の有色人種の軍人が何度となく、また、いかなる疑いの余地も残さないほどにその戦闘能力を証明した第二次世界大戦からずっとあとになってもなお、元将軍の自伝などに、人種主義的暴言や記述がみられることがあった。[*129] だが、有色人種はすでに合衆国の過去の戦争において、その戦闘能力を示していたのだ。

同じころのドイツ将校団においても、人種主義が流行していたことには疑いの余地がない。[*130] だが、著者は以下のことを指摘したい。一九三〇年代まで、ドイツの正式の軍学校では、そのような刷り込みはなされていなかった。そして、アメリカの軍学校における将校教育では、常に授業時間が足りないとの苦情が多数あったことに鑑みれば、大尉ごときが行う「イデオロギー的」講義に、ただの一時間といえども浪費されていたのは、まったく驚くべきことである。

以下のドイツ陸軍大学校を扱う章では、ドイツの軍学校を参観した合衆国陸軍将校の言が引用されることになる。ここでは、アメリカの軍教育システムを経験、もしくは観察したドイツ将校の意見を聞いておくべきだろう。訪問してきたドイツ将校は、レヴンワース校とウェスト・ポイントには、ほとんど関心を持っていなかった。一方、陸軍大学校、とくに軍産業大学校には高い評価を与えている。後者は一九二四年に創設され、「産業動員に関わる諸問題を論理的に考察する」ことを教えていた。[*131] 教程の一部には、生産プラントや工場を広範に回り、技師長やトップ・マネージャーの講義を受けることも含まれていた。

ヴェルナー・フォン・ブロンベルク中将は、一九二〇年代後半にアメリカ軍の教育機関を訪問したのち（十年後、彼は国防大臣に就任し、ナチズムという破局に向かう道の途上でドイツ軍を率いることになった）、レヴンワース校は学生に机上の空論《パピーアヴィッセンシャフト》（*Papierwissenschaft*）を教えており、「近代戦術用の装備を有していない」と記した。[*132] ブロンベルクは長年陸軍教育部長《シェフ・デア・ヘーレスアウスビルドゥングスアプタイルング》（*Chef der Heeresausbildungsabteilung*）を務めていた上に、合衆国だけでなく他国も旅していたから、比較ができたのである。それゆえ、その評価には特別の重みがある。とはいえ、ブロンベルクの結論は、レヴンワース校の質については「留保したものの」、アメリカ軍との関係を保ち、ひいては軍産業大学校に受け入れてもらうために、参謀将校を一名派遣すべきだというものだった。レヴンワース派遣は、高く評価されている軍産業大学校に入校させるという目的のための手段でしかなかったのである。事実、二年と経たぬうちに、ハンス・フォン・グライフェンベルク大尉がCGSSに入校した。彼が同校に失望し、また軍産業大学校やアメリカ陸軍大学校への入校も許可されないと知ったのはあきらかで、卒業はしていない。けれども、グライフエンベルクが短期間ながらもCGSSに在校したことは、十年以上のちになって、大きな影響をもたらした。[*133] CGSSでグライフェンベルクの同級生の一人だったポール・M・ロビネットが、特別研究部長になったのだ。これは、軍事史局長事務所の主要なセクションで、第二次世界大戦における合衆国陸軍の戦史作成の責を負っていた。合衆国陸軍公刊戦史、いわゆる「緑色叢書」〔第二次世界大戦合衆国陸軍公刊戦史の装幀は緑で統一されている〕において、戦争中の「ドイツ側」の事情を描く部分に協力してくれというロビネットの懇請に、グライフェンベルクはほだされた。ロビネットと交友があったからである。グライフェンベルクは、元陸軍参謀総長フランツ・ハルダーの部下だったことがあり、「戦史作成計画に彼のボス〔ハルダー〕の協力を取り付けることは、目的にかなっている」と逆に提案した。[*134] 以後、ハルダーは、米軍のためにドイツ軍将校たちが準備した多数の研究報告を管理するグループの長として中心的な地位を占める。それによって、国防軍将校団の「浄化された」像は歴史書に記され、何十年ものあいだ定説とされるようになったのである〔ハルダー・グループの「歴史観」は、ドイツ参謀本部は適切な戦争指導を行い、本来ならば戦勝を得られるはずだったのが、「素人」ヒトラーの介入により阻害されたというものだった〕。[*135]

他のどの職業軍事教育機関よりも、合衆国陸軍将校団によって重要だったのは、ジョージア州フォート・ベニングの歩兵学校であった。が、そこにドイツ人が注目することは稀だった。[*136] アメリカの少尉は、ドイツ軍のそれに比べると、およそ四歳から六歳上の年齢でウェスト・ポイントを卒業し、より進んだ戦術や合衆国陸軍で用いられている兵器の効力に関する知識も持ち合わせていないのに、小隊、ときには中隊をも指揮した。[*137] 彼らは、老練な下士官に助けられなくとも、軍隊の仕事で体裁をつくろうことには秀でていた。が、それ以外のことはうまくやれなかった。彼らの多くが、合衆国最良の軍学校、すなわち歩兵学校に入校できたのは、数年を経たのちのことである。ジョージ・C・マーシャルが副校長に就任し、カリキュラムに関する全責任を負う以前においてさえ、この学校は入校した若き将校、さらには、ずっと年取った者にとっても、きわめて有益であった。ここは指揮幕僚大学校に進むための一階梯《いちかいてい》だと想定されていたが、実際には後者よりも優れていた。[*138] 同校が「歩兵の心臓にして頭脳」と呼ばれたのもむべなるかな、喫緊の要があった歩兵兵器に関する実際的知識や、中隊、大隊、そして連隊レベルの戦術を教えてくれるところは他になかったのである。[*139] しかしながら、入校した将校は、ドイツ軍のそれに相当する階級の者の経験に比べれば、四年ないし八年は遅れていた。ここでいう経験とは、近代戦における作戦、戦術、兵器についての知識と定義される。

しかし、ひどくドクトリンに縛られた教材、膨大な机上の作業、学校が決めた正解、能力や資質に関係ない教官の優位などは、CGSSにおけるのと同様に、歩兵学校の学生も日常的に経験していた。[*140] 野戦の問題よりも図上演習、単純な部隊の移動に対しても数頁にわたる命令が書かれたりすることが教育を阻害しており、「釈明のしようもない時間の浪費」を引き起こして、将校たちを鈍感にしていった。[*141] 学生にとって、図上戦闘の問題は、まさにレヴンワースと同じで「詳細に組み立てられすぎていて、学生が想像力や主導性を発揮するにはほど遠かった」。[*142] 歩兵兵器の扱いにしても、それらは「まったく非効率的に」使われていた。[*143]

だが、ジョージ・C・マーシャルという人物によって、救いは近づきつつあった。マーシャルは、自分が体験した過ちを断固正そうと決意していた。まったくの素人だった合衆国将校団がヨーロッパの戦争に赴いたために、十九か月間の戦いで米軍の死傷者は比べようもない数になったのである。マーシャルの見解によれば（彼の評価は歴史的に正しかったと、今日ではいえる）、多くの米軍将校が不充分な能力

1925年のフォート・ベニング将校居住区。当時の多くの陸軍駐屯地同様、ベニングも快適さという点では必ずしも褒められたものではなかった。とくに、そこでやっていかなければならなかった将校の配偶者の評判は非常によくない。1930年代に広い範囲で実行された建て替えによって、学校と駐屯地の環境は改善された。［フォート・ベニングの許可を得て掲載。ケネス・H・トーマス・ジュニア撮影、サウス・カロライナ州 Arcadia Publishing, 2003.］

フォート・ベニングの一部、第29歩兵師団が駐屯していたあたりの眺め。後方左では、1925年ごろに開始された建て替え作業が進んでいる。これは、おおいに必要とされていたことだった。部隊の多くは、まだテント暮らしをしている［上部右］。［国立歩兵博物館、ジョージア州フォート・ベニング］

しか持っていなかったのは、彼らが年輩に過ぎ、精神が硬直し、近代的・実践的な訓練に欠けていることに由来するものだった。[*144] マーシャルはとくに、指揮官の肉体的能力に厳しく注意を払った。「戦闘に投入された二十九個師団中二十七個までを視察した私の経験によれば、他のどの理由よりも肉体的消耗こそが、相当階級の高い将校の失敗、そのキャリアの破滅を多数引き起こしてきたのだ[*145]」。

一九二七年十一月に、マーシャルが歩兵学校副校長兼学術部長に任命されたとき、彼の時代がやってきた。一九三二年十一月までマーシャルはその職にあり、その時期は「ベニング・ルネサンス」というふさわしい名を得ている。[*146] 一九二七年の時点で、同校は、第一次世界大戦でアメリカ軍将校の歩兵戦術に欠点があることがあきらかになったのちに創設されて以来、九年を経ていた。

ときに、ある者の悲劇は、他の者の幸運となる。マーシャルはもともと働き者で知られていたが、最初の妻を亡くしたばかりで、悲しみをまぎらわすために、いよいよ勤勉に勤務するようになっていた。この「いちばん忙しい時期に」、新しい辞令を受け、これまでにないほど精力的に仕事に没頭したのだ。[*147] マーシャルは歩兵学校の教育課程を効率化し、また「ドイツ化」した。彼自身の言葉によれば、「授業のほぼ根本的な改訂」に取り組み、それを新しいレベルに押し上げたのである。[*148] それぞれの教育能力に従い、教官の新規雇用や解雇が行われた。教官は全員、メモやノートを読み上げるのではなく、語ることを求められ、図上戦術が野外演習に換えられることもしばしばだった。[*149] どの学生にも、そのときどきの時局について、三分間の即興発表を「必ず要求する」ということもあった。「これにより、賢明なる学生たちは常に気を張りつめていることになる」のだった。[*150] 以後、授業は、「現実的かつ実践的な土台」に基づいて、進められることになった。[*151] ずっと重要だったのは、マーシャルが青年将校たちを感化し、自由な精神を育もうとしたことだ。問いかけ、自らの意見を語り、必要とあればわが道を行く。こうした異端の試みが可能となったのは、当時の校長キャンベル・キング准将がマーシャルの親友だったからだというのは疑い得ない。

仲間たる将校のためにマーシャルは、放課後も努力した。のちにパットンのもとで軍団長になったギルバート・クック少佐は、マーシャルの居室で「心理学、社会学、軍事史の本を渡され、これを読んで議論したまえ」と言われた。[*152] 将校にとって、読書はもっとも重要な営為の一つであるとマーシャルは理解しており、それを学生たちに示そうとしたのであった。

マーシャル文書から、彼がずっと前から将校教育を改善する計画を練っていたこと、彼自身の構想を抱いていたことがあきらかになる。中国で第一五歩兵連隊長だったとき、「ベニングで最優秀であり」、「馬鹿ではないが」、「話にならないシステムの教育を受けてきた」若い将校を扱わなければならなかったからだ。[*153]

マーシャルはその改革のため、ドイツ軍の戦争経験者や歩兵学校に来た交換学生から、とくに示唆を受けた。アドルフ・フォン・シェル大尉はマーシャルの家に滞在、外国人としてはもっとも親密に交際し、この心中をはかりがたい人物の友人に近い存在となった。シェルは本来将校学生だったのだが、第一次世界大戦で広範な戦闘経験を得ていたのと、その性格ゆえに、すぐに講義をする側にまわるよう慫慂された。[*154] ベニングの賢明な指導層と教官団は、シェルには「われわれが彼に教えることよりもずっと多く、われわれに教えることがある」と、すぐに理解した。[*155] この講義の一部をもとに、シェルは本を書き、それは合衆国陸軍において人気を博した。[*156] 彼が講義によって傑出した名声を得る一方、歩兵学校の教官団も真似をして、同様の本を出版する計画を進めた。そこには、シェルの戦時体験談の一つが利用されていた。悪天候のもと、納屋を見つけて雨宿りしたものの、付近に重砲弾が弾着してくるという目に遭った、ある歩兵部隊の話だ。[*157] この部隊の将校は、ゆうぜんと中隊の理髪師にひげ剃りと散髪を命じ、自分に倣えと、部隊を落ち着かせたのであった。歩兵学校が出した薄い本は、ドイツの軍事専門誌で称賛され、ついには翻訳配布された。[*158] この本は戦時体験談を売り物にしており、教訓を学ぶ節が各章の最後に付されていたのだ。同書のドイツ語版が出版されてから、わずか二年後に刊行されたエルヴィン・ロンメルの『歩兵は攻撃する！《インファンテリー・グライフト・アン》』（*Infanterie greift an!*）もきわめてそれに似た構成を取っているから、未来の「砂漠の狐」も、自らの軍隊経験を出版するにあたり、各章の最後に戦術的教訓を付けるかたちで、このアメリカの書物を手本にしたということはあり得る。[*159]

シェルの知己を得たアメリカの将校たちは、第二次世界大戦前と戦中の国防軍における彼の急速な出世に魅惑され、関心を持って見守った。かのドイツ将校は、陸軍大学校の称賛高い教官となり、もう一冊本を出したではないか。[*160] マーシャルが副校長でシェルが将校学生だった時代に、歩兵学校の教官団にいたトルーマン・スミス中佐は、駐独陸軍武官になっていた。一九三八年に、彼はマーシャルに報告している。「本日、ヒトラーは、アドルフ・フォン・シェルをドイツの自動車産業全体の『皇帝《ツァー》』に任命しました。［中略］そのとき、ヒトラーは彼を少将に特進させたいと望んだのですが、シェルは将校団内部の嫉妬を恐れて、それを辞退し、単に大佐進級でとどめたと仄聞《そくぶん》しております。［中略］一九三一年のベニングで、彼は将来のドイツ陸軍総司令官だとされた貴見に、個人的には同感です。［中略］ベニングで親切にしてやったお返しに、シェルは私に最高の便宜をはかってくれます。これにはご関心を抱かれるかもしれません。われわれはおそらく、当地の戦車部隊について、どの駐在武官よりも多くを知っております[*161]［後略］」。

マーシャルの祝いの手紙に対する返事で、慎み深く感謝を表明したシェルは、実際に少将進級を遠慮したことを認めた。自分の出世についても、「たまたま、ヒトラー氏に必要なことについて話す機会があって、そこに私がいた」だけだと説明している。[*162]

しかし、陸軍自動車化総監という新しい職務についたシェルは、戦場にあっても、またお役所的な権限争いにおいても、同様に容赦のない男を敵に回した。ハインツ・グデーリアンである。グデーリアンは、たとえ関係が薄かろうと、車輪やキャタピラで動く物はすべて、より多くの装甲師団を創設するために回されるべきだと考えていた。[*163]グデーリアンは快速部隊総監の地位を得ていたから、内紛はほとんど不可避だったのだ。このような配置や職務分掌の重複は、「第三帝国」の官僚制内部の働きにおける特徴だった。[*164]結果として生じた摩擦は、ドイツの戦争努力を大幅に妨げたのである。フォン・シェルは、グデーリアンを権限のない地位に追いやろうとした。だが、陸軍再軍備に大きな権限を有し、当時ヴィルヘルム・カイテルと官僚的な職掌争いにおいて対立していたフリードリヒ・フロム少将の後ろ盾があってさえ、グデーリアンは手強い相手だった。しかしながら、シェルは自分の名を冠した計画（シェル計画）を実行し、ドイツにおけるエンジンと自動車両生産を驚異的なまでに簡略化した。彼が、一九三七年の合衆国軍事施設視察旅行から、いくつかのアイディアを得ていたというのは、おおいにあり得ることである。その際、シェルは、招待側のアメリカ人たちに、兵器と戦術について率直なコメントを与えていた。ドイツ軍の装甲戦術全体の基本的な要点を教えてしまったのだ。[*165]しかし、その情報がアメリ

1930年から1931年にかけての歩兵学校教官団。そうそうたる面々のなかには、第二次世界大戦中アイゼンハワーの作戦参謀になったハロルド・ロウ・ブル（14番、後方中央）、アイクの参謀長ウォルター・ベデル・スミス（32番、外側左）、長年ベルリン駐在武官を務め、その報告やコネクションによって1957年まで独米軍事関係に影響を与え続けたトルーマン・スミス（48番、中央）、第二次世界大戦で第７軍団長になり、勇猛さで名を馳せたジョー・ロートン・コリンズ（53番、外側左ベデル・スミスの下）、合衆国陸軍では数少ない真の異端者でありながら将官になったジョゼフ・ウォーレン・スティルウェル（65番、中央）、ここに写っているものすべての師であり、写真に撮られることを嫌ったジョージ・カトリット・マーシャル（66番）、アイクに信頼された友人であり、第二次世界大戦では第12軍集団司令官となったオマー・ネルソン・ブラッドレーがいる。陸軍の他のどの教育機関よりも、歩兵学校は将校団のプロフェッショナリズム育成に貢献した。［ジョージ・C・マーシャル財団、ヴァージニア州レキシントン］

カ側に活用されなかったことは明白である。
　ドイツに戻ったシェルは、グデーリアンがポーランド戦、フランス戦、そしてロシア戦の初期段階で実戦部隊を率いているあいだ、つかの間の休息を得た。だが、この戦車将軍《パンツァーゲネラル》（*Panzergeneral*）が解任され、帰国して装甲兵総監になると、争いが再燃した。一九四三年一月一日、フォン・シェルは、新編さ

れることになっていた第二五装甲師団長の指揮を執るため、中将でノルウェーに赴任した。[*166] これはあきらかな左遷人事だとみなし得る。師団は一階級下の少将が指揮するものだし（普通、中将は軍団長となるのが相応である）、戦争の主戦場は東部戦線だったからだ。シェルの敵たちは、彼の評判を落とすことに成功した。というのは、シェルは終戦まで同じ階級のままだったのである。これもまた、きわめて異例のことだ。

戦後、マーシャルは、シェルがソ連に連行され、戦争犯罪人として裁判にかけられるかもしれないとの急報を受けた。マーシャルは、そんなことは認めなかった。彼は、シェルのために介入したようである。結局、シェルは自由の身になった。この事実は、マーシャル文書の書簡から、充分再構成できる。[*167]

他者の名声を否定することなどけっしてなかったマーシャルは、シェル宛の手紙で、彼が「わが職業において非常に重要な多くのこと」を与えてくれたと認めている。[*168] 歩兵学校も、ドイツのあらゆる軍学校で普通にやっていること、つまり不意打ちの要素を取り入れた。十七マイル〔約二十七キロ〕ほどもオフロードを騎行したのちに、マーシャルは、参加した将校生徒に、ただ今踏破してきた地形を「足で考える力」を養うため、地図に表せと命じた。それは、どの将校にとっても、はかりしれない価値がある能力だとみなされたのである。[*169] マシュー・リッジウェイも、歩兵学校在学中に同様の不意打ちをくらった経験を語っており、そういったことはドイツ陸軍大学校から受け継いだのかもしれない。「歩兵学校で、私は何度となく、以下のような問題を出された。『貴官はこちら、敵はそこだ。戦術的状況はかくのごとし（いつも困難なものだった）。直属上官の大隊長は戦死し、貴官が指揮を執った。さあ、どうする？』[*170]」

アドルフ・フォン・シェル少将。一介の大尉として歩兵学校に配属されていたころ、マーシャルに「私の職業において、もっとも重要な多くのこと」を教えた。アメリカ人たちはシェルの教育能力に魅了されたが、それはドイツ将校にあっては珍しいものではなかったのである。この写真は、1940年3月のシェル。ドイツ軍自動車輸送促進部長となってわずか2年にすぎないのに、平日で14ないし16時間の勤務と、グデーリアンとのお役所的な内紛によってダメージを受けていた。かつては艶のある黒だったシェルの髪は灰色になり、生え際は後退した。その風貌も、痩せこけたものとなっている。［連邦文書館。写真番号146-1994-031-08，撮影者ハインリヒ・ホフマン］

マーシャルは、「学生が出した、『承認された』解答とは著しく異なるが、意味のあるそれは、教室において公表する」という服務規程を定めた。[*171] 教官と「学校が決めた正解」に対するマーシャルの姿勢は、レヴンワースの校長と同じものではあり得なかったのだ。マーシャルが教室の後ろで参観している、ある戦術の授業でのことだった。若き異端者チャールズ・T・「バック」・レイナム中尉（USMA一九二四年）が「学校が決めた正解」に納得せず、自分の解答を披露したが、教官から罵倒された。そこでマーシャルが介入し、教官の解答を「たちどころに粉砕」、レイナムの答えを称賛したのである。[*172] 教育環境は、指揮幕僚大学校のあらかじめ筋書きが決まった図上戦術や図上演習とは、まったくちがっていた。[*173]

将校たちの関係文書をみれば、この学校での数年間に彼らの人生を決めるようなインパクトがあったのは明白である。近代化されたカリキュラム、教授法、現実に即した訓練だけでなく、個人的な事情や職業上のことについて、マーシャルから得た賢明なアドバイスから、そういう結果が出たのだった。マーシャルは、学生たち、歩兵学校、そして合衆国陸軍の心性や思考において、不朽の伝説となった。毀誉褒貶《きよほうへん》なかばするといった程度の評価がせいぜいのレヴンワースとはまったく異なり、歩兵学校は「その卒業生から、惜しみない称賛を受けている」のだ。[*174]

マーシャルが離任してから十年近く経っても、歩兵学校はなお、陸軍の職業的軍人教育機関のなかでも屹立《きつりつ》した存在であった。定評ある観測筋によると、歩兵学校は「時代に遅れることなく、徹底的な努力を払っており、優れた下級将校を輩出」していた。[*175] 学生側も同様に、この学校を褒め称えている。[*176] 彼らにしてみれば、「ベニングの教官は、ウェスト・ポイントよりもずっと注意深く選ばれているのはあきらか」だった。[*177] ウェスト・ポイントの教官選抜システムは、基本的にはCGSSのシステムに従っていたのである。

たいていの場合、批判過剰なジョン・A・ハイントゲスも、「歩兵学校は完璧だった」と言っている。[*178] 彼の戦友バック・レイナムは、CGSSに対しては、きわめて批判的だったが、ベニングでの経験については、「どんなことでも対応し得る人々の場であるこの学校は、最先端の動向を反映していた」と述べた。[*179] ウェスト・ポイントとレヴンワースの例を念頭に置くと、教育と教授法の良き伝統は、悪いそれと同様に維持されうることがわかる。

ここでみた歩兵学校は、指揮幕僚大学校よりも手っ取り早いかたちで、いくつかのポイントをあきらかにしてくれる。

米陸軍の上級将校が、合衆国陸軍の学校システムを称賛する際、心中に思い描いているのは指揮幕僚大学校ではなく、歩兵学校であったと思われる。合衆国陸軍の指揮官が獲得した能力は、あてがわれたCGSSのどの課程でもなく、マーシャル時代とその後の歩兵学校で教えられたことに拠っていたのである。この点で、連隊、師団、軍団といった指揮のレベルは、指揮統率文化に比べれば、さほど重要ではなかろう。マーシャルの記したことは、核心を衝いている。「良い将校には、ほんの少しの知識しか与えなくても、成功する。ぼんくらどもに大量の知識を詰め込んでも、彼らは失敗するだろう。私が赴いたどの場所でも、それが示された。［中略］ことを左右するのはリーダーシップなのだ」[*180]。CGSS入校以前に歩兵学校で学んだ者は、両校のあいだの大きな懸隔ならびにマーシャルの原則の正しさを語ることができた。

第二次世界大戦において、合衆国陸軍の上級指揮官のほとんどがレヴンワース校を卒業しているため、彼らが能力を得る上で、同校が有益だったと断定してしまいがちである。しかし、のちに将官となった者のうち、百五十名が歩兵学校卒業者であり、さらに五十名は同校の教官だった[*181]。これは、マーシャル時代の数だけを勘定したものだが、ベニングがその後も質を保ち続けたのは明白であり、上記の数字には、もっと多くが加えられるだろう[*182]。

次章では、「ドイツ化された」歩兵学校や指揮幕僚大学校が、「本物の学校」、すなわちドイツ陸軍大学校に比べて、どの程度うまく運用されていたかを検討する。

第五章

攻撃の重要性と統率の方法
ドイツ陸軍大学校

「平時に習っておいたことしか、戦争ではやれない。[*1]」

――アドルフ・フォン・シェル大尉（のち中将）

ヨーロッパに対する脅威とみなされたドイツ大参謀本部はヴェルサイユ条約によって解体され、参謀将校の教育も禁じられた。しかし、ドイツ軍は、大参謀本部を「兵務局《トルッペンアムト》」（*Truppenamt*）と改称しただけで、そのT4課が参謀将校教育を扱うことになった。参謀も、同様に「指揮官補佐《フューラーゲヒルフェン》」（*Führergehilfen*）と名前を変えただけだった。これによって、連合国合同監視委員会を数年間あざむいたのである。このように、ヴェルサイユ条約の規定中、参謀本部ならびに参謀将校の教育選抜の禁止ほど、徹底的に「迂回された」ものはない。[*2]ドイツ軍将校の大多数は、かかる不法な行動がなされていることをよく知っていた。[*3]訪独した米軍将校もまた、その全体像はつかんでいなかったとしても、衆人環視のもとにありながら、ヴェルサイユ条約が侵犯されていることを知っていた。アメリカの陸軍武官代理、アレン・キンバリー少佐が一九二四年に、ドイツ軍の頭脳は武装解除されたというには程遠いと述べたのは、正鵠を射ていたのだ。[*4] 事実、多くの観測筋が、ドイツ人は「全陸軍を、一つの高度に効率的な学校に改編している」と特記している。[*5]

ドイツの進んだ軍事教育システムの任務は、十九世紀なかばに陸軍大学校が改革された際に規定されたものと同じままだった。「軍隊の大学という性格を有する陸軍大学校の目的は、軍に、普遍的な学問精神を拡大していくことにある」。[*6]

軍人の職業的教育に関する哲学が同じままだったとしても、それに即興的な変更が加えられることもあった。[*7] 秘密保持の必要があったからだ。ところが、ドイツの将校たちが、いつでも真剣に秘密を守っていたわけではない。それはあきらかだった。一九二八年、駐独アメリカ陸軍武官のアーサー・L・コンガー大佐は、どこかの将校学校に入校させろとやかましく求め、ドイツ陸軍の指導層を悩ませたあげくに、当時、兵務局T4の業務を分掌していた第三師団の学校参観を許された。コンガーは、「留保なし、無条件であらゆること」を視察する許可を得たが、「彼がその学校を参観したことを誰にも語らない」、さらには「そのような学校が存在することを認めない」ようにと、要求された。[*8] この米軍将校の参観は、おそらくドイツ軍がコンガーを「偏見がなく、率直で正直なドイツの友人」と考えたからこそ、実現したのである。[*9] また偶然ではあるものの、二十年近く前にコンガーはハンス・デルブリュックの学生だった。デルブリュックは今やベルリン大学で教鞭を執っており、近代軍事史のディシプリンを確立した人物とみなされていたのだ。[*10]

ただし、この将校学校のエピソードは、ドイツ陸軍と訪独した米軍将校の非常に良好な関係を示す多くの実例の一つにすぎない。図上・兵棋演習や学校への参観を許されたコンガーが、上記のごとき約束をしたのは間違いなかろう。が、彼は、ドイツ将校の信頼を裏切り、ワシントンの陸軍省宛に詳細な報告書を書いた。[*11]

このアメリカ陸軍武官は、授業は基本戦術にはじまり、一八六六年のケーニヒグレーツ会戦をもとにした戦略論に移っていったと記している。また、クラスの雰囲気は「愉快で形式ばらない」ものだったと観察した。[*12] その後、再建された陸軍大学校のクラスについても、同様の見解がある。米指揮幕僚大学校のクラスにおける硬直した雰囲気とのちがいは明白だった。

両校の差異は他にもあった。すでに述べたように、階級、年齢、軍歴において適格で（通常、少尉になってから少なくとも五年を経ている者）、軍管区試験《ヴェーアクライス・プリューフング》（*Wehrkreis-Prüfung*）で必要な得点を取って合格したドイツ軍将校なら、誰でも陸軍大学校に入学できた。ただし、連隊長の推薦状があれば、ほぼ試験の得点と同程度に考慮される。[*13] 軍管区試験で高得点を取っていながら、「性格上の欠点」ゆえに、陸軍大学校に入れない将校もいた。[*14]

このシステムの欠陥は、一定程度の人数しか陸軍大学校に入れず、また一定の割合が試験による競争でふるい落とされることだった。[*15] 上官がもう一度やってみることを許可したら、失敗した者が再度挑戦し、一年か、もっと多くの時間を無駄にすることもあった。一般にいって、失敗した将校は、少なくとも、もう一回は受験している。

とはいえ、ある年に、同じ試験で好成績をあげた者がたくさんいたために、優れた将校多数が不合格になることもあれば、別の年には、たまたま凡庸な受験者ばかりだったために二流の将校が多数採られることもあり得る。だが、ドイツのシステムは、アメリカよりもずっと優れていた。陸軍は広い範囲からの選抜を実行したし、青年将校も、まったく直属上官の思うままというわけではなかったからである。採点の際、受験者の名前は秘されていて、優れた得点が出た場合にのみ、軍管区司令部に当該の番号が付されたファイルが送り返される。それに基づき、問題の将校の能力についての報告書が連隊長から提出されることになっていた。

軍管区試験では、高度な教養や難解な知識ではなく、軍事に関する堅実な理解が求められた。論理的に思考をまとめ、それを表現する能力は、才気を表すものとして評価された。[*16] 軍管区試験は、ドイツの上級将校が下級将校を試すのみならず、現今の軍事について若い世代の意見を聴取する手段としても使われていたのである。[*17]

ドイツ将校団に関する他の事項同様、軍管区試験も公明正大な手順を踏んでいた。前年の軍事に関する設問は、解答を付して出版された。ドイツの軍事文化に即して、それら問題集のどの序文においても強調されていたことがある。すなわち、そこに記された解答は「お墨付きの解答《パテントレーズング》」(*Patentlösung*)ではなく、ただ、その出版に携わった将校がベストと考えたものにすぎないという点であった。[*18] 多方面にわたる、直接軍事に関わらない設問については、この小冊子は、まったく解答を与えていない。歴史や体育といった他の試験科目については、青年将校は自ら工夫して準備しなければならなかったのだ。

正規の軍管区試験は、いくつかのセクションから成っており、それぞれが数日にわたり連続して実行された。すべての試験過程を終えるには、一週間ほどかかる。[*19] 全試験中、いちばん重要な部分が第一セクションの「応用戦術《アンゲヴァンテ・タクティーク》」(*angewandte Taktik*)であったことは疑いない。受験者は、ある部隊(関心をそそるよう、通常、いくつかの隊に分派された、全体としては連隊規模の部隊が与えられる）に関する詳細な戦術的状況を示される。また、地図を渡されるのが普通だった。受験者は状況を理解し、あたうかぎり簡潔かつ正確に命令を起草しなければならなかったのだ。ドイツのシステムにあっては機略と創造性が常に求められたが、図抜けた得点を取るには、この二つの特性は必ずしも必要ではなかった。採点する将校の解答に一致させない、そのほうが大事なこともあったというのは、重要な指摘である。模範的解答は、「熟考しつくされた」もので、そこでは命令は「誤解の余地なく述べられ」、「明快な判断」が示されていた。「新鮮な発想、さりながら理路整然たる思考」が重要で、「豪胆さ」と「決断力」が再三強調された。[*20]

仮想された麾下《きか》諸部隊に対する連隊命令は、一頁を超えてはならなかった。これは同じ規模の部隊に対して合衆国陸軍が出していた命令に比べると、五分の一の分量でしかない。それでも、ドイツ将校たちは、これでも長すぎ、詳しすぎると不満だった。[*21]

また、この試験を受けたもののほとんどは中少尉だったことに留意しておくべきだろう。彼らは、あらゆる点で増強一個連隊を指揮可能だと期待されていた。けれども、それは本来、年齢にして十五歳ほど上の大佐級の人間がやる仕事だった。戦術的に危険な状況にあって、実際には命令書を起草する余裕がないと想定された場合には、受験者は、口頭で下令できるような簡潔な命令を書かなければならなかった。

与えられる時間は、普通は二ないし三時間。それが終わると、同じ部隊について、新しい想定が出される。たいていは、敵軍との最初の接触からの展開を扱ったものだ。第三試験も、他の戦術的展開を想定したものになる。この試験は、受験者がそれまで単に運が良かっただけではないのか、適格な資質を本当に有しているのか、攻撃、防御、退却において柔軟な思考を働かせられるのかといったことをみるために立案されていた。ヴェルサイユ条約の制限によりライヒスヴェーアが保有していないものでも、当時の諸国の軍隊が使っていた近代装備であれば、受験者は取り扱えなければならなかった。[*22] 従って、受験者は、豊かな想像力と創造性、近代兵器とその性能についての確たる知識を備えている必要があった。中少尉ふぜいにとっては、心理的に荷が重い話である。早くも一九二四年には、想定された諸部隊は、敵味方を問わず、航空機と戦車を有しているのが普通になっていた。[*23] 受験者はまた、かなりの規模の騎兵支隊を動かせるようにする必要があった。ライヒスヴェーアは、ヴェルサイユ条約によって、三個騎兵師団を保持していたからである。従来、試験や図上・兵棋演習において、ドイツ将校はなお騎兵と騎兵戦術を心得ていなければならなかったということが強調されてきた。これは、古くさい貴族の騎兵将校が時代遅れになった部隊に固執したためだと、しばしば誤った解釈がなされている。だが、ライヒスヴェーアが三個騎兵師団の維持を強いられていたがゆえに、最高指導層は、それらをベストの部隊にしようと考えたのだ。ヴェーアマハトが誕生してからわずか数年後に、騎兵部隊が解体されたことは〔実際には、第二次世界大戦なかばまで、騎兵一個師団を維持していた〕、多くのドイツ将校が現代の戦場における騎兵の能力について、実際にはどう評価していたのかを如実に物語っている。ヴェーアマハトにも、伝統主義者、年老いて狭量になった将校が一定程度存在したけれども、彼らは、近代的発展を断固として妨害することなどできなかったのだ。[*24] 一方、合衆国では、それが現実のこととなった。合衆国陸軍には、旧套墨守《きゅうとうぼくしゅ》の馬びいきである騎兵総監ジョン・H・ハー少将がいたし、歩兵方面でそれに相当する役職、歩兵総監であったスティーヴン・O・フュークワー少将が柔軟性を示すことは稀だったのである。[25]

軍管区試験の第二課題は、「定式戦術《フォルマーレ・タクティーク》」(*formale Taktik*)を扱う。通常、行軍や兵站に重きを置くものだ。受験者は再度、連隊が置かれた戦術的状況を理解し、渡河、ある地点までの移動、部隊補給のための命令を起案しなければならない。

「野戦地形学《フェルトクンデ》」(*Feldkunde*)は、とくに地図の読み方と地形の利用を対象とする。受験者は、地図のいくつかの特徴を述べ、戦術上の想定の観点から、その価値を判断しなければならない。部隊を配置する場所とその理由を決めて、地図上に印を付けることが必要となることも多かった。

この課題においては、「兵器・装備《ベヴァッフヌング・ウント・アウフリュストゥング》」(*Bewaffnung und Aufrüstung*)の試験が行われるのが普通であった。だが、一九二四年の軍管区試験では、「全兵科協同作業《ピオニーアディーンスト・フュア・アレ・ヴァッフェン》」(*Pionierdienst für alle Waffen*)がメインになっていた。これは、後年、すべての軍管区試験で行われるようになる。[26] この時点で、受験者は最優秀の連隊を率いる指揮官の立場に置かれ、ただちに渡河して、敵を攻撃せよとの命令を受ける。この課題でとりわけ重要なのは、正しい渡河点を選び、工兵を連れて、手持ちの装備から適切なものを持っていき、間違いのない命令を下すことだ。たとえ連隊規模のものであろうと、こうした課題をこなすためには数学や工学に没頭する必要があるが、もちろん、候補生にして将来の将校たるもの、そんなことはしなくてもいい。軍管区試験の物理学、化学、数学の課題をやらなければならないのは、技術兵科の将校だけである。[27]

これに続く「兵器・装備」の試験は、もっとも異様なものだったといわれてもしかたがない。なぜなら、その時間のほとんどにおいて、下級将校は自らの見解と判断を尋ねられるのである。それは、ドイツ軍最高指導部が、最若手の将校の意見でも尊重していたこと、そして彼らに創造性を要求していたことを示す。このセクションは、ほとんど準備不可能なところであった。先に記したように、軍管区試験に合格した将校は、普通、年下の同僚に、それにどう対処するかを教えるようになる。ドイツでは、この「復習コース《レペティトーリエン》」(*Repetitorien*) が一つの産業になっていて、そこでは、ちょうど法律家が資格試験に備えるごとくに、下級将校が多額の報酬を払って、その職業の真髄を繰り返し教わるのだった。しかし、この「復習コース」といえども、ある将校がおのれの意見を聞かれて、それを論理的に述べるという課題の助けになるものではない。質問は、その将校が属する兵科によって、さまざまだった。一例をあげれば、一九二四年の軍管区試験では、騎兵将校はこうした質問を浴びせられている。「騎兵連隊の技術的通信手段としては何があるか？　それは、現代の機動戦において満足できるものか？　改善について進言せよ」[*28]。一九二二年の軍管区試験にあっては、自動車化部隊《クラフトファールトルッペ》(*Kraftfahrtruppe*) の将校は、新しい九五型野戦車《フェルトヴァーゲン》(*Feldwagen*) は軍用車両として不足ないか、それはあらゆる兵科に勧められるかと問われた[*29]。

純軍事的なセクションが終わると、受験者は一般教養《アルゲマインビルドゥング》(*Allgemeinbildung*) のテストを受ける。一九二一年の軍管区試験ではなお、歴史的な題目が提示され、そこから選ぶようになっていた。が、そうした試験は、以後行われていない。代わりに、「国民知識《シュターツビュルガークンデ》」(*Staatsbürgerkunde.* 公民科、文字通りに訳せば、市民知識) が科目に加えられ、たとえば、一九二九年には、受験者は、新旧の国制に従い、帝国(ライヒ)の法を比較し、論じることを求められている[*30]。以後、あらゆる軍管区試験において、国制のさまざまな側面が問われた。どこが問題に出るか、受験生にはわからなかったので、国制に関する法に精通しておく必要があった。一九三一年の試験問題は、わずか二年後に生起した破局〔一九三三年のナチによる政権奪取〕から遠からぬことを、はからずも物語っていた。それは、「国制において、国民の支配とはいかにして実現されるか?」というものだったのである。[31]

　軍管区試験のすべてのセクションがひとしく重要であるわけではなく、科目によって乗数がかけられる。[32] 戦術問題の乗数がいちばん大きく、四倍になる。「国民知識」は二倍だ。とはいえ、試験競争は厳しかったので、受験する将校は、たとえ配点の小さい課題でもしくじるわけにはいかなかった（最高で十八点稼げた）。それゆえ、ドイツ帝国やヴァイマール共和国の国制法についても熟知していなければならなかったのである。従って、ドイツ軍の高級将校には、アドルフ・ヒトラーの国内政策の法的な意味がわからなかったという戦後のさまざまな主張は、いずれも真剣に受け止めるべきものではあり得ない。

　つぎの「経済地理学《ヴィルトシャフツゲオグラフィ》」（*Wirtschaftsgeographie*）で問われるのは、ほとんど常に、鉄、石炭、水路に関するものだった。このように対象が狭いから、準備がもっとも容易な課題だったと思われる。

　歴史セクションの課題は、すべてのヨーロッパ諸国の歴史から出題されたため、青年将校はこの科目についても充分に知識を叩き込んでおかねばならなかった。一九二四年の軍管区試験では、第一次世界大戦後におけるトルコの急成長について、その理由を述べよという設問がなされている。[33] 一九三一年には、ヴェルサイユ条約後の東部ドイツ国境の意味とそのドイツに対する危険性について、将校たちは答案を書かされた。ただし、これはどの将校にとっても簡単なことで、とくに準備するまでもなかったろう。[34]

続く数学のセクションでは、技術兵科に配属される将校は、通常、方程式か、上級幾何の問題を解かねばならなかった。物理の問題は、化学の設問同様、弾道学のような兵器に関連したもので、ドイツの実科学校の上級生が試験されるときのようなフォーマットで出された。

最後のセクションでは、将校たちは、選択した外国語の能力をさまざまなかたちで試された。フランス語と英語がいちばんやさしいとみなされていた。テストは、フランス語か英語の二、三の文をドイツ語に訳し、また、その逆を五つ、ないし七つの文について行うというものである。[*35] ロシア語やポーランド語を選ぶと、文を七つ独訳する必要があった。稀に日本語やチェコ語が選択範囲に入ることがあったが、これは例外だった。

一九二四年以降は、最後の大事な試験として、「体操《ライベスユーブング》」（*Leibesübung*）が加わった。そこでは、受験者は理論と実際の両方において試された。これは、ある種の将校からは、もっとも嫌がられた課題だった。何年も小隊・中隊レベルの訓練を経験してきたのだから、そんなことは「不要」だと思われたのだ。[*36]

ともあれ、受験者はまず「水泳習得者《フライシュヴィマー》」（*Freischwimmer*）バッジを提示しなければならない。ドイツの成人が、最初級ランクの水泳能力を持っていることをあらわす記章で、その保有者は深水で十五分は泳げ、また一度は高さ一メートル以上のところから飛び込んだことがある運動家であることを証明するものだった。この記章を持っている者は、自動的に五点加点される。非保持者は得点を得られず、また保持者なら免除される試験も受けなければならなかった。一九二九年の設問では、たとえ自分が充分に泳げなかったとしても、どうやれば中隊の将兵に水泳を教えるか、述べなければならなかった。[*37] つぎの年には、受験者は、体育や兵器訓練の際に近接戦闘術をどう教え込むか、詳述する必要があった。[*38]
十年ほどのあいだ、体操セクションの最初の実技部分は、おもに軍事的な試験、すなわち手榴弾の投擲《とうてき》だった。そこでは、ただ投擲距離だけが測られた。四十五メートル投げられる者は「良」とされ、七点を得た。それ以上なら優で、その将校は得点九点を獲得するが、それが取り得る最高点だった。十五メートル以下になると、不充分と評価され、一点しか得られなかった。
幅跳び競技では、将校が四メートル五十センチから四メートル七十センチ跳べると「良」になった。抜群の評価を得るには五メートル以上跳べねばならず、逆に三メートル五十センチ以下だと不充分ということになった。配点は、それぞれ九点と一点である。年を経るにつれて、期待される飛距離は短くなっていった。一九二四年には、一つ上のカテゴリーに入るには、三十ないし六十センチよけいに跳べなければならなくなった。[*39]
受験者は、一度は野外、もう一度は室内のダートトラック〔土の競技コース〕で、三千メートルのランニングを求められる。後者の場合で、十五分以上かかると、いずれも一点しか得られず、十一分四十秒以下だと、誰もが羨む「抜群」ということになり、九点が足された。タイムによる加点は三十秒が一区切りになるので、一分速ければ二点多く取れる。野外競技では、ダートトラックのそれぞれの基準よりも三十秒遅くても、点数が得られた。
これに、鉄棒、平行棒、跳馬といった標準的な体操が、いくつか続く。この課題では、元士官学校生徒の多くは良い点を取った。彼らは、〔幼年学校、士官学校で〕こういった器具を使って、何年も練習していたからだ。一九三〇年代には、軍管区試験では軍隊関係の体育よりも実際的なものが重視され、ドイツ体育庁《ドイッチェ・シュポルトベヘールデ》（*Deutsche Sportbehörde*）の文官による基準に合わせて変更された。[40] この新しいやり方が導入された理由を見いだすことはできなかった。しかし、おおいにあり得るのは、当時ドイツ陸軍が拡張中だったため、より多くの将校が必要で、受験者も多数となったことから、体育の試験を民間の機関に外部委託した可能性である。

一九三五年に、ヴェルサイユ条約による制約すべてが消え去り、「新しい」ヴェーアマハトが発足したのちも、上級軍学校の選抜はほとんど変わらなかった。[41] 将校の軍管区試験受験資格は、八年間軍務に就いている中尉ということになる。急速に拡張されたヴェーアマハトにあっては、上級幕僚勤務可能の将校需要が極度に高じていた。そうした必要性は、軍管区試験の戦術課題にも反映されている。前年は、増強された一個連隊を指揮するものだったのが、一個師団強の指揮を問う問題になったのだ。[42] あらゆる課題が必須となり、外国語翻訳を除いて、選択科目はなくなった。今や公式の準備コースが設けられ、試験の半年前に開始されることになっていた。[43] だが、候補者の数こそ増えたものの、上級課程、もしくは正式に再建された陸軍大学校に入れる将校の定員は、全受験者の十パーセントないし二十パーセントと厳格に抑えられたままだった。[44] こうしたことを調べる上での問題は、もっぱら元参謀将校たちの著作にもとづく数字が、専門研究書にも流布されていることだ。差異は多少あるにせよ、重視した手記や研究書八点（これらは詳細で、それぞれ異なるポイントに注目したものである）を比べてみると、ただの一年たりとも将校選抜が同じだったことはない。選抜された将校の数、彼らの社会的背景、落第者の割合、出題される問題など、すべてがばらばらだった。この観察は、以下にみる陸軍大学校在学中のことにもあてはまる。一九三四年ならびに一九三五年の試験がよい例である。そこでは、大参謀本部の眼からみると、おおむねバイエルン〔ドイツ南部の州〕を包含している第七軍管区からの受験者の割合が過剰だった。参謀本部は、「バイエルン人の参謀本部侵略」を阻止するため、つぎの試験で「微調整」することを考えた。*45 翌年以降、バイエルン人の割合は正常化されている。が、介入の記録は存在しない。しかし、どこにも記録がないとはいっても、参謀本部が手を回して比率を正常化したというのはあり得ることだ。

軍管区試験が、受験者を徹底的に試すものであったのは明白である。この試験こそ、ドイツの将校教育における不可欠の部分を体現していた。受験者は数年も前から準備し、さまざまな分野に充分通じていなければならない。だが、もっとも重きを置かれているのは戦術だった。受験する将校やその上官は、準備が先の段階まで進んだ者や試験に合格した者が、年下の戦友を徹底的に助けるというやり方で対処した。それによって、ドイツ将校に期待される戦友精神が示されるばかりか、教える経験も得られるということになったのである。日常的な連隊の仕事をこなし、自分の知識を深め、年下の戦友に教える。この三重の課題は、将校たちにとって大きな負担であった。*46 ただ、徴兵された者や仲間の将校を教える能力は、ドイツ将校たる者の必須要件とみなされていたのだ。ドイツの軍学校を参観したアメリカ軍将校たちも、「ドイツの将校候補生は、常に警戒待機態勢で訓練されている。また、部下、同輩、上官らの前で、論理的かつ明快に自らの考えを述べることができる」といっている。*47

ドイツ将校団を扱った歴史文献では、軍管区試験準備の重要性は過小評価されるか、あるいは完全に無視されてきた。出世を望むドイツ将校は、常に気を張って、上の学校に進むまでのあいだにも知識を深めておかなければならなかった。従って、少尉候補生は軍事学校に入る前に、少尉は軍管区試験を受

ベルリン、モアビート地区クルップ通りにあった、有名な陸軍大学校の新校舎。1938年3月。第一次世界大戦以前の古い、装飾が多い様式とは対照的な、ナチ時代の軍関係建築にみられるシンプルなスタイルで建てられている。［連邦文書館。写真番号183-H03527］

ける前に、大佐は上級レベルの図上演習要員に選ばれる前に、予習を済ませておくほうが賢明だった。このように学習とその準備に関して、「義務と責任に対する高い認識」があることは、ドイツの学校を訪問した米軍将校も特記している。[*48] 陸軍幼年学校の放任主義的な学習要領は、ドイツ将校を駄目にしたりはしなかった。それ以前に、義務の観念を教え込まれていたからである。米軍将校の場合、戦時においてもブリーフィングに遅刻してくることがあった。[*49] ドイツ将校がそんな振る舞いをした例は伝わっていない。

ドイツ将校にあっては、能力の欠如や予習不足は、戦友や講師もしくは学校の責任者にすぐに気づかれてしまう。ドイツ将校は、アメリカ軍のそれのごとく、何年も「繭《まゆ》」のような状態にとどまってはいられない。後者は、「往々にして、勉強する習慣をほとんどなくしていて」、

1935年11月4日、陸軍大学校新校舎での上級図上演習。いきいきとした雰囲気が伝わってくる。新築されたばかりの校舎で学ぶ、最初の期の学生たちである。しばしば外務省の文官が招かれ、あらゆることが現実味を帯びるように助言した。図上・兵棋演習ほど、頭脳の鍛錬として、ドイツ将校に好まれたものはない。複雑であればあるほど、良いのであった。合衆国指揮幕僚大学校のそれと対照的に、ドイツの図上・兵棋演習は筋書きがあるものではなく、想定外の要素にみちみちていて、どちらか一方が完全に敗北するまで行われた。ときには、数日間にわたって継続されたこともある。［連邦文書館。写真番号108-2007-0703-502］

ギヤがオーバードライブに入るのは、指揮幕僚大学校入校を命じられたときだけなのである。[*50] 結果的には、平均的なドイツ将校は準備を済ませていたから、憧れの陸軍大学校、もしくはそれに先行する将校向けの学校で学びはじめても、過剰負担を感じたりはしなかった。[*51]

合衆国とドイツのきわだった差異は、学校の教官や監事の選抜にある。軍学校や陸軍大学校に配属されるのは、戦争で多彩な経験をしたベテランのみで、しかも彼らは教育者の素質があることを示さなければならなかった。[*52] 教官となる将校は通常、年一回の教官旅行《レアラーライゼン》（*Lehrerreisen*）で選ばれた。そこで、陸軍人事局の代表や高級指揮官が候補者を審査するのだ。これはまた、講義実習をさせるという言い方もされた。部隊離れ《トルッペンフレムト》（*truppenfremd*）させず、実際の軍隊生活から新しいことを得られるようにするために、教官の任期は普通三年間だけだった。将校学生の在学期間も、同じく三年である。卒業生だけが教官になれるという規則もなかった。実際には、たいていが卒業生だったとしても、である。ただし、教官として陸軍大学校に戻る前に、彼らは現実に経験を積み、軍事に関して自らの識見を高めておかなければならなかった。

アメリカの軍学校では、実施部隊で異なるノウハウを得るチャンスを与えぬまま、元学生だけを教官とするため、「経験の地平が狭隘になる」ことは避けられない。[*53] そのことは、ドイツ将校が何度も特記している。

レヴンワースの将校学生は、大勢の教官に教わるが、彼らはすべて学校のドクトリンに盲従している。一方、ドイツの将校学生にとって、もっとも重要な人物は、慎重に選ばれた「講堂指導官《ヘーアザールライター》」（*Hörsaalleiter*）であった。講堂指導官は戦術を教え、「どの科目に関しても最大限の自由を認められている」[*54]。教程終了後、将校学生の能力評価報告を書くのも、彼である。

ドイツでは、CGSSのように、人員が確保できるか、実行可能か、便宜にかなうかとかいったことが斟酌《しんしゃく》されることはなかった。ドイツ軍最高指導部にとって、何よりも重要だったのは、将校たちを指導する専門家・ベテランを得ることだったのだ。高度な能力が期待され、しかも厳しい選抜がなされていたにもかかわらず、上級軍学校に至るまで、ドイツ軍が優れた教官に不自由することはなかった。[*55] ドイツの青年将校たちは、エルヴィン・ロンメルに戦術を、ハインツ・グデーリアンに自動車輸送の実際を教えられることになったのである。両者ともに、それぞれの分野での専門家そのものだった。ポーランド作戦が終わったあと、頭角を現した連隊長や師団長は国防軍の諸学校校長に転属になった。フランス戦役で、諸学校の校長が戦場に戻ったのちにも、同様のことが生じた。

教官たちは、彼らの学生たちがそうであるように、互いに理解しあっていた。教官がいちばんうまくやっていくには、詰め込み式の教師《パウカー》(*Pauker*)になるのではなく、自分が軍学校の生徒学生だったころを思い出してみることだった。[*56] 将校学生の証言から判断するに、教官たちはきわめて成功していた。CGSSの教官に対する称賛をみるのはごく稀なのに、ドイツの諸機関の教官が褒め称えられるのはありふれたことだといってよい。そうした賛辞は、ドイツ人のみならず、参観した、多数の国の将校からも得られたのである。

陸軍大学校は、その校長の言に従うなら、「学校ではなく、大学」だった。[*57] レヴンワースがやったように、将校学生を教練で試すなどということは考えられない。[*58] ドイツ陸軍大学校に入学したある将校は、「陸軍大学校に配置された将校は、鋭い知性を持つ学生」だと観察しており、教官の誰かが質の低い講義をしたなら、公然と批判されるだろうとしている。[*59]

ドイツの軍学校では、階級や経験の差からくる上下関係のようなものはなく、教官は学生とスポーツもすれば、一緒にスキー旅行にも行き、放課後にはビールを飲んで議論した。[*60] 平等な立場での親睦会やパーティは普通のことで、学期中の不可欠な行事とみなされていた。教室とはちがった環境で、将校生徒たちを観察できたからである。[*61]

陸軍大学校の伝統により、いわゆる「ビール新聞《ビーアツァイトゥング》」(*Bierzeitung*)、将校学生がつくる諷刺的な定期刊行物を使って、教官たちをからかうこともできた。[*62] CGSSにも「蹄鉄」と称される、おおむね同様の新聞があったが、ドイツのそれの半分ほども辛辣ではなかった。アメリカの軍学校では、茶化したり、諷刺するような試みは、頑固でユーモアがないとみなされていた教官団により、だいたいはくじかれてしまったのである。[63]

ドイツ将校は互いを仲間とみとめ、やみくもな服従関係にゆきつくことなく、学生と教官の紙一重の線を守り、教室や図上演習での議論に注意をおこたらず、互いの視座を維持することができた。[64] 陸軍大学校の課程を無事に修了したのちに出される「卒業新聞《アプシュルスツァイトゥング》」（*Abschlusszeitung*）、諷刺刊行物の最終号では、学生たちはその教官の最終評定を報じることになる。そこに印刷された、機知に富む評価はやはり皮肉な言い回しに包まれてはいたものの、その教官の性格について、きわめて明快な像を描きだしていた。[65]

とはいえ、一九三五年に陸軍大学校が正式に再開されたのちも、すべてがうまくいったわけではなかった。三年の課程は二年に短縮された。より多くの時間を捻出し、より多数の人材を得るため、新任参謀総長ルートヴィヒ・ベック上級大将は、それまでも圧倒的な割合を占めていた戦術の講義について、もっと師団の*Ia*、すなわち作戦参謀の幕僚業務に集中するよう命じた。[66] 大きな変化のように思われるが、実際には、ほとんど影響はなかった。ドイツ将校が得ていた戦術の知識はすでに膨大なものだったし、将来において獲得するそれも同様だったからである。*Ia*は幕僚中の筆頭であり、作戦計画に責任を持つのだから、どのみち戦術と指揮をおもに扱わざるを得なかった。カリキュラムはいくばくか修正されたが、戦術と軍事史は、多くの時間が割かれ、教育上の重点を置かれるという意味で、ドイツ将校にとって、もっとも重要な科目であるのは変わらなかった。[67]

ヴェーアマハトの拡張以後、数年のうちに将校となった者たちは、彼らの先輩よりもいささか完成度が低いように思われた。ただ、こうした観察は、古手の将校によるごく少数の証言によっており、むしろ世代間の軋轢を示しているのかもしれない。[68]ただし、一九三六年にアメリカの駐在武官トルーマン・スミス中佐は、その年に観察した将校の一群について、「独特の均質性を保ち、知的であったライヒスヴェーア時代の将校団とは程遠い」とみている。[69]

さらに、ナチびいきの国防相ヴェルナー・フォン・ブロンベルク上級大将は、一九三六年に、陸軍大学校の科目構成のなかに「国民政治教育」がなくてはならないとの制令を出した。[70]彼は、「ナチズムの世界観が、個人の精神と信念に思考様式として組み込まれ」、将校の一部となったときにのみ、将校団はその指導的地位を維持し得ると考えていたのだ。[71]この命令は、アドルフ・ヒトラーからの介入なしに起草された可能性がきわめて高い。ブロンベルクの「ナチ熱」はよく知られていたし、一連の親ナチ的な命令は、この国防相の手になるものだったのである。[72]しかし、ブロンベルクの熱狂は、他の高級将校たちに批判されなかったわけではない。そのことに注目しておくのも、同じぐらい重要だ。歳月と戦いによって能力を試されてきたドイツ将校にとって、将校団内部のナチは、すでにナチズムの一部であったオカルト的あいまいさを求めてくる連中だった。そんな意識を混入されては、たまったものではなかったのである。

国防大臣の制令に関連して、陸軍大学校のカリキュラムが実際に変更されたかどうかは、記録に残っていない。詳細については元将校の回想から知り得るのみだし、彼らがこの点に触れていないところをみると、最終的な結論はまず出せそうにない。しかしながら、民間人による午後の追加講義というかたちで、ナチス教育が実現した可能性はある。だが、将校教育全体に対するインパクトは限られていただろう。陸軍大学校の教育は、おおむね変わらないままで、ただ、課程年限が一年短縮されたため、急ぎ足になったというだけだった。一九三七年以降、陸軍大学校の教育は「限定的」なものになったとの主張はある。[*73] 何人かの将校も、この不満を異口同音に述べているが、理由はさまざまに異なっていた。上記の指摘をなした歴史家は、より広い教育の助けとなる科目が削減されたのを嘆いている。けれども、将校たちは「作戦」の機会が奪われたことに苦情を洩らしていた。戦略と戦術のあいだに〔近代以降、戦争の規模と期間が拡大するにつれ、戦場での部隊の進退を決める「戦術」と、戦争全体の指導を定める「戦略」のあいだに、戦闘の勝利を組み合わせて、戦略的な勝利につなげる段階である「作戦次元」という概念が導入されるようになった〕位置する、かくも重要な領域について、もはや深く教わることはなかった、と。こうした、よく知られている授業時間の削減や短縮にもかかわらず、陸軍大学校のセンスや基本、戦友精神がそこなわれなかったことは、どの記述でも一致している。

誰もが仲間から何ごとかを学ぶという相互学習の雰囲気は、ドイツ陸軍大学校においては「学校が決めた正解」はないという事実によっても支えられていた。学生の解答はすべて議論の対象となり、批判される。教官の解答も同様だ。ドイツの軍学校における演習は、さまざまな段階に分けて実行されるので、「学生の一人が出した解答が、つぎの段階への出発点になることは頻繁にあった」のである。[*74] 教育のあり方自体が、戦争には完璧な解答はないという現実的な理解を支持していた。ものごとは常に悪化し、混沌としていく。情報は間違い、一個中隊が道に迷うこともあろう……。ゆえに、ある将校を教育するにあたっては、精神の柔軟性こそが、もっとも重要なのであった。それによってこそ、状況に関係なく、使命をこなし、戦争の大混乱のなかにあっても冷静に指揮を執ることができる。そのこと自体が状況を鎮静化させるのだ。「不確実性のもとで敢えて指揮統率を行え」とばかりに、やり抜かねばならないのである。[*75]

陸軍大学校の教程と演習は、この教訓を可能なかぎり学生に叩き込もうと努力していた。将校たちが丸一日かけて、図上演習での自分たちの展開を準備していると、教官が彼らの一人が爆弾か砲弾を受けて戦死したと宣言し、すべての配置をやり直せというかもしれない。学生たちは、即興で対応しなければならないのである。この、いわゆる「指揮官欠損《フューラーアウスファル》」（*Führerausfall*）は、ドイツのあらゆる軍学校教育のなかでも、いちばん悪名高い部分で、そのおかげで学生は常に緊張状態に置かれた。創造性は、教官が図上演習を定める際のみならず、将校学生がそれを実行するときにも示されなければならないのだった。[*76]

別の場合では、学生は膨大な情勢報告を受け取り、その戦術状況が図上演習として実施される前にメモして、決断しなければならない。が、彼らは、それらの情報が信頼できるのか、にせ物なのか、十八歳の一兵卒の脅えた心から生まれたものなのかという疑念の圧力にさらされているのである。[*77]

上官から与えられた「任務」を、新しい情報が入り、突如情勢が変化したのちもなお守るべきかどうか、将校学生が判断するのも普通のことだった。[*78] 将校が上級司令部との連絡を断たれたと想定して、もともとの命令に従うか、状況の変化に基づき、おのれと指揮下の部隊のためにあらたな命令を出すかを問う演習もあった。これは、主体性と決断力こそがドイツ将校教育の一大特徴だったことを、はっきりと示している。

夏季を除いて、週に一度、図上演習や兵棋演習が催された。各年度の終わりには、同期全体が参加する、ドイツのどこかに遠出する旅行がなされ、集中的な図上演習を実行する。また、毎年度のうち三か月は、将校学生は「兵科指導《ヴァッフェンコマンド》」(*Waffenkommando*)に服するよう命じられた。異なる兵科について知るためで、たとえば歩兵将校は砲兵隊に、騎兵将校は歩兵隊を指揮することになったのである。だが、一九三〇年代後半の陸軍拡張期には、この貴重な学習期間も厳しく切りつめられた。[*79] 秋季大演習のあいだは、将校たちは原隊に戻り、実兵指揮能力を失わないようにした。

陸軍大学校教程は、八日間ないし十四日間にわたる、非常に重要な「修了旅行《アップシュルスライゼ》」(*Abschlussreise*)で終わる。そのクラスは、ドイツのどこかわからぬ場所に連れていかれ、完全に実戦を想定した集中的な図上演習に取り組む。それには、指揮所の迅速な移動、仮に参加者が戦死したものとする想定が含まれ、毎日、〇六三〇〔時分を略した軍隊の時刻呼称〕(午前六時半)から翌朝〇一〇〇(午前一時)まで続けられる。[*80] この「修了旅行」は、将校学生を消耗させるが、何よりもまず優秀性を示すチャンスなのである。

アメリカとは対照的に、ドイツの軍事文化にあっては、青年将校はおおいに重きを置かれている。下級将校といえども、すでに高い尊敬を受けている。彼らは、国民に仰ぎみられるドイツ将校団の一員だからだ。ドイツ将校はいつでも宮中に参内できる。これは、高位の文官にも難しいことだった。[*81] この若者たちは、戦時においては、上官が死傷すれば、ただちに中隊、あるいは大隊の指揮を執る重要な立場にいる。彼らは、委任戦術にのっとり、きわめて独立したかたちで指揮統率にあたることになるであろう。そのことを、上級将校たちは認識していたのである。アメリカ軍の下級将校は、一定の階級に進級、その結果として重要な地位に就くまでは、無知なる者として扱われ、長所よりも欠点を指摘される。ウェスト・ポイントでは未来の将校がしごかれ、レヴンワースでは初年生徒扱いにされるのだ。この間、彼らが称賛されることはあり得ない。あるアメリカの上級将校が、一八八三年に軍事雑誌に書いている。「軍人という職業は、軍指導部にある者にとっては、常に重労働なのである。中少尉級や下士官兵は、一部は怠けていられるのだ」。[82]この一文を書いた筆者は、こうした態度が変わるのを望んでいたのだが、そうならなかったのはあきらかだ。

戦時や大規模な演習においては、アメリカの青年将校もその真価を発揮できる。中少尉が機甲軍団の兵站参謀になったり、他の重要な地位に就くこともあるのだ。とはいえ、こうした緊急事態が去ったのちには、もとの階級に戻されるか〔著者ムートが指摘しているようなケースでは、将校は臨時に進級する〕、より下の階級に落とされ、その低い地位に合わせた扱いをされる。ドイツ陸軍では、下級将校も重んじるような認識を有していたから、彼らの個人的見解は尊重され、反論も大目にみられた。それどころか、ときには奨励されたのである。ドイツの下級将校は定期的に意見を求められ、数個師団を用いた大規模な演習の結果について、参加した将官が見解を述べる前に批判を加えることもあった。アメリカの陸軍文化では、これとは逆に、その歴史を通じて異論派や一匹狼をうまく扱えず、上官に思っていることを打ち明けたり、反論や批判を述べようものなら、しばしば出世が台無しになった。[83]サミュエル・ストーファーによる、第二次世界大戦における合衆国陸軍についての有名な社会心理学的研究は、「親和性を貴び、自主性を抑える」環境が存在したと述べている。[84]「おおやけに認められた軍の習慣に従う」かどうかが、将校が進級する際に考慮の対象となり、「それを遵守する将校」こそ進級する可能性が高いと、ストーファーとその同僚は証明したのだ。[85]さらに、将校の六十パーセント、徴集兵の八十パーセントが、進級するのに大事なのは「誰を知っているか」で、「何を知っているか」はそのあとだと考えていた。[86]

ドワイト・D・アイゼンハワーは、青年将校だったころ、騎兵の機械化に賛成する論文を書いた。[*87] この論文は、おおいに歩兵総監の不興を買い、アイクは、こんな異端の活動を止めて、主張をおおやけに撤回せよと命じられた。軍法会議にかけるぞと脅されたのである。[*88] その上官は、仲間たる将校が自分にへつらうことを期待していたのだ。アイクの戦友であり、のちに親友となったヘンリー・ハーレー・「ハップ」・アーノルド（USMA一九〇七年）も、アイゼンハワーの一件から六年後に、航空隊の改革をもくろんで論文を書き、ロビー活動に励んだために、あやうく軍法会議にかけられるところだった。[*89]

ドイツにおいても、若きハインツ・グデーリアンが機械化と戦車について執筆活動を行った際、基本的に同じことが生じた。陸軍参謀総長ルートヴィヒ・ベック上級大将は、青年ハインツを好ましく思わず、軍事雑誌の出版人や編集者に彼の論文を採用しないよう求めたのだった。だが、こうした一連のアクションもほとんど成功せず、グデーリアンが脅かされたり、その出世が遅れるようなことはなかった。

ドイツ、あるいはプロイセンの将校団は、不服従という、実に偉大な文化を持つ将校団だった。これに匹敵する例外は、フランス軍ぐらいだろう。さまざまな逸話や事件が、戦時にあってさえ、「名誉と情況によって正当化されるなら」命令に従わないことを将校に要求し、それを美徳とみなすよう鼓舞した。そのような物語は、プロイセンならびにドイツの将校団にあっては、集団文化として受け継がれてきた知識であり、ゆえに、ここで詳しく語っておくことが大事であろう。[*90]

プロイセンが王国になる以前から、ブランデンブルク辺境伯領はプロイセンの中核地域であった。フリードリヒ・ヴィルヘルム大選帝侯は、一六七五年になってもなお残存傭兵部隊と闘争を続けていた。三十年戦争のあいだ、スウェーデン軍に属していた部隊である。彼らはまだ多くの都市を支配して貢納金を要求し、地方を略奪してまわった。大選帝侯は、おのが国の主人ではなかったのだ。大選帝侯が自由にできたのは、わずか数個連隊にすぎなかったものの、その多くは歴戦の将兵から成っていた。その軍勢をすべて集めても、ラーテノウ市を支配している傭兵の一支隊に数で劣っていたため、勝利のチャンスは唯一奇襲によって得られるのみということになった。大選帝侯の龍騎兵はラーテノウ市に夜襲をかけ（近代初期に夜襲が実行された例はきわめて少ないが、その一例である）、傭兵たちを同市から撤退させた。算を乱して退却する傭兵が、つぎの都市をめざしていて、それを占領し、要塞化することをもくろんでいるのはあきらかだった。大選帝侯の軍勢は、夜明けとともに、傭兵隊のあとにぴたりとついて進んでいったが、街道は一本しかなく、敵を追い越したり、近道を使って先回りするのは不可能だった。前衛部隊を指揮していたヘッセン・ホンブルク方伯領の公子フリードリヒ二世は、別命あるまで敵と交戦してはならぬとの明快な命令を受けていた。大選帝侯は主力とともにいたが、これは、統治者は戦場にあるべしという、のちのちまでも続くプロイセンの伝統の土台となった。しかし、ブランデンブルクの地勢は、砂地か湿地、あるいはその両方といったことが多いため、戦いに適した土地は少ない。一六七五年六月十八日の霧に包まれた朝、ホンブルク公子はフェーアベリンの町付近に戦場とするに適した地があるのを知り、命令に逆らい、その前衛部隊の騎兵を以て傭兵隊に攻撃をしかけた。*91 この戦いについてはよく文書が残っているのだが、公子が攻撃に出た理由はまったく判然としない。ある者は、彼は栄光を求めただけだという。だが、すぐそばにあったルピーン市は、傭兵隊がその気になれば、奪取して、要塞化することができたはずだ。兵力に劣るブランデンブルク軍が、彼らを排除することは不可能に近かったであろう。もう一度夜襲をかけて、敵を駆逐するという策も問題外だった。奇襲の要素は、もはやなくなっていたからである。

傭兵隊の諸兵科連合部隊に対して、公子は騎兵しか持っていなかったため、戦闘は極度に不利になった。[*92] 大選帝侯が自らの軍勢とともに到着し、戦いに参入するまで、公子の部隊は大出血を強いられた。しかし、ブランデンブルク軍はからくも勝利を得、それは独立国家への道の端緒となったのだ。

大選帝侯の曾孫であるフリードリヒ大王も、同様に部下の不服従に耐えなければならなかった。七年戦争中、最初のロシア軍との激突となった、一七五八年八月二十五日のツォルンドルフの戦いでは、状況は絶望的だった。フリードリヒ大王は騎馬で戦闘のただ中に分け入り、撃破された連隊の軍旗をつかんで、戦闘を放棄させないよう、生き残った将兵を鼓舞した。プロイセン最年少の将軍、フリードリヒ＝ヴィルヘルム・ザイトリッツ率いる五十個中隊の騎兵はなお控置されていた。国王付副官《フリューゲル・アデュタント》（*Flügel-Adjutant*）が現れ、陛下は今こそ騎兵で攻撃するのが賢明だとお考えであると告げる。[*93] ザイトリッツは、今はまだそのときではないと応じた。再び国王付副官が来たときには、国王の命令はより切迫し、かつ荒々しいものになっていた。が、ザイトリッツは揺らぐことなく、同じ答えを返す。さらにもう一度やってきた国王付副官は、ただちに攻撃しなければ貴官の首をはねると陛下はおおせであると言う。ザイトリッツは答えた。「戦いが終わったら、俺の首を好きにしていいと陛下にお伝えしろ。だが、それまでは、俺の頭を使わせてもらうさ」。[*94] ザイトリッツは、自ら選んだ時機に攻撃を仕掛け、危機を救った。真っ先に彼の功績を称賛したのは、フリードリヒ大王その人であった。

三年後、同じ七年戦争で、もっと有名な不服従事件が起こった。シャルロッテンブルク城が略奪されたことに激怒したフリードリヒ大王は、プロイセン軍中もっとも格式の高い重騎兵連隊、第一〇胸甲騎兵連隊ジャンダルム〔Gens D'Armes. フランス語の古語で重武装した騎兵の意。ただし、現代フランス語では、憲兵の意味で使われることが多い〕の長ヨハン・フリードリヒ・フォン・デア・マルヴィッツ大佐に命じた。報復として、プロイセンの敵と同盟しているザクセン選帝侯のフベルトゥスブルク城を略奪せよ。旧き家系の貴族であるフォン・デア・マルヴィッツは顔色をなくし、それは陛下の「義勇大隊《フライバタリョーネ》」(*Frei-bataillone*)のどれかに出すのなら適切な命令ですが、陛下のいちばん古く、由緒ある騎兵連隊にふさわしいものではありませんと応じた。「義勇大隊」は、戦時にのみ編成される部隊で、臨時雇いの将校によって指揮される。彼ら、義勇大隊は、戦列部隊の将兵から軽蔑されていたのだ。フォン・デア・マルヴィッツはその場で辞任し、フベルトゥスブルク城は実際に、「クヴィントゥス・イチルス義勇大隊」〔「クヴィントゥス・イチルス」は、ユリウス・カエサル麾下のある百人隊の名に由来する。十八世紀の神学者シャルル・ギシャールは、古代ギリシアやローマの軍事文献をフランス語に翻訳し、そこから現代に通じる教訓を得るという研究を行っていた。フリードリヒ大王は、ギシャールの仕事に価値を認め、彼を招いて廷臣とした。その際、ギシャールが軍事を実地に知りたいとしたため、一個義勇大隊を与えた。ところが、そのころ、二人は『ガリア戦記』に出てくる、ある百人隊の名をめぐって、いさかいを起こしていた。フリードリヒ大王は「クヴィントゥス・カエチリウス」、ギシャールは「クヴィントゥス・イチルス」であると主張した。怒った大王は、書庫から『ガリア戦記』を持ってきてたしかめたが、ギシャールのほうが正しかった。議論に負けた大王は、おのが不興を示すために、本来ならば指揮官の名前を取って、「シャルル・ギシャール義勇大隊」となるはずの部隊に、「クヴィントゥス・イチルス義勇大隊」と命名したのである〕に略奪された。フォン・デア・マルヴィッツは、のちに再び召喚されたが、連隊長勤務をすることはなく、少将にまで進級した。

彼が一七八一年に没すると、親戚の一人が有名な墓碑銘を考えた。「彼はフリードリヒ大王の英雄的時代を目撃し、王とともにそのすべての戦争に従軍した。彼は、服従が名誉をもたらさぬときには、辞職を選んだ」[*95]。偶然ではあるが、フォン・デア・マルヴィッツの墓所は、フェーアベリンの戦場から程遠からぬところにある。

さて、フリードリヒ大王以後、そのリーダーシップを失ったプロイセン軍は、一八〇六年、イェナとアウエルシュテットの二重会戦において、ナポレオンの軍隊に叩きのめされた。プロイセンはナポレオンと同盟し、彼の誇大妄想めいた、冒険的なロシア遠征に軍隊を差し出すよう強いられたのである。伯爵ダーフィト・ルートヴィヒ・ヨルク・フォン・ヴァルテンブルク中将は、一個軍団を率いていたが、破滅的な退却のうちにフランス軍主力との連絡が途絶した[*96]。ヨルクは、プロイセン王フリードリヒ・ヴィルヘルム二世にはかることなく、独断でロシア軍との和約に調印した。一八一二年十二月三十日のタウロッゲン和約である。これによって、フランスとの「同盟」は実質的に終わり、フランスの暴君に対する戦争への道が開かれたのであった。プロイセン王は最初ヨルクを死刑に処そうとしたが、ナポレオンと公式にたもとを分かったのちは、勲章と報奨を与えた。ヨルク・フォン・ヴァルテンブルクは、プロイセン軍の中隊長を務めた人物の息子で、東プロイセンで育ったのだが、気難しく、頑固な男として知られており、若き少尉だったころに任官を取り消されたこともある。

ナポレオン戦争中、そして、そののちに広範に実行された陸軍改革も、プロイセン将校団における不服従の伝統を消し去ることはできなかった。運命的な「三帝の年《ドライカイザーヤール》」(*Dreikaiserjahr*)、一八八八年に、圧倒的な人気があったヴィルヘルム一世帝が崩御し、そのあとを継いだ息子のフリードリヒ三世も同年中にガンで亡くなって、フリードリヒ三世の息子、問題児のヴィルヘルム二世が即位した。しかし、フリードリヒ三世は、短い人生のうちにも、軍事史上の逸話を残している。大規模な図上演習の際、フリードリヒ三世は自分の能力を試せと、大参謀本部の若い少佐に命じた。この命令に従えば、若い少佐はひどく厳しい状況に追いこまれるだろう。だが、少佐はためらいなく、命令を伝えようとした。そのとき、ある将軍が彼を押しとどめ、「陛下が貴官を参謀本部の少佐としたからには、貴官も服従すべきでないときがいつか、知っているはずだ」と忠告したのである。

一九三八年七月にも、ドイツ陸軍参謀総長ルートヴィヒ・ベック上級大将が、「軍隊の服従にも限界があり、識見、良心、責任感が、指令の実行を禁じるときもある」と、同僚たちに注意を喚起している。[*97] それゆえ、ベックはまもなく、ヒトラーの侵略政策に抗議して辞任することになった。彼は、独裁者の暗殺計画に関わったが、戦友により自殺の機会を与えられ、民族裁判所《フォルクスゲリヒツホーフ》（*Volksgerichtshof*）〔一九三四年に設立された、国家反逆罪を扱う政治的裁判所〕で屈辱的な経験を強いられることはまぬがれた。

「内密裡に指揮する《フューレン・ウンター・デア・ハント》」（*führen unter der Hand.* 司令官の背に隠れて、指揮統率する、ぐらいの意）という文言が、ほかのどの国の軍隊でもなく、まさしくドイツ軍に由来するということは偶然ではない。[*98] 上記のような実例すべてが、プロイセン将校団の集団文化上の知見となっており、公式の講義や将校食堂の会話、戦友同士の手紙のやり取りにおいて、何度となく、さまざまなヴァリエーションをまじえて語り継がれてきたのである。自主独立性は、ドイツ将校のかくあるべき特質とされ、ドイツ将校団の伝統の一部であった。そして、それは常に不服従という性質を帯びる可能性があるものだという事実もまた、認識され、容認されていたのだ。[*99]

プロイセン・ドイツ軍将校の思考は、けっして硬直したものではなかった。その職業的な軍事教育にあって、ドクトリンは米軍の場合よりもはるかに小さな役割しか演じていない。合衆国の軍隊や英米の歴史学文献では、この事情は誤解されており、ゆえにドイツ陸軍の「ドクトリン」を扱った、さまざまな書物が存在している。[100]実際には、ドイツ陸軍の操典や教本、あるいはドイツ将校の書簡や日記に、ドクトリンという単語が現れることはまずない。彼らは、ドクトリンは人工的なガイドラインにすぎないと理解していて、状況が求めるならば、いつでも、たとえ下級将校でも無視できるものだった。[101]学校が決めた正解がないのだから、戦場の諸問題を解決してくれる、定まったドクトリンもないのである。[102]一方、アメリカ軍将校にとって、教わったドクトリンから逸脱するのは困難だったということが証明されている。大損害を出し、激しい抵抗に遭遇すると、米軍指揮官もドイツ軍に対して自分流にやることがあったが、それは稀であった。頼りにならないドクトリンのために、作戦の不備があきらかになったときでも、ただちに修正がなされることはなかった。「なじんだ作戦ドクトリンに従い次善の策を取ることによるマイナスよりも、手を変えることのショックのほうが大きい可能性がある」のを、将校が恐れたからだ。[103]

「学校が決めた正解は不可」という、ドイツ軍事文化上の格言を破り続けたという点で随一なのは、エーリヒ・フォン・マンシュタインであった。一九三〇年代初期、彼は基本的には「陸軍統帥部長官《シェフ・デア・ヘーレスライトゥング》」(*Chef der Heeresleitung*)の助手の役目を果たす「第一作戦部長《シェフ・デア・エルステン・オペラツィオンスアプタイルング》」(*Chef der Ersten Operationsabteilung*)のポストにあった。この「陸軍統帥部長官」は、実質的には「陸軍総司令官《オーバーベフェールスハーバー・デス・ヘーレス》」(Oberbefehlshaber des Heeres)にほかならず、その地位にいたのは男爵クルト・フォン・ハマーシュタイン＝エクヴォルト上級大将だった。[*104]「若き」マンシュタインはすでに自信満々で、上級指揮官のための図上・兵棋演習ののち、同僚たちに自分の解答を押しつけようとした。これは多くの場合、失敗に終わった。マンシュタインは経験豊かな将校たちを相手にしていたのであり、彼らの多くは年上の先任者だったのである。だが、ハマーシュタイン＝エクヴォルトは、マンシュタイン同様、近衛歩兵第三連隊出身者の派閥にあって、兵務局のほとんどを牛耳っていた。彼はマンシュタインに好意を持っていて、フリーハンドを与えており、後者が準備した演習最終報告のチェックさえもしなかった。[*105]ゆえに、マンシュタインは出世の好機をつかみ、のし上がっていったのだ。数年後、マンシュタインが第一軍団《エルステス・アルメーコーア》(*I. Armeekorps*)の図上演習を統裁していたときにも、同じようなことが起こった。[*106]マンシュタインの融通のきかない態度が、第二次世界大戦までも持ち越されたことは驚くにあたらない。彼が平均以上の戦略立案能力を有していたことは疑う余地がないが、その人格的統率術となると、低い評価しか与えられない。マンシュタイン自身は常に行動の自由を上官たちに要求したのに、部下たちについては、遠い司令部にありながら、おのが命に厳しく従わせたのである。[*107]

こうしたドイツの専門軍事教育システム全体が、有名な委任戦術《アウフトラークスタクティーク》(*Auftragstaktik*)に道を拓いた。この概念の総体は、アメリカ英語で「任務指定命令」(mission-type orders)と訳されているが、適切ではない。イギリス英語のそれも「訓令統制」(directive control)と、こちらも良いものではない。[*108]他の言語でも同様で、うまい訳語はなかなか見つからないようだ。[*109]

委任戦術は、往々にして命令の出し方のテクニックだと誤解されている。だが、本当のところ、それは指揮統制の哲学なのである。[*110]委任戦術の土台となっている理念は、上官による方針指示はあるものの、けっして事細かな統制はやらないということなのだ。「任務戦術」（task tactics）や「課題戦術」（mission tactics）といった訳は原語に近くはあるが、なお不充分である。[*111] ベストの訳語は「任務指向指揮システム」であろう。これなら、委任戦術に内包されている指揮の原則がより強調されている。ただし、その思考のあり方については、例を用いて説明するのがいちばんよかろう。[*112]

アメリカの中隊長が、とある村を攻撃し、占領せよとの命令を受けたと仮定する。彼は、第一中隊を村の側面に向かわせ、第三中隊を正面突撃させよというふうに言われるはずだ。戦車四両が中隊に配属され、正面突撃支援を行うから、こちらが主攻になる。数時間ののち、中隊の攻撃は成功、中隊長は後方に無線報告を行い、つぎの命令を求める。

一方、ドイツの中隊長が与えられるのは、「一六〇〇までにこの村を確保せよ、終わり」といった命令だ。攻撃前に、この中隊長は「一介の擲弾兵《グレナディアー》（*Grenadier*）〔擲弾兵は、その名のごとく、手投げの爆裂弾《グラナータ》（イタリア語が語源とされる）を使う兵科であった。だが、手投げ爆裂弾が兵器として時代遅れになるにつれ、それを使うために大柄の兵士が集められていた擲弾兵部隊は、一種の選抜精鋭隊の機能を果たすようになり、名のみが残ったのである。ただし、この場合は一兵卒の意〕にまでも、攻撃中、何をなすよう求められているかを徹底」しておく。[*113] もし、小隊長や下士官が斃れたら、徴集兵が指揮を執らなければならないのだ。アメリカの兵隊たちは、こうした情報を切望したが、それが得られることはなかった。「命令が『なぜ出されたか、その理由』をほとんど知り得ないこと」が、GIにとって、もっとも深刻な問題の一つだったと、陸軍当局によって確認されている。[*114]

ドイツ軍の中隊長は、配属された戦車を村に隣接した高地に配して援護射撃させるかもしれないし、集落の周囲に展開させて、村の守備隊の逃走を封じるかもしれない。村の攻撃方法に関しては、正面突撃、浸透、両翼攻撃と、中隊長が状況に鑑みてベストとみなしたものなら、どれを使ってもよい。村が占領されたなら、防御側の残兵追撃と、ただちに必要とされるわけではない部隊がさらに推進せしめられる。ドイツ軍の中隊長は、委任戦術の理念により、上官の攻撃構想をすべて理解しているし、彼が取るべき行動はすべて、一六〇〇時までに村を奪取せよという単純な命令に包含されている。訓練の結果、ドイツ将校は、「詳細な指令など必要としない」のだ。[*115]

最良の例の一つが、当時大佐でクライスト装甲集団の参謀長だったクルト・ツァイツラーの言葉であろう。一九四〇年のフランス戦直前、隷下快速部隊の指揮官と参謀将校たちに、彼は言った。

「諸君、私は貴官らの師団が、完璧にドイツ国境を越え、完璧にベルギー国境を越え、完璧にムーズ川を越えることを要求する。どうやるかということには頓着していない。それは、完全に貴官たちにゆだねる」[*116]。対照的に、北アフリカ上陸作戦に関して米軍部隊に出された命令書は、シアーズ・ローバック〔アメリカの大手通信販売会社〕のカタログほどの厚さがあった。[*117]

クライスト装甲集団所属の第一九自動車化軍団長ハインツ・グデーリアン中将は、委任戦術の精神にのっとり、指揮下の部隊にもっと有名な命令を下した。彼らは全員「終着駅までの切符を持っている」としたのである。この終着駅とは、それぞれに指定された、英仏海峡沿いの都市を意味していた。[*118] これらをどうやって奪取するかは、すべて部下に任されたのだ。

プロイセン・ドイツ軍を何十年も研究したというのに、合衆国の軍人が委任戦術の概念を「解釈するには困難」があったし、上級の軍教育機関に進んでも、たいていの将校はそれになじまなかった。[*119] ジョージ・C・マーシャル、ジョージ・S・パットン、マシュー・B・リッジウェイ、テリー・デ・ラ・メイサ・アレン〔第二次世界大戦中、歩兵師団長として勇名を馳せた〕といった、ごく少数の米軍指揮官だけが、アメリカ軍の学校でまったく習っていなかったにもかかわらず、その概念を理解していた。[*120]

アメリカ陸軍省には、ドイツの陸軍大学校に入った米軍将校からの詳細な報告が上げられていたのだから、驚きはいや増す。これらの者たちは、動員計画を除いて、いっさい妨げられることなく、陸軍大学校の全課程を経験していたのだ。[*121] のちの地位や昇りつめた階級という点では、もっとも重要なアルバート・C・ウェデマイヤーは、ドイツの陸軍大学校で「本物の戦略家教育」を受けたと、その回想録で主張している。しかし、同校には、はっきり戦略と銘打たれた課程がなかったから、ウェデマイヤーの記述は疑問視された。[*122] けれども、彼は「深く広い国際情勢の理解」が必要とされたと、正しく要点を指摘してはいた。というのは、ドイツ陸軍大学校での図上演習の多くは、政治的な危機の進展、もしくは外務省当局者による講義を前提にしていたからである。[*123]

CGSSとドイツ陸軍大学校の両方ともに、「具体的な問題を解決するために原則を適用」することが必要だとしているのは正しい。だが、両校の共通性は、ごくわずかにすぎなかった。彼らの原則が、まったく異なっていたからである。[*124] レヴンワースを支配していたのはドクトリンという原則だったのに対し、ドイツ陸軍大学校のそれは創造性の原則だった。ハートネス大尉やウェデマイヤー大尉の詳細な報告書をみるかぎり、「これまで強調されてきた類似性」は無視できるほどでしかなく、逆に違いが重視されていた。[*125] 当時のアメリカの不幸な陸軍文化にあっては、CGSSを過度に批判すれば、この二人の将校ともに出世をふいにする恐れがあったことを心に留めておくべきであろう。両者のドイツ軍学校の優越に関する報告書の写しはCGSSに送られたものの、そのスタッフや教官に読まれなかったことはあきらかだった。[*126]

主たる違いとして、ハートネスとウェデマイヤーが指摘しているのは、入学試験の際に受験者に望まれるレベルである。ドイツの陸軍大学校では、その入試にこぎつけた段階で、すでに「傑出した人材」であることを自ら証明したものとされていたのだ。彼ら、アメリカの将校は、もう一つ、ドイツの陸軍大学校学生が経験を得るために他の兵科に配属されるのは大きな利点で、「充分に取り入れられる、ためになる方策」だと特記している。また、教官たちの質が卓越していることは何度となく強調され、あらゆる問題が「部隊指揮の問題」として取り扱われているのも注目されていた。[*127]

両大尉は、実践的な教育と実際の戦争における状況を描き出す方法を称賛し、「純粋な思考から得られる解答」は「その問題がうみだした固有のものとしては機能するかもしれないが、血肉の通った戦闘構想にはならない」と対照させて論じた。[*128] レヴンワースの「学校が決めた正解」に対する批判が、行間からたやすく読み取れるであろう。報告書の後半では、こうした記述はよりはっきりしてくる。「同じ戦術的状況が二つあることはないのであるから、困難な問題に対して、現在、そして将来も適用し得る図式的な解答を出すことは不可能である。［中略］問題を議論する際、『公認された』解答が提示されてはならない。いかなる問題にも、満足すべき、あるいは機能し得る解決が多数存在するからだ」。[*129] この二人のアメリカ軍将校が、軍人の上級専門教育機関として、ドイツ陸軍大学校のほうがはるかに好適だと思っていることは疑問の余地がない。

アメリカ軍は、上級専門軍事教育機関においてドイツの制度組織を模倣したが、その模範となっている精神を学び取ることには完全に失敗した。アメリカの将校は、たとえ指揮幕僚大学校に入りたいと思っても、どうすれば入校適格とみなされるのか、わからないことがしばしばであった。同校は、教育の素晴らしさというよりも、むしろ出世の一階梯として、評判を得ていたのである。

ドイツ将校にとって、どこに向かい、何を知るべきかは、将校団の一員となったときから明白だった。精励ぶりと知識とを正しく示したときにのみ、職務に就けるのだということを知っていたから、彼らは生涯学び続け、合格し続けなければならない、さまざまな試験や陸軍大学校の教程にもくじけることはなかったのだ。それに対して、アメリカ将校は、ようやくＣＧＳＳに入ったとたんに、いかに学ぶかを忘れてしまうことがしばしばであった。レヴンワースで覚えた消耗感に関する記述は多数あるが、過重な教程よりも、すべてが復習、やり直しでしかなかったためだとするほうが説明として適切だろう。同校におけるストレスを示す別の側面として、学生が良い評価を得ようとすれば、「学校が決めた正解」を探し当てなければならなかったことが挙げられる。そのため、賢く、戦術の才能に恵まれた将校でさえ、常に不安な状態に置かれた。どの解答なら教官がついてこられるか、わからなかったからである。学生のほうが教官より進歩していたということも、レヴンワースでは稀ではなかった。その事実は、教官団の知識量同様、考慮に入れられていなかった。経験豊かな将校学生の頭脳を利用する代わりに、教官たちは彼らを中学校の生徒のように扱ったのだ。

仲間の将校に対するこうした振る舞いは、ドイツ陸軍では嫌悪された。ある期の学生が在学中、彼らに戦術と軍事史の教程の大部分を教える講堂指導官は、ただ一人であった。彼は、戦友として学生に対さなければならず、さもなくば面目を失うことになった。一九三三年〔この年、ヒトラーが政権を握った」に独裁制が成立しても、講堂指導官は、まったく自由に、おのが見解を述べたり、講義することができた。一方、民主主義のもとにあった米軍の教官は、教える内容として何が許されるか、いつでも制限されていた。その制約は、政府ではなく、合衆国陸軍が課したものだったのである。それらは知られつくした紋切り型で、歴史的再評価に耐えられぬことがしばしばだった。

講堂指導官は、教えている学生よりも、一階級しか上級でなく、年齢も数年しか変わらないことが多かった。性格のみならず、教育能力を考慮して、慎重に選ばれたのである。この教育能力こそ、レヴンワースの教官団にあっては、ほとんど議論されない資質であった。

二つの異なる学校を描写するのに、民間の用語をしばしば使ってきたが、それはさらなる比較においても有効である。CGSSが「平均的な」将校に何かを会得させるための中学校とみなし得るとすれば、ドイツ陸軍大学校はエリート大学の博士課程におけるゼミナールに似ている。学生たちは闊達に意見を開陳し、教官も同様に彼らから学ぶことがあると認識している。陸軍大学校の将校は注意深く選抜された集団で、それぞれの分野における専門家だった。CGSSにも多くの有能な将校がいたが、この学校の教官団は彼らの専門知識をそくざにしりぞけてしまったのである。

CGSS最大の失敗は、「学校が決めた正解」であった。もっとも、これは、歩兵学校を除けば、あらゆるアメリカの軍学校に共通する失敗だった。将校たちは、ことに対するにあたり、たった一つの正解しか提示されなかった。将校の専門教育にあって、こんな教育法が存在する余地などないし、とても弁護できない。それは大のおとなを間抜けにしてしまうもので、その結果は予想できた。凡庸な将校は、ほかのやり方を知らないために、もっぱらドクトリンに頼った。傑出した将校は、そのドクトリンを修正し、創造的にするために多大の困難を味わった。結果は、リーダーシップの欠如、創造的な敵に対する想像力に欠けた問題解決、鈍重で型にはまった戦争へのアプローチとなった。

ドイツ陸軍大学校では、いかなる問題も、部隊指揮の観点から考慮された。まさに戦争でやるように、ある状況でどのように部隊を指揮するかが最重要だったのだ。幕僚作業は次等の価値しかないものとされた。どんな解答であろうと、講堂指導官の解答であるかのごとく議論された。それによって、参加した将校のすべてが、戦時の状況下にあって可能な行動は複数存在し、なかには学校の正解とは似ても似つかぬものがあることを学んだのである。将校の精神にたづなをかけてしまうことになるから、戦争にドクトリンを持ち込んではならないのだった。陸軍大学校を卒業したドイツ将校は、指揮統率能力を備える、優れた戦術家になっていた。それらの領域こそ、ドイツ将校団が卓越していたところであり、ドイツ軍があのような強敵となったゆえんだった。ドイツ参謀将校を戦略の天才として描き出す戦後の文献は、まったくのフィクションにすぎない。

ドイツ陸軍大学校の課程に参加した米軍将校のみるところ、いずれの学校が優れているかは明々白々だった。CGSSを好成績で卒業して数年経ったのちに、米軍将校が進むのはアメリカ陸軍大学校（AWC）で、ここでは相当アカデミックな雰囲気のなかで大規模な部隊の運用が教えられた。この学校に進むことが（通常、学生になるのは中佐か、大佐だった）は、将官の最低の階級、准将に進級できるかどうかを決める条件の一つとなる。幸運な者は軍産業大学校に入り、アメリカの戦争遂行機構を支える工業界との密接なつながりを得ることになった。指導的な工業家が、軍需生産の問題とコストについて講義し、高位の将校たちは軍の装備を生産する工場を訪問することができたのだ。

ドイツ側には、こうした制度や組織は存在しない。ドイツ将校は定期的に大規模部隊を扱う図上演習や指揮演習に参加し、歴史的な戦場、あるいは将来戦場となり得る地を旅し、議論して、互いのやりようを評価し合った。このような演習で、国の官吏や高級司令官の講義を聴くことも可能だったのだ。

両国の将校は、それぞれの上級専門教育において、理論に関する貴重な知識を得ることになる。しかしながら、以下のごとく、推測することができよう。ある意味、彼らはすでに個々の将校として「刻印済み」で、演習や上級学校での教育によって変わることはなかった。その指揮統率文化《コマンド・カルチャー》は、初期・中期の専門軍事教育を通じて、ごく早い段階に定まっていたのである。

第三部　結論

第六章

教育、文化、その帰結

「ある企てを成功させるために、一頭の獅子に率いられた五十頭のシカと、一頭のシカが指揮する五十頭の獅子のいずれかを選ばねばならないとしよう。成功を信じられるのは、後者よりも前者であると考えるべきである。[*1]」

——聖ヴァンサン・ド・ポール〔一五八一～一六六〇年。貧者につくしたカトリックの司祭で、死後列聖された〕

「規則は愚か者のためにある。[*2]」

——男爵クルト・フォン・ハマーシュタイン＝エクヴォルト上級大将。一九三〇年から一九三四年までライヒスヴェーア総司令官。

ドイツが統一戦争に圧倒的な成功をおさめたのち、合衆国陸軍は重きを置く相手を、フランス軍から勝利を得たプロイセン・ドイツ軍へと完全に切り替えた。米軍将校たちも、装備や兵器の案件よりも、それによって勝利が得られたと推測された制度・組織、すなわち大参謀本部に重きを置くようになっていく。彼らはことごとく誤った。

軍隊が最高立案機関を必要とするのはあきらかであるが、そうした組織が成功や優位を保証してくれるわけではない。専門訓練を受けた将校を配したとしても、最高幹部に卓越したリーダーシップがなければ、凡庸な成果しかあげられないだろうし、戦争努力を損なうことさえある。史上最高の参謀総長二人、大モルトケとジョージ・C・マーシャルが、彼らに共通する特徴、すなわち、常識ゆえに称賛されたのは、単なる偶然ではない。

ドイツ大参謀本部は、その創設者にして師父である大モルトケが引退したのち、著しい能力衰退を来す一方だった。大モルトケの後継者たちは、この偉大な老人の習慣や見かけを真似ようとしたが無駄だった。国家元首のために、リーダーシップ、戦略立案のわざ、たしかなアドバイスを提供するという基本任務にみじめに失敗し、組織のすべてが、聖書の黙示録のごとき二正面戦争の敗北のうちに崩壊していったのだ。この二正面戦争こそ、まともな参謀将校ならば、全力を挙げて阻止しなければならぬと考えていたことだったのである。

この、強力であると信じ込まれていた計画立案組織に焦点をあてていながら、米軍将校の観察は、ドイツ軍が戦争で示した優れた能力に関して、ささいではあるが、もっと重要なことを見落としていた。何よりもまず、指揮、戦術、統率能力に重点を置き、洗練され、ほとんど科学的であったとさえいえる将校教育システムが、そこにはあったのだ。将校の調達と訓練の体系は、ドイツ軍にとって最大の重要性を持っており、当時のアメリカ軍のシステムとはまったく異なる前提のもとに機能していた。

合衆国の将校が、巨大な機械のあまたある歯車の一つ、膨大な人数のチームの一員にすぎないのに対して、ドイツ将校は機械を動かすスイッチ、すべての力の源とみなされていた。それゆえ、将校選抜には最大限の注意が払われ、いかなるコストをかけ、いかなるハードルを課してもかまわないとされたのだ。事実、プロイセン、そしてドイツが経験した多数の陸軍拡張期においても、大きなマンパワー、しかし、二流の将校団ではなく、優れた指揮を受ける少数の軍隊のほうがよいと、正しく論じられていた。[*3]大衆軍〔フランス革命以後の国民国家の成立を受けて、大量徴兵制度が施行されることによって編成可能となった大軍のことを指す〕が勃興し、展開速度が戦術・戦略上の柔軟性よりも重要性を増したと想定された時代に、ドイツ人もその軍隊拡張にあたり、修正を余儀なくされた。けれども、将校という理念とその遺産は、一九四二年まで変わらずに残っていたのである。[*4]

逆説的なことに、ドイツの若者はきわめて権威主義的な社会で成長しながら、進歩的で、ほとんど「リベラル」とさえいえる専門軍事教育を受けていた。すでに幼年学校の段階で、少年たちの奮闘を引き出すために、処罰ではなく褒賞という手段が用いられていた。自由、特権、娯楽といった褒賞は、まさにティーンエイジャーの心に訴えたのだ。

将校になりたいと熱望するアメリカの若人にとって、事態はまったく逆だった。彼らは、世界一自由が認められた社会で育ったが（白人であるかぎり、ということだが）、士官学校生徒になって、その課程に入ったとたんに、きわめて苛酷で狭量な軍事教育システムに服従することになった。士官学校生徒には、不変のヒエラルヒーが定められた四年制のシステムから逃れる機会がない。そこでは、「最大の失敗は、上級生に実際的なリーダーシップを育むという課題にあった。かつての先輩たち同様、駄目な上級生に権威が付せられる。彼らには、それを持つ資格がないし、使い方もわかっていない」。[*5]

一年目の侮辱、不面目、徹底した責め苦をしのいだ者は自動的に、彼らのあとに入ってくる年下の生徒の上官となり、そうしたことが繰り返される。二十世紀初めのドイツ陸軍幼年学校では、しごきは、どの資料をみても根絶されていた。模範であり、また戦友でもあるというドイツ将校のあり方の礎石をこわしてしまうからだ。加えて、有名な委任戦術を陸軍に導入し、効率的に運用するためには、新しいタイプの将校は、独立した思考と主体的な責任感をつちかわなければならなかったのである。この目的からすれば、しごきを許したり、大目にみることは非生産的ということになりかねなかった。

委任戦術の導入とプロイセン・ドイツ軍における将校の教育訓練システムの改革が結びついていることの重要性は、これまでの歴史文献では看過されてきた。ドイツを訪問したアメリカ軍将校は、委任戦術という革命的な概念に関して、まさに進行中だった議論を完全に見逃したのだ。この概念は、一八八八年の野戦教令でおおやけに定式化されていた。*6 最初は、さまざまな名称で呼ばれていたが、十九世紀最後の十年ほど、すなわち、米軍将校にとってドイツの軍事システムの研究がまさに最重要課題だったころに確定した。委任戦術は、ドイツ軍の戦術的優越の「不可欠の要素」となったのである。*7

ドイツの幼年学校生徒は、模範となる振る舞いを示すと、上級生の指導者よりも上の役職に進級する。個人の業績こそが第一であって、「仕組み」が大事なのではないことが誇示されるのだ。*8 工学や他の学科の知識が不足していても、優れた統率力、とくに決断力を一貫してあらわしたなら、少尉候補生試験を受けて将校となる妨げにはならなかった。おそらく優れた将校になったであろう者が、数学漬けにされることに耐えられなかったために、ウェスト・ポイントから「分離された」例は数えきれない。ドイツの幼年学校生徒なら、将校になるべき人材としての他のあらゆる特性を発揮しさえすれば、切り抜けることができたであろう。訪問してきた外国将校による報告書のすべてが、上から下まで、どんな階級にあろうと、ドイツ将校が模範的な勤労倫理を有していることを特筆しており、陸軍幼年学校システムはこの面においても、ドイツ将校をけっして阻害していないことが証明されている。[*9]

陸軍士官学校（HKA）の学生時代が終わる時点で、ドイツのシステムは複雑かつ高度で、選抜に重きを置いたものになる。期待をはるかに超えた成績を示した者が将校になる際、書類上の任官をさかのぼらせることさえするのだ。ただし、士官学校を卒業して、ただちに少尉に任官するのは、ごくわずかの飛び抜けた者だけである。ドイツを訪れたアメリカの将軍エモリー・アプトンが「主たる軍事大国のうち、唯一プロイセンだけが、軍学校卒業の時点で生徒を任官させることをしていない」と特記したのは、おおいに正しい。[*10]あいにく、合衆国陸軍がこうした観察を生かすことはけっしてなかった。士官学校の無味乾燥な雰囲気のなかにあって、未来の将校は適切な評価を受けられない。にもかかわらず、連隊で本物の徴集兵を指揮しなければならなくなり、そこで初めて自分の資質を暴露することになる。

ドイツの生徒は、任官するのではなく、軍事学校に行くか、直接どこかの連隊に入ったのちに軍事学校に行くことになる。砲兵や工兵として採用された者、もしくはそれに選ばれた者は、こうした兵科に関する追加訓練（多大な数学の負担を含む）を受ける。[*11]他の兵科を志願すると、それほどの重荷を負わされることはなかった。ウェスト・ポイントで、どの兵科に行くかはお構いなしに、全員が時代遅れのカリキュラムを押しつけられたアメリカの生徒とは対照的だ。

いずれにせよ、ドイツの少尉候補生は、任官する前に繰り返し自らの資質を証明しなければならない。最後に、配属された連隊の長が、通常は連隊の将校全員と協議したのちに、若き候補生が将校になる価値があることを示したかどうかを判定する。閉ざされた士官学校内での人工的な空気ではなく、現実のなりわいこそが、ドイツの将校候補にとっては試験なのである。

合衆国陸軍士官学校では旧式化した装備で訓練したのに対し、ドイツの生徒は正規軍で使われているのと同じハードウェアを用いた。[*12] 彼らが少尉候補生になると、部隊の将兵よりもうまく兵器を扱えることを求められた。仮に幼年学校の訓練でそれができていないとしたら、すぐに熟達できるよう、連隊長がはからうであろう。

合衆国陸軍では、まったく逆だった。「連隊長たちにあっては、将校教育について軍学校に頼りきりという傾向があまりにも強い。その点について、歩兵総監に完全に同意する」と、ジョージ・C・マーシャルは述べなければならなかった。[*13] 一方、軍の学校は、けっして良い仕事をするわけではなかったのである。

だが、ドイツ陸軍幼年学校は、青少年教育の模範というわけではない。その主たる欠点は、きわめて年少の子供たちを入校させることにあった。当時すでに議論されていた問題である。[*14] 軍は、両親とその息子に、彼が将校という職業に向いているかをみきわめるために、充分な時間を与えたいと願った。しかし、その少年が苛酷な環境に向いていないと判明した際には、往々にして、すでに危害がおよぼされていたのである。

軍にとって、幼年学校は未来の将校を育てるという目的のためだけにあった。が、往々にして、自分で良からぬ性向を治せない子を送り込み、矯正させるために、幼年学校を利用する親がいたのだ。将校になりたいという希望を持たぬ少年こそ、もっとも傷つき、不満をいうことになった。十代の生活がすべて絶え間ない刑罰の時期であるかのように感じたのである。

もう一つ、ドイツのシステムの大きな欠陥は、将校団がなお、その後継者の多くを「将校適性階級」から選んだことだった。そのため、優れた将校になり得たであろう人材が、社会的出自ゆえに排除されたり、チャンスを減らされた。しかしながら、世紀を下るにつれて、こうした傾向は少なくなっていき、下級将校教育のレベルが上がるにつれて、かつては望ましくないとされた階層から身を起こした将校の数も増えていった。

ドイツ帝国の軍隊、ライヒスヴェーア、ヴェーアマハトは、おおむね要求をみたす将校を得ていた。合衆国陸軍にみられたような、上級将校が下級将校に不満を抱くといったことは、いずれの時代のドイツ軍にあっても、まったくない。むしろ、その正反対で、ドイツ軍の高級指揮官たちは、下級将校を高く評価していたのだ。

ドイツ陸軍幼年学校とは対照的に、合衆国陸軍士官学校は、その生徒を一人一人の人間としてではなく、もっぱら工場製品のように扱った。彼らには、一定の基準——極度に古くなった基準をみたすことが期待され、この基準に合えば、四年後に少尉に任官するであろう。そうなったときには、現実の部隊を指揮することが要求されるのに、彼らにはそんな経験はまったくないのだ。同様の、工場製品のごとき将校の姿勢は、彼らがフォート・レヴンワースの指揮幕僚大学校に入ったときにも如実に示される。

士官学校在学中のアメリカの生徒にとって、是も非もなく、個人主義を発揮する余地皆無の、狭い道を進むしかない。規律は教えられるのではなく、強制される。[*15] そのため、規律やリーダーシップに関する誤解が、何年にもわたって続くことになった。一九七六年にいじめを抑制するあらたな試みがなされたとき、上級生たちは、『平民』から食物を取り上げたり、罵言《ばげん》を浴びせることができなければ、統率の道具がなくなるじゃないか」と不平を述べたものだ。[16] 合衆国陸軍士官学校生徒隊のリーダーシップの本質には、歴史的に広められてきた誤解が存在し、それが警告されるべきことであるのは明白なのだ。

成功した将校で、ウェスト・ポイント時代をエンジョイした者の数がきわめて少ないのも、理の当然だった。「ウェスト・ポイントの生徒時代が楽しかったなどというやつに会ったことがない」というふうな主張が、批判的な卒業生から出るのも珍しいことではない。[17] 彼らの経験が描かれる際、いちばん頻繁に現れる単語の一つが「単調さ」だというのは、ドイツ陸軍士官学校の「変化の多い」日常生活と対照を成している。[18]

ドイツの陸軍幼年学校における将校候補生選抜、さらに士官学校の選抜では、学科点には次等の重要性しかなかったが、その教官団は資格を持っていることを誇ったし、古典学校や実科学校の文官と同じタイプの教師を集めようとした。[19] それと比較すると、ウェスト・ポイント教官団の学術・教育上の資格は馬鹿馬鹿しいほど低く、パットンやアイゼンハワーが卒業したのちも、ずっとあとまで、少なくとも五十年はそんな状態だった。実行された改革はどれも、外づらをつくろうためだけのものだったと述べてさしつかえないのだ。[20]

「精神的規律付け」と部隊を率いる能力のあいだに関係があることを示す研究や戦例は存在しなかった。にもかかわらず、そのことをよく知っているはずの戦争体験者たちが教官、校長、監事長となってウェスト・ポイントに戻ってきてからも、この奇妙な教育哲学は数十年にわたり支持されてきた。[21]「数学の訓練により育まれた、厳密に思考する習慣、そして、その原則を引き続き機械学、兵站術、工学に適用することは、軍事組織の長としての主たる資質を構成するものである」といった、ねじれた発言は、合衆国大統領、陸軍長官、陸軍省によって何度となく認められてきた。ところが、前の諸戦争、とくに遂行されたばかりの米西戦争やフィリピンの反乱鎮圧で得られた経験はすべて、それとは正反対のことを示していたのである。[22]

結局のところ、適切な能力を持つドイツの若者は、平時であっても、十七歳で少尉候補生、十八もしくは十九歳で少尉となり、アメリカの士官候補生より一足先にスタートを切る。同様の条件下にあっても、米士官候補生が任官するのは、最低二十一歳、普通はそれよりも上でなければならない。[23]合衆国陸軍が自身の士官学校教育を実行するや、プロイセン軍顔負けの保守性を発揮した。アメリカの士官学校生徒は、二十世紀になったというのに、おそらくは一世紀前のプロイセン陸軍幼年学校生徒が耐えていたようなことを経験するはめになった。その理由は二つある。第一に、プロイセンの将校教育はずっと誤解され、四年制学校のようなアメリカの理念を混ぜ込まされてきた。ところが、アメリカの士官学校教育は、それが模範であるとして、かたちづくられていったのだ。

第二に、時代は変わり、それにつれてドイツ陸軍幼年学校も革新されていったのに対して、アメリカの士官学校は多くの点で、ほぼ変わらぬままだった。主としてその責任は、先任の教官たち、多くの生徒監が醸成したリーダーシップの欠如、「長い灰色の線」〔ウェスト・ポイントの制服は灰色で、生徒たちが整列すると、長い灰色の線に見えることから、そう呼ばれる。転じて、ウェスト・ポイントの伝統を示す言葉でもある〕にいる後輩たちに近代的な教育と統率の手段を与えるのではなく、「平民」システムを堅持するほうを好んだ校友たちにあるといえる。[24]ドイツにあっては、軍人も、教育に関するあらゆるおやけの議論に率先して参加し、陸軍幼年学校で新しい発想を実行に移した。

このころの合衆国陸軍は、ウェスト・ポイントがあったにもかかわらず、ではなく、逆にそれが存在したおかげで、良い将校が得られなかった。二十世紀最初の十年において、陸軍士官学校は、「若い情熱のとほうもない浪費といった様相」を呈していたのである。[*25] 士官学校を卒業した将軍たちの伝記を書いた者や、士官学校のシステムを分析した精神医学者は、このように指摘している。彼らが検討「対象」とした人物たちは、ウェスト・ポイントからはほとんど何も学ばなかった。が、堅実な家庭でしつけられ、すでに人格を形成していたから、それによって自らの知性を傷つけられることなしに、士官学校の苛酷なシステムに耐え抜く手段が得られたのである。[*26] たとえば、あるアイク伝の著者は、「将来の最高司令官の基本的な姿勢や信念は、すでに固まっていた。かの献身の地〔ウェスト・ポイントのこと〕における四年間も、何一つ変えはしなかった」。[*27] クレイトン・エイブラムスについていえば、彼の長所や個人的特性は、ウェスト・ポイントの理想にぴたりと合致していたと特記されている。しかし、「彼の長所の多くは、陸軍士官学校で何年も学んだことによるというよりも、入校して生徒になった時点で獲得されていた」というほうがありそうなことだと思われる。[*28]

将校たちの日記や個人的な書簡を多数読んだ経験からしても、この発見は裏付けられる。将校にとって、リーダーシップと人格面における模範は、その両親、軍人人生を歩むうちに出会う師となるような上級将校、さらに軍隊の要領を教えてくれる古参下士官ということさえある。[*29] ウェスト・ポイントの戦術士官が影響を与えることは稀で、ドイツの陸軍幼年学校でそれに相当する職務である「教導官《エァツィーアー》」(*Erzieher*)とは著しい対照をなしている。教導官は尊重され、普通は、幼年学校に配属された他の将校同様に尊敬されている。[*30]

ウェスト・ポイントの教育システムの荒廃を研究し、正しく描いた、ある卒業生でさえ、非学問的な言明でそれをとりつくろおうとしている。「困難に直面し、ともにそれと闘ったことから来る集団の団結と気概は、生涯にわたる軍務において生徒たちを結びつける。この精神こそ、二度の世界大戦において、陸軍の団結と機能性の礎石だったのだ[*31]」。

社会学的観点からすれば、ともに闘うことが個人を結びつけるということは疑いない。しかし、そうした紐帯は、いじめを被ったり、過剰に数学を詰め込まれることで形成されるわけではない。合衆国陸軍のウェスト・ポイント卒業生のおかげで「陸軍の団結」や特別な「機能性」が得られたことを示す証拠などありはしないのだ。他の教育機関で訓練された者、それどころか戦場で緊急任官された者と同様、ウェスト・ポイント出身者も、あるいは優秀、あるいは無能な将校であることが露見したのである[*32]。

陸軍における「ウェスト・ポイント派閥」の存在は、その卒業者であると否とを問わず、誰もが否定してきた。事実、将官たちに関する文書をみても、そんなサークルは発見されない。本書で分析対象にした将校は、ウェスト・ポイント出身であると同時に、おおむね成功した軍歴を有しているから、この面を批判すべき理由はない。

けれども、高級指揮官の職にある将校を選ぶことになった上官が、ウェスト・ポイント出身者であった場合、さまざまな利害関係があるため、よく知っている人物を選ぶほうに傾く[*33]。従って、四年間の士官学校在学中に知った、別のウェスト・ポイント出身者を選ぶ可能性が大であった。また、別の軍学校の生徒、あるいは教官であったころに深く知るようになった将校を選択することもあり得る。

後年、指揮幕僚大学校として知られることになる学校の創設についても、合衆国の将校の誤解が暴露されている。彼らがドイツの将校教育システムを観察して、何らかのアクションを起こしたときに犯した間違いと同様のものだ。CGSSとドイツ陸軍大学校のカリキュラムが同様であるのは明白だったが、その教育哲学と教育方法はまったく異なっていた。[*34] シャーマン将軍が警告していたことだったが、合衆国陸軍は制度のコピーには成功したが、その精神を移植することには失敗したのである。

職業軍事教育のさらに進んだ課程では、アメリカの将校たちも、おおいに学問的で理論的な環境に入る。プラスの面をみれば、これまで本を手に取ったことがなかった者も、読書を強いられた。しかし、マイナス面ははるかに深刻だ。肯定と否定がないまぜになったCGSSの評価については、アメリカ遠征軍（AEF）の将校に与えたインパクトとの関連で、もっともよく描かれている。第一次世界大戦が最高潮に達し、長大な塹壕線と要塞で戦闘が惹起しているというのに、レヴンワース校で、動きのない消耗戦から得られた新しい教訓が講じられることはなかった。相変わらず、「開放戦」の遂行が強調されていたのである。その結果は、不必要な損害の増大だった。一方、レヴンワースの卒業生は重要な幕僚職に就き、充分満足できるような能力を発揮した。ところが、彼らは野戦指揮官に対し、往々にして思い上がった態度を取ったため、「甘やかされたペット」とあだ名されることもあった。また、レヴンワース卒業生と他の将校の軋轢は日常茶飯事であった。[*35] 第一次世界大戦では、「軍司令官と軍団長にレヴンワース卒業生はいなかった。戦闘に投入された二十六個師団を指揮した五十七人の将校のうち、同校卒業生はわずか七人」だったが、これらの部隊の幕僚部はしばしばレヴンワース卒業生によって率いられていたのだ。[*36]

指揮幕僚大学校を弁護して、「レヴンワースは、陸軍に共通の専門コミュニケーション、共通の前提そうしたことは軍学校本来の特色なのであって、とくに注目すべき成果というわけではない。軍学校における評価判定にあたり、レヴンワースでなされたように画一性ばかりを強調することは、遅かれ早かれ、独創的・創造的思考を押さえつけてしまうことになる。そのような思考こそ、将校にとっては、戦争でいちばん重要なことなのだ。ジョージ・S・パットンが指摘するごとく、「誰もが同じように考えるというのは、実は誰も考えていないことになる」という、恐ろしい危険がある。[*38] 軍学校は画一性以上のことを与え、軍事的価値観の体系を共有するようにした」ということが繰り返しいわれる。[*37] けれども、と、一頭地を抜くことを教えなければならない。

フォート・レヴンワースでは、学校が決めた正解が常に規範であった。自分の専門に関する知識さえもときに欠如しているような教官により、非効率的な教程が進められ、教育方法や教育学においては常に失敗していた。それについて経験的な次元からの研究が出されていたにもかかわらず、第一次世界大戦前、また一九三〇年代後期にはとくに、代替が利いたり、ほかの部署では歓迎されない「余剰」将校が、教官の地位を得たようだ。当然、予想されたような悪影響が及ぼされた。ドクトリンとヒエラルヒーの支配が過剰だったため、将校学生が「適切な」解答を提示しなければ、罵られるようなことさえあった。将校学生が良い成績で卒業したいのなら、レヴンワースの教官に楯突くのは利口なことではないという状態がおおむね続いたのである。ウェスト・ポイント同様、「疑問を抱き、挑戦する」のではなく、「協力して、卒業する」が、レヴンワースのモットーだったのだ。[*39] それはけっして、大のおとなが学ぶ雰囲気ではなく、ましてや、今まで積んできた自分の専門経験を十二分に示すことができるような将校には不向きだった。

ある学校の値打ちを評価する際には、その学生があげた成績が調べられなければならない。第二次世界大戦におけるレヴンワース卒業生の功績はまちまちで、同校の教育が与えたポジティヴな影響が示されたとはいえない。実は、疑われてしかるべきなのである。加えて、一年コースと二年コースの卒業生のあいだには何のちがいもなく、「優等でレヴンワースを卒業した者も、優等を得られずに卒業した仲間よりも、はっきり優れた指揮ぶりをみせたわけではない」のだ。[*40] この観察は、レヴンワース卒業生の指揮官任務のみならず、幕僚勤務の業績についてもあてはまる。

ドイツ陸軍大学校では、それぞれの分野の専門家で、しかも特別の場合でなければ実戦を経験している者、さらに教える才能をみせた者が、「同等者のなかの筆頭《プリームス・インテル・パレス》」(*primus inter pares*)という原則をもとにして教育を行う。ドイツ陸軍にあって、教官の職は、選び抜かれた将校が配されるべき、価値ある地位なのである。[*41] ゆえに、学生たちは、エルヴィン・ロンメルに戦術を、ハインツ・グデーリアンに自動車輸送の方法を習った。時代をさかのぼれば、カール・フォン・クラウゼヴィッツに教えられたこともある。彼ら三人の将校はすべて、仲間たちからは、はぐれ者とみなされていたけれども、陸軍大学校においては、いかなる掣肘《せいちゅう》を受けることもなく、その考えるところを自由に講義できたのだ。図上演習や図上戦術の課程で、学生たちは一定の状況下で指揮を引き継ぐことを求められる。それによって、あたかも実際の歩兵大隊やトラック隊《アプタイルング》(*Abteilung*)を指揮するかのごとくになろう。事前に書かれる長く形式的な文書に、解答の多くがあらかじめ定められているような、CGSの頭でっかちな行動の流れとは、まったく対照的なことだ。

ドイツ陸軍大学校で図上戦術や図上演習の問題解答が論じられる際には、教官はいつでも、自分も同輩たちのなかの一人にすぎないという認識でいた。こうした姿勢は、誰もが自由に主張することを促したばかりか、学校の正解がないことと相俟って、戦争には最上の解答などないという重要なポイントを、将校の精神に植え付けた。戦争とは、まさに混沌であり、情報や通信連絡が途絶することもざらにある。それゆえ、「後方」の、明快な学校の解答のようなものは絶対にないのだ。[*42] そうした学校の解答の代わりに、学生の解答すべてが議論される。教官の解答も同様だ。これによって、同期生全体が、将来活用できる莫大な数の選択肢を得ることになる。それらは、教官に出された問題とはまったく異なる状況におかれたとしても、有効なのだ。同時に彼らは、明白な解答とされるものを時間をかけ、手をかけて導き出すよりも、決断力と創造性のほうがずっと重要であることを学ぶ。だが、アメリカの指揮官たちの第二次世界大戦における作戦遂行方法は、きっちり前者に沿ったものだった。

ドイツ陸軍大学校に学んだ者が教程の作業をとくに厳しいと感じておらず、また、将校学生には多くの余暇が与えられていたことは、しばしば注目されている。余暇が豊富にあったのは、軍事学校も同様だが、自由時間における将校の行動も観察されていたということに由来する。教程作業のきつさをうんぬんする際には、この重要な学校に入った者は、それまでに多くの試練を経てきていることを忘れるべきではあるまい。

数十年にわたり、レヴンワース校は、せいぜい毀誉褒貶なかばする程度の評判しか得られなかった。そもそも、将校の多くはそこで学んでいないのである。彼らは、効果が疑わしい学校で二年間を浪費するよりも、連隊の上官に良い印象を与えるほうが、よほど効果的な出世法だと考えたのだ。この学校が尊敬と威信を得たのは、実績よりもむしろ、有名な上級将校（彼らは往々にしてレヴンワース卒だった）

の口コミによる宣伝のおかげだった。その当時ですら、この学校に入ることは、必須の知識を得て、専門的な視野を広げる機会というよりも、進級のための一階梯でしかないとみられることがしばしばだった。第二次世界大戦に至るまで、多くの将校にとっては、レヴンワース校入学の資格がどういうもので、入学許可を得るにはどうしたらいいのか、はっきりしないままだった。規則が頻繁に変わったし、平均的な合衆国陸軍将校にとっては基準が不透明であり続けたからである。

ドイツでは、有名な陸軍大学校への門戸を開く試験である軍管区試験の受験手引書は、民間出版であると軍のそれであるとを問わず、どの図書館にも収蔵されていたし、前年の試験問題も公式かつ継続的に刊行されていた。第一次世界大戦前には、受験を志願した将校ならば、どんな者であろうとも、その連隊長は少なくとも一度はチャンスを与えなければならなかった。ヴェルサイユ条約が調印されたのち、ライヒスヴェーアが秘密裡に参謀本部を再建すると決めると、どの将校も最低一回は軍管区試験を受けなければならなかった。最高司令部が、賢明にも、より多くの候補者から選抜するほうが有利だと判断したからだ。一般にそう理解されていたものの、軍管区試験で好成績をおさめるだけでは、陸軍大学校入学の保証にはならなかった。連隊長による性格評価もまた、同じだけの重みを持っていたのである。

歴史文献でまったく見逃されていることに、軍管区試験とその準備は、ドイツの将校教育における不可欠の部分だという事実がある。ただし、それに合格しても、陸軍大学校に入学できるのはごく一部だし、大参謀本部勤務に選抜される者はさらに少なくなる。受験準備と陸軍大学校で学んだことは、彼ら将校をより価値のある者とする。陸軍大学校に進むことよりも、その準備の段階で飛躍をとげているのだ。将校が軍管区試験を受けられるのは、好成績が得られるたしかな見込みがあるときだけだった。さもなくば、その連隊の不名誉となってしまうからである。

陸軍大学校は、歴史文献において「参謀本部の学校《ゲネラルシュタープスシューレ》」(*Generalstabsschule*)であったと誤解されている。陸大卒業生のうち、参謀本部勤務となったのはわずか十五パーセントだから、あきらかな間違いだ。陸軍大学校は、将校に将官レベルの専門軍事教育をほどこす戦争の大学であり、いかなる基準に照らしても、その目的を達成したといえる。

ドイツ将校の将来をひらく道は、受験準備と選抜の連続であった。予備門において、生徒たちは、最終的に士官学校に行けるよう、おのが気概を示さなければならない。士官学校では、落第せず、少尉候補生試験に備えるために、統率力を発揮する必要がある。もしより高きを望むなら、憧れの的だった「選抜《ゼレクタ》」(*Selecta*)クラスに入れるよう、特別の準備をしなければならないだろう。その後も、連隊の日常生活でミスをしないよう身構えていなければならないし、それに取り組みながら、すぐに送られることになる軍事学校で頭角を現すために必要な知識を得ておかねばならない。軍事学校で成果をあげたとしても、それは少尉任官を確定してくれるだけにすぎぬ。しかるのち、将校は日々の勤務において、軍管区試験を受けるための連隊長の保証を得られるよう、自らが価値ある男であることを誇示しなければならない。二年ないし三年後、若き将校は軍管区試験の受験準備をはじめる。これは、ゆうに一年、普通は一年半ほどもかかる。ドイツの将校教育システムは、互いに関連する階梯がつながっていくような構造になっているのだ。こうしたドイツ教育システムの洗練とは対照的に、アメリカの軍事教育に携わる機関は、孤立したかたちで成立し、「最終製品」がどうあるべきかについて明確なヴィジョンを持っていなかった。[*43]

二十世紀最初の数十年に、合衆国陸軍の教育システムにおいて唯一光彩があったのは歩兵学校、それもジョージ・C・マーシャルが副校長を務めていたわずかの期間だけだった。将校は体系的に戦場で生じるような指揮上の問題にさらされ、加えて、合衆国陸軍で実際に使われている兵器に習熟することになった。そのころの彼らは、大尉ないしは少佐だったのである。将校たちは常に、ドイツ軍に通じるような、言葉や時間を節約するレベルに達するまで、命令や説明、意見表明を簡略にすることを学ばなければならなかった。マーシャルは可能な限り、現実主義を強調した。「書類の上では満足できるかに見えたことが、実際の作戦ではまったく実行できないというのは、きわめて頻繁に起こることだ。あまりにも理屈に頼った組織や計画は、かさばる機構、多すぎる幕僚、長すぎる複雑な命令を生むのである」[*44]。

アメリカの指揮統率文化と訓練を、「われわれの政治システムのもとで」可能な限り、ドイツの模範にならわせる。それが、マーシャルが宣言した目標だった。[*45]彼は、徹底的かつ勤勉にドイツ陸軍を研究していたから、「一九四五年までに、合衆国陸軍参謀総長ジョージ・C・マーシャルはおそらく、ヒトラーよりもドイツ陸軍についてよく知っていた」という評価は、おおむね正しいといえる。[*46]

マーシャルとベニング校の経験を、過大に強調することはできない。数年後の将校たちの手紙、さらには回想においても、この学校の雰囲気がまったくちがってしまったことが描かれており、マーシャルの賢明なアドバイスが懐かしく思い起こされているのだ。マーシャルは、ドイツ軍とその教育方法を体系立てて研究し、やれる範囲のことはすべて歩兵学校に採用しようとした。この学校に留学してきたドイツ将校からアドバイスを得ることについても、マーシャルはまったく問題視しなかった。第二次世界大戦において連合軍が勝利を獲得する上で、マーシャルに大きな功績があることはこれまでも認められている。加えて、合衆国陸軍のプロフェッショナリズム、教育、常識を増大する上で、マーシャルが肯定的かつ決定的な多くの影響を及ぼしたことを、本研究は確認するものである。[*47]

しかし、マーシャルはたった一人しかおらず、それだけのことしかできなかった。彼は、繰り返し、陸軍と陸軍省の官僚制の網にからめとられていった。その官僚制こそ、第二次世界大戦において、戦うアメリカ兵にとって、ドイツ軍と日本軍につぐ最大の敵となったものだった。マーシャル参謀総長は、こうした役人根性の障害にでくわすと、「できる限り、言いたいことをはっきりと述べた」。それが往々にして、隘路を打開したのである。[*48]

合衆国陸軍の専門軍事教育システムは、第二次世界大戦に際して、平凡な将校たちを生み出していった。彼らは、いくつもの学校を通過して、そこで教わったがゆえに、理屈の上では、おのが仕事の基本を知っていることになっていた。そうした将校はドクトリンと用意された解答を切望し、指揮するよりも「運営」しようとしたのだ。ドイツ軍とはまったく逆で、独立独歩の人間は求められず、育てられもしなかった。それどころか、時代に先んじた優秀な米軍将校は、しばしば進級が不可能なポストに左遷されたり、ときには異端の思想ゆえに軍法会議にかけられることさえあった。ジョージ・C・マーシャルが参謀総長になる前は、合衆国陸軍の将校は、枠を飛びだした考え方をしないようにと露骨に抑えつけられていたのである。

ドイツ軍のシステムは常に、フリードリヒ・ヴィルヘルム・ザイトリッツ、ゲルハルト・フォン・シャルンホルスト、ヘルムート・フォン・モルトケの再来を探し求めており、そうした人材を得るために、個人の進歩を抑えるのではなく、積極的に促進するやり方を採った。が、このシステムも、アメリカ軍同様、トップを選ぶにあたっては往々にして失敗した。同じことがイギリス軍やフランス軍にもあてはまるということを示す指標はある。けれども、それはまた、別の研究の対象であろう。

米軍の将校学校では、確定した実例、学校の正解、さらにドクトリンを土台にした教育が行われた。学生たちは、問題の解答は、あらかじめつくられたドクトリンやマニュアルに見いだしうるものだと教えられた。前線に出ていって、自分なりの判断をなし、習ったことすべてを放擲することさえ必要とする戦場のリーダーシップには、解答はないというのである。それは、教わった解答に合わず、凡庸でない創造的なやりようによる批判だとみなされたからだ。

もし、著者が読んできた大量の教範や諸例則、書簡や日記、自伝から、合衆国陸軍とドイツ国防軍にとって、いちばん重要な動詞と名詞を選ぶとすれば、合衆国陸軍では「運営する」(manage)と「ドクトリン」(doctrine)、ドイツ国防軍にあっては「率いる《フューレン》」(*führen*)と「攻撃《アングリフ》」(*Angriff*)ということになる。こうした比較だけでも、戦争とリーダーシップについての、根本的に異なるアプローチを指摘することができるだろう。

レヴンワースの講義中、将校学生が外へ出ることは稀だった。図上戦術の設問により、野外で本物の部隊を指揮することの代替としたのである。教官が自らの見解と学校の正解を示すまで、演習として紙の上の戦闘が「実行された」のであった。こうしたやりよう全体が、幕僚的態度しか持たない将校を生み出した。彼らは、地図には重要な情報すべてがあきらかになっていると考え、前線での指揮統率を行おうとはしなかったのだ。[*49] この事実は上級指揮官に注目されてはいたが、修正されることはけっしてなかった。『『参謀本部学校』が『指揮幕僚学校』になったとき、私は深刻な疑念を抱いた。学校の適性評価と同じ原則が、指揮官や幕僚の選抜にも適用されるのではないかと危惧したのだ。まさしく、それが生起したのは明白だった。［後略］」[*50]。陸軍に残っていた少数の独立独歩の将校たちは、この不安を共有しており、「合衆国陸軍に蔓延しきっている幕僚統帥」を非難した。そうした幕僚統帥は、あきらかに軍の諸学校で教え込まれたものだったのである[*51]。

この課題についての覚書で、ジョージ・C・マーシャルは、以下のことを強調した。「将官たるものに不可欠の資質は、リーダーシップ、精神力、気力だ。通常の訓練、経験、教育は、その代わりにはなり得ない。かかる資質を有する将校は、他の考察すべき要因がどうであれ、選抜・進級されなければならない[*52]。この覚書の日付は、一九四二年十二月一日になっている。マーシャルが予見したごとく、トップレベルでの指揮統率は、第二次世界大戦の合衆国陸軍において、常に問題になったのである。

戦時において、合衆国陸軍の枢要な地位に就くべき優れたリーダーを見つけだすのは、容易なことではなかったと思われる。指揮官たちの書簡や回想録では、ある地位に必要な能力を持っているのはごくわずかの人材しかいないということが、しばしば論じられている[*53]。とくに、実戦に強い指揮官は稀だとみなされており、そうした統率力や攻撃精神を有する少数の者は、繰り返し切所に投入され、上陸作戦や突破、救援作戦にあたる部隊を指揮した。ジョー・ロートン・コリンズには、そのような人物であるとの定評があり、太平洋戦域からヨーロッパ戦域にまわされることさえあった。コリンズの能力が切望されていたためでもあり、また、現にヨーロッパで戦っていたり、合衆国に配置されて待機している将校たちのなかに、そういう人材がいないことは明白だったからだ。ただし、この問題は新しいものではないし、驚くにもあたらない。すでに、一九四一年の合衆国本土における大演習で、「リーダーシップと一般的な軍への信頼に、大幅な齟齬」が生じていたのである。[*54]

年齢という要素も一定の役割を演じるとはいえ、それは誇張されるべきではない。というのは、髪に霜置く年齢の老連隊長がときに、ずっと年若の戦友よりもスタミナや耐久力、リーダーシップを示したことはあるものの、そうした人物もまた合衆国陸軍に課せられた不幸な停年制により解任されかねなかったからだ。[*55]将校団から「枯死した木」を迅速に取り除くために、マーシャルとレズリー・J・マクネイアが各階級ごとに課した厳格な停年年齢制度は、しかしながら、合衆国陸軍から、いくばくかの良き戦士を奪うことになった。[*56]この処置がいかに徹底されたかは、ロイド・R・フリーデンドール少将が、指揮を任せられた第二軍団の新しい幕僚陣をみたときの驚愕ぶりによく表されている。それは、「神さま、私は、子供たちに囲まれて、戦争に行くのですね」というものだった。[*57]

合衆国陸軍にあっては、戦闘での統率能力よりも、運営のほうに過剰に重点が置かれたため、有能な将校は、戦闘指揮を執るよう切望されていながら、往々にして幕僚業務に留まっていた。「書類仕事に携わっている、優れた戦闘指揮官は、たっぷりといる。自分が謙虚でないということはないと思うが、これは言っておきたい」と、ウォルター・B・スミスは記している。彼自身、戦闘指揮官になることを懇望したのだが、事務能力があまりに高かったがゆえにデスクワークから離れられなかったのである。[*58]トーマス・トロイ・ハンディ（VMI一九一四年）は、おそらく「ビードル」・スミス以上に仲間から尊敬された人物だったが、戦争の全期間にわたって陸軍省にとどまっていなければならなかった。彼に関する適性報告書には、こう記されている。「ワシントンは、彼から野戦指揮の機会を奪った。彼こそ、平時戦時を問わず、もっとも困難な指揮官職に就くべきだったろう」。[*59]この能力評価は、ドワイト・

D・アイゼンハワーによって書かれたものだった。もし、彼が望みさえすれば、ハンディを師団長ないしは軍団長に据えることも充分あり得たのであるが――。[*60]

同じく興味深いのは、この二つの軍隊における幕僚職の扱いのちがいである。合衆国陸軍では、師団長でさえ、自分の幕僚を選ぶか、かつてのスタッフを連れてくることができた。だが、ドイツ国防軍にあっては、そんな選り好みができるのは、通常、軍、もしくは軍集団の司令官だけだ。その下のレベルでは、参謀は等しく有能なものとみなされていた。[*61] それはまた、ドイツ国防軍では、合衆国陸軍よりも人間関係が重要でないことを示している。合衆国陸軍では、戦友意識のほうが、得られるであろうチームワーク上の有利さよりも優先された。一定数の将校が、より好まれていたというわけだ。

まさに合衆国陸軍の上級指揮官たちがその責任のほとんどを負うべきではあったが、アメリカの軍事教育システムの宿痾《しゅくあ》が、すべて彼らの失敗に帰せられることにはならない。ドイツ軍の利点となった、いくつかの文化的特性は、模倣や複写ができるものではなかった。もし、それが可能だったとしても、それらを真似るのは望ましいことではなかったろう。

ドイツ軍は、もちろん軍事化された社会があったことで、大きな「優位」を得ていた。[*62] 現代人にとっての「数独」のように、一九二〇年代から一九三〇年代にかけては、あらゆる年齢層のドイツ人男性のために、隔週刊、または月刊の軍事雑誌に、たくさんの一般向け戦術問題が掲載された。[*63] こうした雑誌の冒頭には、普仏戦争や第一次世界大戦の英雄的な戦闘が描かれていた。つぎの部分には、部隊の所在を記し、戦術的な状況を述べた小地図が印刷されている。規模は、分隊から中隊までさまざまだが、将校の責任となるような高いレベルを避けて、下士官の指揮範囲にとどまっているのが常であった。雑誌の編集部に、この問題に関する最良の指揮上の解答を送った者は、次号に氏名が載って、その解答もそこで公表された。

ドイツにおいては、将校団に所属することはおおいなる名誉であるとみなされ、ゆえに、フリードリヒ大王の時代以来、伝統的に中少尉クラスの給与は等閑視されてきた。二十世紀初頭の時点で、ドイツの少尉が得る俸給は、アメリカ軍少尉の五分の一だったが、社会的な義務はずっと大きかった。[64] ほとんどすべてのアメリカ軍将官の回想録で、下級将校もしくは現場勤務の将校だったころの家計が不如意であったことを嘆いている。これらの不満は、割り引いてみられなければならない。というのは、ドイツ将校たちの暮らし向きは、世界恐慌がなくとも、ずっと悪かったからである。

アメリカ社会が正規軍を恐れ、その存在を無視してかかることさえあったのは、ドイツと著しい対照をなしている。[65] 合衆国将校団の名声は、社会的背景を同じゅうするエリート層のあいだでは相当に高かったものの、一般大衆はまったく異なる見方をしていた。[66] 地方のいくつかの地域では、軍人は嫌われていて、レストランや宿屋に入るのを許されないこともあった。一九一一年、連邦議会はこれに対抗措置を取ることを余儀なくされ、軍人を差別待遇した者には五百ドルの罰金が科せられることになった。[67] 一方、ドイツ将校の名声を損ねた第一次世界大戦から七年を経た時点でも、アメリカの観測筋は、ドイツでは軍隊と民間人の関係が良好であると特記している。[68]

ドイツの高級指揮官と政治家はともに、「匕首伝説《ドルヒシュトースレゲンデ》」(*Dolchstoßlegende.* 文字通り訳せば、「短刀の一撃伝説」。通常は、「背中を刺されたという伝説」と訳される)の作り話を広めることに成功した。これは、ドイツ軍は戦場では勝っていたが、国内戦線で意志の弱い民間人、共産主義者、社会民主主義者が軍人を支えなかった、もしくは継戦努力をサボタージュしたために、戦争に負けたと称するものであった。多数のドイツ人は、たやすくこの話を信じ、熱狂的に支持した。そのため、軍人、とくに将校たちは、第一次世界大戦直後に、かつての名誉あるステータスをほとんど取り戻していたのである。

合衆国にあっては、軍隊は「ふたをされた」ままだった。ペンタゴンができる前の時代には、アメリカ軍の建物は「まったく民間のそれのような特徴」を有していた。[*69] 両大戦間期にワシントンに勤務した米軍将校は、全員私服のスーツを着用していたため、アメリカ軍最高指揮官たちの会議は、職業軍人の集まりというよりも、ビジネスマンのミーティングに見えた。[*70] 報道陣が「郊外居住の納税者〔裕福な財産家の意〕のようなポーズを広めている」とおおいに嫌味を言ったのち、ようやくジョージ・C・マーシャルは、ただ今より別命あるまで、勤務中は軍服を着用すべしとの命令を下したのである。[*71] 一方、ドイツでは、少尉から中尉にかけての時期には軍服以外の着用は許されないし、将官も、第二次世界大戦の終わりまでは、生涯、軍服以外の正装を持たぬこともしばしばだった。[*72]

興味深く、また逆説的なことに、「市民保営団」(Civilian Conservation Corps) のキャンプ、あるいは、第一次世界大戦中や一九三〇年代末の陸軍拡張の際の新兵訓練などにおいて、同胞たる市民の扱いについて、アメリカ軍将校は、さまざまな困難を経験した。[*73] 階級の観念はアメリカ将校団に深く根ざしており、陸軍のポストにある将校たちは世間と交わらない生活をしていた。それゆえ、普通の市民や徴集されてきた新兵と意思を通じさせるのが難しくなっていたのである。長らく陸軍に勤務して退役した者も、民間人と仕事を進めていけるかどうか、危惧を抱いていた。[*74] いよいよ驚くべきことではある。なぜなら、アメリカの常備軍の理念は、戦時に大規模軍隊に拡張するための中核となることだった。そこでは常に、正規の陸軍将校は教官となり、しかも、その教官たるもの、新兵として入隊してくる同胞市民と意思疎通できなければならないとされていたからだ。しかし、教育のやり方は、合衆国陸軍では教えられていなかった。従って、将校たちは、講義から「身をかわ」そうとし、ひどく気後れして苦しみ、教官配置を恐れさえした。[*75]

この案件について相当の経験を持つある将校は、「すべての陸軍将校に、生まれながらの教師であることを期待することなどできない。そういう人物はごく少数だ。けれども、残りの者たちにも早期に機会を与えて、学ばせるべきだ」と記している。[*76] ほんの一握りの者だけがそうしたチャンスを得、他の大多数は、ウェスト・ポイントで一年生を怒鳴り散らした三年間で教育能力を有することを示したものと思い込むわけだ。ドイツ軍では、非常に高いレベルで「将校は、教育者にして指導者である」ことが強調される。いまだ将校候補生でしかないころから、この両面で秀でることができるよう訓練されるのだ。[*77] そのため、ドイツ陸軍幼年学校では、いじめは、ほぼ根絶されている。あきらかに、この使命と矛盾するからである。

市民保営団のキャンプでは、陸軍の正規将校は作業監督に加えて、六万人の予備将校を訓練することになっていた（軍事教練は、一九四二年まで許可されなかった）。[*78] 陸軍正規将校の「権威主義的な振る舞い」が、若い民間人たちの憤激を招いたため、キャンプから元の配置へと交替させられることも頻繁にあった。予備将校のほうが、若い志願者たちとずっとうまく仕事を進められたのだ。[*79]

そのとき以来、アメリカ将校の能力報告書には、評価対象の将校が「民間要員とともになすべき任務に適しているか」との一項が付け加えられることになった。[*80] おそらく、市民保営団の事業全体が、「陸

1939年11月30日、陸軍省大会議室で催された、陸軍参謀総長（マーシャルが旗のあいだに座っている）と軍・軍団管区司令官の会議。報道陣が「郊外居住の納税者〔同じような服を着て、判で押したような生活をしている階層とのニュアンスをこめている〕のようなポーズを広めている」と嫌味をいうまでは、合衆国の高級将校は、陸軍省においては私服のスーツを着るのが常だった。このときから、マーシャルは、人前では軍服を着用せよと命じた。ドイツでは戦後になるまで、少尉から中尉にかけては軍服以外の着用は許されないし、将官でも私服のスーツを１着も持っていないことがしばしばだった。［ジョージ・C・マーシャル財団、ヴァージニア州レキシントン］

軍すべてに好ましい影響を及ぼした」のである。[*81]市民保営団のキャンプで民間人をうまく扱えた者は、しばしば彼らを教えるために州兵部隊に配属され、正規軍部隊に戻るには一苦労することになった。彼らの能力には、それほど需要があったのだ。[*82]

ある同時代人は、ジョージ・C・マーシャルについて、このように語っている。「彼には、ごく少数の陸軍将校しか［中略］持っていない［中略］民間人の感覚があった。彼は、民間人に合わせる必要がなかった。民間人は、マーシャルにとって、周囲にある、自然な一部だった。［中略］民間人と軍人をともに、全体の一部分だとみなしていたのだと思う[*83]」。当時の将校が、民間人と相互に協同する能力があるというので重用されたという事実は逆に、合衆国陸軍将校団のほとんどはその腕前を持っていなかったことを示している。将来の市民を徴集した軍隊の教官になるのであれば、深刻な欠点だったとみなせるであろう。

さらに疑問が残る。そのころ、合衆国陸軍の選抜、進級、なかんずく教育システムが欠陥だらけだったときに、なぜ、部下を統率して、飛び抜けた成功を収める方法を知る、大胆で有能、攻撃精神にみちた指揮官が出てきたのか。答えの一部は、ジョージ・C・マーシャルの伝記を書いたフォレスト・ポーグが与えてくれる。「かつての将校は自らに訓練をほどこさなくてはならなかった。そのため、自らの信念や強烈な知識欲、成長力、自己規律の特性、おのれが選んだ専門分野で傑出した存在になりたいという衝動を必要としたのだ」。ポーグが述べていることは正しい。[*84] こうした特徴の多くは、いかなる陸軍の教育よりも、実質的な自らの鍛錬に由来するものだった。「成長したいという強烈な欲求」は、強力なリーダーシップとなって現れた。合衆国陸軍が提供する平凡な教育に頼るよりも、「天賦の才がある将校は、自分に対する専門教育ができたし、実際にやった」のである。[*85] 傑出した将校は、あらゆる種類の書物を大量に読破したが、なかでも軍事史のそれは特別だった。軍事史は、すべての将校にとって必須の科目であったのに、正規の軍事専門教育では無視されていたのだ。彼らの書籍注文表、蔵書目録、書簡に出てくる本に関する議論、現存する彼らの蔵書からは、卓越した将校たることと、ずば抜けたリーダーシップのあいだには直接の相関関係があることがわかる。たとえば、ウォルター・クルーガー、マシュー・B・リッジウェイ、ルーシャン・K・トラスコット、ジョージ・C・マーシャル、ジョー・ロートン・コリンズ、ドワイト・D・アイゼンハワー、ジョージ・S・パットンといった人々の文書や伝記に、その証拠があろう。

また、別の問いかけもなされなければならない。ドイツの将校教育は、「人格」を有し、率直な意見を表明する力がある人材を選び出すのに成功したし、有害で適切でなく、不法なものであるなら、そんな命令には従わないという伝統もあった。だが、もしそうだとしたら、絶滅戦争を遂行しているナチ体制に、彼らが多大な協力と支援を与えるなどということがどうして可能になったのか。

その答えは、これまでの研究が非難してきたよりも、ずっと重い責任をドイツ将校団に負わせることになる。[*86] 下級将校たちは、戦場では状況は常に変化する、どんな戦争でも新しい手段を以て行われる新しい戦争だ、と教えられてきた。また、民主主義社会はある種の行動に制約を課すものだが、彼ら下級将校は、そういう社会で育ってきていない。ゆえに、彼らは、東部戦線における戦争の野蛮化の原因となった命令にも、いっそう、やすやすと従うことになったのである。ヴェーアマハトの上級将校たちが、そうした命令を起案し、あるいは黙認、さらには承認しているとあっては、なおさらだった。本研究は、ドイツ将校は選択できた——他のどの軍隊の将校よりもそうできたのだということを、はっきりと指摘しておく。一世紀にもわたる不服従と、上官に対しても率直に語るという古き伝統があった。しかも、それは学校で教えられていたのである。

独裁者の犯罪的政策に沿って、ことを進めたのは、階級の高い上級軍人であった。彼らの個人的目標は多くの場合、ヒトラーのそれと一致していた。そのうち、いわば主犯となったのは、国防大臣ヴェルナー・フォン・ブロンベルク元帥、陸軍総司令官・男爵ヴェルナー・フォン・フリッチュ上級大将と彼の後任となったヴァルター・フォン・ブラウヒッチュ上級大将だった。彼らこそが最初に、ドイツ将校かくあるべしという現実に即した規範を、ゆがんだ、ほとんど宗教に近いねじれを加えた布告に置き換えたのである。[*87] こうした、さまざまな布告は、将校の指針というよりも、教会の教義のようなものだった。常識よりも、ナチ体制に忠実であることに重きが置かれていたのだ。テクノクラート的指向の内容を持つ文化に、イデオロギーが骨がらみになった要素を混じりこませたことが、ドイツ将校団没落の一因となった。[*88] この点は、高級将校の例が実証している。また、一九三九年から一九四五年にかけて、若き将校候補生の四十パーセント以上はナチ党員であった。[*89]

上級大将、もしくは元帥の階級に属するドイツの高位の軍人たちは、俸給の倍以上にもなる、「買収」と解釈するのが正しいようなアドルフ・ヒトラーからの特別給与を、何の葛藤もなしに受け取った。[*90] 多くの将校は、それを買収であるとは認めたがらなかった。彼らは、ちょうど古き騎士やフリードリヒ大王の貴族と同様、優れた仕事への報酬が得られたものと考えたのだ。しかし、彼らが先輩とみなした者たちへの報酬は公金より出たのであって、独裁者の秘密銀行口座を源にしていたわけではなかった。再び、ドイツの高級将校が、好んで「恣意的に現実に接していた」ことが暴露されたのである。[*91]

このイデオロギー上の紛糾に加えて、軍自らがもたらした困難もあった。ドイツ軍の野戦司令官から委任戦術により指揮を執る伝統的な権利を奪ったのは、ほかならぬ陸軍参謀総長フランツ・ハルダー上級大将であった。それは、ヒトラーがそのような路線を取る、ずっと前からのことだったのである。将校から行動の自由を奪った独裁者をもっとも批判した男というのは、この場合、実際にはハルダーがうまく切り抜けていくために演じた役柄にすぎなかった［ハルダーは戦後、連合軍への供述等で、いかに自分が軍事指導においてヒトラーと衝突したかを強調した］。

ヴェーアマハトが敗れた他の主要な原因として、将校団のまったく際限のない傲慢さが挙げられる。かくも長きにわたり、国家のなかで、もっとも名声高く傑出した集団であり、国民と外国の観測筋にともに称賛されてきた結果、病的なきざしが現れた。結果として、「ドイツの将軍の多数に、対峙する敵軍の規模や質を過小評価する傾向が常にみられ」たのである。[*92]

こうした、ヴェーアマハトの上級将校にあった多数の欠陥が、第二次世界大戦でドイツ将校が、指揮、戦術、統率において発揮した優秀さを打ち消してしまった。そのような優秀さは、なぜドイツ陸軍が戦術レベルでは卓越した軍隊でありながら、ついに戦争に勝てなかった理由の説明となろう。

つぎに、ライヒスヴェーア将校団に対する学問的評価に移ろう。従来の研究は、常に元ライヒスヴェーア将校の述懐を繰り返してきた。ヴェルサイユ条約によって削減されたのちの、わずか四千人しかいない小さな将校団には、選良のなかの選良のみが受け入れられたのだというのである。[*93]そうした結論を裏付ける歴史的な証拠はゼロだ。とりわけ、第二次世界大戦におけるヴェーアマハトの高級将校たちの実績は、そのような選抜プロセスがうまくいっていたわけではないことを示している。実際には、ハンス・フォン・ゼークト上級大将が新選抜基準を導入するとともに、百五十年にわたるドイツ将校団の進歩の過程は中断された。ライヒスヴェーア時代より前には、市民や、それまでは将校にふさわしくないとみなされていた社会層出身の将校の割合は着実に増大していた。[*94]彼らは、父親によって息子の軍事能力が決まるのではないことを証明していたのである。歴史的にみても、プロイセン軍部隊の多くを率いたのは、戦闘で鍛えられた将校であった。

ゼークトの選抜は、それまでの自然な進化を逆転させ、貴族や、士官に適格だとされた古い層、大参謀本部に所属していた将校らの割合を劇的に増大させた。彼らの多くは、連隊長を務めたこともなかった。連隊長職は歴史的に、将校が成長していく過程で、自分のリーダーシップを示す一里塚だとされてきたのであるが。[*95] こうした将校がのちにヴェーアマハトの最高位の将官となったのであり、彼らこそが、しばしばヒトラーの犯罪的な政策を推進したのであった。第一次世界大戦時には、戦闘を経た指揮官が大規模な部隊を率いることが多かった。けれども、第二次世界大戦では、そのような部隊が、限られた戦闘経験しか持たず、普通の兵隊が耐え忍ばなければならないことなどほとんどわかっていない参謀将校によって指揮されたのである。

ごく少数のロンメルのような人物が選ばれはしたが、小さなライヒスヴェーア将校団の地位は、フォン・ヴェーデル、フォン・シュテュルプナーゲル、フォン・マンシュタインのごとき者によって占められていった。彼らは、数百年にわたり、プロイセンもしくはドイツ軍に勤務してきた伝統を持つ家系の出身で、文官職などまったく考えもつかないのであった。それゆえ、学問的研究によってそうではないと証明されることがなければ、著者は、ライヒスヴェーア将校団は往々にして、真に優れた実績によってというよりも、人間関係や血縁、古くさい出身連隊のつながりによって選抜されたとの仮説を維持するものである。[*96] プロソポグラフィ〔西洋古典古代史研究で用いられる、地縁や血縁を調べ、社会経済的な関連性をあきらかにする分析手法〕的な証拠が示唆するのは、ヴェーアマハトの軍・軍集団司令官には充分な戦闘経験が欠けており、前線将兵の苦労を実感できないということなのだ。[*97]

国防軍将校団の強みは、小隊から軍団に至るまでのさまざまな部隊を指揮する士官の創造性、指揮統率能力、戦術的優秀性にあった。彼らは、革新的かつ創造的であれ、望ましい場合にはドクトリンを無視せよ、いつでも可能な限り敵を奇襲せよと教えられ、戦争の混沌のなかで過ごしながら、生き残っていくことを学んだのであった。国防軍の将校は、そうしたカオスを歓迎し、学校の正解や前もって決められたドクトリンによって混乱を意味づけようとする代わりに、敵に対してそれを利用した。委任戦術を使っていたドイツ将校は、ごく短時間のうちに戦術的な状況判断を行うや、ただちに命令を下すことができた。最低限の条件を付けるだけで、あとは部下がその命令を遂行してくれるものとして、ことを任せられたのである。彼らは少尉から少将まで、戦況を実見し、必要とあれば自ら参加するために、率いる部隊とともに前線に進んだ。ドイツ将校団が、あのように長く前線を持ちこたえ、敵にすさまじい損害を強いて、ヨーロッパ中から恐れられるようになったのは、こうした能力ゆえだった。しかし、彼らの能力を列挙していくと、同時にその限界もあきらかになる。もっとも鋭利な爪を揃えたところで、それをあやつる頭脳が必要だったのだ。優れた戦略指令がなければ、幾多の戦闘に勝とうとも、戦争には勝てない。

軍団よりも上のレベル、高級幕僚部にあってはもう、優秀なのが当たり前というわけにはいかなくなった。事実、ドイツの軍、ないしは軍集団の司令官は、東部戦線の状況が悪夢と化したのち、ひたすら総統の指示を待つようになった。この観察により、大将、上級大将、元帥といった高位の将官たちの選抜は、合衆国のトップ階級の将官のそれ同様に、ドイツでも欠陥があるものだったことが示される。現今の合衆国陸軍の将軍たちについて論評した最新の論文は、歴史的な視点からも正しいものと思われる。[*98]将軍になるには、往々にして、日和見主義、今現在の指導層にへつらう能力、適当なコネを持っていることが重要だった。これは、第二次世界大戦の合衆国陸軍であろうと、ヴェーアマハトであろうと、同様に真実だったようだ。

合衆国陸軍の将校教育が全体として、また、とりわけ指揮幕僚学校で長足の進歩を遂げてきた一方で、ドイツ将校教育からの重要で有益な教訓は、誤解されるか、組み入れられないままだった。無知、もしくは文化的な理由によるものである。選抜プロセスは今日でも充分な厳しさを備えていないし、「少佐は後方にいてはならぬ」とする動きも、適性のある将校を得る助けにはならない。[*99] 精緻なコンピューター、人工衛星、「青軍追跡」システム〔Blue Force Tracker. GPSにより、友軍部隊の現在地を示すシステム。青軍は、伝統的に味方部隊を指す〕、カメラを備えた無人機により、ドーハのエアコンが効いた地下壕にいる高級司令官は、バグダードへの街道上やファルージャの街で起こっていることまでも掌握できるとされている。しかし、それは、けっして正しくない。どの階級の将官であるかにかかわらず、指揮官が現場にいることは、たしかな意志決定をなす上で代えがたいものなのだ。第一次世界大戦のあるアメリカ軍連隊長の言葉を借りれば、「指揮官にとって、自分の眼に代わるものはない」のである。[*100]

この点で好例となるのは、「イラクの自由」作戦（Operation Iraqi Freedom. OIF）の遂行だ。それは、合衆国陸軍は多くを学んだが、重要な分野でなお欠点があることを示した。いまだに将校、とくに高級将校が多すぎるのだ。まさに第二次世界大戦時と同様に、「前線では、デスクの前にいる将軍は過多、ところが、部隊とともにいる将軍は不充分な数しかいないという印象があった」のである。[*101] 将校過剰、とりわけ将軍の過剰は、より多くの摩擦、通常は指揮系統の機能不全を意味する。しかし、ドイツ軍が何度となく誇示してきたように、戦争にあっては、迅速な決断が不可欠なのだ。イラクで、ある作戦を遂行しようと思えば、アメリカの旅団長は上官の師団長に、師団長はさらに、たいていはクウェートにいる軍団長、ついには「多国籍軍地上部隊司令官」（Coalition Force Land Component Commander. CFLCC）にお伺いを立てなければならない。だが、CFLCCもまた、普段ドーハに駐在している戦域総司令官に許可を求めなければならないのである。このときなお、合衆国陸軍は、二十年以上も旅団を独立指揮してきた経験を持つ将校を信頼していなかったのだ。こうした不信は、歴史的・文化的な問題で、合衆国陸軍将校団が文官の指令に毛ほども逆らったことがないにもかかわらず、広く蔓延している。

ただ今扱っている例でいうなら、第三歩兵師団長ビューフォード・「バフ」・ブラント三世少将は、サダム・フセインが支配するバグダードの最後の日々において、同市前面での膠着状態を破る作戦計画を立てた。当時、誰もそのことを知らなかった。現在の合衆国陸軍における決定論的規則によれば、市街戦では、合衆国陸軍の技術と火力の優位を放棄しなければならず、損害が多くなることが想定されると定められている。この技術と火力の優位というのは、第一次世界大戦以来、アメリカ軍事思想の主たる要素となっているのだ。[*102]

ブラントは、合衆国陸軍のドクトリンと第五軍団〔第三歩兵師団が所属していた上部組織〕の計画に逆らって、機甲部隊で市街地を叩くことをもくろんだ。第五軍団の作戦計画は、前線とコンタクトを取ることもなしにクウェートで立案されたものにすぎず、第一次世界大戦で「マルヌの巌《いわお》」という尊称を勝ち取った〔一九一八年、第三歩兵師団は第二次マルヌ会戦でドイツ軍の猛攻に耐え、マルヌ川の戦線を守り抜いた〕、優れた師団の指揮官には、小心翼々としたプランだと思われたのである。「雷鳴のとどろき」（*Thunder Run*）と名付けられた襲撃作戦は、第二「スパルタ人」旅団の「悪漢」大隊によって実行された。この作戦は、一部に四車線高速道路のネットワークが存在するバグダードの地勢を利用し、敵を奇襲して、態勢が維持できないようにすることを狙っていた。一方、第五軍団に対しては、第三歩兵師団が現在押さえている二個の目標地点間の補給線を啓開する行動にすぎないと説明する必要があった。[103]

悪漢大隊長エリック・シュウォーツ中佐は、上官の「スパルタ人」指揮官ディヴィッド・パーキンズ大佐より、バグダード市内に攻め入れとの命令を受けた。中佐は、呆然としながらも答えた。「頭がおかしくなりやがった……のですか？」[104] これは、アメリカの将校としては稀なことに、上官に対してあからさまに反対してみせたものと解釈することもできる。が、にわかに恐怖に襲われたがゆえのコメントだったとみるのが、もっとも事実に近いだろう。このエピソードはまた、あまりにも多くの米軍将校が、大胆かつ決然とした攻撃に慣れていなかったことをあきらかにしている。

パーキンズは、部下大隊長が動揺しているのを察して、彼とともに現場に行くことに決めた。二〇〇三年四月五日、「雷鳴のとどろき」当日、敵に肉迫する状態になったため、パーキンズは、「もし旅団長が九ミリ〔米軍の制式拳銃ベレッタ九二のこと。口径九ミリ〕を抜いて敵を片付けるようなことになったら、ひどいことになるな」と考えていたという。[105] 味方縦隊に敵が接近してきたとき、同じ感覚が、悪漢大隊の作戦将校マイケル・ドノヴァン少佐の脳裡をよぎった。「何てこった。俺は作戦将校〔S-3〕だっていうのに、やつらを小銃で撃ちまくってる！」[106] 二人の将校の勇気はともかく、ある階級以上の米軍将校にとって、最前線で率先垂範することはまったく普通でないと考えられているのがわかる。

第一次「雷鳴のとどろき」作戦は「マルヌの厳」のリーダーシップによる成功とみなされたが、はるか遠くドーハやクウェートにいる者たち、米陸軍最高指揮官やメディアは半信半疑だった。にもかかわらず、制止を受けなかったブラントとパーキンズは、スパルタ人旅団すべてを投入しての、市内に向けた大規模な機甲突進を計画した。今度は、占領にかかるつもりだ。ところが、まずは第五軍団にこの作戦が賢明なものであると納得させなければならず、それがいちばん難しいところとなった。ちょうど六十年前、第二次世界大戦でそうだったように、合衆国陸軍の部隊長が攻撃的な行動をなすためには、「上官にどんなに掣肘されようとも」戦いぬかねばならなかったのである。[*107] これは合衆国陸軍文化の最良の流儀によるものだが、第五軍団は、UAV（unmanned aerial vehicle. 無人機）の眼を通して「雷鳴のとどろき」を観察し、それで何が起こっているのか見守ることができると考えた。[*108] ただ、戦闘遂行用のUAVは常に不足していた。上級司令部の幕僚たちが、イラクで生起している（と考えられた）ことを知るのに便利だと多用していたからである。

バグダードへの全面的な突入ならびに同市の官庁街占領のための計画を、ブラントが第五軍団に提出するや、現場は失望の色を隠せなかった。最前線にいる、陸軍に勤務して三十年の経験を有する指揮官が推したにもかかわらず、第五軍団側は、この作戦はリスク過大だと判断したのである。第二次「雷鳴のとどろき」作戦は、機甲偵察行動の繰り返しに格下げされた。だが、ブラント師団長が第五軍団の命令に服する一方で、パーキンズ旅団長は誤解したふりをして、元の計画を実行することを選んだ。まったくプロイセン流の振る舞いであった。[*109]

四月七日、スパルタ人旅団全部がバグダード中心部に転進し、第五軍団を驚愕させた。枢要な部隊の位置をGPSによって割り出し、デジタル地図上に青い点で表示するコンピューター・システム、「青軍追跡」システムにより、事態は容易に見て取れた。このシステムに責任を持つ大尉と民間メーカーの請負人とのあいだに、間違ったデータが表示されているのではないかと口論が起こった。[*110] 第五軍団から現場に派遣されている者はただの一人もおらず、誰も確認することができなかったのである。第五軍団司令部の先遣幕僚部は、空港の「突撃指揮所」で安閑と過ごしていた。もっとも、「突撃指揮所」といっても、この先遣幕僚部が、いったい何に突撃するつもりだったのかは謎だ。それを説明できるのは、この過剰に将校を抱えた先遣幕僚部自身のみだったろう。[*111] スパルタ人旅団がその目標である市中心部を確保したとの師団長報告が到着すると、第五軍団もパーキンズをそこに留め置くことに同意した。ただし、このときのパーキンズは、厳しく非難してくるブラントも含めて、上官たちを納得させなければならなかった。同旅団を後退させたなら、世論に対応する上で大失敗になったであろう。のちに、ブラントは自分のいるべき場所、市中心部に行って、スパルタ人旅団前衛部隊の先頭に立った。[*112] この決定的な攻撃の日に、イラク軍の抵抗の背骨を折ったのはあきらかだった。これ以降も戦闘は続いたが、イラクの体制は粉砕されたのである。

このエピソードは、第二次世界大戦の時代から、ほんの少しずつではあるものの、コマンド・カルチャーが進歩してきたことを示している。今日の合衆国陸軍将校の技術的知識は、その先輩たちよりもはるかに優れているけれども、指揮統率能力となるとそうではない。第三歩兵師団の攻撃精神に富む将校数名が示したような例外はある。第二次「雷鳴のとどろき」作戦直前に、パーキンズは部下の将校たちに、自分がどういう決断を下そうとしていて、部下の彼らはどのような範囲で決定をなし得るか、概要を説明した。合衆国陸軍がとうとう「委任戦術」にもっとも近い方法を取ったわけだが、パーキンズはやはり例外的な将校だったと証明された。考案されてから百二十年にもなる、この、もっとも効率的かつ民主的戦術は、研究されてはいても理解されておらず、あらゆる国民のうちでいちばん民主的な国民の軍隊になじまなかったのである。[113]

このように、「撃ち合いのさなかにいても平然としている」上級将校は、合衆国陸軍にはなお不足していた。[114]それをやれる者が多数いたとしても、彼らは、明瞭に前線指揮を勧めているわけではない軍の教育を受けていたから、そういった統率方法は異端の考えであると感じられたのだ。

近年、合衆国陸軍は大幅に削減されているが、将校の選抜過程はそう厳しいものではないと思われる。最近の戦争に関する目撃者の証言や作戦分析は、能力不足の将校、あるいは無能な将校が多すぎることを示した。「隊付勤務が長すぎる」ために将校が進級できない、あるいは合衆国陸軍が、兵役強制延長政策〔stop-loss policy. 二〇一五年現在、合衆国陸軍は徴兵制を採用していないが、兵士不足に対応するため、志願兵の兵役期間を強制的に延長できる制度を導入している〕に全力で反対するのではなく、それを支持するというようなことが起こっている。それによって、将校選抜・進級システムの何かが間違っていることがあきらかになったのだ。

合衆国陸軍にあっては、ドクトリンはなお、常識と創造性の上に君臨している。[115]ごく初期の研究によって、「アメリカ軍の将校はドクトリンを宗教の教義のように扱う」ことが指摘されているし、そうした姿勢はまだまだ蔓延している。[116]合衆国陸軍の過剰なドクトリン依存は、歴史的にみて退歩以外の何ものをもたらさなかった。戦場の新たな展開は常に、それに対応するためのドクトリンが作成されるよりもずっと速く進んでいったからである。第一次世界大戦で生起したような新展開は、第二次世界大戦やヴェトナム戦争、イラク戦争でも起こったし、現在の対テロ戦争でも生じている。将校たちは新しい戦争に備えたいと願ったけれど、「その方策やドクトリンは以前の戦争に深く根ざし」ていたのである。[117]

ドクトリンを踏みにじるような豪胆で攻撃的な行動を提案した指揮官は、往々にして上官に止められた。あらゆるレベルで、そんなありさまだったのだ。未来の戦闘で起こることへの「学校が決めた正解」やコンピューターによる診断は、もし想定されているのが戦争でなければ笑いの種になるような、慨嘆の叫びをもたらすことであろう。第五軍団長スコット・ウォリス中将は、『ニュー・ヨーク・タイムズ』紙ならびに『ワシントン・ポスト』紙の特派員に、「われわれが戦っている敵は、図上演習で想定した連中とは、少しばかりちがっている〔後略〕」と語った。[*118] ウォリスは、敵と最初に接触したのちまでも有効な作戦計画はないというモルトケの古い金言をまったく忘れ、イラクの準軍事組織が示す抵抗に動揺していた。それゆえ、第四歩兵師団が配置されるまで攻撃を停止して、数週間待機しようと提案するほどだったのである。[*119]

現在のテロに対する戦争で、合衆国陸軍が保有し得る、もっとも鋭利で破壊力がある武器は、新型のコンピューター・システムや高度に発展した無人機、スマート砲弾〔センサーと舵のついた砲弾で、照射されたレーザーの反射波に沿って、自ら弾道を変えて目標に命中する〕ではない。細心の注意を払って選抜され、軍事史の知識を大量に叩き込まれ、攻撃精神にみちみちた筋金入りの大隊長や旅団長が、独自の作戦を遂行できるぐらい上官に信頼され、たとえ銃弾が飛んでくるようなところであろうとも、自ら作戦実施を監督する。それこそが、合衆国陸軍最強の武器なのだ。

本書の多くの章にわたって登場してきたマシュー・B・リッジウェイに、結論を任せよう。彼がこの言葉を述べたのは、一九四四年十二月、バルジの戦いで、攻撃してくるドイツ軍先鋒の前に米軍部隊が粉砕され、潰走しているさなかに指揮を執った際のことであった。ドイツの軍事学校で、十年、二十年前に語られていたとしてもおかしくないせりふだ。

それから私は、リーダーシップについて、少々話した。われわれの部隊長のうち何人かが戦闘中にしでかしたことを聞いたら、そのご先祖さまで軍人だった者は、墓のなかで背を向けてしまうことだろうと言ってやったのだ。指揮官の仕事は、戦闘中危険が生じたところに駆けつけていくことである。戦闘に際して、師団長には前衛大隊とともにいること、軍団長には、もっとも激戦になっている地点にいる連隊と一緒にいてやることを求める。書類仕事があるとしても、それは夜にやれるだろう。日中の指揮官の居場所は、銃撃戦が起こっているところだ。

アメリカの力と権威が、今ここで問われている。銃を取り、根性を出して、敗北から脱出するのだと、私は述べた。彼らが銃を取るのは間違いない。あとは、彼ら指揮官、その人格、軍人としての能力、冷静さ、判断力、勇気にかかっていたのだ。[*120]

著者あとがき[*1]

本書は、もっぱら一九〇一年から第二次世界大戦終結までの時期を扱っている。とはいえ、私は合衆国陸軍、とくにその将校団の全史を研究してきたのだから、つい最近のこと、もしくは現状についても、観察を加えずにはいられない。

本書のほとんどは、二〇一〇年にユタ大学に提出された学位請求論文をもとにしている。その論文の口頭試問の際に、このように重要な軍隊二つの将校団を扱う歴史研究は、サッカーの試合報告のごとく、なごやかに書かれるべきだとの意見を受けた。いずれのチームも何点かのゴールを得、どちらもそう悪くはみえないようにすべきだというのである。だが、それは、私の歴史理解ではない。そのころの合衆国陸軍将校の教育は、それほどひどい状態にあると思われた。事実、そうだった。解釈したのは、たしかに私だけれども、事実がそれを明快に語っていた。このような本を書けるのは、ひょっとしたら外国人だけ、ということだったかもしれない。合衆国陸軍内部には、「聖牛」〔インドで牛が神聖視されることに基づいた口語表現。神聖にして侵すべからざる存在の意〕が多数存在していたからである。

私がドイツ人であるから、ドイツ軍についてはバイアスがかかっているとほのめかされたりもしたが、まったく当を得ていないことだった。生まれてこの方、過去も現在も、私は合衆国陸軍に夢中だったからだ。私は、また米軍に大きな恩恵を被っている。私は、わが兄弟姉妹のように東の抑圧体制のもとではなく、西ドイツで自由を享受しながら成長することができた。それを保証してくれたのは、ほかならぬGIたちだった。

私が育った小さな町は、二年に一回、大演習の舞台となった。おおかたのドイツ住民にとっては有り難くないことだったけれど、私は大喜びだった。歴史的にみて、外国に駐屯したあらゆる軍隊のうちで最高の記録を残しているアメリカ兵たちは、いつでも熱心についてくるドイツ人の子供、つまり私に話しかけてきた。誰かに、自分たちの悩み、多々あるうちのいくばくかだけでも聞いてもらえれば有り難いという心境だったのだ。その悩みの一つに、彼らの存在はドイツ人に歓迎されていないということがあった。悲しい事実だ。ドイツ人が求めたのは保護であって、厄介ごとはごめんだったのである。

米軍に夢中になっていたドイツ人の子供に、あるアメリカ兵は、素晴らしい一九一一型拳銃からM-60戦車、ベル・コブラ攻撃ヘリまで、あらゆる装備を見せてくれ、いじることを許してくれた。まさに実地体験だった。私は、その内部のすべてに触ることを許されたのだ。その兵隊たちは私を心底から信じてくれたし、私も信頼を裏切らなかった。あるパイロットは、私の腰を抱えて、ベル・コブラ攻撃ヘリの射撃手席に放り込むと、緊急射出装置の赤く輝く大きなハンドルを指さした。「これだけは触るなよ」。私にとっては、まったく天に昇ったような時間だった。その間、無数のレバーやスイッチ、ボタンで遊んだのだ。ただし、赤く輝くハンドルに触れなかったのはいうまでもない。

丘の上のチャパラル対空戦車にかけられた偽装網の下に座って、マッチ棒を賭けたポーカーを習った。

私は賭けの中心的人物となった。その休憩のときまでに、兵隊たちは私のことをよく理解していて、私が、合衆国陸軍の装備のことなら何でも空で言えるぐらい通暁していると保証してくれた。やがて、「おい、ジョー。俺は、このドイツ人のちびっ子がM-60の主砲の初速を知ってるほうに二ドル賭けるぜ」と挑発の声があがる。私が間違わずに正確なデータを唱えると、大笑いになった。あまり笑いすぎたので、耳がおかしくなりそうだった。その二ドルの持ち主は替わったのである。

夜になると、ヘッセンの深い森をあかあかと照らす野営の一つにもぐりこんだ。GIたちがいちばん欲しがっていたリッヒャー印のビールと、当時ドイツの十代の少年にとってもっとも貴重な品とされたもの——戦闘糧食を交換するためだ。私が少年だったころ、グローバル化される前の世界にあっては、アメリカのピーナツバター、コーヒー、チョコレートを手に入れるのは困難で、戦闘糧食をいくつか持っている者は、その食べ物を素敵なオモチャと交換することさえできたのだ。私は貧しい子供だったけれど、交換などせずに自分で戦闘糧食を食べた。私にとって、その中身は夢のような味がしたのだ。

とはいえ、この貴重な品を獲得する試みはみな本当に危ないことだった。兵隊にビールを渡すのは厳禁されていたからである。友達の一人は将校につかまってしまい、ビールを没収された。そのあと、同じ将校にお尻を叩かれたのである。友達とはちがって、私には、軍服の記章は難解でもなんでもなく、一定の意味ある階級序列を表すものだった。それで、軍曹は大丈夫だが、夜に忍びこむときには回り道をしてでも将校は避けたほうが（ビールを交換するときだけだが）賢明だと知っていた。

私と合衆国陸軍の関係が切れることはなかった。最初は熱心なアマチュア、のちには歴史の専門家として、それを研究したからだ。ドイツの学問的な軍事史研究では、合衆国陸軍はほとんど出てこない。

そのため、私は合衆国を旅し、古戦場や軍事施設を訪ねた。今では、さまざまな階級の現役軍人、あるいはかつての軍人たちと旧知の仲になっている。

二〇〇五年に、私は、ウェスト・ポイントの軍事史夏季セミナーのメンバーに選ばれる名誉を得た。私は、礼儀正しい、極上のもてなしを受けた。素晴らしく、忘れがたい時間であった。また、その際、合衆国陸軍士官学校を実地に観察する機会も得られたのだ。教育、少なくとも歴史に関するそれは、私が本書でみてきた時代とはまったく比べものにならなかったのは間違いない。六週間の滞在中、ただの一人も悪い教官は見なかったし、数人の良い教官、さらには傑出した人物もいた。もっと重要なのは、彼らがすべて献身的で、意欲まんまんだったことだ。

しかしながら、観察すべきことは多々あった。そのうち一つは、儀礼的な表現を用いるならば、指揮統率の訓練、とくに一年生の扱いに改善すべき余地がいまだに多くあるということだった。

ウェスト・ポイント歴史科の関係者が私を招待してくれたことと、そこで過ごした有益な時間には感謝している。だが、そうした態度を示されたがゆえに、「ご機嫌取り」をやるようなら、私は、うわべだけで真の友情を持たぬ男ということになろう。

ウェスト・ポイントは、合衆国陸軍の神聖にして侵すべからざる存在の一つだった。が、それは、ウェスト・ポイントと合衆国陸軍の両方ともに、良い方向には働かなかった。軍隊にとって、将校は、不可欠できわめて重要な要素である。ゆえに、あらゆる伝統、あらゆるしきたりと選抜上の慣習は、ときに検証され、もしも、それらが高いレベルを保つ助けにならず、かえって重荷になっているようなら、変えられなければならない。ウェスト・ポイントの校友たちは、母校を中世に引き戻そうとするのではなく、この常なる改革の動きをリードすべきだ。合衆国陸軍は、どんな戦争においても必要なのは、卓越した人物であり、けっしてハイテク機械ではないのだということを学び直さなくてはならない。[*2]

ウェスト・ポイントは魔法の地であり、合衆国陸軍将校の供給源であり続けねばならない。学問的な教育はしっかりしているように私には思われた。けれども、士官候補生教育に関する他の側面は、再検討を要する。

私は二十年近く、いくつかのスポーツの種目でインストラクターをやってきた。その間、試合後の心理的なケアの際に、生徒たちの失敗をとりつくろってやったことは一度もない。彼らはみんな可愛い生徒だったが、一位も取れず、持てる力のすべてを発揮したわけでもないのに、背中を叩いてよくやったなどと言うのは、けっして、ためにならないことだったろう。同じことが、私のお気に入りのテーマ、合衆国陸軍についてもいえる。実見した、さまざまな問題について言葉を飾り、すべてを薔薇色の色眼鏡越しに見るのでは、私が受けた恩恵を返すことにはならないのだ。歴史を学ぶことは、その本来の性格からして、厳格な仕事なのである。

今日の普通のGIは――そういう紋切り型のGIなど、実際には、ただの一人もいないのだが――私が子供だったころから変わっていない。GIは、合衆国が得られる最良の外交官であり、自分が正しいと思ったことのためにならば、大なる勇気を奮って行動し、戦う。たとえ、おのが上級指揮官たちが不正な兵役強制延長を定めたとしても、GIは倦まずたゆまず自らの義務を果たすであろう。

彼――そして今日では彼女にも［周知のごとく、現代のアメリカ軍には多数の女性兵士が勤務している］――ふさわしいのは、選び抜かれ、充分教育された最良の将校のみ。その選抜は、当然のことながら、他のいかなる職業のそれよりも厳しいものでなくてはならない。将校とは、幾重にも卓越しているべき存在なのだが、ときとして愚かさを倍加していくものにもなりかねないし、後者の場合、往々にして多数の人命を犠牲にしてしまうからである。

歴史的にみれば、合衆国陸軍の上級指揮官には、ときに、ご機嫌取りをやったり、内的なシステムに批判的な眼を向けることなしにデータを「洗浄」するきらいがある。必要な覚醒の鐘が鳴らされるのは、大きな混乱や醜聞、犠牲者の数が増大することによって、ということがしばしばだ。つぎの混乱が生じる前に、本書がその省察のために、ささやかながらも貢献できることを心より願う。

訳者解説

本書は、ドイツの新進気鋭の軍事史家イェルク・ムート博士の代表作である。

彼は、二〇〇一年にポツダム大学で修士号を得、その修士論文は『軍事的日常からの逃亡。フリードリヒ大王の軍隊における脱走の原因と個々人の特徴』（*Flucht aus dem militärischen Alltag. Ursachen und individuelle Ausprägung der Desertion in der Armee Friedrichs des Großen*, Freiburg i. Br.: Rombach, 2003）として刊行された。修士論文が出版されるのは、日本でも珍しいことだが、ドイツではそれ以上に稀なことで、よほど高い評価を得たといってよい。ついで、二〇一〇年には、合衆国ユタ大学に学位請求論文『コマンドカルチャー。合衆国陸軍と米独における将校選抜と教育（一九〇一～一九四〇年）ならびに第二次世界大戦におけるその帰結』（PhD/Dr. phil., Thesis: *Command Culture – The US Army and Officer's Selection and Education in the United States and Germany, 1901-1940, and the Consequences for World War II*）で博士号を得た。この論文が出版されるや、米海兵隊司令官や同陸軍参謀総長によって将校向け選定図書に指定されるなど、多くの称賛を集めた。現在、著者は、サウジアラビア王国のムハンマド・ビン・ファハド大学准教授を務めている。

以前、訳者が共訳した著作『電撃戦という幻』の原著者で、元ドイツ連邦国防軍軍事史研究局（現在は、連邦国防軍軍事史・社会科学センターに改編）第二次世界大戦研究部長だったカール＝ハインツ・フリーザー博士の紹介により、ムート氏から『コマンド・カルチャー』を日本で翻訳出版してくれないかという申し出があったのは、一昨年のことになる。訳者は、ドイツのクォリティ・ペーパー『フランクフルター・アルゲマイネ』紙に掲載された好意的な書評に触発され、『コマンド・カルチャー』を一読していたから、興味深い内容であることはわかっていた。けれども、戦争や戦闘を直接書いているわけではない、特殊な軍事史だ。はたして引き受けてくれる出版社があるか危惧していたが、中央公論新社に打診してみたところ、有意義な企画であると快諾を得て、刊行の運びとなった。同社の理解に感謝するしだいである。

さて、原著者の該博な知識と史資料の博捜に支えられた本書の内容は、きわめて多岐にわたり、しかも意外な事実を提示してくれる。アメリカの軍学校の硬直性、それと対照的なドイツの幼年学校から陸軍大学校までの柔軟な教育といった指摘などは、目から鱗が落ちるという慣用句そのままで、軍事史のみならず、教育学や社会学の側面からみても、あらたな知見を示しているといえるだろう。

また、本書が挑発的な主張をなしているところも見逃せない。その合衆国陸軍批判の厳しさは、おおいに議論を招いたところである。ただ、補足しておくと、合衆国陸軍の一見不可思議ともみえる硬直性は、民主主義国家アメリカが本能的に持っている常備軍に対する嫌悪に、その一因があるものと思われる。まさしく、カルチャーの問題なのであり、本書も、そうした側面を考慮に入れて読まれるべきであろう。

一方、原著者はドイツ軍の将校教育を称賛しており、そうした認識は、従来より欧米の軍事史研究者の共有するところでもある。しかし、優秀なはずのドイツ将校団が、二度の世界大戦に敗北している事実を指摘することも忘れられてはいない。かかる観点から本書を読んでみるのも一興かと思う。

なお、訳者としては、できるかぎり正確で読みやすい訳文にするよう努力したつもりであるけれども、本書が扱う範囲は広く、リサーチは深い。思いがけない誤訳や不適切な訳・訳註などがないかと恐れている。万一、そのような瑕瑾《かきん》があれば、どしどし指摘していただきたい。

最後になったが、本書の編集に携わった中央公論新社・郡司典夫氏のご協力に深く感謝する。

二〇一五年三月

大木　毅

Military Attaché in Britain, 1939." In *The U.S. Army and World War II: Selected Papers from the Army's Commemorative Conferences*, edited by Judith L. Bellafaire, 47-71. Washington, D.C.: Center of Military History, U.S. Army, 1998.

Wilt, Alan F. "A Comparison of the High Commands of Germany, Great Britain, and the United States during World War II." In *The Impact of Nazism: New Perspectives on the Third Reich and Its Legacy*, edited by Alan E. Steinweis and Daniel E. Rogers, 151-166. Lincoln: University of Nebraska Press, 2003.

Wood, Gordon S. *The Radicalism of the American Revolution*. New York: Knopf, 1992.

Woodruff, Charles E. "The Nervous Exhaustion Due to West Point Training." *American Medicine* 1, no. 12 (1922): 558-562.

Wray, Timothy A. "Standing Fast: German Defensive Doctrine on the Russian Front during World War II, Prewar to March 1943." Fort Leavenworth, Kansas: U.S. Army Command and General Staff College, 1986.

Wrochem, Oliver von. *Erich von Manstein: Vernichtungskrieg und Geschichtspolitik*. Paderborn: Schöningh, 2009.

Wünsche, Dietlind. *Feldpostbriefe aus China. Wahrnehmungs-und Deutungsmuster deutscher Soldaten zur Zeit des Boxeraufstandes, 1900/1901*. Berlin: Links 2008.

Yarbrough, Jean M. "Afterword to Thomas Jefferson's Military Academy: Founding West Point." In *Thomas Jefferson's Military Academy: Founding West Point*, edited by Robert M. S. McDonald, 207-221. Charlottesville: University of Virginia, 2004.

Y'Blood, William T., ed. *The Three Wars of Lt. Gen. George Stratemeyer: His Korean War Diary*. Washington, D.C.: Air Force History and Museum Program, 1999.

Yingling, Paul. "A Failure in Generalship." *Armed Forces Journal* (May 2007).

A Young Graduate [Eisenhower, Dwight D.]. "The Leavenworth Course." *Cavalry Journal* 30, no. 6 (1927): 589-600.

Zald, Mayer N., and William Simon. "Career Opportunities and Commitments among Officers." In *The New Military: Changing Patterns of Organization*, edited by Morris Janowitz, 257-285. New York: Russell Sage Foundation, 1964.

Zickel, Lewis L. *The Jews of West Point: In the Long Gray Line*. Jersey City, New Jersey: KTAV, 2009.

Ziemann, Benjamin "Sozialmilitarismus und militärische Sozialisation im deutschen Kaiserreich, 1870-1914: Desiderate und Perspektiven in der Revision eines Geschichtsbildes." *Geschichte in Wissenschaft und Unterricht* 53 (2002): 148-164.

Zuber, Terence. *Inventing the Schlieffen Plan: German War Planning, 1871-1914*. Oxford: Oxford University Press, 2002.

Zucchino, David. *Thunder Run: The Armored Strike to Capture Baghdad*. New York: Grove, 2004.

Weigley, Russell Frank. *The American Way of War: A History of the United States Military Strategy and Policy*. London: Macmillan, 1973.

——. *Eisenhower's Lieutenants: The Campaign of France and Germany, 1944-1945*. Bloomington: Indiana University Press, 1981.

——. "The Elihu Root Reforms and the Progressive Era." In *Command and Commanders in Modern Military History: The Proceedings of the Second Military History Symposium, U.S. Air Force Academy, 2-3 May 1968*, edited by William E. Geffen, 11-27. Washington, D.C.: Office of Air Force History, 1971.

Weinberg, Gerhard L. "Die Wehrmacht und Verbrechen im Zweiten Weltkrieg." *Zeitgeschichte* 4 (2003): 207-209.

——. "From Confrontation to Cooperation: Germany and the United States, 1933-1945." *In America and the Germans: An Assessment of a Three-Hundred-Year History*, edited by Frank Trommler and Joseph McVeigh, 45-58. Philadelphia: University of Pennsylvania Press, 1985.

——. "Rollen- und Selbstverständnis des Offizierkorps der Wehrmacht im NS-Staat." In *Die Wehrmacht : Mythos und Realität*, edited by Rolf-Dieter Müller, 66-74. München: Oldenbourg, 1999.

——. *A World at Arms: A Global History of World War II*. Cambridge: Cambridge University Press, 1994.

Weniger, Erich. *Wehrmachtserziehung und Kriegserfahrung*. Berlin: Mittler, 1938.

West, Bing. *No True Glory: A Frontline Account of the Battle for Fallujah*. New York: Bantam, 2005.

Westemeier, Jens. *Joachim Peiper: Zwischen Totenkopf und Ritterkreuz, Lebensweg eines SS-Führers*. 2nd revised and enhanced ed. Bissendorf: Biblio, 2006.

Westphal, Siegfried. *Der deutsche Generalstab auf der Anklagebank: Nürnberg, 1945-1948*. Mainz: Hase und Koehler, 1978.

Wette, Wolfram. *Deserteure der Wehrmacht: Feiglinge-Opfer-Hoffnungsträger? Dokumentation eines Meinungswandels*. Essen: Klartext, 1995.

——. *Die Wehrmacht: Feindbilder, Vernichtungskrieg, Legenden*. Frankfurt a. M.: Fischer, 2002.

——. *The Wehrmacht: History, Myth, Reality*. Cambridge, Massachusetts: Harvard University Press, 2006.

Wette, Wolfram, and Sabine R. Arnold, eds. *Stalingrad: Mythos und Wirklichkeit einer Schlacht*. Frankfurt a. M.: Fischer, 1992.

Wien, Otto. "Letter to the Editor as Answer to the Critique of Theodor Busse on his Article 'Probleme der künftigen Generalstabsausbildung'." *Wehrkunde* 5, no. 1 (1956): 110-111.

Wiese, Leopold von. *Kadettenjahre*. Ebenhausen: Langewiesche, 1978.

Wilhelm, Hans-Heinrich. *Die Einsatzgruppe A der Sicherheitspolizei und des SD, 1941/42*. Frankfurt a. M.: Lang, 1996.

Wilkinson, Spenser. *The Brain of an Army*. Westminster, UK: A. Constable, 1890. Reprint, 1895.

Willems, Emilio. *A Way of Life and Death: Three Centuries of Prussian-German Militarism; An Anthropological Approach*. Nashville, Tennessee: Vanderbilt University Press, 1986.

Williamson, Porter B. *Patton's Principles*. New York: Simon & Schuster, 1982.

Wilson, Theodore. " 'Through the Looking Glass': Bradford G. Chynoweth as United States

Zur neueren Geschichtsschreibung über die Offiziere gegen Hitler." *Jahresbibliographie Bibliothek für Zeitgeschichte* 62 (1990): 428-442.

——. *Dienen und Verdienen: Hitlers Geschenke an seine Eliten*. 2nd ed. Frankfurt a. M.: Fischer, 1999.／ゲルト・ユーバーシェア、ヴァンフリート・フォーゲル共著『総統からの贈り物』、守屋純訳、錦正社、2010年。

Ueberschär, Gerd R., and Rainer A. Blasius, eds. *Der Nationalsozialismus vor Gericht: Die alliierten Prozesse gegen Kriegsverbrecher und Soldaten, 1943-1952*. Frankfurt a. M.: Fischer, 1999.

Unruh, Friedrich Franz von. *Ehe die Stunde schlug: Eine Jugend im Kaiserreich*. Bodensee: Hohenstaufen, 1967.

Upton, Emory. *The Armies of Europe and Asia*. London: Griffin & Co., 1878.

U.S. War Department, ed. *Handbook on German Military Forces*. Baton Rouge: Louisiana State University Press, 1990.

Van Creveld, Martin. *The Culture of War*. New York: Presidio, 2008.

——. *Fighting Power: German and U.S. Army Performance, 1939-1945*, Contributions in Military History. Westport, Connecticut: Greenwood, 1982.

——. "On Learning from the Wehrmacht and Other Things." *Military Review* 68 (1988): 62-71.

——. *The Training of Officers: From Military Professionalism to Irrelevance*. New York City: Free Press, 1990.

Vaux, Nick. *Take that Hill!: Royal Marines in the Falklands War*. Washington, D.C.: Pergamon, 1986.

Volkmann, Hans-Erich, ed. *Das Rußlandbild im Dritten Reich*. Köln: Böhlau, 1994.

Voss, Hans von, and Max Simoneit. "Die psychologische Eignungsuntersuchung in der deutschen Reichswehr und später der Wehrmacht." *Wehrwissenschaftliche Rundschau* 4, no. 2 (1954): 138-141.

Walton, Frank J. "The West Point Centennial: A Time for Healing." In *West Point: Two Centuries and Beyond*, edited by Lance A. Betros, 198-247. Abilene, Texas: McWhiney Foundation Press, 2004.

Warlimont, Walter. *Im Hauptquartier der deutschen Wehrmacht, 1939-1945: Grundlagen, Formen, Gestalten*. Frankfurt a. M.: Bernard & Graefe, 1962.

Weber, Thomas. *Hitler's First War: Adolf Hitler, the Men of the List Regiment, and the First World War*. London: Oxford University Press, 2010.

Weckmann, Kurt. "Führergehilfenausbildung." *Wehrwissenschaftliche Rundschau* 4, no. 6 (1954): 268-277.

Wedemeyer, Albert C. *Wedemeyer Reports!* New York: Holt, 1958.／アルバート・C・ウェデマイヤー『第二次大戦に勝者なし　ウェデマイヤー回想録』、妹尾作太男訳、上下巻、講談社学術文庫、1997年。

Wegner, Bernd. "Erschriebene Siege: Franz Halder, die "Historical Division" und die Rekonstruktion des Zweiten Weltkrieges im Geiste des deutschen Generalstabes." In *Politischer Wandel, organisierte Gewalt und nationale Sicherheit, Festschrift für Klaus-Jürgen Müller*, edited by Ernst Willi Hansen, Gerhard Schreiber and Bernd Wegner, 287-302. München: Oldenbourg, 1995.

——, ed. *Zwei Wege nach Moskau: Vom Hitler-Stalin-Pakt bis zum "Unternehmen Barbarossa."* Serie Piper. München: Piper, 1991.

Steinbach, Peter. "Widerstand und Wehrmacht." In *Die Wehrmacht: Mythos und Realität*, edited by Rolf-Dieter Müller, 1150-1170. München: Oldenbourg, 1999.
Steinweis, Alan E., and Daniel E. Rogers, eds. *The Impact of Nazism: New Perspectives on the Third Reich and Its Legacy*. Lincoln: University of Nebraska, 2003.
Stelpflug, Peggy A., and Richard Hyatt. *Home of the Infantry: The History of Fort Benning*. Macon, Georgia: Mercer University Press, 2007.
Stouffer, Samuel A., et al., eds. *The American Soldier: Adjustment during Army Life*. 4 vols. Vol. 1. Studies in Social Psychology in World War II. Princeton, New Jersey: Princeton University Press, 1949.
——, eds. *The American Soldier: Combat and its Aftermath*. 4 vols. Vol. 2. Studies in Social Psychology in World War II. Princeton, New Jersey: Princeton University Press, 1949.
——, eds. *Measurement and Prediction*. 4 vols. Vol. 4. Studies in Social Psychology in World War II. Princeton, New Jersey: Princeton University Press, 1949.
Strachan, Hew. "Die Vorstellungen der Anglo-Amerikaner von der Wehrmacht." In *Die Wehrmacht: Mythos und Realität*, edited by Rolf-Dieter Müller, 92-104. München: Oldenbourg, 1999.
Streit, Christian. *Keine Kameraden: Die Wehrmacht und die sowjetischen Kriegsgefangenen, 1941-1945*, Studien zur Zeitgeschichte. Stuttgart: DVA, 1978.
Strum, Philippa. *Women in the Barracks: The VMI Case and Equal Rights*. Lawrence: University Press of Kansas, 2002.
Stumpf, Reinhard. *Die Wehrmacht-Elite: Rang- und Herkunftsstruktur der deutschen Generale und Admirale, 1933-1945*. Wehrwissenschaftliche Forschungen, Abteilung Militärgeschichtliche Studien 29. Boppard a. R.: Boldt, 1982.
Sumida, Jon Tetsuo. *Decoding Clausewitz: A New Approach to 'On War'*. Lawrence: University Press of Kansas, 2008.
Taylor, John M. *General Maxwell Taylor: The Sword and the Pen*. New York: Doubleday, 1989.
Taylor, Telford. *Die Nürnberger Prozesse: Hintergründe, Analysen und Erkenntnisse aus heutiger Sicht*. 3rd ed. München: Heyne, 1996.
Teske, Hermann. *Die silbernen Spiegel: Generalstabsdienst unter der Lupe*. Heidelberg: Vowinckel, 1952.
——. *Wir marschieren für Großdeutschland: Erlebtes und Erlauschtes aus dem großen Jahre, 1938*. Berlin: Die Wehrmacht, 1939.
Thomas, Kenneth H., Jr. *Images of America: Fort Benning*. Charleston, South Carolina: Arcadia, 2003.
Trommler, Frank, and Joseph McVeigh, eds. *America and the Germans: An Assessment of a Three-Hundred-Year History*. 2 vols. Vol. 2. Philadelphia: University of Pennsylvania Press, 1985.
Tuchman, Barbara W. *The Guns of August*. New York: Macmillan, 1962.／バーバラ・W・タックマン『八月の砲声』、山室まりや訳、上下巻、ちくま学芸文庫、2004年。
Tzu, Sun. *The Art of War*. Translated by Samuel B. Griffith. New York: Oxford University Press, 1971.／『孫子』、町田三郎訳、中公文庫、2001年。
U'Ren, Richard C. *Ivory Fortress: A Psychiatrist Looks at West Point*. Indianapolis: Bobbs-Merrill, 1974.
Ueberschär, Gerd R. "Die deutsche Militär-Opposition zwischen Kritik und Würdigung.

Bernard & Graefe, 1943.
——. *Wehrpsychologische Willensuntersuchungen*. Friedrich Mann's pädagogisches Magazin 1430. Langensalza: Beyer, 1937.
Simons, William E., ed. *Professional Military Education in the United States: A Historical Dictionary*. Westport, Connecticut: Greenwood, 2000.
Skelton, William B. *An American Profession of Arms: The Army Officer Corps, 1784-1861*. Lawrence: University Press of Kansas, 1992.
——. "West Point and Officer Professionalism, 1817-1877." In *West Point: Two Centuries and Beyond*, edited by Lance A. Betros, 22-37. Abilene, Texas: McWhiney Foundation Press, 2004.
Smelser, Ronald. "The Myth of the Clean Wehrmacht in Cold War America." In *Lessons and Legacies VIII: From Generation to Generation*, edited by Doris L. Bergen, 247-269. Evanston, Illinois: Northwestern University Press, 2008.
Smelser, Ronald, and Edward J. Davies. *The Myth of the Eastern Front: The Nazi-Soviet War in American Popular Culture*. New York: Cambridge University Press, 2007.
Smelser, Ronald, and Enrico Syring, eds. *Die Militärelite des Dritten Reiches: 27 Biographische Skizzen*. Paperback ed. Berlin: Ullstein, 1995.
Smith, Walter Bedell. *Eisenhower's Six Great Decisions: Europe, 1944-1945*. New York: Longmans, 1956.
Sokolov, Boris. "How to Calculate Human Losses during the Second World War." *Journal of Slavic Military Studies* 22, no. 3 (2009): 437-458.
Sorley, Lewis. "Principled Leadership: Creighton Williams Abrams, Class of 1936." In *West Point: Two Centuries and Beyond*, edited by Lance A. Betros, 122-141. Abilene, Texas: McWhiney Foundation Press, 2004.
Sösemann, Bernd. "Die sogenannte Hunnenrede Wilhelms II.: Textkritische und interpretatorische Bemerkungen zur Ansprache des Kaisers vom 27. Juli 1900 in Bremerhaven." *Historische Zeitschrift* 222 (1976): 342-358.
Spector, Ronald. "The Military Effectiveness of the U.S. Armed Forces, 1919-1939." In *Military Effectiveness: The Interwar Period*, edited by Allan Reed Millett and Williamson Murray, 70-97. Boston: Allen & Unwin, 1988.
Spires, David N. *Image and Reality: The Making of the German Officer, 1921-1933*. Contributions in Military History. Westport, Connecticut: Greenwood, 1984.
"'Splendid, Wonderful,' Says Joffre Admiring the West Point Cadets." *New York Times*, May 12, 1917.
Stahlberg, Alexander. *Die verdammte Pflicht: Erinnerungen, 1932-1945*. Berlin: Ullstein, 1987.／アレクサンダー・シュタールベルク『回想の第三帝国』上下巻、鈴木直訳、平凡社、1995年。
Stanton, Martin. *Somalia on $5 a Day: A Soldier's Story*. New York: Ballantine, 2001.
Stein, Hans-Peter. *Symbole und Zeremoniell in deutschen Streitkräften: Vom 18. bis zum 20. Jahrhundert*. Entwicklung deutscher militärischer Tradition 3. Herford: Mittler, 1984.
Stein, Marcel. Die 11. *Armee und die "Endlösung" 1941/42: Eine Dokumentensammlung mit Kommentaren*. Bissendorf: Biblio, 2006.
——. *Field Marshal von Manstein: the Janus Head; A Portrait*. Solihull: Helion, 2007.
——. *Generalfeldmarschall Erich von Manstein: Kritische Betrachtungen des Soldaten und Menschen*. Mainz: Hase & Koehler, 2000.

Schell, Adolf von. *Battle Leadership: Some Personal Experiences of a Junior Officer of the German Army with Observations on Battle Tactics and the Psychological Reactions of Troops in Campaign*. Fort Benning, Georgia: Benning Herald, 1933.

——. "Das Heer der Vereinigten Staaten." *Militär-Wochenblatt* 28 (1932): 998-1001.

——. Kampf gegen Panzerwagen. Berlin: Stalling, 1936.

Schieder, Theodor. *Friedrich der Große: Ein Königtum der Widersprüche*. Frankfurt a. M.: Propyläen, 1983.

Schild, Georg, ed. *The American Way of War*. Paderborn: Schöningh, 2010.

Schmitz, Klaus. *Militärische Jugenderziehung: Preußische Kadettenhäuser und Nationalpolitische Erziehungsanstalten zwischen, 1807 und 1936*. Köln: Böhlau, 1997.

Schröder, Hans Joachim. *Kasernenzeit: Arbeiter erzählen von der Militärausbildung*. Frankfurt: Campus, 1985.

——, ed. *Max Landowski, Landarbeiter: Ein Leben zwischen Westpreußen und Schleswig-Holstein*. Berlin: Reimer, 2000.

Schüler-Springorum, Stefanie. "Die Legion Condor in (auto-) biographischen Zeugnissen." In *Militärische Erinnerungskultur: Soldaten im Spiegel von Biographien, Memoiren und Selbstzeugnissen*, edited by Michael Epkenhans, Stig Förster, and Karen Hagemann, 223-235. Paderborn: Schöningh, 2006.

Schwan, Theodore. *Report on the Organization of the German Army*. Washington, D.C.: U.S. Government Printing Office, 1894.

Schwinge, Erich. *Die Entwicklung der Mannszucht in der deutschen, britischen und französischen Wehrmacht seit 1914*. Tornisterschrift des OKW, Abt. Inland, H. 46. Berlin: Oberkommando der Wehrmacht, 1941.

Scott, Len. "Overview: Deception and Double Cross." In *Exploring Intelligence Archives: Enquiries into the Secret*, edited by R. Gerald Hughes, Peter Jackson, and Len Scott, 93-98. London: Routledge, 2008.

Searle, Alaric. "Nutzen und Grenzen der Selbstzeugnisse in einer Gruppenbiographie." In *Militärische Erinnerungskultur: Soldaten im Spiegel von Biographien, Memoiren und Selbstzeugnissen*, edited by Michael Epkenhans, Stig Förster, and Karen Hagemann, 268-290. Paderborn: Schöningh, 2006.

——. "A Very Special Relationship: Basil Liddell Hart, Wehrmacht Generals and the Debate on West German Rearmament, 1945-1953." *War in History* 5, no. 3 (1998): 327-357.

Seeckt, Hans von, ed. *Führung und Gefecht der verbundenen Waffen*. Berlin: Offene Worte, 1921.

Sherraden, Michael W. "Military Participation in a Youth Employment Program: The Civilian Conservation Corps." *Armed Forces & Society* 7, no. 2 (1981): 227-245.

Showalter, Dennis E. "From Deterrence to Doomsday Machine: The German Way of War, 1890-1914 " *Journal of Military History* 63, no. 2 (2000): 679-710.

——. *The Wars of Frederick the Great*. Modern Wars in Perspective. London: Longman, 1996.

——. *The Wars of German Unification*. Modern Wars Series. London: Arnold, 2004.

Simoneit, Max. *Grundriss der charakterologischen Diagnostik auf Grund heerespsychologischer Erfahrungen*. Leipzig: Teubner, 1943.

——. *Leitgedanken über die psychologische Untersuchung des Offizier-Nachwuchses in der Wehrmacht*. Wehrpsychologische Arbeiten 6. Berlin: Bernard & Graefe, 1938.

——. *Wehrpsychologie: Ein Abriss ihrer Probleme und praktischen Folgerungen*. 2nd ed. Berlin:

Prinz, Michael, and Rainer Zitelmann, eds. *Nationalsozialismus und Modernisierung*. Darmstadt: Wissenschaftliche Buchgesellschaft, 1991.

Purpose and Preparation of Efficiency Reports. 4th revised ed. Infantry School Mailing List. Fort Benning, Georgia: The Infantry School, 1940.

Rass, Christoph. *"Menschenmaterial": Deutsche Soldaten an der Ostfront - Innenansichten einer Infanteriedivision, 1939-1945*. Krieg in der Geschichte. Paderborn: Schöningh, 2003.

——. "Neue Wege zur Sozialgeschichte der Wehrmacht." In *Militärische Erinnerungskultur: Soldaten im Spiegel von Biographien, Memoiren und Selbstzeugnissen*, edited by Michael Epkenhans, Stig Förster and Karen Hagemann, 188-211. Paderborn: Schöningh, 2006.

Rass, Christoph, René Rohrkamp, and Peter M. Quadflieg. *General Graf von Schwerin und das Kriegsende in Aachen: Ereignis, Mythos, Analyse*. Aachener Studien zur Wirtschafts- und Sozialgeschichte. Aachen: Shaker, 2007.

Raugh, Harold E., Jr. "Command on the Western Front: Perspectives of American Officers." *Stand To!* 18, (Dec. 1986): 12-14.

Reeder, Red. *West Point Plebe*. Boston: Little, Brown, 1955.

Regulations for the United States Military Academy. Washington, D.C.: U.S. Government Printing Office, 1916.

Rickard, John Nelson. *Patton at Bay: The Lorraine Campaign, September to December, 1944*. Westport, Connecticut: Praeger, 1999.

Ridgway, Matthew B. *Soldier: The Memoirs of Matthew B. Ridgway*. New York: Harper & Brothers, 1956.

Ritter, Gerhard. *The Schlieffen Plan: Critique of a Myth*. New York: Praeger, 1958.／ゲルハルト・リッター『シュリーフェン・プラン――ある神話の批判――』、私家版、新庄宗雅訳、1988年。

Röhl, John C. G. *Young Wilhelm: The Kaiser's Early Life, 1859-1888*. Cambridge: Cambridge University Press, 1998.

Rommel, Erwin. *Infantry Attacks*. London: Stackpole, 1995.

Rommel, Erwin, and Basil Henry Liddell Hart. *The Rommel Papers*. 14th ed. New York: Harcourt, Brace, 1953.／リデル・ハート（ママ）編集『ドキュメント・ロンメル戦記』、小城正訳、読売新聞社、1971年。

Roth, Günther, ed. *Operatives Denken und Handeln in deutschen Streitkräften im 19. und 20. Jahrhundert*. Herford: Mittler, 1988.

Salmond, John. *The Civilian Conservation Corps, 1933-1942: A New Deal Case Study*. Durham, North Carolina: Duke University Press, 1967.

Salomon, Ernst von. *Die Geächteten*. Berlin: Rowohlt, 1930.

——. *Die Kadetten*. Berlin: Rowohlt, 1933.

Samet, Elizabeth D. "Great Men and Embryo-Caesars: John Adams, Thomas Jefferson, and the Figure in Arms." In *Thomas Jefferson's Military Academy: Founding West Point*, edited by Robert M. S. McDonald, 77-98. Charlottesville: University of Virginia, 2004.

Sanger, Joseph P. "The West Point Military Academy: Shall its Curriculum Be Changed as a Necessary Preparation for War?" *Journal of Military Institution* 60 (1917).

Sassman, Roger W. "Operation SHINGLE and Major General John P. Lucas." Carlisle, Pennsylvania: U.S. Army War College, 1999.

Schedule for 1939-1940: Regular Class. Ft. Leavenworth, Kansas: Command and General Staff School Press, 1939.

edited by Günther Roth, 97-122. Herford: Mittler, 1988.

Niedhart, Gottfried, and Dieter Riesenberger, eds. *Lernen aus dem Krieg? Deutsche Nachkriegszeiten, 1918 und 1945*. Beiträge zur historischen Friedensforschung. München: Beck, 1992.

Norris, Robert S. "Leslie R. Groves, West Point and the Atomic Bomb." In *West Point: Two Centuries and Beyond*, edited by Lance A. Betros, 101-121. Abilene, Texas: McWhiney Foundation Press, 2004.

Nuber, Hans. *Wahl des Offiziersberufs: Eine charakterologische Untersuchung von Persönlichkeit und Berufsethos*. Zeitschrift für Geopolitik, Beiheft Wehrwissenschaftliche Reihe 1. Heidelberg: Vowinckel, 1935.

Nutter, Thomas E. "Mythos Revisited: American Historians and German Fighting Power in the Second World War." *Military History Online* (2004). http://www.militaryhistoryonline.com/wwii/armies/default.aspx.

Nye, Roger H. *The Patton Mind: The Professional Development of an Extraordinary Leader*. Garden City Park, New York: Avery, 1993.

Oetting, Dirk W. *Auftragstaktik: Geschichte und Gegenwart einer Führungskonzeption*. Frankfurt a. M.: Report, 1993.]

O'Neill, William D. *Transformation and the Officer Corps: Analysis in the Historical Context of the U.S. and Japan between the World Wars*. Alexandria, Virginia: CNA, 2005.

Ossad, Stephen L. "Command Failures." *Army* (March 2003).

Overmans, Rüdiger. *Deutsche militärische Verluste im Zweiten Weltkrieg*. München: Oldenbourg, 1999.

Overy, Richard. *Why the Allies Won*. New York City: Norton, 1995.

Owen, Gregory L. *Across the Bridge: The World War II Journey of Cpt. Alexander M. Patch III*. Lexington, Virginia: George C. Marshall Foundation, 1995.

Pagonis, William G., and Jeffrey L. Cruikshank. *Moving Mountains: Lessons in Leadership and Logistics from the Gulf War*. Boston: Harvard Business School Press, 1992.／W・G・パゴニス、ジェフリー・クルクシャンク『山・動く――湾岸戦争に学ぶ経営戦略』佐々淳行監修、同文書院インターナショナル、1992年。

Paret, Peter, Gordon Alexander Craig, and Felix Gilbert, eds. *Makers of Modern Strategy: From Machiavelli to the Nuclear Age*. Princeton, New Jersey: Princeton University Press, 1986.

Parker, Jerome H., IV. "Fox Conner and Dwight Eisenhower: Mentoring and Application." *Military Review* (July-August 2005): 89-95.

Patel, Kiran Klaus. *Soldiers of Labor: Labor Service in Nazi Germany and New Deal America, 1933-1945*. Washington, D.C.: Cambridge University Press, 2005.

Patton, George S., and Paul D. Harkins. *War As I Knew It*. Boston: Houghton Mifflin, 1995.

Patton, George S., and Kevin Hymel. *Patton's Photographs: War as He Saw It*. 1st ed. Washington, D.C.: Potomac Books, 2006.

Pennington, Leon Alfred, et al. *The Psychology of Military Leadership*. New York: Prentice-Hall, 1943.

Pogue, Forrest C. *George C. Marshall: Education of a General, 1880-1939*. 3 vols. Vol. 1. New York: Viking Press, 1963.

Preradovitch, Nikolaus von. *Die militärische und soziale Herkunft der Generalität des deutschen Heeres, 1. Mai 1944*. Osnabrück: Biblio, 1978.

Karsten, 26-36. New York: Garland, 1998.

Mosley, Leonard. *Marshall: Organizer of Victory*. London: Methuen, 1982.

Mott, Thomas Bentley. *Twenty Years as Military Attaché*. New York: Oxford University Press, 1937.

——. "West Point: A Criticism." *Harper's* (March 1934): 466-479.

Mullaney, Craig M. *The Unforgiving Minute: A Soldier's Education*. New York: Penguin.

Muller, Richard R. "Werner von Blomberg: Hitler's 'idealistischer' Kriegsminister." In *Die Militärelite des Dritten Reiches: 27 biographische Skizzen*, edited by Ronald Smelser and Enrico Syring, 50-65. Berlin: Ullstein, 1997.

Müller, Rolf-Dieter. "Die Wehrmacht: Historische Last und Verantwortung; Die Historiographie im Spannungsfeld von Wissenschaft und Vergangenheitsbewältigung." In *Die Wehrmacht: Mythos Und Realität*, edited by Rolf-Dieter Müller, 3-35. München: Oldenbourg, 1999.

——, ed. *Die Wehrmacht: Mythos und Realität*. München: Oldenbourg, 1999.

Müller-Hillebrand, Burkhart. *Das Heer, 1933-1945. Entwicklung des organisatorischen Aufbaues*. 3 vols. Darmstadt: Mittler, 1954-1969.

Mulligan, William. *The Creation of the Modern German Army: General Walther Reinhardt and the Weimar Republic, 1914-1930*. New York: Berghahn, 2005.

Murphy, Audie. *To Hell and Back*. New York: Holt, 1949.

Murray, Williamson. "Does Military Culture Matter?" In *America the Vulnerable: Our Military Problems and How to Fix Them*, edited by John F. Lehman and Harvey Sicherman, 134-151. Philadelphia: Foreign Policy Research Institute, 1999.

——. "Werner Freiherr von Fritsch: Der tragische General." In *Die Militärelite des Dritten Reiches: 27 Biographische Skizzen*, edited by Ronald Smelser and Enrico Syring, 153-170. Berlin: Ullstein, 1995.

Muth, Jörg. "Erich von Lewinski, Called von Manstein: His Life, Character and Operations-A Reappraisal." http://www.axishistory.com/index.php?id=7901.

——. *Flucht aus dem militärischen Alltag: Ursachen und individuelle Ausprägung der Desertion in der Armee Friedrichs des Großen*. Freiburg i. Br.: Rombach, 2003.

Myrer, Anton. *Once an Eagle*. New York: HarperTorch, 2001.

Official Register of the Officers and Cadets of the U.S. Military Academy. West Point, New York: USMA Press, 1905.

Nakata, Jun. *Der Grenz-und Landesschutz in der Weimarer Republik, 1918 bis 1933: Die geheime Aufrüstung und die deutsche Gesellschaft*. Freiburg i. Br.: Rombach, 2002.

Nenninger, Timothy K. "Creating Officers: The Leavenworth Experience, 1920-1940." *Military Review* 69, no. 11 (1989): 58-68.

——. "Leavenworth and Its Critics: The U.S. Army Command and General Staff School, 1920-1940." *Journal of Military History* 58, no. 2 (1994): 199-231.

——. *The Leavenworth Schools and the Old Army: Education, Professionalism, and the Officer Corps of the United States Army, 1881-1918*. Westport: Greenwood, 1978.

——. "'Unsystematic as a Mode of Command': Commanders and the Process of Command in the American Expeditionary Force, 1917-1918." *Journal of Military History* 64, no. 3 (2000): 739-768.

Neugebauer, Karl-Volker. "Operatives denken zwischen dem Ersten und Zweiten Weltkrieg." In *Operatives Denken und Handeln in deutschen Streitkräften im 19. und 20. Jahrhundert*,

——. "German Military Effectiveness between 1919 and 1939." In *Military Effectiveness: The Interwar Period*, edited by Allan Reed Millett and Williamson Murray, 218-255. Boston: Allen & Unwin, 1988.

——. "The Prussian Army from Reform to War." In *On the Road to Total War: The American Civil War and the German Wars of Unification, 1861-1871*, edited by Stig Förster and Jörg Nagler, 263-282. Washington, D.C.: German Historical Institute, 1997.

Messerschmitt, Manfred. "Die Wehrmacht: Vom Realitätsverlust zum Selbstbetrug." In *Ende des Dritten Reiches: Ende des Zweiten Weltkriegs; Eine perspektivische Rückschau*, edited by Hans-Erich Volkmann, 223-259. München: Piper, 1995.

Meyer, Georg. *Adolf Heusinger: Dienst eines deutschen Soldaten, 1915 bis 1964*. Hamburg: Mittler, 2001.

Miles, Perry L. *Fallen Leaves: Memories of an Old Soldier*. Berkeley, California: Wuerth, 1961.

Millett, Allan Reed. *The General: Robert L. Bullard and Officership in the United States Army, 1881-1925*. Westport, Connecticut: Greenwood Press, 1975.

——. "The United States Armed Forces in the Second World War." In *Military Effectiveness: The Second World War*, edited by Allan Reed Millett and Williamson Murray, 45-89. Boston: Allen & Unwin, 1988.

Millett, Allan Reed, and Peter Maslowski. *For the Common Defense: A Military History of the United States of America*. Rev. and expanded ed. New York: Free Press, 1994.

Millett, Allan Reed, and Williamson Murray, eds. *Military Effectiveness: The Interwar Period*. 3 vols. Vol. 2. Mershon Center Series on Defense and Foreign Policy. Boston: Allen & Unwin, 1988.

——, eds. *Military Effectiveness: The Second World War*. 3 vols. Vol. 3. Mershon Center Series on Defense and Foreign Policy. Boston: Allen & Unwin, 1988.

Millotat, Christian E. O. *Das preußisch-deutsche Generalstabssystem. Wurzeln-Entwicklung-Fortwirken*. Strategie und Konfliktforschung. Zürich: vdf, 2000.

Möbius, Sascha. *Mehr Angst vor dem Offizier als vor dem Feind? Eine mentalitätsgeschichtliche Studie zur preußischen Taktik im Siebenjährigen Krieg*. Saarbrücken: VDM, 2007.

Model, Hansgeorg. *Der deutsche Generalstabsoffizier: Seine Auswahl und Ausbildung in Reichswehr, Wehrmacht und Bundeswehr*. Frankfurt a. M.: Bernard & Graefe, 1968.

Model, Hansgeorg, and Jens Prause. *Generalstab im Wandel: Neue Wege bei der Generalstabsausbildung in der Bundeswehr*. München: Bernard & Graefe, 1982.

Möller-Witten, Hans. "Die Verluste der deutschen Generalität, 1939-1945." *Wehrwissenschaftliche Rundschau* 4 (1954): 31-33.

Moncure, John. *Forging the King's Sword: Military Education between Tradition and Modernization; The Case of the Royal Prussian Cadet Corps, 1871-1918*. New York City: Lang, 1993.

Montgomery of Alamein, Bernard Law. *The Memoirs of Field Marshal Montgomery*. Barnsley: Pen & Sword, 2005.／B・L・モントゴメリー『モントゴメリー回想録』、高橋光夫・舩坂弘共訳、読売新聞社、1971年。ただし、これは、第21章から第32章までの戦後を扱った部分が割愛された抄訳。

Morelock, Jerry D. *Generals of the Ardennes: American Leadership in the Battle of the Bulge*. Washington, D.C.: National Defense University Press, 1994.

Morrison, James L. "The Struggle between Sectionalism and Nationalism at Ante-Bellum West Point, 1830-1861." In *The Military and Society: A Collection of Essays*, edited by Peter

カーサー『マッカーサー大戦回顧録』上下巻、津島一夫訳、中公文庫、2003年。
MacDonald, Charles Brown. *Company Commander*. Washington, D.C.: *Infantry Journal* Press, 1947.
——. *A Time for Trumpets: The Untold Story of the Battle of the Bulge*. Toronto: Bantam Books, 1985.
Macksey, Kenneth. *Guderian: Panzer General*. London: Greenhill Books, 2003.／ケネス・マクセイ『ドイツ装甲師団とグデーリアン』、加登川幸太郎訳、圭文社、1977年。
——. *Why the Germans Lose at War: The Myth of German Military Superiority*. London: Greenhill, 1996.
Maclean, French L. *Quiet Flows the Rhine: German General Officer Casualties in World War II*. Winnipeg: Fedorowicz 1996.
Manchester, William Raymond. *American Caesar: Douglas MacArthur, 1880-1964*. Boston: Little, Brown, 1978.／ウィリアム・マンチェスター『ダグラス・マッカーサー』上下巻、鈴木主税訳、河出書房新社、1985年。
Manstein, Erich von. *Aus einem Soldatenleben, 1887-1939*. Bonn: Athenäum, 1958.
——. *Lost Victories*. Novato, California: Presidio, 1982.／エーリヒ・フォン・マンシュタイン『失われた勝利』上下巻、本郷健訳、中央公論新社、1999〜2000年。
Manstein, Rüdiger von, and Theodor Fuchs. *Manstein: Soldat im 20. Jahrhundert*. Bonn: Bernard & Graefe, 1981.
Mardis, Jamie. *Memos of a West Point Cadet*. New York: McKay, 1976.
Markmann, Hans-Jochen. *Kadetten: Militärische Jugenderziehung in Preußen*. Berlin: Pädagogisches Zentrum, 1983.
Marshall, George C. "Profiting by War Experiences." *Infantry Journal* 18 (1921): 34-37.
Marwedel, Ulrich. *Carl von Clausewitz: Persönlichkeit und Wirkungsgeschichte seines Werkes bis 1918*. Militärgeschichtliche Studien 25. Boppard a. R.: Boldt, 1978.
Maslov, Aleksander A. *Fallen Soviet Generals: Soviet General Officers Killed in Battle, 1941-1945*. London: Cass, 1998.
Masuhr, H. *Psychologische Gesichtspunkte für die Beurteilung von Offizieranwärtern*. Wehrpsychologische Arbeiten 4. Berlin: Bernard & Graefe, 1937.
McCain, John, and Mark Salter. *Faith of My Fathers*. New York: Random House, 1999.
McCoy, Alfred W. "'Same Banana': Hazing and Honor at the Philippine Military Academy." In *The Military and Society: A Collection of Essays*, edited by Peter Karsten, 91-128. New York: Garland, 1998.
McDonald, Robert M. S., ed. *Thomas Jefferson's Military Academy: Founding West Point*. Charlottesville: University of Virginia, 2004.
McMaster, H. R. *Dereliction of Duty: Lyndon Johnson, Robert McNamara, the Joint Chiefs of Staff, and the Lies that Led to Vietnam*. New York: HarperCollins, 1997.
Megargee, Geoffrey P. *Inside Hitler's High Command*. Modern War Studies. Lawrence: University Press of Kansas, 2000.
Meier-Welcker, Hans. *Aufzeichnungen eines Generalstabsoffiziers, 1939-1942*. Einzelschriften zur militärischen Geschichte des Zweiten Weltkrieges. Freiburg i. Br.: Rombach, 1982.
Mellenthin, Friedrich Wilhelm von. *Deutschlands Generale des Zweiten Weltkriegs*. Bergisch Gladbach: Lübbe, 1980.
Messerschmidt, Manfred. *Die Wehrmacht im NS-Staat: Zeit der Indoktrination*. Truppe und Verwaltung 16. Hamburg: Decker, 1969.

Mittler, 2001.
Leon, Philip W. *Bullies and Cowards: The West Point Hazing Scandal, 1898-1901*. Contributions in Military Studies. Westport, Conneticut: Greenwood Press, 2000.
Lettow-Vorbeck, Paul von. *Mein Leben*. Biberach a. d. Riss: Koehler, 1957.
Liddell Hart, Basil Henry. *The Other Side of the Hill: Germany's Generals, Their Rise and Fall, with Their Own Account of Military Events, 1939-1945*. Enlarged and rev. ed. London, 1951.／ベイジル・ヘンリー・リデルハート『ヒトラーと国防軍』、新版、岡本鐳輔訳、原書房、2010年。
——. *Strategy*. 2nd rev. ed. New York: Meridian Books, 1991.／ベイジル・ヘンリー・リデルハート『戦略論』上下巻、新版、市川良一訳、原書房、2010年。
——. *Why Don't We Learn from History?* New York: Hawthorn, 1971.
Lingen, Kerstin von. *Kesselrings letzte Schlacht: Kriegsverbrecherprozesse, Vergangenheitspolitik und Wiederbewaffnung; Der Fall Kesselring*. Paderborn: Schöningh, 2004.
Linn, Brian McAllister. "Challenge and Change: West Point and the Cold War." In *West Point: Two Centuries and Beyond*, edited by Lance A. Betros, 218-247. Abilene, Texas: McWhiney Foundation Press, 2004.
Lipsky, David. *Absolutely American: Four Years at West Point*. Boston: Houghton Mifflin, 2003.
Little, Roger W. "Buddy Relations and Combat Performance." In *The New Military - Changing Patterns of Organization*, edited by Morris Janowitz, 195-223. New York: Russell Sage Foundation, 1964.
Logan, John A. *The Volunteer Soldier of America*. New York: Arno, 1979.
Lonn, Ella. *Foreigners in the Union Army and Navy*. Baton Rouge: Louisiana State University Press, 1951.
Loßberg, Bernhard von. *Im Wehrmachtführungsstab: Bericht eines Generalstabsoffiziers* Hamburg: Nölke, 1950.
Lotz, Wolfgang. *Kriegsgerichtsprozesse des Siebenjährigen Krieges in Preußen. Untersuchungen zur Beurteilung militärischer Leistungen durch Friedrich den II*. Frankfurt a. M.,1981.
Loveland, Anne C. "Character Education in the U.S. Army, 1947-1977." *Journal of Military History* 64 (2000): 795-818.
Lovell, John Philip. "The Professional Socialization of the West Point Cadet." In *The New Military: Changing Patterns of Organization*, edited by Morris Janowitz, 119-157. New York: Russell Sage Foundation, 1964.
Lüke, Martina G. *Zwischen Tradition und Aufbruch: Deutschunterricht und Lesebuch im deutschen Kaiserreich*. Frankfurt a. M.: Lang, 2007.
Lupfer, Timothy T. *The Dynamics of Doctrine: The Changes in German Tactical Doctrine during the First World War*. Leavenworth Papers. Ft. Leavenworth, Kansas: Combat Studies Institute, U.S. Army Command and General Staff College, 1981.
Luvaas, Jay. "The Influence of the German Wars of Unification on the United States." In *On the Road to Total War: The American Civil War and the German Wars of Unification, 1861-1871*, edited by Stig Förster and Jörg Nagler, 597-619. Washington, D.C.: German Historical Institute, 1997.
Lynn, John A. Battle: *A History of Combat and Culture*. Boulder, Colorado: Westview Press, 2003.
MacArthur, Douglas. *Reminiscences*. New York City: McGraw-Hill, 1964.／ダグラス・マッ

Kopp, Roland. "Die Wehrmacht feiert. Kommandeurs-Reden zu Hitlers 50. Geburtstag am 20. April 1939." *Militärgeschichtliche Zeitschrift* 62 (2003): 471-534.

Kosthorst, Erich. *Die Geburt der Tragödie aus dem Geist des Gehorsams: Deutschlands Generäle und Hitler; Erfahrungen und Reflexionen eines Frontoffiziers*. Bonn: Bouvier, 1998.

Krammer, Arnold. "American Treatment of German Generals during World War II." *Journal of Military History* 54, no. 1 (1990): 27-46.

Krassnitzer, Patrick. "Historische Forschung zwischen 'importierten Erinnerungen' und Quellenamnesie: Zur Aussagekraft autobiographischer Quellen am Beispiel der Weltkriegserinnerung im nationalsozialistischen Milieu." In *Militärische Erinnerungskultur: Soldaten im Spiegel von Biographien, Memoiren und Selbstzeugnissen*, edited by Michael Epkenhans, Stig Förster and Karen Hagemann, 212-222. Paderborn: Schöningh, 2006.

Kroener, Bernhard R. "Auf dem Weg zu einer 'nationalsozialistischen Volksarmee': Die soziale Öffnung des Heeresoffizierkorps im Zweiten Weltkrieg." In *Von Stalingrad zur Währungsreform: Zur Sozialgeschichte des Umbruchs in Deutschland*, edited by Martin Broszat, Klaus-Dietmar Henke, and Hans Woller, 651-682. München: Oldenbourg, 1988.

——. *Generaloberst Friedrich Fromm: Der starke Mann im Heimatkriegsgebiet; Eine Biographie*. Paderborn: Schöningh, 2005.

——. "Generationserfahrungen und Elitenwandel: Strukturveränderungen im deutschen Offizierkorps, 1933-1945." In *Eliten in Deutschland und Frankreich im 19. und 20. Jahrhundert: Strukturen und Beziehungen*, edited by Rainer Hudemann and Georges-Henri Soutu, 219-233: Oldenbourg, 1994.

——. "'Störer' und 'Versager': Die Sonderabteilungen der Wehrmacht. Soziale Disziplinierung aus dem Geist des Ersten Weltkrieges." In *Adel— Geistlichkeit—Militär*, edited by Michael Busch and Jörg Hillman, 71-90. Bochum: Winkler, 1999.

——. "Strukturelle Veränderungen in der militärischen Gesellschaft des Dritten Reiches." In *Nationalsozialismus und Modernisierung*, edited by Michael Prinz and Rainer Zitelmann, 267-296. Darmstadt: Wissenschaftliche Buchgesellschaft, 1991.

Kroener, Bernhard R. , Rolf-Dieter Müller, and Hans Umbreit. *Das Deutsche Reich und der Zweite Weltkrieg, Vol. V/1: Organisation und Mobilisierung des deutschen Machtbereichs, 1939-1941*. München: Deutsche Verlags-Anstalt, 1988.

Kroener, Bernhard R., Rolf-Dieter Müller, and Hans Umbreit. *Das Deutsche Reich und der Zweite Weltkrieg, Vol. V/2: Organisation und Mobilisierung des deutschen Machtbereichs, 1942-1945*. München: Deutsche Verlags-Anstalt, 1999.

Kuehn, John T. "The Goldwater-Nichols Fix: Joint Education is the Key to True 'Jointness'" *Armed Forces Journal* 32 (April 2010).

Lanham, Charles T., ed. *Infantry in Battle*. Washington, D.C: *Infantry Journal*, 1934.

Larned, Charles W. "West Point and Higher Education." *Army and Navy Life and The United Service* 8, no. 12 (1906): 9-22.

Latzel, Klaus. *Deutsche Soldaten: nationalsozialistischer Krieg? Kriegserlebnis; Kriegserfahrung, 1939-1945*. Paderborn et al.: Schöningh, 1998.

Leistenschneider, Stephan. *Auftragstaktik im preußisch-deutschen Heer, 1871 bis 1914*. Hamburg: Mittler, 2002.

——. "Die Entwicklung der Auftragstaktik im deutschen Heer und ihre Bedeutung für das deutsche Führungsdenken." In *Führungsdenken in europäischen und nordamerikanischen Streitkräften im 19. und 20. Jahrhundert*, edited by Gerhard P. Groß, 175-190. Hamburg:

Len Scott, 59-79. London: Routledge, 2008.
Janda, Lance. "The Crucible of Duty: West Point, Women, and Social Change." In *West Point: Two Centuries and Beyond*, edited by Lance A. Betros, 344-367. Abilene, Texas: McWhiney Foundation Press, 2004.
——. *Stronger than Custom: West Point and the Admission of Women*. Westport, Connecticut: Praeger, 2002.
Janowitz, Morris. "Changing Patterns of Organizational Authority: The Military Establishment." In *The Military and Society: A Collection of Essays*, edited by Peter Karsten, 237-257. New York: Garland, 1998.
——, ed. *The New Military: Changing Patterns of Organization*. New York: Russell Sage Foundation, 1964.
——. *The Professional Soldier: A Social and Political Portrait*. New York: Free Press, 1974.
Kaltenborn, Rudolph Wilhelm von. *Briefe eines alten Preußischen Officiers*. 2 vols. Vol. 1. Braunschweig: Biblio, 1790. Reprint, 1972.
Kaplan, Fred. "Challenging the Generals." *New York Times Magazine*, August 26, 2007.
Karsten, Peter, ed. *The Military and Society: A Collection of Essays*. New York: Garland, 1998.
——. "Ritual and Rank: Religious Affiliation, Father's 'Calling,' and Successful Advancements in the U.S. Officer Corps of the Twentieth Century." In *The Military and Society: A Collection of Essays*, edited by Peter Karsten, 77-90. New York: Garland, 1998.
Keegan, John. *The Battle for History: Re-fighting World War II*. New York: Vintage Books, 1996.
——, ed. *Churchill's Generals*. 1st American ed. New York: Grove Weidenfeld, 1991.
——. *Die Kultur des Krieges*. Berlin: Rowohlt, 1995.
——. *The First World War*. New York: Knopf, 1999.
Keller, Christian B. *Chancellorsville and the Germans: Nativism, Ethnicity, and Civil War Memory*. New York: Fordham University Press, 2007.
Kerns, Harry N. "Cadet Problems." *Mental Hygiene* 7 (1923): 688-696.
Kielmansegg, Johann Adolf Graf von. "Bemerkungen zum Referat von Hauptmann Dr. Frieser aus der Sicht eines Zeitzeugen." In *Operatives Denken und Handeln in deutschen Streitkräften im 19. und 20. Jahrhundert*, edited by Günther Roth, 149-159. Herford: Mittler, 1988.
Kindsvatter, Peter S. *American Soldiers: Ground Combat in the World Wars, Korea and Vietnam*. Lawrence: University Press of Kansas, 2003.
Kirkpatrick, Charles E. "Orthodox Soldiers: U.S. Army Formal School and Junior Officers between the Wars." In *Forging the Sword: Selecting, Educating, and Training Cadets and Junior Officers in the Modern World*, edited by Elliot V. Converse, 99-116. Chicago: Imprint Publications, 1998.
——. " 'The Very Model of a Modern Major General': Background of World War II American Generals in V Corps." In *The U.S. Army and World War II: Selected Papers from the Army's Commemorative Conferences*, edited by Judith L. Bellafaire, 259-276. Washington, D.C.: Center of Military History, U.S. Army, 1998.
Kitchen, Martin. *The German Officer Corps, 1890-1914*. Oxford: Clarendon, 1968.
Klein, Friedhelm. "Aspekte militärischen Führungsdenkens in Geschichte und Gegenwart." In *Führungsdenken in europäischen und nordamerikanischen Streitkräften im 19. und 20. Jahrhundert*, edited by Gerhard P. Groß, 11-17. Hamburg: Mittler, 2001.

Military History 62, no. 1 (1998): 101-134.
——. *Through Mobility We Conquer: The Mechanization of U.S. Cavalry*. Lexington: University of Kentucky, 2006.
Hofmann, Hans Hubert, ed. *Das deutsche Offizierkorps, 1860-1960*. Boppard a. R.: Boldt, 1980.
Hogan, Michael J. *A Cross of Iron: Harry S. Truman and the Origins of the National Security State, 1945-1954*. Cambridge, UK: Cambridge University Press, 1998.
Holden, Edward S. "The Library of the United States Military Academy, 1777-1906." *Army and Navy Life*, June, (1906): 45-48.
Holley, I. B., Jr. "Training and Educating Pre-World War I United States Army Officers." In *Forging the Sword: Selecting, Educating, and Training Cadets and Junior Officers in the Modern World*, edited by Elliot V. Converse, 26-31. Chicago: Imprint Publications, 1998.
Horne, Alistair. *The Price of Glory*. New York: Penguin, 1993.
Hovland, Carl I., et al., ed. *Experiments on Mass Communication*. 4 vols. Vol. 3. Studies in Social Psychology in World War II. Princeton, New Jersey: Princeton University Press, 1949.
Hubatsch, Walther, ed. *Hitlers Weisungen für die Kriegführung, 1939-1945: Dokumente des Oberkommandos der Wehrmacht*. Frankfurt a. M.: Bernard & Graefe, 1962.／英語版からの和訳あり。ヒュー・レッドワルド・トレヴァー＝ローパー『ヒトラーの作戦指令書——電撃戦の恐怖』、滝川義人訳、東洋書林、2000年。
Hughes, Daniel J. "Occupational Origins of Prussia's Generals, 1870-1914." *Central European History* 13, no. 1 (1980): 3-33.
Hughes, David Ralph. *Ike at West Point*. Poughkeepsie, New York: Wayne Co., 1958.
Hughes, R. Gerald, Peter Jackson, and Len Scott, eds. *Exploring Intelligence Archives: Enquiries into the Secret State*. London: Routledge, 2008.
Hughes, R. Gerald, and Len Scott. "'Knowledge is Never Too Dear': Exploring Intelligence Archives." In *Exploring Intelligence Archives: Enquiries into the Secret State*, edited by R. Gerald Hughes, Peter Jackson, and Len Scott, 13-39. London: Routledge, 2008.
Huntington, Samuel P. *The Soldier and the State: The Theory and Politics of Civil-Military Relations*. Cambridge, Massachusetts: Belknap, 1957.／サミュエル・ハンチントン『軍人と国家』市川良一訳、上下巻、新版、原書房、2008年。
Hürter, Johannes. *Hitlers Heerführer: Die deutschen Oberbefehlshaber im Krieg gegen die Sowjetunion, 1941/1942*. München: Oldenbourg, 2007.
Hymel, Kevin, ed. *Patton's Photographs: War as He Saw It*. 1st ed. Washington, D.C.: Potomac Books, 2006.
Ilsemann, Carl-Gero von. "Das operative Denken des Älteren Moltke." In *Operatives Denken und Handeln in deutschen Streitkräften im 19. und 20. Jahrhundert*, edited by Günther Roth, 17-44. Herford: Mittler, 1988.
"It Just Happened: Review of Ernst von Salomon's book *The Questionnaire*." *Time*, Jan. 10, 1955.
Jackson, Peter. "Introduction: Enquiries into the 'Secret State'." In *Exploring Intelligence Archives: Enquiries into the Secret State*, edited by R. Gerald Hughes, Peter Jackson, and Len Scott, 1-11. London: Routledge, 2008.
——. "Overview: A Look at French Intelligence Machinery in 1936." In *Exploring Intelligence Archives: Enquiries into the Secret State*, edited by R. Gerald Hughes, Peter Jackson, and

——. *Dogface Soldier: The Life of General Lucian K. Truscott, Jr.* Columbia: University of Missouri Press, 2010.

Heer, Hannes, ed. *Vernichtungskrieg: Verbrechen der Wehrmacht, 1941 bis 1944*. Hamburg: Hamburger Edition, 1995.

Heiber, Helmut, ed. *Lagebesprechungen im Führerhauptquartier: Protokollfragmente aus Hitlers militärischen Konferenzen, 1942-1945*. München: DTV, 1964.

Heider, Paul. "Der totale Krieg: Seine Vorbereitung durch Reichswehr und Wehrmacht." In *Der Weg der deutschen Eliten in den zweiten Weltkrieg*, edited by Ludwig Nestler, 35-80. Berlin, 1990.

Heinl, R.D. "They Died with Their Boots on." *Armed Forces Journal* 107, no. 30 (1970).

Heller, Charles E., and William A. Stofft, eds. *America's First Battles, 1776-1965*. Modern War Studies. Lawrence: University Press of Kansas, 1986.

Herr, John K., and Edward S. Wallace. *The Story of the U.S. Cavalry, 1775-1942*. Boston: Little, Brown, 1953.

Herwig, Holger H. "Feudalization of the Bourgeoisie: The Role of the Nobility in the German Naval Officer Corps, 1890-1918." In *The Military and Society: A Collection of Essays*, edited by Peter Karsten, 44-56. New York: Garland, 1998.

——. " 'You are here to learn how to die': German Subaltern Officer Education on the Eve of the Great War." In *Forging the Sword: Selecting, Educating, and Training Cadets and Junior Officers in the Modern World*, edited by Elliot V. Converse, 32-46. Chicago: Imprint Publications, 1998.

Hesse, Kurt. "Militärisches Erziehungs- und Bildungswesen in Deutschland." In *Die Deutsche Wehrmacht, 1914-1939. Rückblick und Ausblick*, edited by Georg Wetzell, 463-483. Berlin Mittler, 1939.

Heuer, Uwe. *Reichswehr-Wehrmacht-Bundeswehr. Zum Image deutscher Streitkräfte in den Vereinigten Staaten von Amerika. Kontinuität und Wandel im Urteil amerikanischer Experten*. Frankfurt a. M.: Lang, 1990.

Heuser, Beatrice. *Reading Clausewitz*. London: Pimlico, 2002.

Heusinger, Adolf. *Befehl im Widerstreit: Schicksalsstunden der deutschen Armee, 1923-1945*. Tübingen: Wunderlich, 1957.

Higginbotham, Don. "Military Education before West Point." In *Thomas Jefferson's Military Academy: Founding West Point*, edited by Robert M. S. McDonald, 23-53. Charlottesville: University of Virginia, 2004.

Hillebrecht, Georg, and Andreas Eckl. *"Man wird wohl später sich schämen müssen, in China gewesen zu sein": Tagebuchaufzeichnungen des Assistenzarztes Dr. Georg Hillebrecht aus dem Boxerkrieg, 1900-1902*. Essen: Eckl, 2006.

Hillgruber, Andreas. "Dass Russlandbild der führenden deutschen Militärs vor Beginn des Angriffs auf die Sowjetunion." In *Das Russlandbild im Dritten Reich*, edited by Hans-Erich Volkmann, 125-140. Köln: Böhlau, 1994.

Hillman, Jörg. "Die Kriegsmarine und ihre Großadmirale: Die Haltbarkeit von Bildern der Kriegsmarine." In *Militärische Erinnerungskultur: Soldaten im Spiegel von Biographien, Memoiren und Selbstzeugnissen*, edited by Michael Epkenhans, Stig Förster and Karen Hagemann, 291-328. Paderborn: Schöningh, 2006.

Hofmann, George F. "The Tactical and Strategic Use of Attaché Intelligence: The Spanish Civil War and the U.S. Army's Misguided Quest for a Modern Tank Doctrine." *Journal of*

New Perspectives on the Third Reich and Its Legacy, edited by Alan E. Steinweis and Daniel E. Rogers, 199-212. Lincoln: University of Nebraska Press, 2003.

Gordon, Harold J., Jr. *The Reichswehr and the German Republic*, 1919-1926. Princeton, New Jersey: Princeton University Press, 1957.

Gordon, Michael R., and Bernard E. Trainor. *Cobra II: The Inside Story of the Invasion and Occupation of Iraq*. New York: Vintage, 2006.

Görlitz, Walter. *Der deutsche Generalstab: Geschichte und Gestalt*. 2nd ed. Frankfurt a. M.: Frankfurter Hefte, 1953. ／ヴァルター・ゲルリッツ『ドイツ参謀本部興亡史』、守屋純訳、上下巻、学研M文庫、2000年。

——. *Generalfeldmarschall Keitel: Verbrecher oder Offizier?: Erinnerungen, Briefe, Dokumente des Chefs OKW*. Göttingen: Musterschmidt, 1961.

Görtemaker, Manfred. *Bismarck und Moltke. Der preußische Generalstab und die deutsche Einigung*. Friedrichsruher Beiträge. Friedrichsruh: Otto-von-Bismarck-Stiftung, 2004.

——. "Helmuth von Moltke und das Führungsdenken im 19. Jahrhundert." In *Führungsdenken in europäischen und nordamerikanischen Streitkräften im 19. und 20. Jahrhundert*, edited by Gerhard P. Groß, 19-41. Hamburg: Mittler, 2001.

Greenfield, Kent Roberts, and Robert R. Palmer. *Origins of the Army Ground Forces General Headquarters, United States Army, 1940-1942*. Washington, D. C.: Historical Division, Army Ground Forces, 1946.

Greenfield, Kent Roberts, Robert R. Palmer, and Bell I. Wiley. *The Army Ground Forces: The Organization of Ground Combat Troops*. The United States Army in World War II. Washington, D.C.: Historical Division, Department of the Army, 1947.

Grier, David. "The Appointment of Admiral Karl Dönitz as Hitler's Successor." In *The Impact of Nazism: New Perspectives on the Third Reich and Its Legacy*, edited by Alan E. Steinweis and Daniel E. Rogers, 182-198. Lincoln: University of Nebraska Press, 2003.

Groß, Gerhard P., ed. *Führungsdenken in europäischen und nordamerikanischen Streitkräften im 19. und 20. Jahrhundert*. Hamburg: Mittler, 2001.

Grotelueschen, Mark Ethan. *The AEF Way of War: The American Army and Combat in World War I*. New York: Cambridge University Press, 2007.

Guderian, Heinz. *Erinnerungen eines Soldaten*. Heidelberg: Vowinckel, 1951.／ハインツ・グデーリアン『電撃戦』上下巻、本郷健訳、中央公論新社、1999年。

Günther, Hans R. G. *Begabung und Leistung in deutschen Soldatengeschlechtern*. Wehrpsychologische Arbeiten 9. Berlin: Bernard & Graefe, 1940.

Hackl, Othmar, ed. *Generalstab, Generalstabsdienst und Generalstabsausbildung in der Reichswehr und Wehrmacht, 1919-1945*. Studien deutscher Generale und Generalstabsoffiziere in der Historical Division der U.S. Army in Europa, 1946-1961. Osnabrück: Biblio, 1999.

Handbuch für den Generalstabsdienst im Kriege. 2 vols. Vol. 1. Berlin, 1939.

Harmon, Ernest N., Milton MacKaye, and William Ross MacKaye. *Combat Commander: Autobiography of a Soldier*. Englewood Cliffs, New Jersey: Prentice-Hall, 1970.

Hartmann, Christian, et al., eds. *Verbrechen der Wehrmacht: Bilanz einer Debatte*. München: Beck, 2005.

Hazen, William Babcock. *The School and the Army in Germany and France*. New York: Harper & Brothers, 1872.

Heefner, Wilson A. *Patton's Bulldog: The Life and Service of General Walton H. Walker*. Shippensburg, Pennsylvania: White Mane Books, 2001.

——. *Stalingrad: Risse im Bündnis, 1942/43*. Freiburg i. Br.: Rombach, 1975.

Förster, Stig. "The Prussian Triangle of Leadership in the Face of a People's War: A Reassessment of the Conflict between Bismarck and Moltke, 1870-1871." In *On the Road to Total War: The American Civil War and the German Wars of Unification, 1861-1871*, edited by Stig Förster and Jörg Nagler, 115-140. Washington, D.C.: German Historical Institute, 1997.

Förster, Stig, and Jörg Nagler, eds. *On the Road to Total War: The American Civil War and the German Wars of Unification, 1861-1871*. Washington, D.C.: German Historical Institute, 1997.

Freeman, Douglas Southall. *Lee's Lieutenants: A Study in Command*. New York: Scribner, 1942.

Friedrich, Jörg. *Das Gesetz des Krieges: Das deutsche Heer in Rußland, 1941 bis 1945; Der Prozeß gegen das Oberkommando der Wehrmacht*. Paperback ed. München: Piper, 2003.

Frieser, Karl-Heinz. *The Blitzkrieg Legend: The 1940 Campaign in the West*. Annapolis, Maryland: Naval Institute Press, 2005.

——. *Blitzkrieg-Legende. Der Westfeldzug 1940*. Operationen des Zweiten Weltkrieges 2. München: Oldenbourg, 1995.／カール＝ハインツ・フリーザー『電撃戦という幻』上下巻、大木毅・安藤公一共訳、中央公論新社、2003年。

Funck, Marcus. "In den Tod gehen: Bilder des Sterbens im 19. und 20. Jahrhundert." In *Willensmenschen: Über deutsche Offiziere*, edited by Ursula Breymayer, 227-236. Frankfurt a. M.: Fischer, 1999.

——. "Schock und Chance: Der preußische Militäradel in der Weimarer Republik zwischen Stand und Profession." In *Adel und Bürgertum in Deutschland: Entwicklungslinien und Wendepunkte*, edited by Hans Reif, 69-90. Berlin: Akademie, 2001.

Fussell, Paul. "The Real War, 1939-1945." *Atlantic Online* (August 1989). http://www.theatlantic.com/unbound/bookauth/battle/fussell.htm.

——. *Wartime: Understanding and Behavior in the Second World War*. New York: Oxford University Press, 1989.

Gabriel, Richard A., and Paul L. Savage. *Crisis in Command*. New York: Hill & Wang, 1978.

Ganoe, William Addleman. *MacArthur Close-Up: Much Then and Some Now*. New York: Vantage, 1962.

Gat, Azar. "The Hidden Sources of Liddell Hart's Strategic Ideas." *War in History* 3, no. 3 (1996): 292-308.

Geffen, William E., ed. *Command and Commanders in Modern Military History: The Proceedings of the Second Military History Symposium, U.S. Air Force Academy, May 2-3, 1968*. Washington, D.C.: Office of Air Force History, 1971.

Genung, Patricia B. "Teaching Foreign Languages at West Point." In *West Point: Two Centuries and Beyond*, edited by Lance A. Betros, 507-532. Abilene, Texas: McWhiney Foundation Press, 2004.

Geyer, Michael. "The Past as Future: The German Officer Corps as Profession." In *German Professions, 1800-1950*, edited by Geoffrey Cocks and Konrad Jarausch, 183-212. New York: Oxford University Press, 1990.

Goda, Norman J. W. "Black Marks: Hitler's Bribery of His Senior Officers during World War II." *Journal of Modern History* 72 (2000): 411-452.

——. "Justice and Politics in Karl Dönitz's Release from Spandau." In *The Impact of Nazism:*

Eltinge, LeRoy. *Psychology of War*. Revised ed. Ft. Leavenworth, Kansas: Press of the Army Service Schools, 1915.

Endres, Franz Carl. "Soziologische Struktur und ihre entsprechenden Ideologien des deutschen Offizierkorps vor dem Weltkriege." *Archiv für Sozialwissenschaft und Sozialpolitik* 58 (1927): 282-319.

Epkenhans, Michael, Stig Förster, and Karen Hagemann, eds. *Militärische Erinnerungskultur: Soldaten im Spiegel von Biographien, Memoiren und Selbstzeugnissen*. Paderborn: Schöningh, 2006.

Epkenhans, Michael, and Gerhard P. Groß, eds. *Das Militär und der Aufbruch in die Moderne 1860 bis 1890: Armeen, Marinen und der Wandel von Politik, Gesellschaft und Wirtschaft in Europa, den USA sowie Japan*. Beiträge zur Militärgeschichte 60. München: Oldenbourg, 2003.

Erfurth, Waldemar. *Die Geschichte des deutschen Generalstabes von 1918 bis 1945*. 2nd ed. Studien und Dokumente zur Geschichte des Zweiten Weltkrieges. Göttingen: Musterschmidt, 1957.

Ernst, Wolfgang. *Der Ruf des Vaterlandes: Das höhere Offizierskorps unter Hitler; Selbstanspruch und Wirklichkeit*. Berlin: Frieling, 1994.

Exton, Hugh M., and Frederick Bernays Wiener. "What is a General?" *Army* 8, no. 6 (1958): 37-47.

Farago, Ladislas. *The Last Days of Patton*. New York: McGraw-Hill, 1981.

Feld, Maury D. "Military Self-Image in a Technological Environment." In *The New Military: Changing Patterns of Organization*, edited by Morris Janowitz, 159-188. New York: Russell Sage Foundation, 1964.

Ferris, John. "Commentary: Deception and 'Double Cross' in the Second World War." In *Exploring Intelligence Archives: Enquiries into the Secret State*, edited by R. Gerald Hughes, Peter Jackson and Len Scott, 98-102. London: Routledge, 2008.

Finlan, Alistair. "How Does a Military Organization Regenerate its Culture?" In *The Falklands Conflict Twenty Years On: Lessons for the Future*, edited by Stephen Badsey, Rob Havers and Mark Grove, 193-212. London: Cass, 2005.

Fischer, Michael E. "Mission-Type Orders in Joint Operations: The Empowerment of Air Leadership." School of Advanced Air Power Studies, 1995.

Foerster, Roland G., ed. *Generalfeldmarschall von Moltke: Bedeutung und Wirkung*. Beiträge zur Militärgeschichte 33. München: Oldenbourg, 1991.

Foerster, Wolfgang. "Review of 'Der deutsche Generalstab: Geschichte und Gestalt' by Walter Görlitz." *Wehrwissenschaftliche Rundschau* 1, no. 8 (1951): 7-20.

Foertsch, Hermann. *Der Offizier der deutschen Wehrmacht: Eine Pflichtenlehre*. 2nd ed. Berlin: Eisenschmidt, 1936.

Foley, Robert T. *German Strategy and the Path to Verdun: Erich von Falkenhayn and the Development of Attrition, 1870-1916*. Cambridge, UK: Cambridge University Press, 2005.

Foltmann, Josef, and Hans Möller-Witten. *Opfergang der Generale*. 3rd ed, Schriften gegen Diffamierung und Vorurteile. Berlin: Bernard & Graefe, 1957.

Förster, Jürgen E. "The Dynamics of *Volksgemeinschaft:* The Effectiveness of the German Military Establishment." In *Military Effectiveness: The Second World War*, edited by Allan Reed Millett and Williamson Murray, 180-220. Boston: Allen & Unwin, 1988.

——, ed. *Stalingrad: Ereignis-Wirkung-Symbol*. 2nd ed. München: Piper, 1993.

1939.
Dickerhof, Harald, ed. *Commemorative Publication to the 60th Birthday of Heinz Hürten*. Frankfurt a. M.: Lang, 1988.
Diedrich, Torsten. *Paulus: Das Trauma von Stalingrad*. Paderborn: Schöningh, 2008.
Diehl, James M. *Paramilitary Politics in Weimar Germany*. Bloomington: Indiana University Press, 1977.
Doepner, Friedrich. "Zur Auswahl der Offizieranwärter im 100.000 Mann-Heer." *Wehrkunde* 22 (1973): 200-204, 259-263.
Doorn, Jacques van. *The Soldier and Social Change: Comparative Studies in the History and Sociology of the Military*. Sage Series on Armed Forces and Society. Beverly Hills, California: Sage, 1975.
Doughty, Robert A., and Theodore J. Crackel. "The History of History at West Point." In *West Point: Two Centuries and Beyond*, edited by Lance A. Betros, 390-434. Abilene, Texas: McWhiney Foundation Press, 2004.
Duffy, Christopher. *The Military Life of Frederick the Great*. New York: Atheneum, 1986.
Dupuy, Trevor Nevitt. *A Genius for War: The German Army and General Staff, 1807-1945*. Englewood Cliffs, New Jersey: Prentice-Hall, 1977.
——. *Understanding War: History and the Theory of Combat*. New York: Paragon, 1987.
Eells, Walter Crosby, and Austin Carl Cleveland. "Faculty Inbreeding: Extent, Types and Trends in American Colleges and Universities." *Journal of Higher Education* 6, no. 5 (1935): 261-269.
Ehlert, Hans, Michael Epkenhans, and Gerhard P. Groß, eds. *Der Schlieffenplan. Analysen und Dokumente*, Zeitalter der Weltkriege, Bd. 2. Paderborn: Schöningh 2006.
Eiler, Keith E. *Mobilizing America: Robert P. Patterson and the War Effort, 1940-1945*. Ithaca, New York: Cornell University Press, 1997.
Eisenhower, Dwight D. *Crusade in Europe*. Garden City, New York: Doubleday, 1947. Reprint, 1948.／D・D・アイゼンハワー『ヨーロッパ十字軍　最高司令官の大戦手記』、朝日新聞社訳、朝日新聞社、1949年。ただし、この訳書では、第13章「作戦研究」が割愛されている。
[Eisenhower, Dwight D.]. A Young Graduate. "The Leavenworth Course." *Cavalry Journal* 30, no. 6 (1927): 589-600.
——. "A Tank Discussion." *Infantry Journal* (November 1920): 453-458.
Eisenhower, Dwight D., and Stephen E. Ambrose. *The Wisdom of Dwight D. Eisenhower: Quotations from Ike's Speeches & Writings, 1939-1969*. New Orleans, Louisiana: Eisenhower Center, 1990.
Eisenhower, Dwight D., and Robert H. Ferrell. *The Eisenhower Diaries*. New York: Norton, 1981.
Eisenhower, Dwight D., Daniel D. Holt, and James W. Leyerzapf. *Eisenhower: The Prewar Diaries and Selected Papers, 1905-1941*. Baltimore: Johns Hopkins University Press, 1998.
Eisenhower, Dwight D., George C. Marshall, and Joseph Patrick Hobbs. *Dear General: Eisenhower's Wartime Letters to Marshall*. Baltimore: Johns Hopkins Press, 1971.
Eisenhower, John S. D. *Strictly Personal*. New York: Doubleday, 1974.
Ellis, John. *Brute Force: Allied Strategy and Tactics in the Second World War*. New York: Viking, 1990.
——. *Cassino: The Hollow Victory*. New York: McGraw-Hill, 1984.

Converse, Elliot V., ed. *Forging the Sword: Selecting, Educating, and Training Cadets and Junior Officers in the Modern World*. Chicago: Imprint Publications, 1998.

Cooper, Matthew. *The German Army, 1933-1945: Its Political and Military Failure*. London: Macdonald and Jane's, 1978.

Corum, James S., and Richard Muller. *The Luftwaffe's Way of War: German Air Force Doctrine, 1911-1945*. Baltimore: Nautical & Aviation, 1998.

Crackel, Theodore J. *The Illustrated History of West Point*. New York: H. N. Abrams, 1991.

——. *West Point: A Bicentennial History*. Lawrence: University Press of Kansas, 2002.

——. "The Military Academy in the Context of Jeffersonian Reform." In *Thomas Jefferson's Military Academy: Founding West Point*, edited by Robert M. S. McDonald, 99-117. Charlottesville: University of Virginia, 2004.

——. "West Point's Contribution to the Army and to the Professionalism, 1877 to 1917." In *West Point: Two Centuries and Beyond.*, edited by Lance A. Betros, 38-56. Abilene, Texas: McWhiney Foundation Press, 2004.

"The Cream of the Crop: Selection of Officers for the Regular Army." *Quartermaster Review* (July-August 1946): 23-70.

Cullum, George W., and Wirt Robinson, eds. *Biographical Register of the Officers and Graduates of the U.S. Military Academy at West Point, New York, since its Establishment 1802*. Saginaw, Michigan: Seeman & Peters, 1920.

Daso, Dik Alan. "Henry. H. Arnold at West Point, 1903-1907." In *West Point: Two Centuries and Beyond*, edited by Lance A. Betros, 75-100. Abilene, Texas: McWhiney Foundation Press, 2004.

Dastrup, Boyd L. *The U.S. Army Command and General Staff College: A Centennial History*. Manhattan, Kansas: Sunflower University Press, 1982.

Davies, Richard G. *Carl A. Spaatz and the Air War in Europe*. Washington, D.C.: Center for Air Force History, 1993.

Davis, Kenneth S. *Soldier of Democracy: A Biography of Dwight Eisenhower*. Garden City, New York: Doubleday, 1946.

Deist, Wilhelm. "Remarks on the Preconditions to Waging War in Prussia-Germany, 1866-71." In *On the Road to Total War: The American Civil War and the German Wars of Unification, 1861-1871*, edited by Stig Förster and Jörg Nagler, 311-325. Washington, D.C.: German Historical Institute, 1997.

Deist, Wilhelm, Manfred Messerschmidt, Hans-Erich Volkmann, and Wolfram Wette. *Das Deutsche Reich und der Zweite Weltkrieg, Vol. I: Ursachen und Voraussetzungen der deutschen Kriegspolitik*. München: Deutsche Verlags-Anstalt, 1979.

Demeter, Karl. *Das deutsche Heer und seine Offiziere*. Berlin: Reimar Hobbing, 1935.

——. *Das deutsche Offizierkorps in Gesellschaft und Staat, 1650-1945*. 4th ed. Frankfurt a. M.: Bernard & Graefe, 1965.

Department of Military Art and Engineering, United States Military Academy, ed. *Jomini, Clausewitz and Schlieffen*. West Point, New York: Department of Military Art and Engineering, United States Military Academy, 1945.

D'Este, Carlo. "General George S. Patton, Jr., at West Point, 1904-1909." In *West Point: Two Centuries and Beyond*, edited by Lance A. Betros, 59-74. Abilene, Texas: McWhiney Foundation Press, 2004.

Dhünen, Felix. *Als Spiel begann's: Die Geschichte eines Münchener Kadetten*. München: Beck,

University Press, 1998.

Busch, Michael, and Jörg Hillman, eds. *Adel-Geistlichkeit-Militär*. Schriftenreihe der Stiftung Herzogtum Lauenburg. Bochum: Winkler, 1999.

Busse, Theodor. "Letter to the Editor as Critique to the Article" Probleme der künftigen Generalstabsausbildung," by Otto Wien in WEHRKUNDE IV/11." *Wehrkunde* 5, no. 1 (1956): 57-58.

Butcher, Harry C. *My Three Years with Eisenhower: The Personal Diary of Captain Harry C. Butcher, USNR, Naval Aide to General Eisenhower, 1942 to 1945*. New York: Simon & Schuster, 1946.

Campbell, D'Ann. "The Spirit Run and Football Cordon: A Case Study of Female Cadets at the U.S. Military Academy." In *Forging the Sword: Selecting, Educating, and Training Cadets and Junior Officers in the Modern World*, edited by Elliot V. Converse, 237-247. Chicago: Imprint Publications, 1998.

Caspar, Gustav Adolf, Ullrich Marwitz, and Hans-Martin Ottmer, eds. *Tradition in deutschen Streitkräften bis 1945*, Entwicklung deutscher militärischer Tradition 1. Herford: Mittler, 1986.

Chickering, Roger. "The American Civil War and the German Wars of Unification: Some Parting Shots." In *On the Road to Total War: The American Civil War and the German Wars of Unification, 1861-1871*, edited by Stig Förster and Jörg Nagler, 683-691. Washington, D.C.: German Historical Institute, 1997.

Chynoweth, Bradford Grethen. *Bellamy Park: Memoirs*. Hicksville, New York: Exposition Press, 1975.

Citino, Robert M. *The Path to Blitzkrieg: Doctrine and Training in the German Army, 1920-1939*. Boulder, Colorado: Lynne Rienner, 1999.

——, *The German Way of War: From the Thirty Year's War to the Third Reich*. Lawrence: University Press of Kansas, 2005.

Clark, Mark W. *Calculated Risk*. New York: Harper & Brothers, 1950.

Clausewitz, Carl von. *Vom Kriege*. Reprint from the original. Augsburg: Weltbild, 1990.／カール・フォン・クラウゼヴィッツ『戦争論』上下巻、清水多吉訳、中公文庫、2001年

Cocks, Geoffrey, and Konrad Jarausch, eds. *German Professions, 1800-1950*. New York: Oxford University Press, 1990.

Coffman, Edward M. *The Old Army: A Portrait of the American Army in Peacetime, 1784-1898*. New York: Oxford University Press, 1986.

——. *The Regulars: The American Army, 1898-1941*. Cambridge, Massachusetts: Belknap Press, 2004.

Collins, Joe Lawton. *Lightning Joe: An Autobiography*. Baton Rouge: Louisiana State University Press, 1979.

Connelly, Donald B. "The Rocky Road to Reform: John M. Schofield at West Point, 1876-1881." In *West Point: Two Centuries and Beyond*, edited by Lance A. Betros, 167-197. Abilene, Texas: McWhiney Foundation Press, 2004.

Commandants, Staff, Faculty, and Graduates of the Command and General Staff School, Fort Leavenworth, Kansas, 1881-1933. Ft. Leavenworth, Kansas: Command and General Staff School Press, 1933.

Conroy, Pat. *The Lords of Discipline*. Toronto: Bantam, 1982.

——. *My Losing Season*. New York: Doubleday, 2002.

Industrieregion, 1939-1945. Reinbek b. H.: Rowohlt, 1989.

Bradley, Omar Nelson. *A Soldier's Story*. New York: Holt, 1951.

Bradley, Omar Nelson, and Clay Blair. *A General's Life: An Autobiography*. New York: Simon & Schuster, 1983.

Braim, Paul F. *The Will to Win: The Life of General James A. Van Fleet*. Annapolis, Maryland: Naval Institute Press, 2001.

Brand, Karl-Hermann Freiherr von, and Helmut Eckert. *Kadetten: Aus 300 Jahren deutscher Kadettenkorps*. 2 vols. Vol. 1. München: Schild, 1981.

———. *Kadetten: Aus 300 Jahren deutscher Kadettenkorps*. 2 vols. Vol. 2. München: Schild, 1981.

Breit, Gotthard. *Das Staats-und Gesellschaftsbild deutscher Generale beider Weltkriege im Spiegel ihrer Memoiren*. Wehrwissenschaftliche Forschungen/Abteilung Militärgeschichtliche Studien 17. Boppard a. R.: Boldt, 1973.

Brereton, T. R. *Educating the U.S. Army: Arthur L. Wagner and Reform, 1875-1905*. Lincoln: University of Nebraska Press, 2000.

Breymayer, Ursula, ed. *Willensmenschen: Über deutsche Offiziere*. Fischer-Taschenbücher. Frankfurt a. M.: Fischer, 1999.

Brief Historical and Vital Statistics of the Graduates of the United States Military Academy, 1802-1952. West Point, New York: Public Information Office, United States Military Academy.

Broicher, Andreas. "Betrachtungen zum Thema 'Führen und Führer'." *Clausewitz-Studien* 1 (1996): 106-127.

Broicher, Andreas "Die Wehrmacht in ausländischen Urteilen." In *Die Soldaten der Wehrmacht*, edited by Hans Poeppel, Wilhelm Karl Prinz von Preußen and Karl-Günther von Hase, 405-460. München: Herbig, 1998.

Broszat, Martin, Klaus-Dietmar Henke, and Hans Woller, eds. *Von Stalingrad zur Währungsreform: Zur Sozialgeschichte des Umbruchs in Deutschland*, Quellen und Darstellungen zur Zeitgeschichte 26. München: Oldenbourg, 1988.

Broszat, Martin, and Klaus Schwabe, eds. *Die deutschen Eliten und der Weg in den Zweiten Weltkrieg*. München: Beck, 1989.

Brown, John Sloan. *Draftee Division: The 88th Infantry Division in World War II*. Lexington: University Press of Kentucky, 1986.

Brown, Richard Carl. *Social Attitudes of American Generals, 1898-1940*. New York: Arno Press, 1979.

Brown, Russell K. *Fallen in Battle: American General Officer Combat Fatalities from 1775*. New York: Greenwood Press, 1988.

Bucholz, Arden. *Delbrück's Modern Military History*. Lincoln: University of Nebraska Press, 1997.

Burchardt, Lothar. "Operatives Denken und Planen von Schlieffen bis zum Beginn des Ersten Weltkrieges." In *Operatives Denken und Handeln in deutschen Streitkräften im 19. und 20. Jahrhundert*, edited by Günther Roth, 45-71. Herford: Mittler, 1988.

Burdick, Charles B. "Vom Schwert zur Feder. Deutsche Kriegsgefangene im Dienst der Vorbereitung der amerikanischen Kriegsgeschichtsschreibung über den Zweiten Weltkrieg." *Militärgeschichtliche Mitteilungen* 10 (1971): 69-80.

Burton, William L. *Melting Pot Soldiers: The Union's Ethnic Regiments*. New York: Fordham

Bendersky, Joseph W. *The "Jewish Threat": Anti-Semitic Politics of the U.S. Army*. New York: Basic Books, 2000.／ジョーゼフ・W・ベンダースキー、佐野誠訳『ユダヤ人の脅威 アメリカ軍の反ユダヤ主義』、風行社、2003年

——. "Racial Sentinels: Biological Anti-Semitism in the U.S. Army Officer Corps, 1890-1950." *Militärgeschichtliche Zeitschrift* 62, no. 2 (2003): 331-353.

Berger, Ed, et al. "ROTC, My Lai and the Volunteer Army." In *The Military and Society: A Collection of Essays*, edited by Peter Karsten, 147-172. New York: Garland, 1998.

Berlin, Robert H. *U.S. Army World War II Corps Commanders: A Composite Biography*. Fort Leavenworth, Kansas: U.S. Army Command and General Staff College, 1989.

Betros, Lance A., ed. *West Point: Two Centuries and Beyond*. Abilene, Texas: McWhiney Foundation Press, 2004.

Bijl, Nick van der, and David Aldea. *5th Infantry Brigade in the Falklands*. Barnsley, UK: Cooper, 2003.

Biographical Register of the United States Military Academy: The Classes, 1802-1926. West Point, New York: West Point Association of Graduates, 2002.

Bird, Keith W. *Erich Raeder: Admiral of the Third Reich*. Annapolis, Maryland: Naval Institute Press, 2006.

Birtle, Andrew J. *Rearming the Phoenix: U.S. Military Assistance to the Federal Republic of Germany, 1950-1960*. Modern American History. New York: Garland, 1991.

Bland, Larry I., and Sharon R. Ritenour, eds. *The Papers of George Catlett Marshall: "The Soldierly Spirit," December 1880-June 1939*. 6 vols. Vol. 1. Baltimore: Johns Hopkins University Press, 1981.

Bland, Larry I., Sharon R. Ritenour, and Clarence E. Wunderlin, eds. *The Papers of George Catlett Marshall: "We Cannot Delay," July 1, 1939-December 6, 1941*. 6 vols. Vol. 2. Baltimore: Johns Hopkins University Press, 1986.

Bland, Larry I., and Sharon R. Ritenour Stevens, eds. *The Papers of George Catlett Marshall: "The Right Man for the Job," December 7, 1941-May 31, 1943*. 6 vols. Vol. 3. Baltimore: Johns Hopkins University Press, 1991.

Blank, Herbert. "Die Halbgötter: Geschichte, Gestalt und Ende des Generalstabes." *Nordwestdeutsche Hefte* 4 (1947): 8-22.

——. *Preußische Offiziere*. Schriften an die Nation. Oldenburg: Stalling, 1932.

Blumenson, Martin. "America's World War II Leaders in Europe: Some Thoughts." *Parameters* 19 (1989): 2-13.

Böhler, Jochen. *Auftakt zum Vernichtungskrieg: Die Wehrmacht in Polen, 1939*. Frankfurt a. M.: Fischer, 2006.

Boog, Horst. "Civil Education, Social Origins, and the German Officer Corps in the Nineteenth and Twentieth Centuries." In *Forging the Sword: Selecting, Educating, and Training Cadets and Junior Officers in the Modern World*, edited by Elliot V. Converse, 119-134. Chicago: Imprint Publications, 1998.

Boog, Horst, Jürgen Förster, Joachim Hoffmann, Ernst Klink, Rolf-Dieter Müller, and Gerd R. Ueberschär. *Das Deutsche Reich und der Zweite Weltkrieg, Vol. IV: Der Angriff auf die Sowjetunion*. 2nd ed. München: Deutsche Verlags-Anstalt, 1993.

Booth, Ewing E. *My Observations and Experiences in the United States Army*. Los Angeles: n.p., 1944.

Borsdorf, Ulrich, and Mathilde Jamin, eds. *Über Leben im Krieg. Kriegserfahrungen in einer*

(1931): 1-5.
Anonymous. "Rechter Mann am rechten Platz: Versuch eines Beitrages zum Problem der 'Stellenbesetzung.'" *Wehrwissenschaftliche Rundschau* 1, no. 8 (1951): 20-23.
Anonymous [A Lieutenant]. "Student Impression at the Infantry School." *Infantry Journal* 18, (1921): 21-25.
Anonymous. "'Versachlichte Soldaten'." *Militär-Wochenblatt* 116, no. 8 (1931): 287-290.
Astor, Gerald. *Terrible Terry Allen: Combat General of World War II; The Life of an American Soldier*. New York: Presidio, 2003.
Aufnahme-Bestimmungen und Lehrplan des Königlichen Kadettenkorps. Berlin: Mittler, 1910.
Badsey, Stephen, Rob Havers, and Mark Grove, eds. *The Falklands Conflict Twenty Years On: Lessons for the Future*. London: Cass, 2005.
Bald, Detlef. *Der deutsche Generalstab, 1859-1939: Reform und Restauration in Ausbildung und Bildung*, Schriftenreihe Innere Führung, Heft 28. Bonn: Bundesministerium der Verteidigung, 1977.
——. *Der deutsche Offizier: Sozial- und Bildungsgeschichte des deutschen Offizierkorps im 20. Jahrhundert*. München: Bernard & Graefe, 1982.
Barnett, Correlli. "The Education of Military Elites." *Journal of Contemporary History* 2, no. 3 (1967): 15-35.
Bartov, Omer. *The Eastern Front, 1941-45: German Troops and the Barbarization of Warfare*. New York: St. Martin's Press, 1986.
——. "Extremfälle der Normalität und die Normalität des Außergewöhnlichen: Deutsche Soldaten an der Ostfront." In *Über Leben im Krieg. Kriegserfahrungen in einer Industrieregion 1939-1945*, edited by Ulrich Borsdorf and Mathilde Jamin, 148-161. Reinbek b. H.: Rowohlt, 1989.
——. *Hitler's Army: Soldiers, Nazis, and War in the Third Reich*. New York: Oxford University Press, 1991.
Bateman, Robert. "Soldiers and Warriors." *Washington Post*, Sept. 18, 2008.
Baur, Werner. "Deutsche Generale: Die militärischen Führungsgruppen in der Bundesrepublik und in der DDR." In *Beiträge zur Analyse der deutschen Oberschicht*, edited by Werner Baur and Wolfgang Zapf, 114-135. München: Piper, 1965.
Bearbeitet von einigen Offizieren [prepared by some officers]. *Die Wehrkreis-Prüfung 1921*. Berlin: Offene Worte, 1921.
——. *Die Wehrkreis-Prüfung, 1924*. Berlin: Offene Worte, 1924.
——. *Die Wehrkreis-Prüfung, 1929*. Berlin: Offene Worte, 1930.
——. *Die Wehrkreis-Prüfung, 1930*. Berlin: Offene Worte, 1931.
——. *Die Wehrkreis-Prüfung, 1931*. Berlin: Offene Worte, 1932.
——. *Die Wehrkreis-Prüfung, 1932*. Berlin: Offene Worte, 1932.
——. *Die Wehrkreis-Prüfung, 1933*. Berlin: Offene Worte, 1933.
——. *Die Wehrkreis-Prüfung, 1937*. Berlin: Offene Worte, 1937.
——. *Die Wehrkreis-Prüfung, 1938*. Berlin: Offene Worte, 1938.
Bellafaire, Judith L. *The U.S. Army and World War II: Selected Papers from the Army's Commemorative Conferences*. Washington, D. C.: Center of Military History, U.S. Army, 1998.
Bender, Mark C. *Watershed at Leavenworth: Dwight D. Eisenhower and the Command and General Staff School*. Fort Leavenworth, Kansas: U.S. Army Command and General Staff College, 1990.

Paper presented at Society for Military History annual conference, Ogden, Utah, April 17-19, 2008.
——. "The Prussian and American General Staffs: An Analysis of Cross-Cultural Imitation, Innovation and Adaption." Master's thesis, University of North Carolina at Chapel Hill, 1981.
Segal, David R. "Closure in the Military Labor Market: A Critique of Pure Cohesion." Paper presented at the annual meeting of the American Sociological Association, Anaheim, California, 2001.
Skirbunt, Peter D. "Prologue to Reform: The 'Germanization' of the United States Army, 1865-1898." Ph.D. dissertation, Ohio State University, 1983.
Stokam, Lori A. "The Fourth Class System: 192 Years of Tradition Unhampered by Progress from Within." Research paper submitted to faculty of United States Military Academy, History Department, West Point, New York, 1994.

刊行文献

Abelly, Louis. *The Life of the Venerable Servant of God: Vincent de Paul.* 3 vols. Vol. 2. New York: New City Press, 1993.
Abrahamson, James L. *America Arms for a New Century: The Making of a Great Military Power.* New York: Free Press, 1981.
Afflerbach, Holger. *Falkenhayn: Politisches Denken und Handeln im Kaiserreich.* München: Oldenbourg, 1994.
Allendorf, Donald. *Long Road to Liberty: The Odyssey of a German Regiment in the Yankee Army; The 15th Missouri Volunteer Infantry.* Kent, Ohio: Kent State University Press, 2006.
Ambrose, Stephen E. *Citizen Soldiers: The U.S. Army from the Normandy Beaches to the Bulge to the Surrender of Germany, June 7, 1944-May 7, 1945.* New York: Simon & Schuster, 1997.
——. *Duty, Honor, Country: A History of West Point.* Baltimore: Johns Hopkins Press, 1966.
——. *Eisenhower: Soldier, General of the Army, President-elect, 1890-1950.* 2 vols. Vol. 1. New York: Simon & Schuster, 1983.
——. *Eisenhower: President, 1952-1969.* 2 vols. Vol. 2. New York: Simon & Schuster, 1984.
——. *The Supreme Commander: The War Years of General Dwight D. Eisenhower.* 1st ed. Garden City, New York: Doubleday, 1970.
Ancell, R. Manning, and Christine Miller. *The Biographical Dictionary of World War II Generals and Flag Officers: The U.S. Armed Forces.* Westport, Connecticut: Greenwood Press, 1996.
Andrae, Friedrich. *Auch gegen Frauen und Kinder: Der Krieg der deutschen Wehrmacht gegen die Zivilbevölkerung in Italien, 1943-1945.* 2nd ed. München: Piper, 1995.
Andreski, Stanislav. *Military Organization and Society.* 2nd ed. London: Routledge, 1968.
Annual Report of the Superintendent of the United States Military Academy. West Point, New York: USMA Press, 1914.
Anonymous. "Inbreeding at West Point." Editorial. *Infantry Journal* 16 (1919).
Anonymous. "Politisierung der Wehrmacht?" Editorial. *Militär-Wochenblatt* 116, no. 1

States Military Academy, History Department, 1995.
Keller, Christian B. "Anti-German Sentiment in the Union Army: A Study in Wartime Prejudice." Paper presented at Society for Military History annual conference, Ogden, Utah, April 17-19, 2008.
Koch, Scott Alan. "Watching the Rhine: The U.S. Army Military Attaché Reports and the Resurgence of the German Army, 1933-1941." Ph.D. dissertation, Duke University, 1990.
LaCamera, Trese A. "Hazing: A Tradition too Deep to Abolish." Research paper submitted to faculty of United States Military Academy, History Department, West Point, New York, 1995.
Lebby, David Edwin. "Professional Socialization of the Naval Officer: The Effect of Plebe Year at the U.S. Naval Academy." Ph.D. dissertation, University of Pennsylvania, 1970.
Lovell, John Philip. "The Cadet Phase of the Professional Socialization of the West Pointer: Description, Analysis, and Theoretical Refinement." Ph.D. dissertation, University of Wisconsin, 1962.
Lucas, William Ashley. "The American Lieutenant: An Empirical Investigation of Normative Theories of Civil-Military Relations." Ph.D. dissertation, North Carolina at Chapel Hill, 1967.
Megargee, Geoffrey P. "Connections: Strategy, Operations, and Ideology in the Nazi Invasion of the Soviet Union." Paper presented at Society for Military History annual conference, Frederick, Maryland, 2007.
——. "Selective Realities, Selective Memories." Paper presented at Society for Military History annual conference, Quantico, Virginia, April 2000.
Muth, Jörg. "Gezeitenwechsel mit dem Machtwechsel?: Die Entwicklung der Bundeswehr bis zur Ära Brandt, und das Entscheidungsverhalten des ersten sozialdemokratischen Verteidigungsministers Helmut Schmidt an den Beispielen seines Krisenmanagements und der Reform der Offizieraus-bildung." Unpublished term paper, Universität Potsdam, 2000.
Nye, Roger H. "The United States Military Academy in an Era of Educational Reform, 1900-1925." Ph.D. dissertation, Columbia University, 1968.
"Observations on Military History." Paul M. Robinett Papers, Box 20, Folder: Articles by Brig. Gen. P. M. Robinett (bound). George C. Marshall Library, Lexington, Virginia.
"Personnel Relations in the French, Swiss, Swedish, British, German, and Russian Armies." Folder R-15152, Intelligence Research Project No. 3199. Combined Arms Research Library, Fort Leavenworth, Kansas.
Richhardt, Dirk "Auswahl und Ausbildung junger Offiziere, 1930-1945: Zur sozialen Genese des deutschen Offizierkorps." Ph.D. dissertation, University of Marburg, 2002.
Robertson, William Alexander, Jr. "Officer Selection in the Reichswehr, 1918-1926." Ph.D. dissertation, University of Oklahoma, 1978.
Robinett, Paul M. "The Role of Intelligence Officers." Lecture, Fort Riley, Kansas, March 17, 1951. Paul M. Robinett Papers, Box 20, Folder P. M. Robinett Lectures January, 11, 1943-January, 31, 1957. George C. Marshall Library, Lexington, Virginia.
——."Information Bulletins, GHQ, U.S. Army, December 18, 1941-March 7, 1942." Washington, D.C.
Schifferle, Peter J. "Anticipating Armageddon: The Leavenworth Schools and U.S. Army Military Effectiveness, 1919 to 1945." Ph.D. dissertation, University of Kansas, 2002.
——. "The Next War: The American Army Interwar Officer Corps Writes about the Future."

the Military in American History conference, Wheaton, Illinois, March 24-25, 2007.
Bernd, Hans Dieter. "Die Beseitigung der Weimarer Republik auf 'legalem' Weg: Die Funktion des Antisemitismus in der Agitation der Führungsschicht der DNVP." Ph.D. dissertation, University of Hagen, 2004.
Boone, Michael T. "The Academic Board and the Failure to Progress at the United States Military Academy." Research paper submitted to faculty of United States Military Academy, History Department, West Point, New York, 1994.
Bradley, Mark Frederick. "United States Military Attachés and the Interwar Development of the German Army." Master's thesis, Georgia State University, 1983.
Clark, Jason P. "Modernization without Technology: U.S. Army Organizational and Educational Reform, 1901-1911." Paper presented at Society of Military History annual conference, Ogden, Utah, April 18, 2008.
Clemente, Steven Errol. "'Mit Gott ! Für König und Kaiser !': A Critical Analysis of the Making of the Prussian Officer, 1860-1914." Ph.D. dissertation, University of Oklahoma, 1989.
Cockrell, Philip Carlton. "Brown Shoes and Mortar Boards: U.S. Army Officer Professional Education at the Command and General Staff School, Fort Leavenworth, Kansas, 1919-1940." Ph.D. dissertation, University of South Carolina, 1991.
"Combat Awards." Article draft, undated. Bruce C. Clarke Papers. Combined Arms Research Library, Fort Leavenworth, Kansas.
Combined British, Canadian and U.S. Study Group, ed. *German Operational Intelligence*, 1946.
Dickson, Benjamin A. *Algiers to Elbe: G-2 Journal*. Unpublished. Monk Dickson Papers. West Point Library Special Archive, West Point, New York.
Dillard, Walter Scott. "The United States Military Academy, 1865-1900: The Uncertain Years." Ph.D. dissertation, University of Washington, 1972.
"Does a Commander Need Intelligence or Information?" Article draft, undated. Bruce C. Clarke Papers, Box 1. Combined Arms Research Library, Fort Leavenworth, Kansas.
Elrod, Ronald P. "The Cost of Educating a Cadet at West Point." Research paper submitted to faculty of United States Military Academy, History Department, West Point, New York, 1994. "Faith-It Moveth Mountains." Article Draft. John E. Dahlquist Papers, Box 2, Folder Correspondence, 1953-1956, 13. U.S. Army Military History Institute, Carlisle, Pennsylvania.
Fröhlich, Paul. "'Der vergessene Partner': Die militärische Zusammenarbeit der Reichswehr mit der U.S. Army, 1918-1933." Master's thesis, University of Potsdam, 2008.
"The German General Staff Corps: A Study of the Organization of the German General Staff, prepared by a combined British, Canadian and U.S. Staff," 1946.
Grodecki, Thomas S. "[U.S.] Military Observers, 1815-1975." Center of Military History, Washington, D.C., 1989.
"History in Military Education." Paul M. Robinett Papers, Box 20, Folder: Articles by Brig. Gen. P. M. Robinett (bound). George C. Marshall Library, Lexington, Virginia.
Johnson, Charles William. "The Civilian Conservation Corps: The Role of the Army." Ph.D. dissertation, University of Michigan, 1968.
Jones, Dave. "Assessing the Effectiveness of "Project Athena": The 1976 Admission of Women to West Point." West Point, New York: Research Paper submitted to faculty of United

101st Airborne Division.
103rd Infantry Division.

米陸軍軍事史研究所（ペンシルヴェニア州カーライル）
U.S. Army Military History Institute, Carlisle, Pennsylvania

Army War College Curricular Archives
1939-1940, G-2 Course, File No. 2-1940A, 1-28, Lecture by Percy Black, Seminar Study on Germany, "The German Situation"; Lecture by Dr. W. L. Langer, Harvard.

OCMH（Office of the Chief of Military History）Collection
ID 2, Army General Staff Interviews.

Personal Papers
Dahlquist, John E. Papers.
Heintges, John A. Papers.
Koch, Oscar. Papers.
Ridgway, Matthew B. Papers.
Smith, Truman, and Katherine A. H. Papers.
Wedemeyer, Albert C. Papers [fragments].

Senior Officers Oral History Program
Bolté, Charles L. Transcript.

ウェスト・ポイント図書館特別文書館（ニュー・ヨーク州ウェスト・ポイント）
West Point Library Special Archives Collection, West Point, New York

Dickson, Benjamin Abbott "Monk." Papers.
Krueger, Walter. Papers.
Murphy, Audie. Collection.
Palmer, Williston Birkheimer. Papers.
Patton, George S., Jr. Patton Collection.

学位請求論文、研究報告書、未刊行文献

Alexander, David R., III. "Hazing: The Formative Years." Research paper submitted to faculty of United States Military Academy, History Department, West Point, New York, 1994.
Allsep, L. Michael, Jr. "New Forms for Dominance: How a Corporate Lawyer Created the American Military Establishment." Ph.D. dissertation, University of North Carolina at Chapel Hill, 2008.
Appleton, Lloyd Otto. "The Relationship between Physical Ability and Success at the United States Military Academy." Ph.D. dissertation, New York University, 1949.
Atkinson, Rick. "Keynote: In the Company of Soldiers." Paper presented at Teaching about

of the Director of Intelligence (G-2) 1906-1949, "Who's Who" data cards on German Military, Civilian, and Political Personalities, 1925-1945: Army Officers, foreign volunteers, Army, *Generalfeldmarschall, Generaloberst*, NM-84 E 194, Box 3.

Record Group 165, Entry 65, Military Intelligence Division Correspondence, 1917-41, 2657-G-830/16 to 2657-G-842/135, Boxes 1473, 1672.

Record Group 165, Entry 65, Microfilm Publication No. 1445, Correspondence of the Military Intelligence Division relating to General, Political, Economical, and Military Correspondence in Spain, 1918-41, Rolls 6-12.

Record Group 165, Entry 65, Records of the WFGS [sic] [War Department General Staff], Military Intelligence Division, Correspondence, 1917-41, 2277-B-43 to 2277-C-22, Boxes 1113, 1177.

Record Group 218, Records of the U.S. Joint Chiefs of Staff, Chairman's File, Admiral Leahy, 1942-48, Folder 126, HM 1994, Memos to the President from General Marshall.

Record Group 226, Records of OSS, Research and Analysis Branch, Central Information Division, Name and Subject Card Indexes to Series 16, Alpha Name index (I) Sar-Jol, Box 18.

Record Group 226, Entry 14, Name Index (II), Boxes 22, 23.

Record Group 226, Entry 14, Records of the OSS, Research and Analysis Branch, Central Information Division, Name and Subject Card Indexes to Series 16, Country: Germany, Boxes 199, 200, 202, 228, 229, 230, 231, 232.

Record Group 226, Entry 16, Records of OSS, Research and Analysis Branch, Intelligence Reports ("Regular" Series) 1941-45, Boxes 1543, 1626, Interrog. Guderian.

Record Group 331, (Allied Operational and Occupation Headquarters, WW II), SHAEF, General Staff, G-2 Division, Intelligence Target ("T") Sub-Division, Decimal File 000.4 to 314.81, Box 156, no decimal file.

Record Group 331, (Allied Operational and Occupation Headquarters, WW II), Entry 12A, SHAEF, General Staff, G-2 Division, Operational Intelligence Sub-Division, Aug. 1944-May 1945, Decimal File 004.05-385.2.1, Box 15, G-2 Meetings, Personalities, Intelligence on Germany, Enemy Forces General.

Record Group 331, (Allied Operational and Occupation Headquarters, WW II), Entry 13, SHAEF, General Staff, G-2 Division, Operational Intelligence Sub-Division, Intelligence Reports 1942-45, Intelligence Notes 17 to 61, Boxes 25, 26, 29, 31,30.

Record Group 331, Records of Allied Operational and Occupation Headquarters, WW II, Entry 13, Office of the Chief of Staff Secretary, General Staff, Decimal File Box 46, May 1943-Aug. 1945, 322.01 G-5 Vol. II to 322.01 PWD; Box 47, May 1943-Aug. 1945, 332.01 PS to 327.22.

Record Group 498, Records of the Headquarters, ETOUSA, Historical Division, Program Files, First U.S. Army, G-2 Periodic Reports, Reports, Memos, Instructions, Notes, Combat Operations, 1943-1945, Boxes 1-4 and Annexe.

Record Group 498, Records of the Headquarters, ETOUSA, U.S. Army (WW II), Entry ETO G-2 Handbook, Military Intelligence, Box 1.

U.S. Army: Unit Records, 1940-1950

2nd Infantry Division.

79th Infantry Division.

Norstad, Lauris. Papers.
Paul, Willard S. Papers.
Smith, Walter B. Papers.
Ryder, Charles W. Papers.
Woodruff, Roscoe B. Papers.

ジョージ・C・マーシャル図書館（ヴァージニア州レキシントン）
George C. Marshall Library, Lexington, Virginia

Interviews
Marshall, George C. Interview by Forrest Pogue, Nov. 15, 1956.
Smith, Truman. Interview by Forrest Pogue, Oct. 5, 1959.

Papers
Handy, Thomas T. Papers.
Marshall, George C. Papers.
McCarthy, Frank. Papers.
Robinett, Paul M. Papers.
Truscott, Lucian K. Papers.
Van Fleet, James A. Papers.
Ward, Orlando. Diary, March 25, 1938-Aug. 25, 1941

ハリー・S・トルーマン図書館（ミズーリ州インディペンデンス）
Harry S. Truman Presidential Library, Independence, Missouri

Baade, Paul W. Papers.
Quirk, James T. Papers.

アメリカ第2国立公文書館（メリーランド州カレッジ・パーク）
National Archives II, College Park, Maryland

Collection of Twentieth-Century Military Records, 1918-1950

Series I-USAF Historical Studies
The Development of the German Air Force 1919-1939, German Air Force Operations in Support of the Army, The German Air Force General Staff, Box 38.
USAF Historical Studies: No. 174, Command and Leadership in the German Air Force, Box 39.

Record Groups
Record Group 38, (Chief of Naval Operations), Entry 99, Office of Naval Intelligence, Secret Naval Attaché's Reports 1936-43. Estimate of Military Strength, Summaries War Diary Berlin, Probability of War Documents E, War Diary Naval Attaché Berlin, Vols. 1-2, Boxes 1-5.
Record Group 165, Records of the War Dept. General and Special Staffs, Entry 194, Office

主要参考文献

文書館典拠／文書

諸兵科協同戦調査図書館（カンザス州フォート・レヴンワース）
CARL (Combined Arms Research Library), Fort Leavenworth, Kansas

Course Material, Command and General Staff School
Regular Courses, 1939-1940, Misc., G-1, Vol. 1.
Regular Courses, 1939-1940, Misc., G-2, Vol. 11.
Regular Courses, 1939-1940, Misc., G-5, Vol. 19.
Individual Research Papers, 1934-1936.

Oral Histories
Armed Forces Oral Histories, World War II Combat Interviews, 2nd Armored Division.

Senior Officers Oral History Program
Ennis, William Pierce. Transcript.
Grombacher, Gerd S. Transcript.

Personal Papers
Clarke, Bruce C. Papers.
Hoge, William M. Papers.
Warnock, Aln D. Papers.
U.S. Military Intelligence Reports, Combat Estimates: Europe, Bi-Weekly Intelligence Summaries 1919-1943

ドワイト・D・アイゼンハワー大統領図書館（カンザス州アビリーン）
Dwight D. Eisenhower Presidential Library, Abilene, Kansas

Allen, Terry de la Mesa. Papers [fragments].
Bull, Harold R. Papers.
Collins, Joe Lawton. Papers.
Cota, Norman D. Papers.
Devers, Jacob L. Papers.
Eisenhower, Dwight D. Pre-Presidential Papers.

118. Gordon and Trainor, *Cobra II*, 354.

119. 同。

120. Ridgway, *Soldier*, 206-207.

著者あとがき

1. このあとがきを書くことを勧めてくれたエドワード・M・コフマンとデニス・ショウォルターに感謝する。素晴らしいアイディアであった。

2. 10年前にも、ある専門家がすでにこの点を指摘している。しかし、彼の言葉に耳を貸す者はいなかった。Murray, "Does Military Culture Matter ?," 145-149.

96. この点は、戦後ドイツのもっとも重要な軍事雑誌において、匿名ですでに示唆されていた。当時、新しいドイツ軍、すなわち連邦国防軍〔西ドイツ軍〕の将官に誰がなるべきか、また、どう選ばれるべきかについての議論が進んでいた。元参謀将校たちと、将校選抜に責任を持つ精神科医の熱心な応答により、すぐに異論は封じられた。Anonymous, “Rechter Mann am rechten Platz: Versuch eines Beitrages zum Problem der ‘Stellenbesetzung,’ “*Wehrwissenschaftliche Rundschau* 1, no. 8 (1951); Voss and Simoneit, “Die psychologische Eignungsuntersuchung in der deutschen Reichswehr und später der Wehrmacht.”

Kurt Weckmann, “Führergehilfenausbildung,” *Wehrwissenschaftliche Rundschau* 4, no. 6 (1954); Otto Wien, “Letter to the Editor as Answer to the Critique of Theodor Busse on his Article ‘Probleme der künftigen Generalstabsausbildung,’ by Otto Wien in WEHRKUNDE IV/11,” *Wehrkunde* 5, no. 1 (1956).

97. 卓越した研究書 Hürter, *Hitlers Heerführer: Die deutschen Oberbefehlshaber im Krieg gegen die Sowjetunion 1941/1942* に集められた実例をみよ。

98. Yingling, “A Failure in Generalship.”

99. この文言は、以下の素晴らしい論文から借用した。John T. Kuehn, “The Goldwater-Nicolas Fix: Joint Education is the Key to True “Jointness” *Armed Forces Journal* 32 (April 2010).

100. Miles, *Fallen Leaves*, 282. ドイツ語にも、この箴言があり、ほぼ同じ内容の翻訳となっている。「どんなに良い報告が上がってこようとも、自分自身が観察する代わりにはならない」。Citino, *The Path to Blitzkrieg*, 58 の引用による。

101. Bland and Ritenour Stevens, eds. *The Papers of George Catlett Marshall: “The Right Man for the Job” — December 7, 1941-May 31, 1943*, 62. 参謀次長［ジョン・ヒルドリング准将］宛ジョージ・C・マーシャル覚書、G-1、1942年1月14日、ワシントンD.C.

102. Grotelueschen, *The AEF Way of War*, 364.

103. Michael R. Gordon and Bernard E. Trainor, *Cobra II: The Inside Story of the Invasion and Occupation of Iraq* (New York: Vintage, 2006), 431.

104. Zucchino, *Thunder Run*, 6.

105. 同、38.

106. 同、15.

107. Weigley, *Eisenhower's Lieutenants*, 594.

108. Gordon and Trainor, *Cobra II*, 450.

109. 同、451.

110. 同、453.

111. Zucchino, *Thunder Run*, 154.

112. Gordon and Trainor, *Cobra II*, 461.

113. Michael E. Fischer, “Mission-Type Orders in Joint Operations: The Empowerment of Air Leadership” (School of Advanced Air Power Studies, 1995).

114. Zucchino, *Thunder Run*, 241. この引用は、スパルタ人旅団所属のある大隊の作戦将校だったロジャー・シャック少佐の言葉である。

115. Correlli Barnet, “The Education of Military Elites,” *Journal of Contemporary History* 2, no. 3 (1967): 35. バーネットは、このことについて、「正統的なドクトリンへの適切ならざる敬意、自らの責任において標準的な方法から逸脱するのを嫌がる気風」と、言葉を飾っている。彼は、40年前にアメリカ軍の将校教育が及ぼす影響を予見していたのだ。

116. Grotelueschen, *The AEF Way of War*, 352.

117. Mullaney, *The Unforgiving Minute*, 189.

つでも興味をそそるものだが、本書の題名は誤解を招きやすい。この書は、両方の大衆動員計画の最低限比較できる面に言及しているのみで、それは、著者自身が、ほかの点では優れたこの著作で認めている通りだ（153、181頁）。市民保営団の脱走率の高さ、1942年まではいかなる軍事教練もなかったこと、たるんでいることで悪名高かったことを、それと対照的なRDAのはっきり準軍事団体的な訓練、また、のちにそれがドイツの軍事システムに完全に組み込まれたことを考えあわせると、個々の軍事的、もしくは「軍人的」な側面は無視できる程度のものである。とはいえ、市民保営団は、膨大な人員を運営する実践経験の機会を陸軍に与えた。Charles William Johnson, "The Civilian Conservation Corps: The Role of the Army"（ミシガン大学に提出された博士学位請求論文、1968年）も参照のこと。ジョンソンの研究はむしろ、この事業をめぐる陸軍内部のあつれきを描きだしている。遺憾ながら、その評価は、きわめて批判的というわけではない。しかも、著者は引用の際に、国立公文書館の記録グループ番号を示すという学術論文らしからぬやり方をしているから〔文書そのものの整理番号ではなく、それが入っている史料コレクションの記録グループ番号を付与するだけだということ〕、問題となる文書は、とほうもない努力を払うか、幸運に恵まれなければ、見つけ出せないのである。

79. Johnson, "The Civilian Conservation Corps: The Role of the Army," 89.

80. 1934年5月31日付、将校の能力報告書に関する第6軍団管区参謀長宛ジョージ・C・マーシャル覚書、George C. Marshall Papers, Box 1, Folder Illinois National Guard, Correspondence, 1 of 24, May 15-31, 1934, ジョージ・C・マーシャル図書館、ヴァージニア州レキシントン。ここでみたのは、1933年7月1日より10月20日にかけての、第八歩兵大隊市民保営団中隊長（民間人訓練担当）フィリップ・A・ヘルムボルド大尉の能力報告書。

81. Brown, *Social Attitudes*, 323.

82. 1934年9月25日付ジョージ・C・マーシャル宛クラーク・K・フェイルズ少佐書簡。フェイルズはすでに5年間、州兵部隊に「押し込まれて」いた。

83. Pogue, *Education of a General*, 307-308.

84. 同、346.

85. Kirkpatrick, "Orthodox Soldiers," 109.

86. Wette, *The Wehrmacht*, 2-3, 23.

87. Diedrich, *Paulus: Das Trauma von Stalingrad*, 134.

88. Förster, "The Dynamics of *Volksgemeinschaft*," 180, 206.

89. 同、207.

90. Gerd R. Ueberschär, *Dienen und Verdienen: Hitlers Geschenke an seine Eliten*, 2nd ed.（Frankfurt a. M.: Fischer, 1999）〔ゲルト・ユーバーシェア、ヴァンフリート・フォーゲル共著『総統からの贈り物』、守屋純訳、錦正社、2010年〕; Norman J. W. Goda, "Black Marks: Hitler's Bribery of His Senior Officers during World War II," *The Journal of Modern History* 72（2000）.

91. Geoffrey P. Megargee, "Selective Realities, Selective Memories"（2000年4月、ヴァージニア州クァンティコで開催された軍事史学会年次大会に提出された報告）.

92. Förster, "The Dynamics of *Volksgemeinschaft*," 200.

93. Spires, *Image and Reality*, 2. こうした言及は、ライヒスヴェーアに関するどの本にもみられる。

94. Oetting, *Auftragstaktik*, 178.

95. Erfurth, *Die Geschichte des deutschen Generalstabes von 1918 bis 1945*, 151.

ト・ポイントに入学していたが、数学ほかの科目で二回落第し、士官学校から「分離された」。それでも、フリーデンドールは将校資格試験を受け、1907年に任官した。その名は、カセリーヌ峠の敗北と同義語になっている。が、多くの点からみて、彼は単に、多々あった指揮構造上の問題と明確ならざる戦略目標といったことを糊塗するために、「生贄の羊」にされたにすぎない。しかしながら、機動戦をやろうというのに、フリーデンドールが、山中に指揮所を築くため、膨大なマンパワーと資源を浪費したことは否定できない。

58. 1943年12月15日付ルーシャン・K・トラスコット宛ウォルター・B・スミス書簡。

59. ドワイト・D・アイゼンハワーによる、1945／1946年度トーマス・T・ハンディ公式評価書、Thomas T. Handy Papers, Box 2, Folder Handy, Thomas T., B-2/F-36, ジョージ・C・マーシャル図書館、ヴァージニア州レキシントン。

60. ハンディは、広島への原爆投下命令署名に関与した少数のメンバーに属していたこと、1954年に在欧米軍総司令官になったときに、ランツベルクに収監されていた国防軍の将官多数に恩赦を与えたことで有名になった。

61. Omar Nelson Bradley and Clay Blair, *A General's Life: An Autobiography* (New York: Simon & Schuster, 1983), 108-109.

62. Messerschmidt, "German Military Effectiveness between 1919 and 1939."

63. Martin van Creveld, *The Training of Officers: From Military Professionalism to Irrelevance* (New York City: Free Press, 1990), 25.

64. Clemente, "Making of the Prussian Officer," 293.

65. Brown, *Social Attitudes*, 83.

66. 同、6-7.

67. Pogue, *Education of a General*, 114.

68. Citino, *The Path to Blitzkrieg*, 127.

69. Allsep, "New Forms of Dominance," 200.

70. Eisenhower, *Strictly Personal* やBland, Ritenour, and Wunderlin, eds. "*We Cannot Delay*" 所収の写真をみよ。

71. Bland, Ritenour, and Wunderlin, eds. "*We Cannot Delay*", 452.

72. Clemente, "Making of the Prussian Officer," 276.

73. CCC は、ニュー・ディール立法のもと、創設された若年層雇用創出事業で、1933年から1942年まで継続された。志願した若者は、陸軍将校によって運営される地方のキャンプに集められ、国立公園や指定林の仕事、耕作や収穫に従事する。この事業のための動員は、第一次世界大戦のそれが貧弱にみえるほどだった。

74. Bland, Ritenour, and Wunderlin, eds. "*We Cannot Delay*", 130頁所収の1939年12月16日付ジョージ・C・マーシャル宛モリソン・C・ステイヤー大佐書簡。

75. Chynoweth, *Bellamy Park*, 80.

76. Mott, *Twenty Years*, 355.

77. Citino, *The Path to Blitzkrieg*, 223-224; Oetting, *Auftragstaktik*, 182-183.

78. Michael W. Sherraden, "Military Participation in a Youth Employment Program: The Civilian Conservation Corps," *Armed Forces & Society* 7, no. 2 (1981): 240. 将校ならびに彼らと市民保営団もしくは州兵部隊における民間人との関係についての問題の詳細は、公刊されたマーシャル文書集の最初の 3 巻と Pogue, *Education of a General* をみよ。

市民保営団と「ドイツ勤労奉仕団」(*Reichsarbeitsdienst*. RDA) を比較した研究として、Kiran Klaus Petel, *Soldiers of Labor: Labor Service in Nazi Germany and New Deal America, 1933-1945* (Washington, D.C.: Cambridge University Press, 2005) がある。比較研究はい

don," 61.

38. Williamson, *Patton's Principles*, 103.

39. Mullaney, *The Unforgiving Minute*, 23.「協力して、卒業する」は、ウェスト・ポイントの2000年度卒業生から採用されたモットーだが、歴史的にはもっと古くからあったように思われる。

40. Kirkpatrick, "The Very Model of a Modern Major General."

41. Clemente, "Making of the Prussian Officer," 262.

42. Oetting, *Auftragstaktik*, 253.

43. Dirk Richhardt, "Auswahl und Ausbildung junger Offiziere 1930-1945: Zur sozialen Genese des deutschen Offizierkorps"（マールブルク大学に提出された博士学位請求論文、2002年), 28. リヒハルトの綿密な調査による博士学位請求論文は、ドイツ将校団に関する膨大なデータを提供している。

44. Bland, Ritenour, and Wunderlin, eds. "*We Cannot Delay*", 112. 当時、参謀総長だったマーシャルは、より多くの演習と実戦的な訓練を促進するため、連邦議会が1940年の会計年度に１億2000万ドルの追加予算を認めるかどうかに関する下院予算委員会会議で証言している。

45. 同、611. 1941年９月15日、ウィスコンシン州ミルウォーキーにおける米国在郷軍人会での演説。

46. U.S. War Department, ed. *German Military Forces*, ii. スティーヴン・E・アンブローズは、この古典的な本の復刻版に寄せた序文で、このように述べた。

47. Leonard Mosley, *Marshall: Organizer of Victory* (London: Methuen, 1982).

48. 1945年２月９日付トーマス・T・ハンディ宛ウォルター・ベデル・スミス書簡、Thomas T. Handy Papers, Box 1, Folder Smith, Walter Bedell, 1944-1945, B-1/F-7, ジョージ・C・マーシャル図書館、ヴァージニア州レキシントン。

49. ジョージ・S・パットン日記、1943年９月17日の条。ジョージ・S・パットン文庫、ウェスト・ポイント図書館特別文書館、ニュー・ヨーク州ウェスト・ポイント。

50. 1938年５月25日付ジョージ・A・リンチ宛ジョン・マコーレー・パーマー書簡。

51. Chynoweth, *Bellamy Park*, 296. 強調原文。

52. Berlin, *U.S. Army World War II Corps Commanders*, 13-14. 1942年12月１日付レズリー・マクネイア将軍宛覚書。

53. Ridgway, *Soldier*, 160. 陸軍長官ロバート・T・スティーヴンス宛マシュー・B・リッジウェイ書簡、Matthew B. Ridgway Papers, Box 17, 合衆国陸軍軍事史研究所、ペンシルヴェニア州カーライル；1942年３月21日付 H・F・シューグ宛ジェイコブ・L・ディヴァース書簡、Jacob L. Devers Papers, Box 2, Folder［Reel］10, ドワイト・D・アイゼンハワー大統領図書館、カンザス州アビリーン。

54. Kent Roberts Greenfield and Robert R. Palmer, *Origins of the Army Ground Forces General Headquarters, United States Army, 1940-1942* (Washington D.C.: Historical Section—Army Ground Forces, 1946), 26.

55. 1943年の第一次世界大戦休戦記念日の、ミズーリ州マウンテン・グローヴにおける在郷軍人会でのポール・M・ロビネットの演説。Paul M. Robinett Papers, Box 12, Folder Orders and Letters (bound), ジョージ・C・マーシャル図書館、ヴァージニア州レキシントン。

56. Chynoweth, *Bellamy Park*, 186.

57. Dickson, *Algiers to Elbe: G-2 Journal*, 37. ただし、この幕僚将校たちは、30代後半か、40代初めであった。フリーデンドールは当時、59歳である。彼は1905年にウェス

15. Mott, *Twenty Years*, 35.

16. Lori A. Stokam, "The Fourth Class System: 192 Years of Traditon Unhampered by Progress from Within"（合衆国陸軍士官学校歴史科に提出された調査文書。West Point, New York, 1994), 9.

17. Mott, *Twenty Years*, 25. モットの21年あとに卒業した、ジョー・ロートン・コリンズは、「私はウェスト・ポイントを楽しんだ、珍しい生徒の一人だった［後略］」と書いている。Collins, *Lightning Joe*, 6.

18. Schmitz, *Militärische Jugenderziehung*, 54-55. この場合、非常に訳しにくいのであるが、オリジナルのドイツ語単語は *abwechslungsreich* である。

19. Clemente, "Making of the Prussian Officer," 168. クレメントは、またしてもカリキュラムの時間だけを数え、教育方法や教育学を考えないという間違ったやりようで、誤謬を犯している。幼年学校生徒の教育については、Moncure, *Forging the King's Sword* の、より詳細でバランスが取れた記述がある章をみよ。

20. Nye, "Era of Educational Reform," 200-201.

21. John A. Logan, *The Volunteer Soldier of America* (New York: Arno, 1979), 441-458. ローガンは、南北戦争で北軍に属していた、優れた陸軍少将である。ウェスト・ポイント出身の戦友たちを観察したローガンは、彼らが受けた教育は、軍人として生き残る上で何の役にも立っていないと記した。また、ウェスト・ポイント卒は、ほかのコースで任官した戦友よりも優れた実績を示したわけではないとも指摘されている。この書物について教えてくれたマーク・グリムスレーに感謝する。

22. Nye, "Era of Educational Reform," 233. 1908年２月３日、ウェスト・ポイントの古参教官より成る「教程改正総合委員会」の言明。この報告は、他のカリキュラム改訂の試みを排除してしまった。Dillard, "The Uncertain Years," 290-291.

23. Unruh, *Ehe die Stunde schlug*, 147-148.

24. LaCamera, "Hazing: A Tradition too deep to Abolish," 12.

25. Mott, *Twenty Years*, 44.

26. ウェスト・ポイントで精神科医として勤務したリチャード・C・ユーレンの結論をみよ。U'Ren, *Ivory Fortress*.

27. Kenneth S. Davis, *Soldier of Democracy: A Biography of Dwight Eisenhower* (Garden City, New York: Doubleday, 1946), 131.

28. Sorley, "Leadership," 138.

29. Mullaney, *The Unforgiving Minute*, 347頁。2000年に卒業した、この著者も多数あるなかの一例にすぎない。

30. Clemente, "Making of the Prussian Officer," 174.

31. Nye, "Era of Educational Reform," 183.

32. ジャック・A・ペリッチによるジョン・A・ハイントゲスへのインタビュー、複写本、1974年。ハイントゲス自身、ウェスト・ポイント出身であるから、他の卒業生に対するその率直な批判には特別な価値がある。

33. アーサー・J・ゼーベレインによるチャールズ・L・ボールテーへのインタビュー、日付け無し。ボールテーはウェスト・ポイント卒ではないが、非常に成功した将校である。彼は陸軍大将になり、1953年には在欧米軍総司令官になった。

34. Nenninger, "Leavenworth and Its Critics."

35. Chynoweth, *Bellamy Park*, 85.

36. Schifferle, "Anticipating Armageddon," 79.

37. Cockrell, "Brown Shoes and Mortar Boards," 360; Schifferle, "Anticipating Armaged-

第三部　結　論

第六章　教育、文化、その帰結

1. Louis Abelly, *The Life of the Venerable Servant of God: Vincent de Paul*, 3 vols. (New York: New City Press, 1993), 2: 375. 聖ヴァンサン・ド・ポールは、17世紀のカトリックの修道士。多くの同輩とちがって、全き清貧のうちに生き、その生涯を通じて貧者を助け続けた。存命中からすでに、謙譲な性格と英知によって伝説的な人物となっていた。この引用は、上記の伝記でまとめられたもの。この引用文を探し出す手助けをしてくれたナサニエル・ミショーに感謝する。

2. マンシュタインによる引用。オリジナルは、"Vorschriften sind für die Dummen."

3. Afflerbach, *Falkenhayn*, 105, 134.

4. Bernhard R. Kroener, "Strukturelle Veränderungen in der militärischen Gesellschaft des Dritten Reiches," in *Nationalsozialismus und Modernisierung*, eds. Michael Prinz and Rainer Zitelmann (Darmstadt: Wissenschaftliche Buchgesellschaft, 1991); Bernhard R. Kroener, "Generationserfahrungen und Elitenwandel: Strukturveränderungen im deutschen Offizierkorps, 1933-1945," in *Eliten in Deutschland und Frankreich im 19. und 20. Jahrhundert: Strukturen und Beziehungen*, eds. Rainer Hudemann and Georges-Henri Soutu (Oldenbourg, 1994).

5. Dillard, "The Uncertain Years," 339. ごくわずか、戦時のいくつかの期だけが例外で、時間の制限ゆえの必要が生じて、最下級生も一人前の士官学校生徒と「認識」された。

6. Stephan Leistenschneider, "Die Entwicklung der Auftragstaktik im deutschen Heer und ihre Bedeutung für das deutsche Führungsdenken," in *Führungsdenken in europäischen und nordamerikanischen Streitkräften im 19. und 20. Jahrhundert*, ed. Gerhard P. Groß (Hamburg: Mittler, 2001), 177. この論文の筆者は、さまざまな名称を見つけだしており、そのなかには、「委任戦法」(*Auftragsverfahren*)、「自由戦法」(*Freies Verfahren*)、「委任戦闘」(*Auftragskampf*)、「各個戦法」(*Individualverfahren*)、「任意戦術」(*Dispositionstaktik*)、「主体戦法」(*Initiativverfahren*) などがある。

7. 同、189.

8. Clemente, "Making of the Prussian Officer," 174.

9. 同、140. クレメントは、ドイツの将校候補生は、あらゆる犠牲を払って任官したと主張しているが、そうした断定には根拠がない。ドイツ将校が、すべてのレベルで学力を示したことは明白だった。

10. Moncure, *Forging the King's Sword*, 235.

11. Clemente, "Making of the Prussian Officer," 172.

12. ヴェルサイユ条約に従って、士官学校が廃止されたために卒業がかなわなかったエルンスト・フォン・ザーロモンは、義勇軍の機関銃分隊長になったが、いかなる状況でもその兵器を完璧に扱えた。そのころ、彼は17歳だったのである。フォン・ザーロモン自身の詳細な記述については、Salomon, *Die Geächteten* をみよ。

13. Bland, Ritenour, and Wunderlin, eds. "*We Cannot Delay*", 65. 1939年9月26日付参謀次長付 G-3 宛マーシャル覚書。

14. Schmitz, *Militärische Jugenderziehung*, 54-55.

した。クレーマーは第二次世界大戦中、少将として、第66歩兵師団長を務めた。パートリッジは第二次世界大戦では358歩兵師団を指揮し、のちに少将で退役した。ハートネス、ウェデマイヤー、パートリッジは、独創的な発想と意欲の持ち主として、戦友たちに高く評価されていた。たとえば、Dickson, *Algiers to Elbe: G-2 Journal, 5-6*; Collins, *Lightning Joe*, 185.

122. Wedemeyer, *Wedemeyer Reports !*, 49. ウェデマイヤーは、1951年、早々に陸軍を去った。アメリカの対華政策が向かっている方向をよしとせず、異論を抱いたからである。ウェデマイヤーの発言は、その文脈において読まれなければならない。Nenninger, "Leavenworth and Its Critics," 216. ネニンジャーは常に詳細な記述を提供してくれるが、この場合は、ウェデマイヤーが教育方法と文化における両校の差異を強調していることを見逃している。

123. Citino, *The Path to Blitzkrieg*, 157-164.

124. Nenninger, "Leavenworth and Its Critics," 216.

125. 同、215-216.

126. *Memorandum for the Adjutant General, Subject: German General Staff School* (Kriegsakademie). 報告書の写しが CGSS に送られる際に、陸軍参謀本部 G-2 に勤務していたチャールズ・マンリー・バズビー中佐（USMA1915年）が、説明のため添付した書簡をみよ。バズビーは、「注意を喚起するために」ウェデマイヤーの報告書は陸軍大学校に送られるべきだと「提案」しており、この貴重な報告が重きを置かれていないことは明白である。

127. *M. I. D. Report, GERMANY (Combat), Subject: The German General Staff School* (Kriegsakademie). ハートネスは、教官の質と積極的な学生との関わりについて、二章を割いている。17-19.

ウェデマイヤー：「教官は注意深く選抜され、軍人としての輝かしい経歴のみならず、講義能力があると証明されているかという点も考慮されて決まる」（2頁）。

「教官たちは、飛び抜けた能力を有する将校である［後略］」（12頁）。

「実質的に、あらゆる講義は、部隊指揮を想定している」（12頁）。

「教官と学生のあいだに、えこひいきや抑圧はない」（13頁）。

「一般的に、ドイツ軍の野戦教令は、アメリカ軍のものほど図式的でもなければ独特でもない」（78頁）。

「科目を講義する際、もっとも重要なポイントは図上戦術の問題を提示する方法だと、小官は確信する。きわめてリアルで現実的であった」（139頁）。

「学生は［中略］、野戦にあるのとまったく同じ行動をなす」（139頁）。

「ドイツ軍が強調するのは、指揮官たるもの、どうやって決断を下すかではなく、いつ下すかということも知っていなければならないということだ」（強調原文、139頁）。

128. 同、8. ドイツ軍の軍事演習にみなぎる現実感については、他の外国筋の観察にも多数みられる。Citino, *The Path to Blitzkrieg*, 66.

129. *M. I. D. Report, GERMANY (Combat), Subject: The German General Staff School* (Kriegsakademie). ハートネスは、「学校が決めた正解などない」ドイツ軍の教育システムを、報告書の結論部分、24頁で、再度はっきりと称賛している。

だし、すべてが攻撃的な性格を持っていたわけではない。

105. Manstein, *Soldatenleben*, 109, 127, 241.

106. Wrochem, *Erich von Manstein*, 41.

107. マンシュタインの統率ならびに作戦能力の問題について、より詳しくは Muth, "Erich von Lewinski, called von Manstein: His Life, Character and Operations—A Reappraisal." をみよ。また、Marcel Stein, *Field Marshal von Manstein, the Janus Head: A Portrait* (Solihull: Helion, 2007) も参照。

108. Nick van der Bijl and David Aldea, *5th Infantry Brigade in the Falklands* (Barnsley: Cooper, 2003), 70. 共著者の二人は、短いが興味深い議論をなしている。フォークランド作戦中、「訓令統制」の欠如と、それと対照的な「制限的統制」(restrictive control) によって、イギリス軍の下級指揮官とその部隊はときとして、必ずしも必要でない苦労をさせられたというものだ。

109. フランス語と英語への翻訳の試みについて、詳しくは Millotat, *Generalstabssystem*, 41 をみよ。なお、この著者は、ドイツ軍の参謀本部システムとその構成員について、まったく無批判である。

110. Oetting, *Auftragstaktik*, 320.

111. Hofmann, *Through Mobility We Conquer*, 149 の引用に拠る。「課題戦術」という試訳は、ジョージア州フォート・ベニングの歩兵学校で学び、また講義に携わった交換学生アドルフ・フォン・シェルによる。同書のこの箇所以降に、シェルに関するさらなる記述がある。また、簡潔で正確な委任戦術に関する解説は、Citino, *The Path to Blitzkrieg*, 13 をみよ。Oetting, *Auftragstaktik*, には、この指揮方法を説明するより多くの実例が示されている。

112. Van Creveld, *Fighting Power*, 36. ファン・クレフェルトも、委任戦術の説明に関して、いくつかの良い実例を提示している。

113. Teske, *Die silbernen Spiegel*, 71.「擲弾兵」は古式の呼び方で、一兵卒を意味する。

114. Stouffer et al., ed. *The American Soldier: Adjustment during Army Life*, 65.

115. *Memorandum for the Adjutant General, Subject: German General Staff School* (Kriegsakademie).

116. Kielmansegg, "Bemerkungen zum Referat von Hauptmann Dr. Frieser aus der Sicht eines Zeitzeugen," 152. キールマンゼグは第一装甲師団の *Ib*(アインスベー)(兵站参謀)で、この言葉が発せられた現場にいた。この文書で、キールマンゼグは、フリーザーが出した見解にコメントしている。その見解は、今や有名になった書、Frieser, *The Blitzkrieg Legend* に結実した。

117. Harmon, MacKaye, and MacKaye, *Combat Commander*, 80.

118. Oetting, *Auftragstaktik*, 246.

119. Hofmann, *Through Mobility We Conquer*, 152.

120. Astor, *Terrible Terry Allen*, 81; Van Creveld, *Fighting Power*, 37.

121. 〔以下、ドイツ陸軍大学校の派遣学生となった米軍将校〕1935年から1937年まで、ハーラン・ネルソン・ハートネス大尉(USMA1919年)。1936年から1938年まで、アルバート・コーディ・ウェデマイヤー大尉(USMA1919年)。1937年から1939年まで、H・F・クレーマー中佐。1938年から1939年まで、リチャード・クレア・パートリッジ少佐(USMA1920年)。ほとんどが2年の課程を修了したが、パートリッジのみ、戦争勃発のため教育を短縮された。ハートネスは第二次世界大戦中准将まで進級、1948年から1950年まで CGSS の副校長を務め、少将で退役した。

ウェデマイヤーは1945年に中将として合衆国中国派遣軍を指揮し、のちに大将に進級に保存されている唯一の戦場なのである。ドイツには、他国にあるような戦場保存のための法律は存在しない。

92. Robert M. Citino, *The German Way of War: From the Thirty Year's War to the Third Reich* (Lawrence: University Press of Kansas, 2005), 14-22. この戦闘に関して、チティーノはやや異なるさまを描き出しているが、本書には、ブランデンブルク軍事史について複数の戦況図と詳細な記述がある。チティーノのこの本は、「ドイツ流の戦争方法」を理解する上で非常に価値があるのだ。

93. 国王付副官には、若く、高度の教育を受けた活動的な幕僚将校が選ばれ、フリードリヒ大王により、広範な責任と権力とを持たされていた。

94. 伝説的なできごとによくあることだが、この挿話にも異説が伝わっている。たとえば、Christopher Duffy, *The Military Life of Frederick the Great* (New York: Atheneum, 1986), 167.

95. マルヴィッツが辞職しなかったとしても、おそらく、何の困難も生じなかっただろう。フリッツェ〔フリードリヒ大王の愛称〕はかんしゃくの強い性格ではあったが、部下の将校たちの意見を尊重するのが常だったからである。

96. ヨルクは、もともと「伯爵」でも「フォン・ヴァルテンブルク」でもなかった。こうした爵位や称号は、すべてがうまくおさまったのちに得られたのである。ここでは、混乱を避けるために、最終的な姓名を記した。

97. Förster, "The Dynamics of *Volksgemeinschaft*," 193.

98. 同、201.

99. Oetting, *Auftragstaktik*, 198.

100. たとえば、Timothy A. Wray, "Standing Fast: German Defensive Doctrine on the Russian Front during World War II—Prewar to March 1943." (Fort Leavenworth, Kansas: U.S. Army Command and General Staff College, 1986), http: //purl. access. gpo. gov/GPO/LPS58774; Timothy T. Lupfer, *The Dynamics of Doctrine: The Changes in German Tactical Doctrine during the First World War*, Leavenworth Papers (Ft. Leavenworth, Kansas: Combat Studies Institute, U.S. Army Command and General Staff College, 1981); Citino, *The Path to Blitzkrieg* をみよ。チティーノの著書では、ドクトリンという言葉は副題（*Doctrine and Training in the German Army*)、そして、まったく遺憾なことにフォン・ゼークトを扱った章に現れるだけである。フォン・ゼークトは、まったくドクトリン指向ではなかったのだ。とはいえ、チティーノは、ドイツ陸軍の発展を柔軟かつ豊かな知識を以て論じている。

101. この議論については、不朽の古典である Hans von Seeckt, ed. *Führung und Gefecht der verbundenen Waffen* (Berlin: Offene Worte, 1921) をみよ。著者の見解では、この書は重要性において、カール・フォン・クラウゼヴィッツや孫子の著作に匹敵する。

102. Oetting, *Auftragstaktik*, 283.

103. Millett, "The United States Armed Forces in the Second World War," 65.

104. マンシュタインの地位を「作戦課長」と混同しないよう、注意されたい。男爵クルト・ハマーシュタイン＝エクヴォルトは、1930年から1934年まで陸軍統帥部長官だった。ここで触れた図上演習のいくつかのもようは（偽装目的で、*Truppenamtsreisen*、文字通り訳せば、「兵務局旅行〔トルッペンアムツライゼン〕」と呼ばれていた)、Karl-Volker Neugebauer, "Operatives Denken Zwischen, dem Ersten und Zweiten Weltkrieg," in Operatives *Denken und Handeln in deutschen Streitkräften im 19. und 20. Jahrhundert*, ed. Günther Roth (Herford: Mittler, 1988) に翻刻されている。興味深いことに、これらの図上演習は、チェコスロヴァキア、ポーランド、フランスを仮想敵とするものだった。たそこで包囲され、ついには潰滅した。パウルスは、包囲を突破せよと命じることも、破局に近い状況を上官に明快に知らせることもためらった。10年以上前にたてまつられたあだ名が的を射ていることを、自ら暴露したのである。

66. Model, *Generalstabsoffizier*, 77.

67. Williamson Murray, "Werner Freiherr von Fritsch: Der tragische General," in *Die Militärelite des Dritten Reiches: 27 Biographische Skizzen*, eds. Ronald Smelser and Enrico Syring (Berlin: Ullstein, 1995), 154.

68. Model, *Generalstabsoffizier*, 79-80.

69. Mark Frederick Bradley, "United States Military Attachés and the Interwar Development of the German Army"（ジョージア州立大学に提出された修士論文、1983年）、52.

70. Bald, *Der deutsche Generalstab 1859-1939*, 88.

71. 同、88.

72. Richard R. Müller, "Werner von Blomberg: Hitler's "idealistischer" Kriegsminister," in *Die Militärelite des Dritten Reiches: 27 biographische Skizzen*, eds. Ronald Smelser and Enrico Syring (Berlin: Ullstein, 1997), 56.

73. Bald, *Der deutsche Generalstab 1859-1939*, 103.

74. *M. I. D. Report, GERMANY (Combat), Subject: The German General Staff School* (Kriegsakademie).

75. Citino, *The Path to Blitzkrieg*, 184.

76. 同、18, 24.

77. Teske, *Die silbernen Spiegel*, 45.

78. Oetting, *Auftragstaktik*, 263.

79. Teske, *Die silbernen Spiegel*, 48.

80. Hackl, ed. *Generalstab*, 330 に引用された、ハンス・ゲオルク・リヒェルト大佐の言明。

81. Boog, "Civil Education, Social Origins, and the German Officer Corps," 123.

82. Luvaas, "The Influence of the German Wars of Unification," 618 に引用された、ウェズリー・メリット名誉少将（USMA1860年）の言明。

83. そうした実例は無数にあり、時期も米西戦争から現代に及ぶ。1947年10月15日付ジョン・マコーリー・パーマーとの電話による会談記録写し、*OCMH (Office of the Chief of Military History) Collection*, Box 2, 合衆国陸軍軍事史研究所、ペンシルヴェニア州カーライル。

84. Stouffer et al., ed. *The American Soldier: Adjustment during Army Life*, 57.

85. 同、259.

86. 同、264. 強調原文。「進級のために運動する」の章全体も参照のこと。それは、この問題をよりあきらかにしてくれる。

87. Dwight D. Eisenhower, "A Tank Discussion," *Infantry Journal* (November 1920).

88. 1967年9月17日付ブルース・C・クラーク宛ドワイト・D・アイゼンハワー書簡（ペンシルヴェニア州ゲティスバーグにて）。Bruce C. Clarke Papers, Box 1, 諸兵科協同戦調査図書館、カンザス州フォート・レヴンワース。

89. Coffman, *The Regulars*, 277.

90. Boog, "Civil Education, Social Origins, and the German Officer Corps," 122.

91. 軍事史の学徒にとっても、また参謀旅行を行う場合にも、フェーアベリンの戦場は、特別の重要性を有している。それは、軍事史のきわめて多様な側面（指揮官の決断から、砲兵の巧緻な用法まで）を教えてくれる上に、ドイツにおいて、ほぼ当時のまま将の言明；Hackl, 261 の、ハンス・シュペート大将の言明。

47. *Military Attaché Report, Subject: Visit to the German Armored (Panzer) Troop School at Wünsdorf, October 4, 1940*, RG165, Records of the WDGS, Military Intelligence Division, Box 1113, Folder Correspondence 1917-1941, 2277-B-43, 第二国立公文書館（National Archives II）、メリーランド州カレッジ・パーク。

48. *M. I. D. Report, GERMANY (Combat), Subject: The German General Staff School* (Kriegsakademie), Record Group 165, Records of the WDGS, Military Intelligence Division, Box 1113, Folder 2277-B-44 [Hartness Report], 第二国立公文書館（National Archives II）、メリーランド州カレッジ・パーク。

49. Harmon, MacKaye, and MacKaye, *Combat Commander*, 126-127. 当時師団長だったハーモンは、遅刻した将校に50ドルの罰金を払わせた。その回想録で、ハーモンは、彼が「厳しく」したのは間違いだったと考えている。ドイツ将校の場合、怠惰なためにブリーフィングに遅刻すれば、降等される危険があった。

50. 同、50.

51. Teske, *Die silbernen Spiegel*, 50.

52. Model, *Generalstabsoffizier*, 38.

53. Andreas Broicher, "Betrachtungen zum Thema "Führen und Führer," Clausewitz-Studien 1 (1996): 121.

54. *M. I. D. Report, GERMANY (Combat), Subject: The German General Staff School* (Kriegsakademie). ハートネス大尉は、ドイツ軍教官の教育能力が卓越していることを、何度となく強調している。同僚のウェデマイヤー大尉も同様だった。

55. Erfurth, *Die Geschichte des deutschen Generalstabes von 1918 bis 1945*, 126.

56. ハンス・シュペート大将は、1936年から1939年にかけて、陸軍大学校の講堂指導官を務めた。それについての彼の言明をみよ。Hackl, ed. *Generalstab*, 262-264. Teske, *Die silbernen Spiegel*, 45 も参照。

57. *M. I. D. Report, GERMANY (Combat), Subject: The German General Staff School* (Kriegsakademie).

58. Pogue, *Education of a General*, 97.

59. Hackl, ed., *Generalstab*, 308 の、ペーター・フォン・グレーベン少将の言明。

60. *Memorandum for the Adjutant General, Subject: The German General Staff School* (Kriegsakademie), Record Group 165, Records of the WDGS, Military Intelligence Division, Box 1113, Folder 2277-B-48 [Wedemeyer Report], 第二国立公文書館（National Archives II）、メリーランド州カレッジ・パーク。

61. Model, *Generalstabsoffizier*, 81-82.

62. Diedrich, *Paulus: Das Trauma von Stalingrad*, 96-97.

63. Chynoweth, *Bellamy Park*, 123.

64. *M. I. D. Report, GERMANY (Combat), Subject: The German General Staff School* (Kriegsakademie).

65. Diedrich, *Paulus: Das Trauma von Stalingrad*, 99. ここには、1931年から1932年クラスの定期刊行物の一部と、当時戦史教官だったフリードリヒ・パウルス少佐の評価が翻刻されている。パウルスは「クンクタートル」（*Cunctator.* ラテン語で、のろま、ぐずの意）とあだ名されており、それは、第二次ポエニ戦争中に敢えてハンニバルを攻撃しようとしなかったローマの執政官クィントゥス・ファビウス・マクシムスにちなんでいた。のちに、パウルスは第六軍司令官となり、あらゆる面で指揮下の軍が補給不足であると識っていたにもかかわらず、スターリングラード奪取へと「率いて」いった。第六軍は、

fung 1929 (Berlin: Offene Worte, 1930), 66.

31. Bearbeitet von einigen Offizieren［将校数名により準備された］, *Die Wehrkreis-Prüfung 1931* (Berlin: Offene Worte, 1932), 81.

32. Hackl, ed. *Generalstab*, 211 に引用された、エーリヒ・ブランデンベルガー大将の言明をみよ。

33. Bearbeitet von einigen Offizieren［将校数名により準備された］, *Die Wehrkreis-Prüfung 1924*, 66.

34. Bearbeitet von einigen Offizieren［将校数名により準備された］, *Die Wehrkreis-Prüfung 1931*, 81.

35. Bearbeitet von einigen Offizieren［将校数名により準備された］, *Die Wehrkreis-Prüfung 1921*, 76.

36. Teske, *Die silbernen Spiegel*, 37.

37. Bearbeitet von einigen Offizieren［将校数名により準備された］, *Die Wehrkreis-Prüfung 1929*, 66.

38. Bearbeitet von einigen Offizieren［将校数名により準備された］, *Die Wehrkreis-Prüfung 1930* (Berlin: Offene Worte, 1931), 70.

39. Bearbeitet von einigen Offizieren［将校数名により準備された］, *Die Wehrkreis-Prüfung 1924*, 87.

40. Bearbeitet von einigen Offizieren［将校数名により準備された］, *Die Wehrkreis-Prüfung 1933* (Berlin: Offene Worte, 1933), 79.

41. *Handbuch für den Generalstabsdienst im Kriege*, 2 vols. (Berlin: n. p., 1939), 1: 34.

42. Bearbeitet von einigen Offizieren［将校数名により準備された］, *Die Wehrkreis-Prüfung 1937* (Berlin: Offene Worte, 1937), 4-6. Model, *Generalstabsoffizier*, 73. モーデルは、ここでなお増強一個連隊について論じており、事実誤認しているとわかる。

43. Model, *Generalstabsoffizier*, 71.

44. 同、32, 74. おおむね、どの文献もこの数字を挙げている。ただし、エルフルトは反対に、落第者と合格者の比率は1930年代後半に逆転したと述べた。が、その主張の典拠は示されていない。この点については、学問的な基準を満たしたドイツ参謀本部研究は存在しない。陸軍大学校に入学し、参謀本部に勤務することになった者ですら、最終的な合格者数は知り得なかったのである。それを知り得たのは、選抜過程に関わった者だけだったろう。エルフルトの見解については、Erfurth, *Die Geschichte des deutschen Generalstabes von 1918 bis 1945*, 171-174 をみよ。男爵ホルスト・トロイシュ・フォン・ブトラー＝ブランデンフェルス少将の研究によると、1935年より前には30ないし40パーセントが落第したが、それ以降は10ないし15パーセントになったという。これらの数字は、首尾良く陸軍大学校を卒業したのちに、参謀本部員に選ばれた者にも関係する。Hackl, ed. *Generalstab*, 183 をみよ。このハックルの著作313頁に引かれたペーター・フォン・グレーベン少将の言明では、別の数字があげられ、30ないし40パーセント、ときには50パーセントが落第したとされている。また、重要なのは、陸軍大学校に入学した者もさらに淘汰され、彼らのうち、ごく一部だけが最終的に参謀本部入りできるという事実に留意しておくことだ。

45. Hackl, ed. *Generalstab*, 210 に、エーリヒ・ブランデンベルガー大将の証言がある。アメリカの歴史家たちが、プロイセンとバイエルンの軍事関係を美化して見ていることはあきらかだ。David N. Spires, *Image and Reality: The Making of the German Officer, 1921-1933*, Contributions in Military History (Westport, Connecticut: Greenwood, 1984), xi.

46. Hackl, ed. *Generalstab*, 269 の、アウクスト＝ヴィクトル・フォン・クヴァスト少

主張は信用できる。彼は、1931年の第４軍管区における軍管区試験準備の責任者だったのだ。

15. 同様のことは、少尉候補生試験（フェーンリヒスエクサーメン）(*Fähnrichsexamen*) においても生起し得た。Moncure, *Forging the King's Sword*, 238-239.

16. Model, *Generalstabsoffizier*, 27.

17. Citino, *The Path to Blitzkrieg*, 74. あいにく、チティーノは、軍管区試験の兵器取り扱いの部分だけを論じており、応用戦術には言及していない。

18. Bearbeitet von einigen Offizieren［将校数名により準備された], *Die Wehrkreis-Prüfung 1924* (Berlin: Offene Worte, 1924). その序文をみよ、この将校たちは多くの場合、兵務局員だった。

19. Teske, *Die silbernen Spiegel*, 36. テスケは1936年から1938年という運命的な時期に陸軍大学校に学び、参謀将校の訓練を受けた。彼の仲間には、多くの歴史的人物がいた。同期生には、反ヒトラー陰謀の主犯３人、伯爵クラウス・フォン・シュタウフェンベルク、メルツ・フォン・クヴィルンハイム、エーベルハルト・フィンク、そして、何よりもアメリカの交換留学生アルバート・ウェデマイヤーがいた。その誇張がない、批判的な記述は（あいにく、同期生に関するそれは公平とはいえないが)、テスケが陸軍大学校時代末期に出版したヒトラーとナチへの「万歳」本、『われらは大ドイツのために進軍する』と著しい対照をなしている。Teske, *Wir marschieren für großdeutschland*.

20. Afflerbach, *Falkenhayn*, 14.

21. Teske, *Die silbernen Spiegel*, 45.

22. Citino, *The Path to Blitzkrieg*, 101.

23. Bearbeitet von einigen Offizieren［将校数名により準備された], *Die Wehrkreis-Prüfung 1924*, 18-19, 22, 24.

24. Williamson, *Patton's Principles*, 22.

25. ハーは、1938年３月23日から1942年３月９日まで騎兵総監だった。彼が、破壊的なまでの悪影響を及ぼし、また、精神病すれすれの意見を抱いていたことについては、Hofmann, *Through Mobility We Conquer*, 236, 289, 293 、Harmon, MacKaye, and MacKaye, *Combat Commander*, 57 をみよ。ハー自身の奇怪な著作としては、John K. Herr and Edward S. Wallace, *The Story of the U.S. Cavalry, 1775-1942* (Boston: Little Brown, 1953) がある。フュークワーは、1928年３月28日から1933年５月５日まで、歩兵総監を務めた。フュークワーは、1936年から1939年まで駐在武官としてスペインにおり、その仕事のやりようは有害なものだった。彼は、スペイン内戦中、ほとんど一度も戦闘を実見することなく、戦車の用法を誤解させるような報告を送り続けたのである。George F. Hofmann, "The Tactical and Strategic Use of Attaché Intelligence: The Spanish Civil War and the U.S. Army's Misguided Quest for a Modern Tank Doctrine," *Journal of Military History* 62, no. 1 (1998).

26. Bearbeitet von einigen Offizieren［将校数名により準備された], *Die Wehrkreis-Prüfung 1924*, 49-55.「兵器・装備」の科目は、のちに「兵器論（ヴァッフェンレーレ)」(Waffenlehre) と改称された。

27. Teske, *Die silbernen Spiegel*, 37.

28. Bearbeitet von einigen Offizieren［将校数名により準備された], *Die Wehrkreis-Prüfung 1924*, 56.

29. Bearbeitet von einigen Offizieren［将校数名により準備された], *Die Wehrkreis-Prüfung 1921* (Berlin: Offene Worte, 1921), 52.

30. Bearbeitet von einigen Offizieren［将校数名により準備された], *Die Wehrkreis-Prü-*

第五章　攻撃の重要性と統率の方法

1. Hofmann, *Through Mobility We Conquer*, 150 の引用に拠る。ホフマンは、そのテーマについて堅実な記述をなしている。しかし、この本に出てくるドイツ語単語のうち、二つに一つは誤植があるか、意味をなしていないことは、まったく理解できない。著者、もしくは版元が数ドル出してドイツ人の学生を雇い、原稿を読ませて、そこで使われている外国語が正しいかどうか、たしかめさせれば、何の問題もなかったのだ。定評ある著者、あるいは出版社は、かかる当然の手順を踏むべきである。不幸なことに、そのような手抜きは、ドイツ軍に関するテーマを扱ったアメリカの本では珍しいことではない。

2. Erfurth, *Die Geschichte des deutschen Generalstabes von 1918 bis 1945*, 127. エルフルトはドイツ参謀本部の一員だった将官で、歴史学の博士号を持っている。彼は、合衆国陸軍歴史部が第二次世界大戦公刊戦史の編纂を元ドイツ軍将校に手伝わせるために設置した、最初の研究センターの一つの責任者だった。そこから出版された多数の研究は、その後数十年にわたり、歴史研究に相当の影響を与えた。このドイツ将校たちが、あらゆる責任をヒトラーに押しつけることに成功したためだ。Wegner, "Erschriebene Siege: Franz Halder, die 'Historical Division' und die Rekonstruktion des Zweiten Weltkrieges im Geiste des deutschen Generalstabes," ならびに Wette, *The Wehrmacht*, 229-235 をみよ。

3. Nakata, *Der Grenz-und Landesschutz in der Weimarer Republik*, 220.

4. Citino, *The Path to Blitzkrieg*, 123 の引用に拠る。

5. Gordon, *The Reichswehr and the German Republic, 1919-1926*, 175. ゴードンは元合衆国陸軍将校で、ドイツの指導者多数と面談することができた。この本全体に、彼らの見解が大きな影響を与えている。ゴードンは、参謀将校の教育と参謀本部相当の組織の存続は合法だった（180）とさえ主張するに至ったのだ。だが、ヴェルサイユ条約第160Ⅲ条、第175および第176条によれば、そうでないことはあきらかである。

6. Detlef Bald, *Der deutsche Generalstab 1859-1939. Reform und Restauration in Ausbildung und Bildung*, Schriftenreihe Innere Führung, Heft 28 (Bonn: Bundesministerium der Verteidigung, 1977), 37.

7. Millotat, *Generalstabssystem*, 118-120.

8. Citino, *The Path to Blitzkrieg*, 94.

9. Fröhlich, 'Der vergessene Partner.': Die militärische Zusammenarbeit der Reichswehr mit der U.S. Army 1918-1933," 14.

10. Bucholz, *Delbrück's Modern Military History*, 34.

11. Citino, *The Path to Blitzkrieg*, 93-94, 102-103 に引用された Colonel A. L. Conger, Third Division Officers' School, March 7, 1928, and appendixes.

12. 同、98.

13. Model, *Generalstabsoffizier*, 32. ドイツにおける将校教育に関しては、モーデルの研究は、現在手に入る最良のものである。当時出版されていた文献に加えて、モーデルは、オリジナルの文書、元参謀将校のインタビュー、合衆国陸軍歴史部のためにドイツ軍将校が書いた報告などから結論を引き出した。ただし、合衆国陸軍歴史部の資料は、参謀本部を極度に美化している。その点では、モーデルのこの著作も同様だ。というのは、彼自身も参謀将校だったのである。

14. ドイツ語では、"*Charakterliche Fehler*"。Hackl, ed. *Generalstab*, 261 に引用されたハンス・シュペート大将の証言。シュペートはとくに内実を知る立場にいたから、この

171. Collins, *Lightning Joe*, 50.

172. Coffman, *The Regulars*, 264.

173. Schifferle, "Anticipating Armageddon," 234-237.

174. Kirkpatrick, "Orthodox Soldiers," 103. Coffman, *The Regulars*, 264-265 に、より多くの記述がある。

175. Bland and Ritenour Stevens, eds. *The Papers of George Catlett Marshall: "The Right Man for the Job" —December 7, 1941-May 31, 1943*, 349-350. 1942年９月14日付および同年10月１日付ジョージ・C・マーシャル宛ハロルド・ロウ・ブル少将書簡。ブルは、マーシャル時代に、歩兵学校教官団の一員であった。ゆえに、米陸軍の慣習文化に従い、ブルがこの学校について体裁をつくろっている可能性もある。とはいえ、彼の報告がまったく真実を語っていないというのも、ありそうにないことだ。マーシャルが冗語を嫌うのはよく知られていたし、どんな不正確な記述も、すでに出世街道に乗っていたブルにとっては、不利にしか働かなかったはずである。ブルはまたCGSSに関する報告も行っており、何人かの責任者は実際、程度が悪くなっているのはあきらかだというのに、なお凡庸な将校を「つかまされて」いるし、「教官適格者」、なかんずく陸軍航空隊からのそれを獲得するという問題はなお存在するとした。CGSSが、30年前同様の問題を抱えていたことは明白である。

176. Eisenhower, *Strictly Personal*, 74.

177. Collins, *Lightning Joe*, 44.

178. ジャック・A・ペリッチによるジョン・A・ハイントゲスへのインタビュー、複写本、1974, Senior Officers Oral History Program, Volume 2, 合衆国陸軍軍事史研究所、ペンシルヴェニア州カーライル。著者が知るかぎり、ハイントゲスは、前線でドイツ軍に対して戦った、唯一のドイツ系将校だった。陸軍省は、第二次世界大戦中の人事において、実戦部隊を指揮する能力があるとみなされたドイツ系将校を、意図的に太平洋戦域に送った。ドイツ人の先祖を持つ合衆国陸軍将校２名は、そう主張している。こうした見解に接した著者は当初、信を置くことができなかったが、以後、ドイツ人の子孫であるとわかっている米軍将校を一人一人調べていくと、事実、全員が最終的には太平洋にいた。太平洋方面の上級将校や幕僚は、「マッカーサーのドイツ人たち」として知られてさえいたのである。このような政策は、間違いなくマーシャル参謀総長の支持を得てはいなかった。彼は、ドイツ系合衆国陸軍将校の忠誠心については、まったく疑っていないと、繰り返し表明していたのだ。ハイントゲスだけが、とほうもない執拗さで、慣習を曲げるようにしてくれと頼み込み、ようやく北アフリカ赴任をなしとげた。あとになって、ドイツ系将校もヨーロッパに配置されるようになったが、多くは戦闘指揮官ではなく、情報将校、もしくは通訳官だったことはあきらかだ。どんなかたちであれ、ナチスに共感を示した下級将校は、後方に留め置かれた。Benjamin A. Dickson, *Algiers to Elbe — G-2 Journal, Monk Dickson Papers* (West Point, New York: West Point Library Special Archive, unpublished), 1-2.

179. Coffman, *The Regulars*, 265.

180. 議長ハリー・S・トルーマンの名を冠した「トルーマン委員会」におけるマーシャルの証言。1941年３月１日。Bland, Ritenour, and Wunderlin, eds. "*We Cannot Delay*", 482-483.

181. Pogue, *Education of a General*, 249.

182. ピーター・シファルがCGSSについて進めたような、質の高い数量的分析が、歩兵学校の場合にも必要である。ただし、歩兵学校の文書ファイルの多くが破棄されているため、分析の実行は、より困難であろう。

151. Bland and Ritenour, eds. "*The Soldierly Spirit*," 320.

152. Pogue, *Education of a General*, 260.

153. 同、250-251.

154. Fröhlich, "Der vergessene Partner": Die militärische Zusammenarbeit der Reichswehr mit der U.S. Army 1918-1933," 91.

155. Anders, *Gentle Knight*, 131.

156. Adolf von Schell, *Battler Leadership: Some Personal Experiences of a Junior Officer of the German Army with Observation on Battle Tactics and the Psychological Reactions of Troops in Campaign* (Fort Benning, Georgia: Benning Herald, 1933).

157. Lanham, ed. *Infantry in Battle*.

158. Bland and Ritenour, eds. "*The Soldierly Spirit*", 479, 489-190.

159. このロンメルの著書は、英訳版が多数でているが、ここでは Erwin Rommel, *Infantry Attacks* (London: Stackpole, 1995) に拠る。

160. Hofmann, *Through Mobility We Conquer*, 203. Adolf von Schell, *Kampf gegen Panzerwagen* (Berlin: Stalling, 1936).

161. 1938年11月20日付ジョージ・C・マーシャル宛トルーマン・スミス中佐書簡、George C. Marshall Papers, Box 43, Pentagon Office, 1938-1951, Correspondence, Skinner-Sterling, Folder Smith, Tom K. - Smith, W. Snowden 43/1, ジョージ・C・マーシャル図書館、ヴァージニア州レキシントン。トルーマン・スミスは、シェルの名前をずっと間違って、"Adolph" と綴っている。

162. 1939年1月5日付ジョージ・C・マーシャル宛アドルフ・フォン・シェル大佐書簡、George C. Marshall Papers, Box 47, Pentagon Office, 1938-1951, Correspondence, General Usher-Wedge, Folder Von Neumann - Von Schilling 47/24, ヒトラーについて書くときに、首相の称号すら使わず、「ヒトラー氏(ヘル・ヒトラー)」(*Herr Hitler*) とやるのは、当初、ナチスとヒトラーに個人的に反感を持っていたドイツ将校の特徴であった。ナチ政権初期の数年間における政治的・軍事的成功ののち、そうした流儀はすぐに変わり、ほとんどすべての将校がその手紙においても、彼を「総統(フューラー)」(*Führer*) と呼ぶようになった。

163. Kroener, *Generaloberst Friedrich Fromm*, 250-251. ナチ官僚制特有の大仰(おおぎょう)な言葉遣いで、フォン・シェルの職名は、*Generalbevollmächtiger für das Kraftfahrwesen* であった。直訳すれば、「総自動車両案件全権委員」となる。

164. Förster, "The Dynamics of *Volksgemeinschaft*," 183.

165. Hofmann, *Through Mobility We Conquer*, 203-209. 145頁に、フォン・シェルの写真が掲載されている。

166. Kroener, *Generaloberst Friedrich Fromm*, 593.

167. アドルフ・フォン・シェル救済に関する通信、George C. Marshall Papers, Box 138, Secretary of State, 1947-1949, Correspondence, General Sun Li Jen-Webb, Folder Von Schell -Vroom, 138-39, ジョージ・C・マーシャル図書館、ヴァージニア州レキシントン。フォン・シェルは以後もマーシャルとの交友を保ち、この偉大なアメリカ人の死に至るまで、心温まる感謝の手紙を送っていた。

168. Bland and Ritenour, eds. "*The Soldierly Spirit*," 552. 1937年7月7日付アドルフ・フォン・シェル中佐宛ジョージ・C・マーシャル書簡、ワシントン州ヴァンクーヴァー兵営。

169. 同、321.

170. Ridgway, *Soldier*, 199.

swehr mit der U.S. Army 1918-1933," 86.

133. Smelser and Davies, *The Myth of the Eastern Front*, 64-73. この研究の第一章もみよ。

134. 1974年9月23日付軍事史局長宛ポール・M・ロビネット宛書簡、Paul M. Robinett Papers, Box 5, Folder B-5/F-28, General Correspondence, Halder-Keating, 1962-1974, ジョージ・C・マーシャル図書館、ヴァージニア州レキシントン。

135. Bernd Wegner, "Erschriebene Siege: Franz Halder, die 'Historical Division' und die Rekonstruktion des Zweiten Weltkrieges im Geiste des deutschen Generalstabes," in *Politischer Wandel, organisierte Gewalt und nationale Sicherheit, Festschrift für Klaus-Jürgen Müller*, eds. Ernst Willi Hansen, Gerhard Schreiber, and Bernd Wegner (München: Oldenbourg, 1995); Smelser and Davies, *The Myth of the Eastern Front*, 56, 62-63.

136. 歩兵学校の歴史としては、Peggy A. Stelpflug and Richard Hyatt, *Home of the Infantry: The History of Fort Benning* (Macon, Georgia: Mercer University Press, 2007) がある。

137. Collins, *Lightning Joe*, 44.

138. Anonymous [A Lieutenant], "Student Impression at the Infantry School," *Infantry Journal* 18 (1921). 歩兵学校が創設されたころに出たこの記事は、第一歩は容易でなかったとしても、その精神はすでにCGSSと異なっていたことをあきらかにしている。その理由の一つは、実地実践を重んじる訓練だったのであろう。

139. Coffman, *The Regulars*, 263.

140. Bland and Ritenour, eds. "*The Soldierly Spirit*,", 583-585. 1938年3月16日付ガイ・W・チップマン中佐宛ジョージ・C・マーシャル書簡。チップマン (USMA1910年) とマーシャルは、第一次世界大戦前にともに勤務したことがあった。チップマンがイリノイ州兵の教官に決まったため、彼独特の流儀でマーシャルに教育問題についてアドバイスを求めている。Bland, Ritenour, and Wunderlin, eds. "*We Cannot Delay*", 190-192 の、1940年4月19日付レズリー・J・マクネイア准将宛ジョージ・C・マーシャル書簡［ワシントンD.C.］もみよ。

141. Bland, Ritenour, and Wunderlin, eds. "*We Cannot Delay*", 190-192 の、1940年4月19日付レズリー・J・マクネイア准将宛ジョージ・C・マーシャル書簡［ワシントンD.C.］。

142. Anders, *Gentle Knight*, 122.

143. Bland and Ritenour, eds. "*The Soldierly Spirit*," 583. 1938年3月16日付ガイ・チップマン中佐宛ジョージ・C・マーシャル書簡。

144.「若さと活力こそが重要な利点である」というのは、マーシャルの旧友にして師父であり、第一次世界大戦でアメリカ遠征軍を率いたジョン・J・パーシング将軍の意見でもあった。Timothy K. Nenninger, "'Unsystematic as a Mode of Command': Commanders and the Process of Command in American Expeditionary Force, 1917-1918, "*Journal of Military History* 64, no. 3 (2000): 748. Simons, ed. *Professional Military Education in the United States: A Historical Dictionary*, 350 も参照せよ。

145. Bland, Ritenour, and Wunderlin, eds. "*We Cannot Delay*", 192-193. マーシャルは、1940年4月8日の上院軍事委員会の席上で、進級に関する新基準を論じている際に、この証言を行った。彼が提案した議案は議会を通過した。

146. Kirkpatrick, "The Very Model of a Modern Major General," 262.

147. Pogue, *Education of a General*, 248.

148. 同、249.

149. Omar Nelson Bradley, *A Soldier's History* (New York: Holt, 1951), 20.

150. Anders, *Gentle Knight*, 122.

威——アメリカ軍の反ユダヤ主義』、風行社、2003年〕, 25. ベンダースキーは、きわめて重要な本を書いた。しかしながら、彼は、アメリカ将校団の人種主義的見解を、社会の広範な見解と信条の文脈に置くことに失敗しているし、G-2 将校たちがおのれの仕事について書いたものに引きずられている。一般的にいって、彼らは当時の合衆国陸軍が提供し得る最良最高の分子（ザ・ベスト・アンド・ブライテスト）というわけではなかった。合衆国陸軍の人種主義に関するさらなる記述は、Coffman, *The Regulars*, 124-131, 295-298 にみられる。

118. Brown, *Social Attitudes*, 212. この本の第五章には、より多くの実例がある。

119. LeRoy Eltinge, *Psychology of War*, revised ed. (Ft. Leavenworth, Kansas: Press of the Army Service Schools, 1915), 5. エルティンジェは第一次世界大戦に従軍し、准将まで進級した。本文に引用したのは、彼の暴言の「ハイライト」だけである。

120. Brown, *Social Attitudes*, 213.

121. Eltinge, *Psychology of War*, 43.

122. 同、43.

123. 同付録、"Causes of War", p. 8.

124. 同付録、"Causes of War", p. 32+23.

125. Joseph W. Bendersky, "Racial Sentinels: Biological Anti-Semitism in the U.S. Army Officer Corps, 1890-1950," *Militärgeschichtliche Zeitschrift* 62, no. 2 (2003): 336-342.

126. Brown, *Social Attitudes*, 213.

127. 民間人エリートの人種主義についての、短いが優れた議論は、Allsep, "New Forms of Dominance," 230-236 にみられる。陸軍の人種主義に関しては、Coffman, *The Regulars*, 124-132 をみよ。

128. Bendersky, *Jewish Threat*, 7.

129. たとえば、Collins, *Lightning Joe*, 111, 358. Miles, *Fallen Leaves*, 292-294. Albert C. Wedemeyer, *Wedemeyer Reports !* (New York: Holt, 1958)〔アルバート・C. ウェデマイヤー『第二次大戦に勝者なし　ウェデマイヤー回想録』、妹尾作太男訳、講談社学術文庫、1997年〕を参照。とくにウェデマイヤーの序文全体をみられたい。それは、統合失調症に近い、まったく歪んだ世界観を示している。ウェデマイヤーは、合衆国陸軍の謎ともいうべき人物だ。単なる少佐にすぎなかったころ、彼は、ヨーロッパにおいてあり得る戦争に備えて、戦略を定める「勝利計画」を起案する任務を命じられ、卓越した成果を出した。第二次世界大戦中には、合衆国陸軍将校団全体からみても、知性と勇気が傑出していると高く評価されていた。ウェデマイヤーは、連隊を率いてドイツ軍と戦うことができるように、自ら降等を請願したごく少数の米軍将校の一人である（当時、准将だった）。

130. Hürter, *Hitlers Heerführer: Die deutschen Oberbefehlshaber im Krieg gegen die Sowjetunion 1941/1942* の各所に拠る。ドイツ陸軍将校団の人種主義を扱った本はごく少ないが、このヒュルターの著作はとくに重要である。彼が分析サンプルとした将軍たちの同時代の手紙や日記を大量に引用しているからだ。この将軍たちは、生まれ育ちから社会人となる過程まで、当時のドイツ軍将官の代表例なのである。また、以下の文献も参照せよ。Andreas Hillgruber, "Dass Russlandbild der führenden deutschen Militärs vor Beginn des Angriffs auf die Sowjetunion," in *Das Russßlandbild im Dritten Reich*, ed. Hans-Erich Volkmann (Köln: Böhlau, 1994). Wette, *The Wehrmacht*, 17-89; Mulligan, The Creation of the Modern German Army, 172-173, 208-209.

131. Coffman, *The Regulars*, 283-284.

132. Fröhlich, "Der vergessene Partner": Die militärische Zusammenarbeit der Reich-

and Modern ?" 1936. Cockrell, "Brown Shoes and Mortar Boards," 159-163 に引用され、論じられている。

100. 同、162.

101. Chynoweth, *Bellamy Park*, 121. チャイネースの回想は、細部において若干誤っているかもしれない。ここで挙げられている評点は「SX」、レヴンワースの隠語でいう「抜群」(exceptional) だと推定される。Nenninger, "Creating Officers: The Leavenworth Experience, 1920-1940," 61.

102. Chynoweth, *Bellamy Park*.

103. Collins, *Lightning Joe*, 56-57. ハインツェルマンは、1929年から1935年まで校長を務めた。

104. 同、57.

105. Nenninger, "Leavenworth and Its Critics," 227.

106. A Young Graduate [Dwight D. Eisenhower], "The Leavenworth Course," 591.

107. Schifferle, "Anticipating Armageddon," 101.

108. フォート・レヴンワースの諸兵科協同戦調査図書館 (Combined Arms Research Library. CARL) の責任者の法と手続きに関する無知は、著者の調査をおおいに妨げた。事前に研究内容を述べ、助力を頼んでいたというのに、著者は「民間人」であると分類され、特別文書の閲覧を止められたのである。著者の「個人顧問」的なアーキヴィスト、ドワイト・D・アイゼンハワー大統領図書館のデイヴィッド・ハイトが著者を救ってくれた。彼は、文書館法に基づき、圧力をかけて閲覧許可を取ってくれたのである。義務の範疇を超えたハイトの手助けと援助に感謝したい。フォート・レヴンワースまで旅しながら手ぶらで帰ってくるのは、とうに貧しくなっていた大学院生にとっては、ふところ具合の逼迫(ひっぱく)を招くことになっただろう。

109. 同時代の重要な題材を扱っている研究論文はごくわずかである。Cpt. J. L. Tupper, "The German Situation" (これはオリエンテーション用の教材である), Group Research Paper No. 42, Group VI, 1931-1932, G-2 File, CGSS; Lt. Col. Ulio, "Is the Present Russian Army an Efficient Fighting Force ? Could Russia Prosecute a Long War Successfuly ?," Individual Research Paper, No. 78, 1931, G-2 File, CGSS; Cpt. Bonner F. Fellers, C. A. C., "The Psychology of the Japanese Soldier," Individual Research Paper No. 34, 1935, CGSS; Cpt. Hones, "The German Infantry School," Individual Research Paper No. 120, 1931, G-2 File, CGSS.

110. この「大作(オプス・マグヌム)」作成には、15人の将校が寄与していた。そのなかには、のちにイタリアに派遣された第5軍司令官となったマーク・ウェイン・クラーク少佐や、第二次世界大戦でアイゼンハワーの参謀長を務めたウォルター・ベデル・スミスがいる。

111. 強調原文。

112. Chynoweth, *Bellamy Park*, 68.

113. 成績評価システムは、年を経るとともに何度となく変更された。第一次世界大戦後は、ABC 式のランク付けが流行した。Neaninger, "Creating Officers: The leavenworth Experiance, 1920-1940," 61-62 をみよ。

114. Pogue, *Education of a General*, 96.

115. A Young Graduate [Dwight D. Eisenhower], "The Leavenworth Course," 593.

116. Coffman, *The Regulars*, 282.

117. Joseph W. Bendersky, *The "Jewish Threat": Anti-Semitic Politics of the U.S. Army* (New York: Basic Books, 2000) 〔ジョーゼフ・W・ベンダースキー、佐野誠訳『ユダヤ人の脅

ズリー・J・マクネイア宛ジョージ・C・マーシャル書簡。

79. 同。マーシャルは後年レヴンワースに関する見解を変えたとされているが、そうした主張は根拠薄弱であるため、納得できない。Nenninger, "Leavenworth and Its Critics," 207 をみよ。

80. Chynoweth, *Bellamy Park*, 124.

81. Pogue, *Education of a General*, 98.

82. Schifferle, "Anticipating Armageddon," 239. この調査は稀少なもので、慎重に評価されなければならない。というのは、将校たちはおそらく調査の匿名性を信用しておらず、そのため、自分のキャリアを台無しにしかねない、否定的な意見を出すのを嫌がった可能性があるからだ。CGSS の課程に参加し、優秀な成績で卒業するのは、将校の経歴において、特筆すべきステップだった。よって、「学校の方針についていけているか」というような質問には、特別の注意が要る。これに対し、案の定、76パーセントが「イエス」、19パーセントが「条件付きでイエス」と答えており、「ノー」としたのは、わずか5パーセントだった。Nenninger, "Creating Officers: The Leavenworth Experience, 1920-1940," 64 をみよ。

83. Hofmann, *Through Mobility We Conquer*, 232.

84. *How an Early Bird Got an "F"*, Bruce C. Clarke's Papers, Box 1, 諸兵科協同戦調査図書館、カンザス州フォート・レヴンワース。この記事は、『工兵雑誌』の9頁に掲載されているのだが、クラーク文書に入っているそれには年月日の記載がない。

85. 同。驚くべきことに、合衆国陸軍機甲部隊のドクトリンは、およそ60年後にも基本的に同じことを述べている。David Zucchino, *Thunder Run: The Armored Strike to Capture Baghdad* (New York: Grove, 2004), 65.

86. 同じく高位の軍人となるエイブラハム大隊長に、クラークは強く印象づけられていた。ゆえに、クラークは彼に関する逸話を多数『機甲』誌に発表しており、かつての部下の偉大な個性が示されている。

87. *How an Early Bird Got an "F"*.

88. Bland, Ritenour, and Wunderlin, eds. "*We Cannot Delay*," 182.

89. 同、181-182.

90. Ambrose, *Citizen Soldiers*, 166-167.

91. Citino, *The Path to Blitzkrieg*, 58.

92. Porter B. Williamson, *Patton's Principles* (New York: Simon and Schuster, 1982), 10-11. ウィリアムソンは当時中尉で、1941年11月のサウス・カロライナにおける演習で、パットンの機甲軍団全体をまかなうG-4（兵站補給参謀）代理となった。彼の上官は、パットンとうまくやっていけないのではないかとの恐れから、この下級将校にかくも重要な職を丸投げしたのだ。だが、『ナショナル・ジオグラフィック』誌を定期購読していたウィリアムソンは、地勢や地理に関することではすべて、パットンを含む仲間の将校たちよりも上を行っていたのである。

93. Nenninger, "Creating Officers: The Leavenworth Experience, 1920-1940," 63.

94. Schifferle, "Anticipating Armageddon," 203.

95. Cockrell, "Brown Shoes and Mortar Boards," 203.

96. Kirkpatrick, "Orthodox Soldiers," 113.

97. 同103に引用。この一節は、沿岸砲兵学校のファイルのなかにあった。

98. Schifferle, "Anticipating Armageddon," 259-264. ここでの、「学校が決めた正解」に関するシファルの肯定的な議論をみよ。

99. Major J. P. Cromwell, "Are The Methods of Instruction Used at the School Practical

63. 同、100の引用。

64. Cockrell, "Brown Shoes and Mortar Boards," 80.

65. Allan Reed Millett and Peter Maslowski, *For the Common Defense: A Military History of the United States of America*, Rev. and expanded ed. (New York: Free Press, 1994), 357.

66. Grotelueschen, *The AEF Way of War*, 44 の引用。

67. Schifferle, "Anticipating Armageddon," 164; Collins, *Lightning Joe*, 56. 異なる見解については、Nenninger, "Leavenworth and Its Critics," 203-207. この著者は、レヴンワースの指導的な専門家である。けれども、肯定的な意見を持っているとして彼が引用しているもののいくつかには、否定的な感情も含まれている。この部分で引かれている二人、コリンズとパットンの場合は、それが顕著だ。同時代の史料と回想録は区別されなければならないし、そもそも、こうした将校たちはのちにレヴンワースの教官となり、「学校の方針」を推し進めるほうに意見を変えたのである。この点については、結論の章でさらに論じることにする。

68. Harmon, MacKaye, and MacKaye, *Combat Commander*, 50. さまざまな証言の集成は、Coffman, T*he Regulars*, 179-181 にある。

69. Cockrell, "Brown Shoes and Mortar Boards," 99-101. コックレルは、将校たちが被ったストレスについて良い議論を提示しており、また他の研究者やレヴンワース卒業生同様に、プレッシャーのために自殺した学生がいるとの噂をほのめかしている。とはいえ、実際には、それは単なる噂にすぎないようである。この件は、ピーター・シファルが, その優れた学位請求論文をもとにして、近々上梓する本で詳しく扱われる。これについて著者と議論する時間をつくってくれたシファルに感謝する。

70. A Young Graduate [Dwight D. Eisenhower], "The Leavenworth Course," *Cavalry Journal* 30, no. 6 (1927).

71. Larry I. Bland, Sharon R. Ritenour, and Clarence E. Wunderlin, eds. *The Papers of George Catlett Marshall: "We Cannot Delay" —July 1, 1939 - December 6, 1941*, 6 vols. (Baltimore: Johns Hopkins University Press, 1986), 2: 65. 一度きりのことではあるけれども、ジョージ・C・マーシャルは、ここで歩兵総監〔the chief of infantry. 歩兵兵科全体を統括する役職〕に同意している。

72. Coffman, *The Regulars*, 176-177.

73. Lewis Sorley, *Thunderbolt: From the Battle of the Bulge to Vietnam and Beyond: General Creighton Abrams and the Army of His Times* (New York: Simon & Schuster, 1992), 25.

74. Pogue, *Education of a General*, 97.

75. 1933年1月26日付フロイド・L・パークス宛ジョージ・S・パットン書簡、Floyd L. Parks Papers, Box 8, ドワイト・D・アイゼンハワー大統領図書館、カンザス州アビリーン。強調は原文のママ。これらは、パットンのCGSSへの称賛は限られたものだったことを明快に示している。書類仕事ならびに堅実な学習スケジュールを立てるコツを覚えたパットンは、優等賞を得て卒業した。この数年前にも、パットンは、友人のアイゼンハワーに注意と忠告を与えている。

76. Holley, "Training and Educating Pre-World War I United States Army Officers," 26.

77. Bland, Ritenour, and Wunderlin, eds. "*We Cannot Delay*," 64. 同じく1939年9月26日の参謀副長、G-3[アンドリュー]のための覚書で、マーシャルは、レヴンワースで彼に戦術を教えた旧師モリソンを褒めあげている。モリソンがマーシャルに強い印象を与えたのはあきらかだが、他の者たちのあいだでの彼の評判はさまざまだった。Clark, "Modernization without Technology," 13 をみよ。

78. Bland, Ritenour, and Wunderlin, eds "*We Cannot Delay*," 192. 1940年4月9日付レ

再度実戦に従事したあと、デイヴィッドソンは1954年から1956年にかけてCGSS校長を務めたばかりか、1956年から1960年までウェスト・ポイント校長だった。彼は、喫緊の要があった、徹底的なカリキュラム改革を陸軍士官学校のために立案し、それによって生徒たちはもっと学問的な選択ができるようになったのだ。デイヴィッドソンは、こういった、出世を約束してくれるような学校には、ただの一つも通うことなく、中将で退役した。

48. Bland and Ritenour, eds. "*The Soldierly Spirit*," 516-517. 1936年12月1日付ジョージ・C・マーシャル宛マリン・クレイグ大将書簡。

49. Booth, *My Observations*, 84-85.

50. Pogue, *Education of a General*, 96.

51. Harmon, MacKaye, and MacKaye, *Combat Commander*, 52-53.

52. Larry I. Bland and Sharon R. Ritenour Stevens, eds. *The Papers of George Catlett Marshall: "The Right Man for the Job"—December 7, 1941-May 31, 1943*, 6 vols, (Baltimore: Johns Hopkins University Press, 1991), 3: 350. 1942年9月8日付ハロルド・R・ラッセル少将宛ジョージ・C・マーシャル書簡。

53. Cockrell, "Brown Shoes and Mortar Boards," 128.

54. Chynoweth, *Bellamy Park*, 115.

55. Hofmann, *Through Mobility We Conquer*, 90. チャイネースの性格と彼が起こした諸問題について、うまく記述しているのはTheodore Wilson, "Through the Looking Glass": Bradford G. Chynoweth as United States Military Attaché in Britain, 1939," in *The U.S. Army and World War II: Selected Papers from the Army's Commemorative Conference*, ed. Judith L. Bellafaire (Washington, D.C.: Center of Military History, U.S. Army, 1998).

56. Schifferle, "Anticipating Armageddon," 142-144.

57. 1932年11月25日付ジョージ・C・マーシャル中佐宛歩兵総監スティーヴン・O・フュークワー少将書簡、George C. Marshall Papers, Box 1, Folder Fort Screven, Correspondence, 1932, Nov 17-25, 1932, 1 of 4, ジョージ・C・マーシャル図書館、ヴァージニア州レキシントン。マーシャルは、フォート・ベニングで彼の下に勤務した将校を多数推薦したが、本年CGSSに受け入れられるのは成績評価が「最優秀」の者だけになったと通告された。頼りない「優秀」では、もはや充分ではなかったのである。

58. 1934年11月8日付ウォルター・S・ウッド大尉宛ジョージ・C・マーシャル書簡、George C. Marshall Papers, Box 1, Folder Illinois National Guard, Correspondence, General, 1 of 33, November 2-15, 1934, ジョージ・C・マーシャル図書館、ヴァージニア州レキシントン。

59. 1934年9月25日付ジョージ・C・マーシャル宛クラーク・K・フェイルズ少佐書簡、George C. Marshall Papers, Box 1, Folder Illinois National Guard, Correspondence, General, 1 of 28, September 1934, ジョージ・C・マーシャル図書館、ヴァージニア州レキシントン。

60. 1934年2月26日付ポール・M・ロビネット宛メイリン・「ダニー」・クレイグ・Jr. 書簡、Paul M. Robinett Papers, Box 11, Folder General Military Correspondence, January 1934, B-11/F-24, ジョージ・C・マーシャル図書館、ヴァージニア州レキシントン。

61. Schifferle, "Anticipating Armageddon," 147.

62. 同、95. このCGSS教官団に関する学位請求論文の第四章もみよ。ただし、著者は、この数字をシファルとはやや異なったふうに解釈する。ここで引用した部分は、大多数が教官団やスタッフ自身より出たものである。第二次世界大戦までの教官団の発展に関する、より価値のある数字と統計はシファル論文の当該章もみよ。

31. William G. Pagonis and Jeffrey L. Cruikshank, *Moving Mountains: Lessons in Leadership and Logistics from the Gulf War* (Boston: Harvard Business School Press, 1992)〔W・G・パゴニス, ジェフリー・クルクシャンク『山・動く――湾岸戦争に学ぶ経営戦略』佐々淳行監修、同文書院インターナショナル、1992年〕. パゴニス中将は、ノーマン・シュワーツコップフ大将が「砂漠の嵐」作戦のために集結させた大軍を武装させ、給養をほどこし、燃料を供給する責任を負っていた。パゴニスの著作とそれに記された指揮統率上の教訓は、ビジネスの世界で大きな人気を博した。兵站で「さえ」リーダーシップを必要することは明白なのである。

32. 1938年5月16日付ジョージ・C・マーシャル宛J・H・ヴァン・ホーン書簡、George C. Marshall Papers, Box 4, Folder Vancouver Barracks Correspondence, General, 1936-1938, May 8-16, 1938, ジョージ・C・マーシャル図書館、ヴァージニア州レキシントン。同様の危惧は、1938年5月25日付ジョージ・A・リンチ宛ジョン・マコーレー・パーマー書簡においても表明されている。

33. Nenninger, "Leavenworth and Its Critics," 203 の見解は異なる。レヴンワースの元教官や元スタッフの意見は（驚くほどのことではないが、往々にして肯定的なものだ）他の者と異なるという判断が重要である。

34. 同、203.

35. Cockrell, "Brown Shoes and Mortar Boards," 193.

36. Kirkpatrick, "The Very Model of a Modern Major General," 271.

37. Schifferle, "Anticipating Armageddon," 217.

38. 1943年12月15日付ルーシャン・K・トラスコット宛ウォルター・B・スミス書簡、Walter B. Smith Papers, Box 27, Folder 201 File, 1942-1943, ドワイト・D・アイゼンハワー大統領図書館、カンザス州アビリーン。

39. "Does A Commander Need Intelligence or Information ?," 無署名の草稿。Bruce C. Clarke Papers, Box 1, 諸兵科協同戦調査図書館、カンザス州フォート・レヴンワース。

40. 1942年1月2日付ポール・M・ロビネット宛エドワード・H・ブルックス書簡、Paul M. Robinett Papers, Box 11, Folder General Military Correspondence, January 1942, B-11/F-35, ジョージ・C・マーシャル図書館、ヴァージニア州レキシントン。

41. 1941年7月23日付ポール・M・ロビネット宛ダン・ヒック［不詳］書簡、Paul M. Robinett Papers, Box 11, Folder General Military Correspondence, June-July 1941, B-11/F-40, ジョージ・C・マーシャル図書館、ヴァージニア州レキシントン。

42. 1940年12月23日付ジョン・A・ヘッティンジャー宛ポール・M・ロビネット書簡、Paul M. Robinett Papers, Box 10, Folder General Military Correspondence, November-December 1940, B-10/F-11, ジョージ・C・マーシャル図書館、ヴァージニア州レキシントン。

43. *Schedule for 1939-1940—Regular Class*, (Ft. Leavenworth, Kansas: Command and General Staff School Press, 1939), ノンブルなし。

44. Schifferle, "Anticipating Armageddon," 82.

45. 同、161. レヴンワースの実情を示す数字と統計についての、シファルの欠くべからざる研究を参照せよ。

46. Timothy K. Nenninger, "Creating Officers: The Leavenworth Experience, 1920-1940," *Military Review* 69, no. 11 (1989): 66-67.

47. CGSC にも AWC にも進まなかった例として、ギャリソン・「ガー」・ホルト・デイヴィッドソン（USMA1927年）がある。彼は、北アフリカとシチリアでパットンの工兵主任として名を挙げ、のちに第七軍全体に関する同様の職務を果たした。朝鮮戦争で

1920-1939 (Boulder, Colorad: Lynne Rienner, 1999), 64-67. この本の副題は、誤解を招きやすい。というのは、アメリカ軍で使われているような意味でのドクトリンは、ドイツ軍には存在しなかったからだ。この事実は、ドイツ軍に関する英米系の文献の多くで看過されているか、誤解されている。チティーノは、一連の地図と設問にまとめられた、ドイツの典型的な図上演習を正確に翻訳し（英米系の研究者には珍しいことだ）、分析している。こうしたドイツの演習方法に特徴的なことだが、この図上演習問題の作者、フリードリヒ・フォン・コッケンハウゼン中佐は、ここで与えた回答は図上演習の問題を解く一つの可能性にすぎず、唯一の正解というわけではないと主張している。コッケンハウゼンは、本章後半で論じる、有名な軍管区試験向けの定期刊行物を編集していた一人であった。

15. Coffman, *The Regulars*, 183.

16. 1934年10月29日付ジョージ・C・マーシャル宛ウォルター・S・ウッド大尉書簡（野戦における予備役・州兵将校の問題に関する同封文書あり）、George C. Marshall Papers, Box 1, Folder Illinois National Guard, Correspondence, General, 1 of 31, October 29-31, 1934, ジョージ・C・マーシャル図書館、ヴァージニア州レキシントン。ウッドは、イリノイ州兵第130師団の訓練教官だった。

17. Cockrell, "Brown Shoes and Mortar Boards," 172.

18. Clark, "Modernization without Technology," 8.

19. Schifferle, "Anticipating Armageddon," 187-188.

20. Luvaas, "The Influence of the German Wars of Unification," 611.

21. Pogue, *Education of a General*, 96. ベルは、1903年から1906年にかけてレヴンワースの校長を務め、その後、陸軍参謀総長になった。

22. Simons, ed. *Professional Military Education in the United States: A Historical Dictionary*, 50-51.

23. Clark, "Modernization without Technology," 7.

24. Nye, "Era of Educational Reform," 131. Cockrell, "Brown Shoes and Mortar Boards," 44 には、異なる見解がみられる。「軍事史はきわめて重要であるとみなされていたので、この学校では、授業時間のおよそ半分がそれに割かれていた」と、コックレルは主張したのだ。陸軍指揮幕僚大学校のカリキュラムに関して、そのように明言したのは彼だけである。研究者やかつての同校の学生は、軍事史が等閑視されていたという点で一致している。歴史上の戦場をもとにした図上戦術の設問が軍事史として勘定されているとした場合にのみ、コックレルの主張は意味をなす。しかし、著者は、そうした議論に与しない。コックレルの議論全体は物語的であるが、第二次世界大戦におけるイタリア戦域での米軍指揮官によるレヴンワースのドクトリン応用を評価した章は、独創的で価値あるものとなっている。

25. Cockrell, "Brown Shoes and Mortar Boards," 79.

26. Miles, *Fallen Leaves*, 229.

27. Mark Ethan Grotelueschen, *The AEF Way of War: The American Army and Combat in World War I* (New York: Cambridge University Press, 2007), 351. 著者は、アメリカ遠征軍の高級指揮官と幕僚について述べているのであるが、レヴンワースの教官に関する言明もまた正しい。

28. Nenninger, *The Leavenworth Schools and the Old Army*, 140. この事実は、Grotelueschen, *The AEF Way of War*, 350 でも強調されている。

29. Nenninger, "Leavenworth and Its Critics," 201.

30. Schifferle, "Anticipating Armageddon," 178 に引用。

た。それは「丁重に」受領され（おそらくは参謀総長の推奨があったからだろう）、しかるのちにお蔵入りにされた。モットは、ウェスト・ポイントに関する彼の著作や記事に関する反応を、正確に予測していた。「どんな卒業生であろうと、この学校を非難したなら、他の者から自分の巣を汚すものと言われるだろう」。同、330. ウェスト・ポイントの選抜・教育方法を批判した別の将校も、同様の不安を洩らしている。Sanger, “The West Point Military Academy”, 134.

第二部　中級教育と進級

第四章　ドクトリンの重要性と管理運営の方法

1. Ridgway, *Soldier*, 27.
2. Nenninger, *The Leavenworth Schools and the Old Army*, 23-24.
3. Schifferle, “Anticipating Armageddon,” 141.
4. Nenninger, *The Leavenworth Schools and the Old Army*, 27.
5. Booth, *My Observations*, 85, 92. ブースは常に将校になる夢を抱いており、任官するために、成功していたビジネスをやめることさえした。彼もまた、レヴンワース学校で、将校への確実な階梯を昇ることをいさぎよしとせず、入校しなかった一人だった。1899年のフィリピンにおける戦闘で、ブースは、周辺地域の地図をつくれとの命令を受けた少尉とともに前進した。6時間後、彼は、完成した地図の正確さに驚嘆することになる。どこでこの技術を習ったのだと少尉に尋ねると、歩騎兵学校だという答えが返ってきたので、ブースはそのときその場でレヴンワースの学校に行くと決意したのであった。ユーイング〔ブース〕は実際に、米西戦争が終わってから、1902年のコースに入っている。彼は、優等で卒業し、数年後に教官として戻ってきた。ただし、優等卒業の慣例は、1920年代なかばに廃止されている。
6. Nenninger, *The Leavenworth Schools and the Old Army*, 35.
7. Booth, *My Observations*, 87.
8. Abrahamson, *America Arms for a New Century*, 33.
9. ワーグナーについては、T. R. Brereton, *Educating the U.S. Army: Arthur L. Wagner and Reform, 1875-1905* (Lincoln: University of Nebraska Press, 2000) の概観をみよ。
10. Nenninger, *The Leavenworth Schools and the Old Army*, 45. 合衆国陸軍の教授法には30年の遅れがあるとの見解は、元教官たちの回想録に繰り返し出てくる。Mott, *Twenty Years*, 18.
11. 起源がドイツにあること、ならびにその説明は以下の文献にみられる。Christian E. O. Millotat, *Das preußisch-deutsche Generalstabssystem. Wurzeln-Entwicklung-Fortwirken*, Strategie und Konfliktforschung (Zürich: vdf, 2000), 87-88.
12. その効果については、禁止されていた陸軍大学校の代替機関を1925年に卒業したクルト・ブレネッケが言及している。Hackl, ed. *Generalstab*, 248-249 の引用。
13. Jason P. Clark, “Modernization without Technology: U.S. Army Organizational and Educational Reform, 1901-1911” (2008年4月18日のユタ州オグデンにおける軍事史学会年次研究大会に提出された研究報告), 2. このクラーク少佐による評価は正確だが、いろいろと配慮した表現がされている。
14. Robert M. Citino, *The Path to Blitzkrieg: Doctrine and Training in the German Army,*

146. Salomon, *Die Kadetten*, 254.

147. Afflerbach, *Falkenhayn*, 11.

148. Wiese, *Kadettenjahre*, 41. Salomon, *Die Kadetten*, 21. きわめて頻繁に指摘されるポイントの一つに、10歳から12歳ほどの生徒は、厳しい規律に基づくシステムに適合するには子供すぎるというものがある。この指摘が正しいことは疑いない。だが、将校候補生は、予備門や陸軍士官学校に中途で入学し得るので、年少すぎる者を入校させなければならぬということは必ずしもなかったのである。

ヴィーゼの著述だけが、完全否定という点できわだっており、90頁ほどもない本だというのに、残忍な行為のことしか書かれていない。この著者（1876〜1969年）にとって、陸軍幼年学校での経験がトラウマになっているのは一目瞭然で、あきらかに本書における誇張された叙述につながっている。若きレオポルト〔ヴィーゼ〕が最悪だと思ったのは、学校そのものではない。心をゆさぶるような手紙を書いて、幼年学校から出してくれと嘆願したにもかかわらず、母親が耳を貸さず、そこに７年半も入れておいたことだったと思われる。加えて、レオポルトが「嘘つき」の評判を取っていたために、親戚連中が母親に意見したことも影響していた。そのため、陸軍幼年学校での日常生活よりも、母親の愛情と理解の欠如、そして自分が拒絶されたとヴィーゼが感じたことのほうに、記述の重点が置かれている。

こうしたヴィーゼの著書が他の生徒たちの経験を代表するものなのかどうかは、陸軍幼年学校に関する歴史文献の検討において、問題の一つとなっている。Schmitz, *Militärische Jugenderziehung*, 2 は、彼の著述の背景を考慮することなく、「事実であり」、「信頼でき」、「偏見がない」とみなしている。ヴィーゼが陸軍幼年学校について、最初の著書を上梓したのは1924年、陸軍幼年学校の再建（ヴェルサイユ条約によって、それは禁止されていたという事実があるのだが）が議論されていたころだったのだ。ヴィーゼは、あきらかにその企てに反対する論陣を張ろうとしていたのである。彼は、当時すでに経済学専攻の大学教授であり、のちに「ドイツ社会学の創始者」として有名になった。

149. Salomon, *Die Kadetten*, 9. エルンスト・フォン・ザーロモン（1902〜1972年）は、家にいるのは「耐えがたい」と感じる腕白小僧で、カールスルーエの幼年学校に入るや、ここは「自分の肌を守らなければ」ならない施設だと認識した。これは、ドイツ語で、年長者のたわごとに耳を貸さないという意味である。他の「志願兵」については、Moncure, *Forging the King's Sword*, 81-83 や、Clemente, "Making of the Prussian Officer." 204-206 をみよ。

150. Schmitz, *Militärische Jugenderziehung*, 131. ただし、彼らの記述にあっては、ウェスト・ポイントの卒業生のそれと同様に、好ましい例として示す場合でさえも、他の個人名は変えてある。

151. 1937年12月27日付フロイド・L・パークス宛ウィリアム・R・スミス書簡。スミスがおとしめた本は、Mott, *Twenty Years* である。モット大佐（USMA1886年）は、卒業から数年後にウェスト・ポイントの戦術士官になり、その後海外勤務になってからも、彼が愛した母校で起こったことを細大漏らさず記録し続けた。モットの著作のうち、二章は、士官学校に関する最良の、もっとも省察にみちた同時代文献とみなし得る。が、モットは、辛辣なやり方で真実を語った。たとえば、こんな具合だ。「最初の３年間、教室で軍事に関する科目が教えられることはまずない。この数年間、彼ら［生徒］は、スペンス嬢の学校〔1892年にニュー・ヨーク市に創設された中高一貫の私立女子校〕の少女たち同様、軍事的な観念や知識には、ほとんど接触していないのだ」。同、38.

当時の陸軍参謀総長レナード・ウッド少将は、ウェスト・ポイント卒業生ではなかったが、個人的にモットと話したのち、彼の改善提案を直接士官学校に送るように促し

chenden Ideologien des deutschen Offizierkorps vor dem Weltkriege, "*Archiv für Sozialwissenschaft und Sozialpolitik* 58（1927）がある。

もっとも近代的な研究は、Marcus Funck, "Schock und Chance: Der preußische Militäradel in der Weimarer Republik zwischen Stand und Profession," in *Adel und Bürgertum in Deutschland: Entwicklungslinien und Wendepunkt*, ed. Hans Reif (Berlin: Akademie, 2001) である。また、士官学校生徒の任官についてのデータは、以下をみよ。Moncure, *Forging the King's Sword*, 242-256. Johannes Hürter, *Hitlers Heerführer: Die deutschen Oberbefehlshaber im Krieg gegen die Sowjetunion 1941/1942* (München: Oldenbourg, 2007), 619-669.

120. Unruh, *Ehe die Stunde schlug*, 106-107.

121. Moncure, *Forging the King's Sword*, 67.

122. Salomon, *Die Kadetten*, 243-248, 257-260.

123. Diedrich, *Paulus: Das Trauma von Stalingrad*, 43.

124. 同、44.

125. Masuhr, *Psychologische Gesichtspunkte*, 22-24.

126. Brand and Eckert, *Kadetten*, vol. 1, 183.

127. Unruh, *Ehe die Stunde schlug*.

128. Brand and Eckert, *Kadetten*, vol. 1, 183, 188.

129. Moncure, *Forging the King's Sword*, 143, 147. 留意しておかなければならないのは、アプトンの観察は、士官学校で正規の大学入学資格を得るのがまだ不可能であった1870年代初期になされていることである。実科学校の教程に合わせた改革が行われたのは1877年だった。対照的に、1912年には、ドイツの全将校候補の65パーセントが大学入学資格を持っていた。これは、ウェスト・ポイントで得られる理学士号よりも、ずっと価値があるのだ。教育の質に関する良い議論は、モンキュアの著作第5章にある。ドイツ陸軍士官学校の教官団は、あきらかに合衆国陸軍士官学校のそれよりも質が高かった。

130. Markmann, *Kadetten* に多数みられる記述と比較せよ。同じ単語が、Brand and Eckert, *Kadetten*, vol. 1 の序文にも出てくる。また、Unruh, *Ehe die Stunde schlug*, 88; Manstein, *Soldatenleben*, 22; Salomon, *Die Kadetten*, 56.

131. Unruh, *Ehe die Stunde schlug*, 98.

132. Brand and Eckert, *Kadetten*, vol. 1, 314-315.

133. 同、309.

134. Manstein, *Soldatenleben*, 22.

135. 同、16.

136. こうした解釈は、フォン・マンシュタインが後年、下級将校だったころでさえ、基本的には何事も罰せられずに切り抜けることができると考えていたという事実によって裏付けられる。Oliver von Wrochem, *Erich von Manstein, Vernichtungskrieg und Geschichtspolitik* (Paderborn: Schöningh, 2009), 36. Manstein, *Soldatenleben*, 90-91, 114-115.

137. Brand and Eckert, *Kadetten*, vol. 1, 177-186.

138. Salomon, *Die Kadetten*, 249.

139. Unruh, *Ehe die Stunde schlug*, 96.

140. Salomon, *Die Kadetten*, 21, 90.

141. Boog, "Civil Education, Social Origins, and the German Officer Corps," 125.

142. Schmitz, *Militärische Jugenderziehung*, 149-150.

143. Salomon, *Die Kadetten*, 46-47.

144. Schmitz, *Militärische Jugenderziehung*, 161.

145. Eisenhower, *Strictly Personal*, 44.

て参加していることもあって、ユニークなものとなっている。ちなみに、彼は戦争直後に戦時の回想録を上梓しており、それは古典となった。Charles Brown MacDonald, *Company Commander* (Washington, D.C.: Infantry Journal Press, 1947).

109. *War Diary, XVIII Airborne Corps, January 27 Dec., 1944, 0855hrs*, Matthew B. Ridgway Papers, Box 59, 合衆国陸軍軍事史研究所、ペンシルヴェニア州カーライル。さらに連隊長の指揮適性の問題については、1944年4月29日付クライド・L・ヒソング准将宛ジョン・E・ダールクィスト書簡。John E. Dahlquist Papers, Box 1, 合衆国陸軍軍事史研究所、ペンシルヴェニア州カーライル。

110. Schifferle, "Anticipating Armageddon," 50-51.

111. Coffman, *The Regulars*, 396-397. Schifferle, "Anticipating Armageddon," 153.

112. 1944年12月5日付トーマス・T・ハンディ宛ジョージ・S・パットン書簡、Thomas T. Handy Papers, Box 1, ジョージ・C・マーシャル図書館、ヴァージニア州レキシントン。パットンは、部下の師団長中最良の一人であるジョン・シャーリー・「P」・ウッド（USMA1912年）を、直截で、罵言の妙を尽くした表現で叱るのが常だったが、同時に彼のキャリアを傷つけないよう気をつかっていた。ウッドは、その任を果たしているうちに、あまりにも多くの敵を（オマー・N・ブラッドレーとマントン・S・エディもそのなかに含まれていた）つくってしまったため、合衆国国内の訓練所長に配置され、そこで2年勤務したのちに退役した。

113. Astor, *Terrible Terry Allen*, 149.

114. Wolfgang Lotz, *Kriegsgerichtsprozesse des Siebenjährigen Krieges in Preußen. Untersuchungen zur Beurteilung militärischer Leistungen durch Friedrich den II.* (Frankfurt a. M.; n. p., 1981).

115. Moncure, *Forging the King's Sword*, 263.

116. 1870年の少尉候補生試験の日程については、同書 236-237.

117. さらなる試験科目の実例については、Clemente, "Making of the Prussian Officer." の付録をみよ。ただし、モンキュアの場合同様、19世紀のもの。

118. Unruh, *Ehe die Stunde schlug*, 82.「帯剣待遇（カラクタリジールト）」（*charakterisiert*）になることは、正規の指揮系統に組み入れられることを意味するわけではない。彼はまだ「見習候補生」なのである。旧プロイセン軍にあっては、将校ならびに、監査官（法律顧問）や医師といった将校待遇の軍属はサーベルを帯びることを許される。剣緒（ポルテペー）（*Portepee*）は布製の小さな組ひもで、手首にかける輪をつくり、戦闘のさなかでもサーベルを無くしてしまわないように止めるのである。それゆえ、実際に戦いに赴く現場の将校のみが使うもので、他の軍服をまとう官吏と区別する目印になっていた。19世紀になっても、剣緒はなお、実戦に出る将校の地位を示す装飾的シンボルであった。

モンキュアによる「名誉進級少尉」という英訳は、帯剣待遇少尉候補生という階級の意味するところをおおむね理解しているが、完全に把握したわけではない。合衆国陸軍の将校は、名誉進級した階級に応じた指揮統率上の権能を振るうことができる。だが、帯剣待遇少尉候補生は指揮を執れないのだ。この点について、Moncure, *Forging the King's Sword*, 16 を参照のこと。もっとも重要なのは、この階級は、これまでとはちがった新しい軍服と相俟って、士官学校生徒が、本物の将校候補になったことを示すという事実だ。それは、よほどのしくじりをやらなければ、将来将校になり、プロイセン、そしてドイツの社会において高い威信を得ることなのである。

119. ひどく偏見に囚われてはいるが、最初期のドイツ軍事社会学の論文であるがゆえに興味深いものとして、Franz Carl Endres, "Soziologische Struktur und ihre entspre-

101. Stouffer, Samuel A., et al., eds. *The American Soldier: Adjustment during Army Life*, 273.

102. Astor, *Terrible Terry Allen*, 257. 残念ながら、この本も、アメリカの将軍伝の多くと同様、アレンの人生を聖人伝的に描いたものである。アレンは第二次世界大戦時の第一歩兵師団長、おおいに物議をかもした人物で、飲酒で問題を起こしたり、自慢たらたらの演説をしたことで知られている。だが、彼が、おのれの部隊とともに前線にあったという事実には、異論の余地がない。アレンは、さまざまな問題を起こしたかどで解任されたが、のちにヨーロッパ戦線で第104歩兵師団の指揮を執った。

103. *The American Field Officer*, Walter B. Smith Papers, Box 50, Folder Richardson Reports, 1944-1945, ドワイト・D・アイゼンハワー大統領図書館、カンザス州アビリーン。リチャードソンはベテラン軍曹で、戦時報道員として戦場をかけめぐった。彼は、自分が重要だと思ったこの問題について短い論文を書き、軍の高官、つまりアイクの参謀長だったウォルター・B・スミスに提出した。スミスはリチャードソンに全幅の信頼を置いていたが、この場合はその報告の内容ゆえに、ただちに措置することになった。かかる経緯は、民主主義の軍隊の強さを明示するもので、ドイツ国防軍では考えられないことである。

104. *Morale*, Walter B. Smith Papers, Box 50, Folder Richardson Reports, 1944-1945, ドワイト・D・アイゼンハワー大統領図書館、カンザス州アビリーン。

105. *Memorandum of Discussion with Subordinate Commanders, CG Matthew B. Ridgway, XVIII Aiborne Corps, January 13, 1945*, Matthew B. Ridgway Papers, Box 59, Folder XVIII Airborne Corps War Diary, 合衆国陸軍軍事史研究所、ペンシルヴェニア州カーライル。リッジウェイは、とくに第30歩兵師団長リーランド・S・ホブズ少将を狙い撃ちにした。ホブズは、悪天候から交通の問題まで言い訳を並べ立てたが、リッジウェイにさえぎられた。部下の指揮官に対して、そのように厳しく、決然とした対応をするのは、合衆国陸軍ではめったにないことである。覚書のそれ以降の部分においても、リーダーシップ欠如の問題は、繰り返して取り上げられている。同じ問題に関する往復書簡は、Box 17と 21 をみよ。

106. ジョージ・C・マーシャル宛ジェイコブ・L・ディヴァース書簡、日付け判読不能［1944年４月から５月ごろか］、Jacob L. Devers Papers, Box 1, Folder［Reel］2, ドワイト・D・アイゼンハワー大統領図書館、カンザス州アビリーン。ディヴァースは、イタリア作戦域総司令官マーク・クラークを批判し、そのために彼の生涯の仇敵となった。また、米軍将校に一般にみられる反撃をやりたがらぬ傾向については、ウォルター・ベデル・スミスの言及をみよ。1945年１月12日付トーマス・T・ハンディ宛ウォルター・ベデル・スミス書簡、Thomas T. Handy Papers, Box 1, Folder Smith, Walter Bedell, 1944-1945, B-1/F-7, ジョージ・C・マーシャル図書館、ヴァージニア州レキシントン。

107. 第二次世界大戦時の大拡張により、合衆国陸軍は89個師団、24個軍団を編成した。

108. Wilson A. Heefner, *Patton's Bulldog: The Life and Service of General Walton H. Walker* (Shippensburg, Pennsylvania: White Mane Books, 2001), 91. ここで、パットンの軍団長の一人だったウォーカーは、パットンが批判を表明したのに続いて、自らの軍団の連隊長・大隊長のリーダーシップを難じている。質の悪さ、それも連隊長のそれは、将軍たちが語り合う際、いつも話題になっていた。戦闘が激しくなれば、なおさらである。バルジの戦いを物語ったものとして、Charles Brown MacDonald, *A Time for Trumpets: The Untold Story of the Battle of the Bulge* (Toronto, Ontario: Bantam Books, 1985) がある。マクドナルドの記述は、彼が合衆国陸軍の戦史担当官になる前に、この戦いに中隊長とし

い」将校団についての議論が巻き起こった時期に、このパンフレットを書いた。序文を寄せたのは、ゲルト・フォン・ルントシュテット元帥であった。その目的が将校団の威信を再び確立することだったのは、あきらかである。ドイツ連邦共和国には、ヒトラーの将軍たちをまたも雇うことに対して、相当の抵抗があったのだ。ところが、連邦国防軍の将官全員にヴェーアマハトでの勤務経験があったことは、少なからずアメリカ軍からの圧力によるものだった〔連邦国防軍創設にあたり、米軍は経験ゆたかな将校が中核になるのを望んだ〕。著者がここで挙げた数字はごく慎重な推定によるものであり、フォルトマンのそれよりも約45人少ない。

82. Aleksander A. Maslov, *Fallen Soviet Generals: Soviet General Officers Killed in Battle, 1941-1945* (London: Cass, 1998). マスロフは、230人という数字を出している。しかしながら、著者は、マスロフの統計を吟味して、この数字をチェックする時間を得られなかった。マスロフの著作の存在を教えてくれたヤン・マンに感謝する。

83. Hermon, MacKaye, and MacKaye, *Combat Commander*, 113.

84. Van Creveld, *Fighting Power*, 110. この本の著者は、続く数頁で、こう指摘している。「であるがゆえに、ドイツにおいては、将校が、より上級の勲章を得ることは、下士官兵よりもずっと難しい。合衆国陸軍では、そうでなかった」。

85. *Combat Awards*, 日付記載なしの草稿。Bruce C. Clarke Papers, 諸兵科協同戦調査図書館、カンザス州フォート・レヴンワース。

86. Ganoe, *MacArthur Close-Up*, 146.

87. Stouffer et al., eds. *The American Soldier: Adjustment during Army Life*, 164-166. 実戦を体験したアメリカ軍将校のパーセンテージがごく少ないことと比較せよ。この調査に死傷者数が含まれていないのはあきらかであるが、ある、はっきりとした傾向を示してはいる。

88. Hans Joachim Schröder, *Kasernenzeit: Arbeiter erzählen von der Militärausbildung* (Frankfurt: Campus, 1985), 38. Hans Joachim Schröder, ed. Max Landowski, Landarbeiter: Ein Leben zwischen Westpreußen und Schleswig-Holstein (Berlin: Reimer, 2000), 35, 45.

89. Schröder, ed. *Max Landowski, Landarbeiter*, 53.

90. Förster, "The Dynamics of *Volksgemeinschaft*," 208-209.

91. Arnold Krammer, "American Treatment of German Generals During World War II," *Journal of Military History* 54, no. 1 (1990): 27.

92. Maclean, *Quiet Flows the Rhine: German General Officer Casualties in World War II*, 99 は、そうした理解を示した上で、もし将官の死者がより少なかったとしても、ドイツ国防軍はずっと効率的に戦っただろうとほのめかしている。その逆こそが、まったく正しいのである。

93. Oetting, *Auftragstaktik*, 188の引用による。

94. 同、284。

95. van Creveld, *Fighting Power*, 129 の引用による。

96. Millett, "The United States Armed Forces in the Second World War," 76.

97. Eiler, *Mobilizing America*, 165-166.

98. Gerald Astor, *Terrible Terry Allen: Combat General of World War II: The Life of American Soldier* (New York: Presidio, 2003), 270.

99. Van Creveld, *Fighting Power*, 168.

100. Stouffer, Samuel A., et al., eds. *The American Soldier: Combat and its Aftermath*, 4 vols, Studies in Social Psychology in World War II (Princeton, New Jersey: Princeton University Press, 1949), 2: 124.

71. Salomon, *Die Kadetten*, 40.

72. Bucholz, *Dellbrück's Modern Military History*, 61.

73. Stephen E. Ambrose, *Citizen Soldiers: The U.S. Army from the Normandy Beaches to the Bulge to the Surrender of Germany, June 7, 1944-May 7, 1945* (New York: Simon & Schuster, 1997), 165-166. 多くの戦時特派員も同様の観察をしている。

74. 1944年3月11日付ジョン・E・ダールクィスト宛参謀次長 M・G・ホワイト少将の書簡。John E. Dahlquist Papers, Box 1, 合衆国陸軍軍事史研究所、ペンシルヴェニア州カーライル。

75. Stouffer et al., eds. *The American Soldier: Adjustment during Army Life*, 193, 196-197, 201, 368-374.

76. Peter S. Kindsvatter, *American Soldiers: Ground Combat in the World Wars, Korea and Vietnam* (Lawrence: University Press of Kansas, 2003), 235-236, 238, 242. 残念ながら、この本はあまりに広い範囲をカバーしようとして、うまくいっていない。ここで挙げられている指揮官のうち、少佐以上の者はいないのである。また、本書の著者がスタウファーの調査を使っていないのも興味深い。

77. Stefanie Schüler-Springorum, "Die Legion Condor in (auto-) biographischen Zeugnissen," in *Militärische Erinnerungskultur: Soldaten im Spiegel von Biographien, Memoiren und Selbstzeugnissen*, ed. Michael Epkenhans, Stig Förster, and Karen Hagemann (Paderborn: Schönigh, 2006), 230.

78. Karl-Heinz Frieser, *Blitzkrieg-Legende: Der Westfeldzug 1940,* Opretaionen des Zweiten Weltkrieges 2 (München: Oldenbourg, 1995), 337-339.

79. この事実は、あらゆるレベルの米軍情報部で注目されている。たとえば、*Intelligence Report Notes No. 54, Allied Forces Headquarters, April 11, 1944*, RG 492, Records of Mediterranean Theater of Operations, United States Army (MTOUSA), Box 57, Folder Intelligence Notes & Directives, C5, 第二国立公文書館(National Archives II)、メリーランド州カレッジ・パーク。

78. R. D. heinl, "They Died with Their Boots on," *Armed Forces Journal* 107, no. 30 (1970). Russel K. Brown, *Fallen in Battle: American General Officer Combat Fatalities from 1775* (New York: Greenwood Press, 1988). R. Manning Ancell and Christine Miller, *The Biographical Dictionary of World War II Generals and Flag Officers: The U.S. Armed Forces* (Westport, Connecticut: Greenwood Press, 1996). アメリカ将校団についての研究状況の貧弱さは、戦死者数の矛盾によっても示されている。上記の文献でも、数は16人から21人とくいちがい、いくつかのケースでは、階級さえもさだかではない。さらに、用語も混乱している。「戦闘による死者」〔killed in combat〕や「戦闘死者」〔combat fatality〕はまだしも明快だ。が、「戦死者」〔killed in action〕となると、さまざまな可能性が出てくる。ブラウンの研究が、もっとも手堅いものと思われる。彼は、将官戦死者は21名と数えているけれども、著者は、ウィリアム・オダービーは除くべきだと考える。というのは、オダービーは戦死後に准将に進級したからだ。ブラウンは、海兵隊の将官を入れても、負傷したのは34人のみとしている。203-205.

81. French L. Maclean, *Quiet Flows the Rhine: German General Officer Casualties in World War II* (Winnipeg, Manitoba: Fedorowicz, 1996). マクリーンは、ほかに数冊の国防軍と武装親衛隊に関する「通俗的な」歴史書を書いている。この本では、彼は問題のある Josef Folttmann and Hans Möller-Witten, *Opfergang der Generale,* 3rd ed. Schriften gegen Diffamierung und Vorurteile (Berlin: Bernard & Graefe, 1957) にもっぱら依拠している。フォルトマンは国防軍の退役中将で、創設されたばかりの連邦国防軍における「新し

学校生徒は1ライヒスマルクを得ていた。

55. Salomon, *Die Kadetten*, 206. Wiese, *Kadettenjahre*, 89-90.

56. Moncure, *Forging the King's Sword*, 190-191.

57. Mott, *Twenty Years*, 25.

58. Kroener, *Generaloberst Friedrich Fromm*, 225.

59. 同、225.

60. Salomon, *Die Kadetten*, 50.

61. Markmann, *Kadetten*, 140.

62. 「性格学（カラクタロロギー）」(*Charakterologie*) は、ヴェーアマハトの心理学者がつくりだした偽科学である。Max Simoneit, *Grundriss der charakterologischen Diagnostik auf Grund heerespsychologischer Erfahrungen* (Leipzig: Teubner, 1943) をみよ。これらヴェーアマハトの心理学者の研究や「国防心理学著作集（ヴェーアプシュヒョローギッシェ・アルバイテン）」(*Wehrpsychologische Arbeiten*) 叢書の本には、強烈な人種主義・ナチ支持の傾向がある。戦後非難を受けた、かつての「国防心理学研究所（ヴェーアプシュヒョローギッシェ・インスティトゥート）」(*Wehrpsychologische Institut*) 所長ハンス・フォン・フォスと、その指導的な心理学研究員だったマックス・ジーモナイトは、「国防軍の心理学研究は、1933年〔ナチの政権奪取〕以降でさえも、ナチの管轄下に入っていない」と主張した。Hans von Voss and Max Simoneit, "Die psychologische Eignungsuntersuchung in der deutschen Reichswehr und später der Wehrmacht," *Wehrwissenschaftliche Rundschau* 4, no. 2 (1954): 140. ジーモナイトは、第三帝国時代に刊行した多数の著作もすでに忘れられたものと考えていたようである。16年前、そうした著作の一つで、彼はこう述べている。「ここで自己教育のために心理学の面から進めてきた、もろもろの［士官候補生が持つべき性格上の］必要は、ナチ国家の理想とおおむね一致する」。Max Simoneit, *Leitgedanken über die psychologische Untersuchung des Offizier-Nachwuchses in der Wehrmacht*, Wehrpsychologische Arbeiten 6 (Berlin: Bernard & Graefe, 1938), 29.

63. Moncure, *Forging the King's Sword*, 186.

64. Clemente, "Making of the Prussian Officer." では、常に混同されている。87, 92-94, 161, 167 をみよ。

65. Hermann Teske, *Die silbernen Spiegel: Generalstabsdienst unter der Lupe* (Heidelberg: Vowinckel, 1952), 28. 自らの参謀将校時代についてのテスケの醒めた記述は、かつての親ナチ的な喝采にみちた著作といちじるしい対照をなしている。Hermann Teske, *Wir marschieren für groβdeutschland: Erlebtes und Erlauschtes aus dem groβen Jahre 1938* (Berlin: Die Wehrmacht, 1939)

66. Simoneit, *Leitgedanken über die psychologische Untersuchung des Offiziere-Nachwuchses in der Wehrmacht*, 18, 26-27.

67. このドイツ将校団の特徴は、本の題名にもなっている。Ursula Breymayer, ed. *Willensmenschen: Über deutsche Offiziere,* Fischer-Taschenbücher (Frankfurt a. M.: Fischer, 1999) をみよ。

68. H. Masuhr, *Psychologische Gesichtspunkte für die Beurteilung von Offizieranwärtern*, Wehrpsychologische Arbeiten 4 (Berlin: Bernard & Graefe, 1937), 18-20, 25, 32.

69. Anne C. Loveland, "Character Education in the U.S. Army, 1947-1977," *Journal of Military History* 64 (2000).

70. Salomon, *Die Kadetten*, 28-29. また、Marcus Funck, "In den Tod gehen—Bilder des Sterbens im 19. und 20. Jahrhundert," in *Willensmenschen: Über deutsche Offiziere*, ed. Ursula Breymayer (Frankfurt a. M.: Fischer, 1999) も参照。

をみよ。同じくマスターベーションの「問題」については、Wiese, *Kadettenjahre*, 69. 同性愛的な事件に関しては、Salomon, *Die Kadetten*, 194-195, 198. Wiese, *Kadettenjahre*, 85-86 に詳細かつ明快に記述されている。

46. Dhünen, *Als Spiel begann's*, 56. Salomon, *Die Kadetten*, 33.

47. Unruh, *Ehe die Stunde schlug*, 62-64. ウンルーの兄弟たちのうち、少なくとも５人が陸軍幼年学校に入った。が、以下に示すように、兄たちは、弟らが幼年学校生活をこなせるよう、準備してやることに失敗した。この回想録を書いたフリードリヒ・フランツ〔フォン・ウンルー〕（1893〜1986年）は、1911年に陸軍幼年学校を卒業するや、少尉候補生としてバーデン第109直衛擲弾兵（ライプ・グレナディアー）連隊に入隊した。彼は、この連隊で６年間を過ごした。第一次世界大戦にも従軍し、戦功を挙げて勲章を授けられ、同連隊の中隊長に昇進した。やはり幼年学校出で第一次世界大戦に従軍した兄のフリッツ（1885〜1970年）同様、フリードリヒ・フランツも著名な作家になった。フリッツの最初の戯曲「士官たち（ディ・オフィツィーレ）」（*Die Offiziere*）（1912年）は、早くも軍隊と指揮官の良心というテーマを扱っており、発表当時大好評を博した。フリッツは1932年にドイツから脱出し、彼の著作はナチに焼かれるという「名誉」を得た。ナチの焚書に遭うのは、通常、批判精神に富む良書であることを意味しているのだ。彼が再び公に姿を現したのは、1948年に、感情を剝き出しにして物議をかもした演説『ドイツ人に説く（レーデ・アン・ディ・ドイッチェン）』（*Rede an die Deutschen*）をなしたときだった。そのなかで、彼は皇帝時代のドイツにおける社会と教育（陸軍幼年学校を含む）を悪罵し、元陸軍幼年学校生徒の多くを敵にまわした。興味深いことに、フリッツが陸軍幼年学校に在学していたころ、エーリヒ・フォン・マンシュタインのクラスの年長者だったという（彼は、当時の在校生全体を指して、年長者と称しているものと思われる）。マンシュタインは、フリッツについて、「模範生徒（ムスターカデット）」（*Musterkadett*）だったと記している。フリッツはいくつかの賞を獲得し、プロイセン王太子オスカーの「ご学友（エアツィーウングスカメラート）」（*Erziehungskamerad*）にまでなった。普通の生徒には、まず望めない地位だ。マンシュタイン自身、陸軍幼年学校に批判的なところがないわけではなかったが、フリッツの極端な言明にはおおいに困惑し、それらは「彼の政治的な歩み、そして感謝の欠如に由来する、詩人の夢想と恨み」の混合物であると述べた。Manstein, *Soldatenleben*, 21-23 をみよ。

48. Markmann, *Kadetten*, 32.

49. Wiese, *Kadettenjahre*, 37. 彼らが前線に赴くときでさえ、そうした問題は生じなかった。Salomon, *Die Kadetten*, 211.

50. Brand and Eckert, *Kadetten*, vol. 1, 313.

51. ミュンヘンの幼年学校では三等級、カールスルーエでは四等級に分類された。Moncure, *Forging the King's Sword*, 190 では、「風紀検閲等級」〔censor class.〕という別の訳語があてられている。どの幼年学校でも基本的な教育や規律のシステムは同じだったけれど、それぞれの特徴があった。ベルリン、リヒターフェルデの士官学校では雪合戦が奨励されたが、ヴァールシュタットでは禁じられた。ヴァールシュタットでは、指導者側に大きな問題があったと思われ、生徒にとっては、まったく望ましくないことであった。カールスルーエでは、生徒が制服の手入れをする際に従兵が手助けすることは許されていなかった。

52. Brand and Eckart, *Kadetten*, vol. 1, 179. Unruh, *Ehe die Stunde schlug*, 100.

53. Markmann, *Kadetten*, 42.

54. Moncure, *Forging the King's Sword*, 202-203. 中隊長は月額４ライヒスマルク、下士官は３ライヒスマルク、兵士は1. 5ライヒスマルクの俸給を得ていたころ、通常の幼年との関係を良好にしておきたいと望んだからである。ザーロモンは「政治的」囚人とみなされ、最初の5年間の禁固刑を終えると、釈放された。この件については、Salomon, *Die Geächteten* に記述されている。いかなる歴史研究よりも、なぜ若い世代の大多数がナチスに傾倒したかを理解させてくれる書物だ。

ヒトラーが権力を握ると、かつては殺人犯とみなされていた者たちとその幇助（ほうじょ）者（運転手とザーロモンだけが存命だった）は、国民的英雄になった（ラーテナウはユダヤ人だったのだ）。ザーロモンは身をかがめ、恐るべき第三帝国の統治のあいだ、何が起こっているのか、ほぼ知っていながら何もしない沈黙せる多数派（サイレント・マジョリティ）の一人となった。だが、彼は、自分の妻だと称して、ユダヤ人の女友達を保護することさえできたのである。

第二次世界大戦後、『質問状（フラーゲボーゲン）』（*Fragebogen*）を書いてから、彼は再び注目の的となった。連合軍がドイツ人の罪の程度を確定するために配布した131頁におよぶ質問状〔ナチ関連組織に加盟していたかなど、戦前戦中の行動を子細に問い質す内容だった〕を批判的に扱った書物だ。『質問状』は、人種主義と外国人憎悪の傾向を持つ弁明論で（そうした傾向があるのは、彼の以前の著作でもあきらかだった）、ドイツにおける戦後初のベストセラーとなった。それに対する、もっとも辛辣な批評については、“It Just Happened: Review of Ernst von Salomon’s book *The Questionnaire*,” *Time*, Monday, Jan. 10, 1955.

33. Brand and Eckert, *Kadetten*, vol. 1, 151, 167.

34. Clemente, “Making of the Prussian Officer.” 225.

35. Felix Dhünen, *Als Spiel begann’s: Die Geschichte eines Münchner Kadetten* (München: Beck, 1939), 17. ミュンヘンの陸軍幼年学校卒業生だったデューネンのこの本は、小説として書かれたのだが、同校で起きたことが赤裸々に記されている。著者はヘッセン生まれでありながら、バイエルンの学校に進むほうがより高度の教育が期待できるし、また日常生活もずっと楽だろうという理由で、プロイセンの学校には行かなかった。彼の物語を Markmann, *Kadetten* や Brand and Eckert, *Kadetten*, vol. 1 と比べてみると、その判断は正しかったと思われる。

36. Schmitz, *Militärische Jugenderziehung*, 144.

37. Dhünen, *Als Spiel begann’s*, 42. Brand and Eckert, *Kadetten*, vol. 1, 307. Leopold von Wiese, *Kadettenjahre* (Ebenhausen: Langewiesche, 1978), 67. Salomon, *Die Kadetten*, 89.

38. この慣習は、フリードリヒ大王の父の時代以来、プロイセン軍に存在していた。Muth, *Flucht aus dem militärischen Alltag*, 70-71 をみよ。

39. Unruh, *Ehe die Stunde schlug*, 63, 87; Salomon, *Die Kadetten*, 60-63.

40. Salomon, *Die Kadetten*, 193. Unruh, *Ehe die Stunde schlug*, 62-64.

41. Markmann, *Kadetten*, 102. Unruh, *Ehe die Stunde schlug*, 132-133.

42. Ganoe, *MacArthur Close-Up*, 110.

43. Moncure, *Forging the King’s Sword*, 182-184, 191-192.

44. Schmitz, *Militärische Jugenderziehung*, 145.

45. 同性愛というテーマは、軍学校について著作を書いた学者の影響を受けている。そうした学者は今なお男性のみである。しかし、より深い学問的研究はなされていない。同性愛の問題に関するいくつかの憶測は、それを書いた著者が、昔の言葉づかいを適切に読み取れていないことが多く、ゆえに成り立ち得ない。「不道徳な行動に誘われる（ツー・ウンジットリヒカイテン・フェアライテット・ヴェルデン）。（*Zu Unsittlichkeiten verleitet werden*）は、その当時は「マスターベーションをそそのかす」という意味なのであって、他の男性と性的交渉を持つことではない。Markmann, *Kadetten*, 100-101

いる。

24. 同、85.

25. 同、89.

26. 1915年におけるケスリン予備門の毎日のスケジュールについては、Moncure, *Forging the King's Sword*, 110 に詳細に描かれている。

27. Manstein, *Soldatenleben*, 12-14. フォン・マンシュタインの家系がおよぼした影響力に関する小論や、彼の指揮統率能力に関する再評価については、Jörg Muth, "Erich von Lewinski, called von Manstein: His Life, Character and Operations－A Reappraisal," http: //www. axishistory. com/index. php?id=7901.

28. Unruh, *Ehe die Stunde schlug*, 58.

29. 同、60.

30. Moncure, *Forging the King's Sword*, 61, 84, 90-91 に収録された表と解説をみよ。残念ながら、そこの父親の職業を示す表で、著者は官吏階級の者を区別していない。この点は、ある子供が将校に任用され得る社会層の生まれかどうかを判断する上で、きわめて重要である。

その重要さは、以下の研究における詳細な議論によってあきらかにされている。Reinhard Stumpf, *Die Wehrmacht-Elite: Rang- und Herkunftsstruktur der deutschen Generäle und Admirale 1933-1945*, Wehrwissenschaftliche Forschungen, Abteilung Militärgeschichtliche Studien 29 (Boppard a. R.: Boldt, 1982), 204-229. もっとも、シュトゥンプフの著作は、モンキュアの研究の文献目録に並んでいるのだが。

31. Clemente, "Making of the Prussian Officer." 157-158. Schmitz, *Militärische Jugenderziehung*, 12.

32. Hans-Jochen Markmann, *Kadetten: Militärische Jugenderziehung in Preußen* (Berlin: Pädagogisches Zentrum, 1983), 42. 大人扱いされることの重要さについては、Salomon, *Die Kadetten*, 48をみよ。

マークマンの研究は詳細で、実に雄弁であり、注目に価する。戦争が勃発、後に残るのは最年少のものだけとなり、そして、仲間たちが戦死したとの最初の報が陸軍幼年学校に届く。そのとき、マークマンの叙述は佳境に達する。負傷し、身体障害者になった仲間が、年下の者たちに会いに陸軍幼年学校を訪ねてくるのだ。ザーロモンは若すぎて第一次世界大戦に従軍できず、悪名高い義勇軍（フライコーア）(*Freikorps*) の一つに志願して、ポーランド国境地帯やバルト地方を流浪した。１年間の戦闘を終えて、ザーロモンは帰国し、「抵抗運動」結成に協力する。これは、ときにナチスを助けたし、あらゆる種類の乱暴、テロリズムの実行にさえ、つながっていった。

抵抗運動指導者の一人が、模範を示すためにドイツ外相ヴァルター・ラーテナウを暗殺しようともちかけられたザーロモンは、この政治家の著作を称賛していたにもかかわらず、助力を与えると決めた。いかなる犠牲を払うことになろうと、友人たちを失望させたくなかったのであろう。ザーロモンは、暗殺者たちのために車と運転手を調達した。だが、この運転手は事前に外された〔ラーテナウ暗殺をはかった一味は、自分たちで運転手を捜してきたのである〕。その事実ゆえに、ザーロモンは無期刑をまぬがれることになる。暗殺は成功し、ザーロモンは逮捕されて、５年の禁固刑を宣告された。服役中に、未遂に終わった政治的殺人（フェーメモルト）(*Fememord*. 裏切り者と目された人物の殺害)〔直訳すれば「フェーメ殺人」。フェーメは、中世にヴェストファーレンほかで行われた秘密刑事裁判〕への関与が発覚した。しかし、ザーロモンは、目標の人物といのちがけで争ったあげく、暗殺をあきらめたのであった。３年の禁固刑が追加されたが、ザーロモンがそれに服することはなかった。司法当局が、力を増しつつあるナチ党

14. Karl-Hermann Freiherr von Brand and Hermut Eckert, *Kadetten: Aus 300 Jahren deutscher Kadettenkorps*, 2 vols. (München: Schild, 1981), 1: 156.

15. 同。この数字はプロイセン陸軍のものだけで、予備将校は含んでいない。Torsten Diedrich, *Paulus: Das Trauma von Stalingrad* (Paderborn: Schöningh, 2008), 74.

16. 国防大臣ヴェルナー・フォン・ブロンベルク元帥、中央軍集団司令官フェドーア・フォン・ボック元帥、陸軍総司令官ヴァルター・フォン・ブラウヒッチュ元帥、西方総軍司令官ハンス・ギュンター・フォン・クルーゲ元帥、第二航空軍司令官・男爵ヴォルフラム・フォン・リヒトホーフェン元帥、西方総軍司令官ゲルト・フォン・ルントシュテット元帥、第12軍司令官ヴァルター・ヴェンク将軍〔装甲兵大将〕、西方総軍司令官エルヴィン・フォン・ヴィッツレーベン元帥、空軍参謀総長ハンス・イェショネク上級大将、H 軍集団司令官ヨハネス・ブラスコヴィッツ上級大将、G 軍集団司令官パウル・ハウサー武装親衛隊上級大将、第四装甲軍司令官ヘルマン・ホート上級大将、国防軍最高司令部統帥幕僚部長アルフレート・ヨードル上級大将、空挺部隊総司令官クルト・シュトゥデント上級大将、第三装甲軍司令官ハッソー・フォン・マントイフェル将軍〔装甲兵大将〕、西方総軍参謀長ジークフリート・ヴェストファール将軍〔騎兵大将〕。このリストは、かつての陸軍幼年学校生徒で、第二次世界大戦のもっとも重要で著名な指揮官となった者たちのごく一部にすぎない。それ以前のドイツやプロイセンが遂行した戦争においても、同様の印象深い数字が記録されており、陸軍幼年学校の重要性を指し示している。幼年学校卒業生について徹底的に調査したものとして、Brand and Eckart, *Kadetten*, vol. 1 をみよ。

ナチのエリート学校「民族政治教育所（ナツィオナールポリティッシェ・エアツィーウングスアンシュタルテン）」(*Nationalpolitische Erziehungsanstalten*) の創設責任者だった官僚ヨアヒム・ハウプトとラインハルト・ズンケルが陸軍幼年学校卒業生だったことは注目すべきであろう。Schmitz, *Militärische Jugenderziehung*, 12 をみよ。

17. Herwig, "'You are here to learn how to die': German Subaltern Officer Education on the Eve of the Great War," 34.

18. 注目すべき例外として、John Moncure, *Forging the King's Sword: Military Education between Tradition and Modernization: The Case of the Royal Prussian Cadet Corps, 1871-1918* (New York: Lang, 1993) がある。著者（USMA1972年）は、その序文で同じポイントを衝いている。本書は注意深くリサーチされていて、驚くほど多数の幼年学校生徒の回想を発掘している。Clemente, "Making of the Prussian Officer." このクレメンテの研究は、１冊に多くを詰め込もうとした著者の意図と、彼がしばしば、プロイセンに関する一連の決まり文句や旧プロイセンについての時代遅れになった歴史文献に囚われているために価値を減じている。

また Schmitz, *Militärische Jugenderziehung* も参照されたい。シュミッツは、陸軍幼年学校のカリキュラムを徹底的に調べているが、生徒の日常生活についてはさほど記していない。

19. Moncure, *Forging the King's Sword*, 58.

20. 同、207-209. モンキュアは、なぜ予備門は存在するのかという自身の最初の疑問に対して、正解を述べている。

21. Friedrich Franz von Unruh, *Ehe die Stunde schlug: Eine Jugend im Kaiserreich* (Bodensee: Hohenstaufen, 1967), 106.

22. Boog, "Civil Education, Social Origins, and the German Officer Corps," 82, 90-91.

23. Schmitz, *Militärische Jugenderziehung*, 123-124. 陸軍幼年学校の教育システム全体とその歴史的発展、公（おおやけ）ならびに内部での議論は、この研究でカバーされて

1. Ernst von Salomon, *Die Kadetten* (Berlin: Rowohlt, 1933), 28-29. この挨拶は、特異な例ではない。多少表現は異なるが、同様のものは、Emilio Willems, *A Way of Life and Death: Three Centuries of Prussian-German Militarism: An Anthropological Approach* (Nashville, Tennessee: Vanderbilt University Press, 1986), 78 にもみられる。本書の存在をご教示くださったロナルド・スメルサーに感謝する。Holger H. Herwig, "'You are here to learn how to die': German Subaltern Officer Education on the Eve of the Great War," in *Forging the Sword: Selecting, Educating, and Training Cadets and Junior Officers in the Modern World*, ed. Elliot V. Converse (Chicago: Imprint Publications, 1998).

2. Hans R. G. Günther, *Begabung und Leistung in deutschen Soldatengeschlechten*, Wehrpsychologische Arbeiten 9 (Berlin: Bernard & Graefe, 1940). この小冊子は、人種主義者の慣用語やナチ用語を使いながら、学問めかそうとしている。著者はベルリン大学教授で、国防軍査察監の指名により書かれた著作である。学問的な根拠は何もなく、単にドイツの古い軍人一族の名と功績を列挙し、成功者を出した軍人一族は、さらに優れた軍人を産みだしやすいというのが、その結論だ。

3. John McCain and Mark Salter, *Faith of My Fathers* (New York: Random House, 1999).

4. Holger H. Herwig, "Feudalization of the Bourgeoisie: The Role of the Nobility in the German Naval Officer Corps, 1890-1918," in *The Military and Society: A Collection of Essays*, ed. Peter Karsten (New York: Garland, 1998), 53, 55.

5. Dniel J. Hughes, "Occupational Origins of Prussia's Generals, 1870-1914," *Central European History* 13, no. 1 (1980): 5.

6. Horst Boog, "Civil Education, Social Origins, and the German Officer Corps in the Nineteenth and Twentieth Centuries," in *Forging the Sword: Selecting, Educating, and Training Cadets and Junior Officers in the Modern World*, ed. Elliot V. Converse (Chicago: Imprint Publications, 1998), 128.

7. 同、128.

8. Bernhard R. Kroener, "Auf dem Weg zu einer "nationalsozialistischen Volksarmee": Die soziale Öffnung des Heeresoffizierkorps im Zweiten Weltkrieg," in *Von Stalingrad zur Währungsreform: Zur Sozialgeschichte des Umbruchs in Deutschland*, eds. Martin Broszat, Klaus-Dietmar Henke, and Hans Woller (München: Oldenbourg, 1988).

9. Clemente, "Making of the Prussian Officer," 56.

10. Nye, "Era of Educational Reform," 133-134.

11. Herwig, "Feudalization of the Bourgeoisie," 55.

12. プロイセンでは、ベルリンの南西12マイル〔約19キロ〕にあるポツダムの、かつてのフリードリヒ大王の居城、現在ポーランド領でレグニツェ・ポールと改称されたヴァールシュタット、ノルトライン＝ヴェストファーレンのベルギッシュ＝グラートバッハのすぐ南にあるベンスベルク、ヘッセンのフランクフルト・コーブレンツ間にあるディーツ近郊オラーニエンシュタイン、ザクセン＝アンハルトのイェナとライプツィヒ間のナウムブルク、やはり今日ではポーランド領でコシャリンと改称された海岸の大都市ケスリーン、シュレスヴィヒ＝ホルシュタインのキール東方16マイル〔約26キロ〕にあるプレーンなどに置かれていた。

13. 陸軍幼年学校があったのはプロイセンだけだが、他のドイツ諸邦も同様の施設を有していた。たとえば、バイエルンでは、ミュンヘンに置かれていた。

テネシー州スワニー所在のスワニー軍事学校校長だったが、この学校の改革を主唱しようという気など毛ほどもなかった。また、スミスは、1928年から1932年までウェスト・ポイントの校長だった。フロイド・L・「パークシー」・パークスは合衆国陸軍士官学校生徒だったことはないものの、兄のライマンは1917年に同校を卒業している。

182. MacArthur, *Reminiscences*, 81.

183. Harry N. Kerns, "Cadet Problems," *Mental Hygiene* 7 (1923): 689. カーンズ少佐は、初めてウェスト・ポイントに配属された精神科医であった。この演説は、1923年6月20日、デトロイトにおけるアメリカ精神科医協会第79回大会でなされ、常に外界から遮断されているウェスト・ポイントの事案であるという理由で、おおいに注目された。志願学校を美化するきらいがあるとはいえ、カーンズの率直な指摘は非常に重要だとみなされ、『精神衛生』(*Mental Hygiene*) と『アメリカ精神医学雑誌』(*American Journal of Psychiatry*) に同時に掲載された。興味深いことに、カーンズから50年後、彼の後継者の一人は、その考えの多くをそのまま繰り返しており、士官学校では、ほとんど何も変わっていないことを示している。U'Ren, *Ivory Fortress*, 134-140 をみよ。

184. Kerns, "Cadet Problems," 696.

185. Nye, "Era of Educational Reform," 295.

186. Stouffer et al., eds. *The American Soldier: Adjustment during Army Life*, 381.

187. Bland and Ritenour, eds. "*The Soldierly Spirit*," 252.

188. Stouffer et al., eds. *The American Soldier: Adjustment during Army Life*, 380. この書物の大部分が、本問題を扱っている。とくに第8章「リーダーシップと社会的コントロールについての姿勢」をみよ。

189. Bland and Ritenour, eds. "*The Soldierly Spirit.*"

190. Brown, *Social Attitudes*, 22.

191. この報告は、Stouffer et al., eds. *The American Soldier: Adjustment during Army Life*, 381 に引用されている。第一次世界大戦に関してフォズディックが注目したのと、まったく同じリーダーシップ上の問題を、第二次世界大戦の社会学者も指摘している。

192. 同、381.

193. Bland and Ritenour, eds. "*The Soldierly Spirit*," 455.

194. 同、680. マーシャルは、ハロルド・ロウ・「ピンク」・ブル (USMA1914年) を校長に推薦した。ブルは第二次世界大戦中に、アイゼンハワーの連合国遠征軍最高司令部の G-3、作戦参謀に任命されたが、多大な批判を受けている。

195. Michael T. Boone, "The Academic Board and the Failure to Progress at the United States Military Academy" (合衆国陸軍士官学校歴史科に提出された調査文書。West Point, New York, 1994), 5.

196. さらに、肉体的な適性のある生徒は、ウェスト・ポイント在学中にもより安楽にやっていくことができた。Lloyd Otto Appleton, "The Relationship between Physical Ability and Success at the United States Military Academy" (ニュー・ヨーク大学に提出された博士学位請求論文、1949年).

197. アーサー・J・ツェーベレインによるチャールズ・L・ボウルティへのインタビュー、日付けなし、高級将校オーラル・ヒストリー計画、合衆国陸軍軍事史研究所、ペンシルヴェニア州カーライル。Ridgway, *Soldier*, 27.

159. 同。同じころのメリーランド州アナポリスの合衆国海軍兵学校はその点、ずっと進んでいた。博士号を持っている教官の数は士官学校の 3 倍で、教官団の半数近くが少なくとも修士号を有していたのである。この数字は、 5 年後には、さらに顕著に上がっている。Lebby, "Professional Socialization of the Naval Officer," 83 をみよ。

160. Holden, "The Library of the United States Military Academy, 1777-1906," 46-47. ホールデン（USMA1870年）も、「近親交配」された一人である。

161. Norris, "Leslie R. Gloves," 112.

162. Chynoweth, *Bellamy Park*, 70. Paul F. Braim, *The Will to Win: The Life of General James A. Van Fleet* (Annapolis, Maryland: Naval Institute Press, 2001), 15.

163. Chynoweth, *Bellamy Park*, 118.

164. Nye, "Era of Educational Reform," 108.

165. 同、108-109.

166. Braim, *The Will to Win*, 14.

167. Eisenhower, *Strictly Personal*, 45-46.

168. Ronald P. Elrod, "The Cost of Educating a Cadet at West Point," (合衆国陸軍士官学校歴史科に提出された調査文書。West Point, New York, 1994), 9.

169. Eisenhower, *Strictly Personal*, 48.

170. Skelton, *Profession of Arms*, 167 には、異なる見解がみられる。

171. Mott, *Twenty Years*, 30.

172. Nye, "Era of Educational Reform," 337.

173. 同、336-337.

174. これは古くからある生徒の決まり文句で、「120年」は、その時々の数字に適宜入れ替えられる。Lori A. Stockam, "The Fourth Class System: 192 Years of Tradition Unhampered by Progress from Within" (合衆国陸軍士官学校歴史科に提出された調査文書。West Point, New York, 1994) をみよ。このストーカム文書は、「平民システム」を痛烈に批判している。歴史的研究と称してはいるものの、彼女の論文は、最近の「平民システム」の変化やウェスト・ポイントにおけるリーダーシップの欠如も扱っている。

175. Eisenhower, *Strictly Personal*, 98.

176. Eiler, *Mobilizing America*, 455-456.

177. Samuel A. Stouffer et al., eds. *The American Soldier: Adjustment during Army Life*, 4 vols, Studies in Social Psychology in World War II (Princeton, New Jersey: Princeton Unversity Press, 1949), 1: 56.

178. John Philip Lovell, "The Professional Socialization of the West Point Cadets," in *The New Military: Changing Patterns of Organization*, ed. Morris Janowitz (New York: Russell Sage Foundation, 1964), 135. この数字は、1945年から1960年にかけてのもの。

179. 1944年 7 月 8 日付フィル・ホイットニー宛ジョン・ローン書簡、Norman D. Cota Papers, Box 1, Folder Personal File Correspondence 1944-1954 (2), 1, ドワイト・D・アイゼンハワー大統領図書館、カンザス州アビリーン。ローン大尉（USMA1943年）は、D-デイにレンジャー中隊を率いて、ノーマン・D・コータ（USMA1917年）とまさに肩を並べて戦った。ローンは、1945年から1948年までウェスト・ポイントの教官を務め、ずっとあとに少将まで進級した上で退役した。

180. Ridgway, *Soldier*, 30.

181. 1937年12月27日付、フロイド・L・パークス宛ウィリアム・R・スミス書簡、Floyd L. Parks Papers, Box 4, Folder Correspondence 1913-1965, ドワイト・D・アイゼンハワー大統領図書館、カンザス州アビリーン。スミス（USMA1892年）は、この当時、

135. Miles, *Fallen Leaves*, 179.

136. 同。

137. Collins, *Lightning Joe*, 43.

138. 同。

139. 同。

140. Ridgway, *Soldier*, 32.

141. Miles, *Fallen Leaves*, 7. マイルズは、当時大尉で、のちに陸軍参謀総長の地位に昇りつめたJ・フランクリン・ベルの言を引いている。ベルが、この発言をなしたのは、米西戦争についてのことだった。

142. "'Splendid, wonderful' says Joffre admiring the West Point cadets," *New York Times*, May 12, 1917; Ridgway, *Soldier*, 33. 第一次世界大戦でヴェルダン要塞を救ったフランス陸軍元帥アンリ・フィリップ・ペタンは、1931年10月25日にウェスト・ポイントを訪問したのち、先輩であるジョッフルよりも批判的なことを、私的に語っている。ペタンは、「この［ウェスト・ポイント教育の］単調さは、卒業生の精神をきまりきった型に、がちがちにはめこんでしまい、柔軟性を損なうにちがいない」と危惧したのだった。Mott, *Twenty Years*, 44.

143. Ridgway, *Soldier*, 33.

144. Genung, "Foreign Languages," 514-516.

145. Nye, "Era of Educational Reform," 189.

146. Frank J. Walton, "The West Point Centennial: A Time for Healing," in *West Point: Two Centuries and Beyond*, ed. Lance A. Betros (Abilene, Texas: McWhiney Foundation Press, 2004), 209.

147. Miles, *Fallen Leaves*, 168.

148. *Monk Dcikson West Point Diary*. 1917年9月21日の条。だが、ハロルド・ウッド・ハントレー（USMA1906年）が、ウェスト・ポイントで数学の教官だったのは1910年から1912年のあいだだけだったと、卒業生名簿にはある。しかし、ハントレーという数学教官はただ一人しかいなかったから、ディクソンの記述のほうが正しいのはあきらかで、卒業生名簿のほうが間違っている。*Biographical Register of the United States Military Academy: The Classes, 1802-1926* (West Point, New York: West Point Association of Graduates, 2002), 92 をみよ。

149. Anders, *Gentle Knight*, 11. もともと、この記述をなしたのは、エドウィン・フォレスト・ハーディングである。彼は、1909年の卒業生で、ジョージ・S・パットンと同期、のちに少将まで昇進した。

150. Holley, "Training and Educating Pre-World War I United States Army Officers," 30.

151. Nye, "Era of Educational Reform," 52-53.

152. Annual Report of the Superintendent of the United States Military Academy, 4-5.

153. Ganoe, *MacArthur Close-Up*, 61-63, 95-97.

154. 匿名、"Inbreeding at West Point," *Infantry Journal* 16 (1919): 341.

155. Annual Report of the Superintendent of the United States Military Academy, 4.

156. Walter Crosby Eells and Austin Carl Cleveland, "Faculty Inbreeding: Extent, Types and Trends in American Colleges and Universities," *Journal of Higher Education* 6, no. 5 (1935): 262.

157. 同、262. 本書では、「近親交配」を、ある教育機関から少なくとも一つの学位を得た人物を同じ機関の教員として採用することと定義する。

158. Linn, "Challenge and Change," 246.

にだけだが、ノーマン・「ダッチ」・コータ（USMA1917年）も責任を負う。コータは、のちに第29歩兵師団の副師団長として勇名を馳せた。彼はD-デイ〔作戦発動日を示す米軍の用語。とくにノルマンディ上陸作戦のそれを示すことが多い〕のノルマンディ上陸第一波にいたが、自分の担当戦区である海岸に生じた膠着状態を、そのリーダーシップによって打開したのである。コータは、レンジャー部隊に海岸陣地への突撃を先導するよう求め、まさにそのとき、その場所で「レンジャーが道を拓く」との命令を発した。この言葉は、レンジャー連隊のモットーとして採用され、有名になる。コータは、戦争前に大規模な上陸作戦を立案し、図上演習で検討した経験がある、数少ない米陸軍将校の一人だった。ただし、コータの名声は、彼が第28歩兵師団長だったときに、バルジの戦いで柔軟性に欠けるとみなされるような対応をしたために損なわれた。有名な戦争映画『史上最大の作戦』が企画されていたころ、アプローチしてきた20世紀フォックス社に対し、コータは長いこと、自分を登場人物にすることはまかりならんと頑張ったが、配役にロバート・ミッチャムが選ばれるにいたり、とうとう軟化した。

121. Holley, "Training and Educating Pre-World War I United States Army Officers," 27. *West Point Demerit Book, 27 April 1912-9 August 1916.*

122. Anders, *Gentle Knight*, 18.

123. Coffman, *The Regulars*, 176.

124. *Letter from James A. Van Fleet to J. Hardin Peterson, July 24, 1943*, James A. Van Fleet Papers, Box 42, Folder Postings - Fort Dix, New Jersey, Correspondence, July 1943, George C. Marshall Library, Lexington, Virginia.

125. Eisenhower, *Strictly Personal*, 36.

126. 同、39.

127. 1943年７月30日付息子のジョセフ・「ジェリー」・イースターブルック宛ジョー・ロートン・コリンズ書簡。Joe Lawton Collins Papers, Box 2, Folder 201 File - Personal Letter File - 1943 (4), Dwight D. Eisenhower Library, Abilene, Kansas.

128. Holley, "Training and Educating Pre-World War I United States Army Officers," 28.

129. Reeder, *West Point Plebe*, 131-132. こうした単調で退屈な授業方法は、知識の詰め込みを狂信的なまでに重視することと同様、不幸な「セイヤー・システム」〔1817年にウェスト・ポイント校長に就任したシルヴェイナス・セイヤーが定めたカリキュラムと教育方法〕に起因している。John Philip Lovell, "The Cadet Phase of the Professional Socialization of the West Pointer: Description, Analysis, and Theoretical Refinement"（ウィスコンシン大学に提出された博士学位請求論文、1962年), 34-36, 49-50. ロヴェルは、この研究に携わっていた当時、合衆国陸軍士官学校より驚くほど高いレベルの支援を受けた。彼自身ウェスト・ポイント出身者（USMA1955年）も、平民システムに対する、ほぼ無批判な扱いを助長している。他の点では非常に興味深いのだが、ロヴェルの研究においては、職業的社会順応の定義が大ざっぱであり、軍事的思考や能力というよりも、世界観の問題として扱われている。それゆえ、著者の知見に取り入れるわけにはいかなかった。

130. Brown, *Social Attitudes*, 21.

131. Ganoe, *MacArthur Close-Up*, 97.

132. Nye, "Era of Educational Reform," 40.

133. Coffman, *The Regulars*, 147. シンプソンは、第二次世界大戦で第９軍の指揮を執ることになる。

134. Jerome H. Parker IV, "Fox Conner and Dwight Eisenhower: Mentoring and Application," *Military Review* (July-August 2005): 93.

111. Nye, "Era of Educational Reform," 147.

112. Ganoe, *MacArthur Close-Up*, 36. Nye, "Era of Educational Reform," 148-172. しごき、醜聞、処罰の試みや規律の徹底についてのいくつかの事例、または著者による、なんとも説得力のない釈明も、後者にみられる。生徒たちを適切に監視するには、教職員の数が少なすぎたというのだ。

113. 1976年以来、ウェスト・ポイントは大統領の指令により、女子生徒を受け入れることを余儀なくされた。彼女たちが受けたひどい扱いとしごきは、また別の哀しい物語ではあるが、紙幅の都合上、本書で論じることはできない。Lance Janda, "The Crucible Duty: West Point, Women, and Social Change," in *West Point: Two Centuries and Beyond*, ed. Lance A. Betros (Abilene, Texas: McWhiney Foundation Press, 2004), 353-355を参照されたい。全体像については Lance Janda, *Stronger than Custom: West Point and the Admission Women* (Westport: Connecticut: Praeger, 2002). 当該時期において、少数ではあっても、まったく紳士ではない男子生徒が将校に任官したことは明白である〔「将校にして紳士たれ」という士官学校の理想をみたさぬ男子生徒がいたことへの原著者の皮肉〕。ある戦術士官（USMA1985年）が歴史的視点から示した興味深い見解がある。士官学校の努力を、およそ20年後に判断したものだ。Dave Jones, "Assessing the Effectiveness of "Project Athena": The 1976 Admission of Women to West Point" (合衆国陸軍士官学校歴史科に提出された調査文書。West Point, New York, 1995). 最近の展開については、D'Ann Campbell, "The Spirit Run and Football Cordon: A Case Study of Female Cadets at the U.S. Military Academy," in *Forging the Sword: Selecting, Educating, and Training Cadets and Junior Officers in the Modern World*, ed. Elliot V. Converse (Chicago: Imprint Publications, 1998) をみよ。また、本書で論じてきた他の軍事学校、VMI とシタデル校が、さらに20年は遅れていたことには当惑を禁じ得ない。1995年、シタデル校は、世論に押されて最初の女子生徒受け入れを強いられた。だが、彼女は早くも1週間後には、生徒隊によって追い出されたのである。シタデル校の卒業生であり、有名な作家のパット・コンロイが支援した大衆宣伝キャンペーンと、入学者が激減したことを受けて、同校はようやく態度を軟化させた。VMI に至っては、女子「生徒」を受け入れよとの裁判所の判決を拒否した。しかし、国防省より、そうした非立憲的な流儀を通すなら助成金給付を止めると脅され、VMI も譲歩せざるを得なかった。この件については、Philippa Strum, *Women in the Barracks: The VMI Case and Equal Rights* (Lawrence: University of Kansas, 2002).

114. U'Ren, *Ivory Fortress*, xi-xiv. Ed Berger et al., "ROTC, My Lai and the Volunteer Army," in *The Military and Society: A Collection of Essays*, ed. Peter Karsten (New York: Garland, 1998), 150.

115. U'Ren, *Ivory Fortress*, 19.

116. 同、53.

117. 合衆国海軍兵学校（United States Naval Academy）の定義は、ずっと厳密で抜け道が少ない。海軍兵学校の新入生もまた、今日なおしごきに苦しんでいる。David Edwin Lebby, "Professional Socialization of the Naval Officer: The Effect of Plebe Year at the U.S. Naval Academy" (ペンシルヴェニア大学に提出された博士学位請求論文、1970年), 68-69. 不幸なことに、レビーの研究も、しごき現象に対して批判が足りない。

118. Reeder, *West Point Plebe*, 23-24.

119. Mullaney, *The Unforgiving Minute*, 36.

120. *West Point Demerit Book, 27 April 1912-9 August 1916*, Norman D. Cota Papers, Box 5, Dwight D. Eisenhower Library, Abilene, Kansas. この記録は、最上級生がどんな馬鹿馬鹿しい理由で下級生に罰を与えたかという実例を多数記している。その最後のほうの例

87. Conroy, *Discipline*, 96.

88. Reeder, *West Point Plebe*, 63.

89. Eisenhower, *Strictly Personal*, 49-50.

90. Ganoe, *MacArthur Close-Up*, 120.

91. Conroy, *Discipline, 96.* Reeder, *West Point Plebe*, 73, 122.

92. Nye, "Era of Educational Reform," 163.

93. Dillard, "The Uncertain Years," 79.

94. Linn, "Challenge and Change," 234.

95. Richard C. Davies, *Carl A. Spaatz and the Air War in Europe* (Washington, D.C.: Center for Air Force History, 1993), 4.

96. Chynoweth, *Bellamy Park*, 50. 他の例として、ルイス・B・「チェスティ」・プラーが挙げられる。彼は、最下級生だったときにVMIを退校したが、一兵卒として海兵隊に入隊した。プラーは、海兵隊史上最高位の勲章を受けた男となり、中将の階級で退役した。

97. Ganoe, *MacArthur Close-Up*, 116.

98. Nye, "Era of Educational Reform," 260.

99. Ganoe, *MacArthur Close-Up*, 15. ティルマンは、ウェスト・ポイントのカリキュラムを近代化しようという試みを、繰り返し阻んできた。彼にしてみれば、化学と地理こそ、将来の将校が学ぶべき、もっとも重要な科目だったのである。

100. Lewis Sorley, "Principled Leadership: Creighton Williams Abrams, Class of 1936," in *West Point: Two Centuries and Beyond*, ed. Lance A. Betros (Abilene, Texas: McWhiney Foundation Press, 2004), 124.

101. Sanger, "The West Point Military Academy" 121-122, 127-129.

102. 同、128.

103. 1971年クラスのうち、30パーセントがこう述べている。けだもの兵舎の期間中の「不幸な体験」によって、「陸軍でキャリアを積んでいくことを拒否すると心を決めた」と。U'Ren, *Ivory Fortress*, 28.

104. Eisenhower, *Strictly Personal*, 36. Ganoe, *MacArthur Close-Up*, 124.

105. Norris, "Leslie R. Groves," 37. この発言は、1918年に「平民」だった元准将ウィリアム・W・フォードが、退役してから何十年も経ってから書き記したものだ。さして驚くべきことではない。フォードは、「人心を堕落させる不純物」について、いつも語っていた士官学校の教官に言われたことを繰り返したにすぎないのである。Charles W. Larned, "West Point and Higher Education," *Army and Navy Life and The United Service* 8, no. 12(1906): 18. チャールズ・ウィリアム・ラーニド大佐（USMA1870年）は、当時ウェスト・ポイントに導入されつつあったフットボールのプログラムに敵対し、時代遅れの教育システムの主唱者として、また「ウェスト・ポイントの天才たち」など、士官学校に関する「きれいに磨かれた」報告書や記事を書いたことで知られるようになった。彼はウェスト・ポイントの図画担当の最先任教授であり、35年間同校に教師として奉職した。ラーニドのような古手の教官が、大きな影響力を及ぼし得たことは明白である。

106. Sorley, "Leadership," 123.

107. 同。

108. Conroy, *Discipline*, 33.

109. 1988年、合衆国陸軍士官学校の教官団は、「しごき」という単語を使うのを抑えようとした。Alexander, "Hazing: The Formative Years," 2.

110. Conroy, *Discipline*, 172.

きで、こう記している。「ウェスト・ポイント、アナポリス〔海軍兵学校〕、空軍士官学校、VMI（ヴァージニア軍事学校）、シタデル校と、その他1ダースほどの軍事学校出身者にインタビューした［中略］。それぞれの学校が独自性を有していたし、けんめいにアイデンティティを守ろうとしていたが、すべてに通じる同一性があった。軍事学校とは、まさにアメリカにおいて発展したものだということだ［後略］」。より詳しいしごきに関する記述は、彼の自伝的著作、Conroy, *My Losing Season* もみよ。あらゆるアメリカの軍事学校に基本的に共通するものとは、まさしく、しごきのシステムなのである。

69. Conroy, *My Losing Season*, 123.

70. Matthew B. Ridgway, *Soldier: The Memoirs of Matthew B. Ridgway* (New York: Harper & Brothers, 1956), 23.

71. 同、23.

72. Reeder, *West Point Plebe*, 77.

73. Alexander, "Hazing: The Formative Years," 16.

74. Larry I. Bland and Sharon R. Ritenour, eds. *The Papers of George Catlett Marshall: "The Soldierly Spirit,"* December 1880-June 1939, 6 vols, (Baltimore: Johns Hopkins University Press, 1981), 1: 9.

75. Pogue, *Education of a General*, 44.

76. 同、64. ウェスト・ポイントのイメージに合わせて創設された軍学校が、それを模倣するというよりも、さらに進んで、そのコピーともいうべきものになったことは一驚に価する。こうした学校の生徒たちは、同じ視野狭窄、同じ残酷なしごき、近代的で、教育を受けた教官の欠如に、ひとしく苦しんだのだ。フィリピン陸軍士官学校についての記述も参照。Alfred W. McCoy, "'Same Banana': Hazing and Honor at the Philippine Military Academy," in *The Military and Society: A Collection of Essays*, ed. Peter Karsten (New York: Garland, 1998), 101-103.

77. Carlo D'Este, "General George S. Patton, Jr., at West Point, 1904-1909," in *West Point: Two Centuries and Beyond*, ed. Lance A. Betros (Abilene, Texas: McWhiney Foundation Press, 2004), 60-61.

78. Connelly, "Rocky Road," 175.

79. Conroy, *Discipline*, 73.

80. U'Ren, *Ivory Fortress*, 97.

81. Conroy, *Discipline*, 66-67, 162.

82. Reeder, *West Point Plebe*, 245.

83. Trese A LaCamera, "Hazing: A Traditon too deep to Abolish," (合衆国陸軍士官学校歴史科に提出された研究報告書。West Point, New York, 1995), 12-13. ラカーメラは、「1990年代になっても、しごきはなお問題となっている」と述べている。Ganoe, *MacArthur Close-Up*, 106.

84. Nye, "Era of Educational Reform," 145.

85. Muth, *Flucht aus dem militärischen Alltag*, 25. フリードリヒが老いて気難しくなったころ、ある連隊長に対する私信で「フーヒテル」(*fuchtel*) された「生意気な」少尉見習について語ったことがある。「フーヒテル」とは、サーベルの刀身の平（ひら）の部分で打擲（ちょうちゃく）することだ。ところが、旧プロイセン軍の通常規定では、「将校に肉体的懲罰を与えるべきではない」とされていた。フリードリヒの治世が、「矛盾の王国」と呼ばれるゆえんである。Theodor Schieder, *Friedrich der Große: Ein Königtum der Widersprüche* (Frankfurt a. M.: Propyläen, 1983).

86. Muth, *Flucht aus dem militärischen Alltag*, 92-93.

60. Pat Conroy, *My Losing Season* (New York: Doubleday, 2002). コンロイは、しごきが増加した原因を朝鮮戦争に帰した。この戦争で、米軍将兵は、共産主義者の拷問に充分抵抗できなかったとされている。コンロイが研究対象としたシタデルに、おぞましいプリーブスの仕組みを広めた張本人は、マーク・ウェイン・クラーク（USMA1917年）だった。彼は、陸軍退役後、12年間もシタデル校長を務めている。クラークの判断力と指揮統率能力の欠如は、第二次世界大戦中、すでに露見していた。

61. David Ralph Hughes, *Ike at West Point* (Poughkeepsie, New York: Wayne Co., 1958), 4.

62. *Monk Dickson West Point Diary*, Benjamin Abbott Dickson Papers, Box 1, Folder Dickson Family Papers, West Point Library Special Archives, West Point, New York. この記載は、1917年9月前半のどこかでなされたものである。のちに第一軍情報参謀となったディクソンは、「バルジの戦い」として知られるようになるドイツ軍のアルデンヌ反攻を予測したことで有名になった。1944年12月10日付の、彼の伝説的な G-2 情勢判断第37号は、その上官たちに握りつぶされた。ヴェーアマハトが撃破され、潰走していると考えられているのに、悲観的な判断など受け入れたくなかったのだ。その結果、事態は破局をもたらしかねないものになった。ディクソンが情勢判断を提出してからわずか6日後に、ドイツ軍は攻勢を開始したのである。

63. 同、1. 1917年9月18日の記載。

64. 1920年5月8日付、ベンジャミン・アボット・ディクソンよりフィリピン局司令官宛書簡。Monk Dickson Papers, Box 2, West Point Library Special Archives, West Point, New York.

65. *Regulations for the United States Military Academy*, 48-50. Klaus Schmitz, *Militärsche Jugenderziehung: Preußische Kadettenhäuser und Nationalpolitische Erziehungsanstalten zwischen 1807 und 1936* (Köln: Böhlau, 1997), 137.

66. Craig M. Mullaney, *The Unforgiving Minute. A Soldier's Education* (New York: Penguin, 2009), 39. 他のしごきのテクニック同様、これも上級生たちにとっては常に楽しみになっていた。マレーニー（USMA2000年）も、最下級生のときに被害を受けている。最近のウェスト・ポイントにおけるしごきと教育については、彼の本の第一章に詳細に記されているので、参照されたい。本書の存在をご教示くださったエドワード・コフマンに感謝する。

67. 同、20.

68. ウェスト・ポイント出身の著者は、あらゆる種類のしごきについて述べている。Jamie Mardis, *Memos of a West Point Cadet* (New York: McKay, 1976); Red Reeder, *West Point Plebe* (Boston: Little, Brown & Company, 1955). ラッセル・ポッター・「レッド」・リーダー（USMA1926年）は、4年ではなく、6年間「学んだ」。彼にとっては、勉強の義務よりも体育のほうが常に優先だったから、落第を余儀なくされたのである。リーダーは、ノルマンディで第12歩兵連隊を率いて、殊勲十字章〔アメリカの最高位の勲章である「名誉勲章（Medal of Honor)」につぐ等級の勲章」〕を授けられるほどの戦功をあげたが、重傷を負い、片脚を失った。1946年、かつての第101空挺師団の傑出した師団長であり、当時のウェスト・ポイント校長だったマックスウェル・D・テイラー将軍は、喫緊の要とされていた「リーダーシップ・センター」を士官学校に設置する権限をリーダーに与えた。リーダーは退役後もウェスト・ポイントと緊密な関係を保ち、ウェスト・ポイント図書館特別文書館のオーディ・マーフィ・コレクション収集の責任者となった。Conroy, *Discipline.* による。パット・コンロイは、サウス・カロライナ州チャールストンのシタデル軍事学校を1967年に卒業した。彼は、その絶賛された小説の前書

Close-Up も参照のこと。ガノウは、ウェスト・ポイントにおいて、いわばマッカーサーの参謀長だった人物である。その論述は、マッカーサー時代に監事長だったロバート・M・ダンフォード少将のそれとともに、校長時代のマッカーサーについての数少ない「詳細な観察（クローズ＝アップス）」になっている。ガノウは、「古い」ウェスト・ポイントの集団から、新しいマッカーサー式の方法に転向した者で、若い「校長（スプ）」への崇拝を隠していない。彼は、こうした自分の心の変化を、きわめて率直に述べている。

46. William E. Simons, ed. *Professional Military Education in the United States: A Historical Dictionary* (West Port, Connecticut: Greenwood, 2000), 181.

47. Ganoe, *MacArthur Close-Up*, 113.

48. John S. D. Eisenhower, *Strictly Personal* (New York: Doubleday, 1974), 37.

49. ウィリアム・スケルトン〔William Skelton〕は、しごきは南北戦争後に増加した可能性があると示唆している。2005年６月７日のウェスト・ポイント軍事史夏期セミナーの「旧陸軍」〔Old Army. アメリカ独立から第一次世界大戦前までの、小規模だった時代の米陸軍を指す用語〕に関する講義で著者が取ったノートによる。Walter Scott Dillard, "The United States Military Academy, 1865-1900: The Uncertain Years"（ワシントン大学に提出された博士学位請求論文、1972年), 292. ディラード（USMA1961年）も同様の見解である。彼は、1969年から1972年まで、ウェスト・ポイント歴史科の教官を務めていた。

50. Dillard, 90-92.

51. Crackel, *West Point: A Bicentennial History*, 86-88.

52. 歴代校長の簡単な性格描写についても同書をみよ。

53. Leslie Anders, *Gentle Knight: The Life and Times of Major General Edwin Forrest Harding* (Kent, Ohio: Kent State University Press, 1985), 3.「バランスの取れた、学内の体育プログラムが欠けていたこと」が嗜虐的なしごきにつながったと、アンダースは推測している。本書の存在を示してくれたエドワード・コフマンに感謝する。

54. David R. Alexander III, "Hazing: The Formative Years,"（合衆国陸軍士官学校歴史科に提出された調査文書。West Point, New York, 1994).

55. 同、18. 1850～1859年には28. 5パーセント、1860～1865年に7. 6パーセント、1866～1869年に22. 2パーセント、1870～1879年以降で44. 8パーセント。

56. Philip W. Leon, *Bullies and Cowards: The West Point Hazing Scandal, 1898-1901*, Contributions in Military Studies (Westport, Conneticut: Greenwood Press, 2000). レオンは、この時期の事件のみを扱っている。ただし、著者は、1987年から1990年までウェスト・ポイント校長の上級顧問だったから、その醜聞について充分批判的に対していないのではないかと、書評者のあいだで論争が起こった。Dillard, "The Uncertain Years," 89-95, 292-340 もみよ。ディラードは、陸軍士官学校が創設されてからの１世紀を概観した。彼は、ウェスト・ポイント図書・文書館特別コレクションに保管されていた生徒たちの日記を引用している。Alexander, "Hazing: The Formative Years" は、しごきの起源を探求した力作ではあるが、史料基盤はごく限られている。

57. Gordon S. Wood, *The Radicalism of the American Revolution* (New York: Knopf, 1992), 21. Dillard, "The Uncertain Years," 89-91. 著者は、しごきがはじまったのは民間教育施設だったとみている。この研究をなすにあたり、彼は、多数の民間単科大学ならびに総合大学を調査した。

58. Samet, "Great Men," 91.

59. Pat Conroy, *The Lords of Discipline* (Toronto: Bantam, 1982), 62.

Bobbs-Merrill, 1974), 134-137. 著者は、1970年から1972年まで、精神科医としてウェスト・ポイントに勤務した。この著作ではバランスが取れた、注意深い論述がなされており、合衆国陸軍士官学校を美化、あるいは誹謗する文献が無数にあるなかにあって、傑出している。同様の論点を示す根拠として、Betros, ed. West Point に収められた、ジョージ・S・パットン、ヘンリー・H・アーノルド、クレイトン・エイブラムスらの小伝もみよ。ある陸軍参謀総長もこのテーマを研究し、同じ結論に達している。*Some Reflections on the Subject of Leadership: Speech by General Maxwell D. Taylor before the Corps of Cadets of the Citadel, January 21, 1956*, James A. Van Fleet Papers, Box 19, Folder Correspondence General, Taylor, Maxwell D., 1955-1959, ジョージ・C・マーシャル図書館、ヴァージニア州レキシントン。

35. Norris, "Leslie R. Gloves", 120. 学業成績と、のちに高位の階級に昇進することとの関連性についての証拠を用意したのは、ウェスト・ポイント関係者である。

36. H. R. McMaster, *Dereliction of Duty: Lyndon Johnson, Robert McNamara, the Joint Chiefs of Staff, and the Lies That Led to Vietnam* (New York: Harper Collins, 1997). マクマスターは、この本で当時の軍最高司令官たちを激しく批判し、論争に火をつけた。歴史学の博士号を有し、「砂漠の嵐」ならびに「イラクの自由」作戦でめざましい戦功をあげたにもかかわらず、マクマスターは最近二度、准将進級候補者への指名から外されている。彼は、そのお返しに、今日の将官進級システムはヴェトナム戦時同様に欠陥があるのではないかと論じた。Paul Yingling, "A Failure in Generalship," *Armed Forces Journal* (May 2007). Fred Kaplan, "Challenging the Generals," *New York Times Magazine*, August 26, 2007.〔マクマスターは、2009年に准将、2012年には少将、2014年7月に中将に進級した〕

37. Chynoweth, *Bellamy Park*, 55. Dik Alan Daso, "Henry H. Arnold at West Point, 1903-1907," in *West Point: Two Centuries and Beyond*, ed. Lance A. Betros (Abilene, Texas: McWhiney Foundation Press, 2004), 76.

38. *Regulations for the United States Military Academy* (Washington, D.C.: U.S. Government Printing Office, 1916), 24.

39. 詳細については、Sanger, "The West Point Military Academy," 123-124. サンガーは50年合衆国陸軍に勤務した少将。1861年に第1ミシガン歩兵連隊に任官し、のちに常備軍で少尉の資格を得た〔第1ミシガン歩兵連隊は、南北戦争の際に北軍が編成した義勇兵部隊。この連隊は1865年に解散した〕。少佐時代に、エモリー・アプトンのヨーロッパ軍学校・士官学校視察旅行に同行し、それによって軍事教育システムに関する該博な知識を得た。その論文は、ウェスト・ポイントに対して、ひどく批判的である。もし、サンガーが提案した改革が実現していたら、士官学校はドイツの「軍事学校」(*Kriegsschule*) 相当のものになっていただろう。

40. *Official Register of the Officers and Cadets of the U.S. Military Academy* (West Point, New York: USMA Press, 1905), 33.

41. Holley, "Training and Educating Pre-World War I United States Army Officers," 27.

42. Chynoweth, *Bellamy Park*, 53.

43. Sanger, "The West Point Military Academy," 128.

44. Nye, "Era of Educational Reform," 98. 合衆国陸軍士官学校の入学試験に合格するために必要な知識を詳述した手引きが、*Official Register of the Officers and Cadets of the U.S. Military Academy*, 33-40 にある。

45. マッカーサー改革の詳細については、Nye, "Era of Educational Reform," 302-320 をみよ。実現できなかったことについては、次章で扱う。また、Ganoe, *MacArthur*

ッカーサー『マッカーサー大戦回顧録』、津島一夫訳、上下巻、中公文庫、2003年], 70. 興味深いことに、校長時代についてのマッカーサーの記述は、この426頁もの自伝のうち、わずか7頁ほどである。

19. Coffman, *The Regulars*, 226.

20. Nye, "Era of Educational Reform," 271.

21. William Addleman Ganoe, *MacArthur Close-Up: Much Then and Some Now* (New York: Vantage, 1962), 35.

22. Donald B. Connelly, "The Rocky Road to Reform: John M. Schofield at West Point, 1876-1881," in *West Point: Two Centuries and Beyond*, ed. Lance A. Betros (Abilene, Texas: McWhiney Foundation Press, 2004), 173. 10年後に起きた同様の紛争については、Brian McAllister Linn, "Challenge and Change: West Point and the Cold War," in *West Point: Two Centuries and Beyond*, ed. Lance A. Betros (Abilene, Texas: McWhiney Foundation Press, 2004), 223-226.

23. Nye, "Era of Educational Reform," 65 には、異なる見解がみられる。しかし、彼の議論は説得力がない。なぜなら、別のケースでは、陸軍長官、あるいは合衆国大統領が自ら乗り出し、命令によって事態を改善しているからだ。

24. Mott, *Twenty Years*, 37.

25. *Annual Report of the Superintendent of the United States Military Academy* (West Point, New York: USMA Press, 1914), 39. この報告書は、歯科医が治療した虫歯の数に至るまで、ウェスト・ポイントで起こっていることのほとんどすべてを記録している。合衆国陸軍の官僚主義の極端な例である。

26. Clark, *Calculated Risk*, 24.

27. Bradford Grethen Chynoweth, *Bellamy Park: Memoirs* (Hicksville, New York: Exposition Press, 1975), 50.

28. Elizabeth D. Samet, "Great Men and Embryo-Caesars: John Adams, Thomas Jefferson, and the Figure in Arms," in *Thomas Jefferson's Military Academy: Founding West Point*, ed. Robert M. S. McDonald (Charlottesville: University of Virginia, 2004), 85.

29. Ewing E. Booth, *My Observations and Experiences in the United States Army* (Los Angels: n. p., 1944), 94. ブースは、レヴンワース学校1904年幕僚クラスの一員であり、すぐに同校の教官になった。彼は、ある橋梁の設計と建築を命じられたとき、ウェスト・ポイント卒業生である同僚の少なくとも二人に相談してみたが、いずれも頼りにならなかった。ブースは兵卒から身を起こして任官したのであったが、それでもこの仕事をきちんとやってのけたのである。Brown, *Social Attitudes*, 371 も参照。

30. Nye, "Era of Educational Reform," 321-322. ある批判的な将校により、関連する数字が公表されたことさえあった。Joseph P. Sanger, "The West Point Military Academy—Shall Its Curriculum Be Changed as a Necessary Preparation for War ?," *Journal of Military Institution* 60 (1917): 128.

31. Nye, "Era of Educational Reform," 19.

32. Patricia B. Genung, "Teaching Foreign Languages at West Point," in *West Point: Two Centuries and Beyond*, ed. Lance A. Betros (Abilene, Texas: McWhiney Foundation Press, 2004), 517.

33. 同。Nye, "Era of Educational Reform," 233 には、ウェスト・ポイントの先任教官団によって構成された、学科課程改正一般委員会よりの手紙として、異なる引用がなされている。

34. Richard C. U'Ren, *Ivory Fortress: A Psychiarist Looks at West Point* (Indianapolis:

5. Harold E. Raugh, Jr. , "Command on the Western Front: Perspectives of American Officers," *Stand To !* 18 (Dec. 1986): 12.

6. Edward S. Holden, "The Library of the United States Military Academy, 1777-1906," *Army and Navy Life* (June 1906). ホールデンはウェスト・ポイントの古参司書だったが、「陸軍の士官学校」がウェスト・ポイントに置かれたのは1781年だったとしている。ホールデンによれば、設置命令を出したのはジョージ・ワシントンであった。

7. Mott, *Twenty Years*, 29.

8. Hofmann, *Through Mobility We Conquer*, 45. ここでは、ある海兵隊将校が、フリードリヒの戦争のやりようを第一次世界大戦の戦術と比較している部分から引用した。

9. 著者がこの事実に注目したのは、とくに許されて、参加した2005年のウェスト・ポイント軍事史夏期セミナーで催された、士官学校周辺の要塞をまわる参謀旅行〔将校の訓練・研究の一環として行われる旅行で、将来戦場になるであろう地域、または古戦場を実地に見聞し、作戦・戦術上の問題を検討する〕のときであった。同時代の本物の史料に基づくロール・プレイングによって、要塞と民間人思考の技術者、彼らと調査団の相互作用の問題があぶり出された。この再現の試みでは、ウェスト・ポイント出の退役・現役将校とセミナーの参加者が、それぞれの役を割り当てられた。これは、最高の軍事史研究であった。この催しに著者を招待してくれた合衆国陸軍士官学校歴史科と、セミナーをそのように実り多いものとした人々全員に、心よりの感謝を捧げる。

10. Higginbotham, "Military Education before West Point," 39.

11. ウェスト・ポイントは、共和制思考が陸軍にしかと根付くように創設されたという仮説があるが、本書では詳細に論じる余裕がない。しかし、同校の選抜過程やカリキュラムをみると、この解釈は支持できないだろう。McDonald, ed. *Thomas Jefferson's Military Academy: Founding West Point*. とくに、クラッケルとサメット執筆の章を参照。南部出身のウェスト・ポイント卒業生の多くが、南軍で戦うために、陸軍から離脱したことも、士官学校は少なくともこの点では失敗したことを示している。が、そもそも同校では共和政教育などなされていなかったというほうが、ありそうなことだろう。James L. Morrison, "The Struggle between Sectionalism and Nationalism at Ante-Bellum West Point, 1830-1861," in *The Military and Society: A Collection of Essays*, ed. Peter Karsten (New York: Garland, 1998).

12. Nye, "Era of Educational Reform," 39. このナイの研究書に付録として収められた、詳細な授業スケジュールとカリキュラムを参照。

13. William B. Skelton, *An American Profession of Arms: The Army Officer Corps, 1784-1861* (Lawrence: University Press of Kansas, 1992), 399.

14. Robert S. Norris, "Leslie R. Groves, West Point and the Atomic Bomb," in *West Point: Two Centuries and Beyond*, ed. Lance A. Betros (Abilene, Texas: McWhiney Foundation Press, 2004), 107.

15. Nye, "Era of Educational Reform," 30. このナイの著作の、「精神的規律」教育を論じた第一章を参照。

16. 同、35. 強調原文。

17. ただし、第二次ポエニ戦争、七年戦争、ナポレオン戦争、南北戦争の諸戦闘を選んで「検討」することはあった。Doughty and Crackel, "History at West Point," 399. ロジャー・ナイは、科目としての軍事史は1920年代初期に導入されたと自著で主張している。しかし、その書物の学科課程表を記した付録には、軍事史の科目は見当たらない。Nye, "Era of Educational Reform," 344, 380を参照。

18. Douglas MacArthur, *Reminiscences* (New York: McGraw-Hill, 1964)〔ダグラス・マ

129. Frieser, *The Blitzkrieg Legend*, 61.

130. 同、62. フリーザーは、その可能性を示唆している。

131. Wette, *The Wehrmacht*, 2-3.

132. Bernhard R. Kroener, *Generaloberst Friedrich Fromm: Der starke Mann im Heimatkriegsgebiet; Eine Biographie* (Paderborn: Schöningh, 2005), 450-455.

133. Frieser, *The Blitzkrieg Legend*, 67.

134. 同、60.

135. Jürgen E. Förster, "The Dynamics of *Volksgemeinschaft*: The Effectiveness of the German Military Establishment," in *Military Effectiveness: The Second World War*, eds. Allen Reed Millett and Williamson Murray (Boston: Allen & Unwin, 1988), 193.

136. 同、195.

137. Megargee, *Inside Hitler's High Command*.

138. Wilkinson, *The Brain of an Army*. この本はドイツ参謀本部を美化し、世界中に大きな影響を与えた。

第一部　将校の選抜と任官

第二章　「同胞たる将校に非ず」

1. スコウフィールドは、1876年から1881年まで、合衆国陸軍士官学校長であった。士官学校に横行していた非道や「しごき」を嫌悪した彼は、1879年８月11日、生徒たちに対して訓示した。だが、スコウフィールドが、丹念に言葉を選んで演説したことも空しく、そののちも「しごき」の件数は逆に増えている。ウェスト・ポイントの上級生は、あきらかにスコウフィールドの発言を正しく理解もしていなければ、評価しているわけでもないのに、「平民心得」の一部として、彼の言葉を最下級生に暗記させた。歴史のパラドックスの一つである。

2. Charles E. Woodruff, "The Nervous Exhaustion due to West Point Training," *American Medicine* 1, no. 12 (1922): 558.

3. 士官学校生徒の回想や国防軍将校の自伝のたぐいは、この点で等しく一致している。

4. Roger H. Nye, "The United States Military Academy in an Era of Educational Reform, 1900-1925"（コロンビア大学に提出された博士学位請求論文、1968年）、145. この研究の題名は、適切に選ばれたものとはいえない。その記述の大部分は、士官学校生徒隊の拡張と体育プログラムを扱っている。依拠した一次史料のほとんどが、ウェスト・ポイントの内部資料、または公式資料や諸規則である。とくに目立つのは、生徒たちの肉声が欠けていることだ。とはいえ、この研究の続編は内容豊富で、重要である。ナイ（USMA1946年）は、多くの士官学校卒業者同様、おのが母校に対して真に批判的であることができなかった。彼は、1954年から1957年までウェスト・ポイントで教えており、1961年から1970年にかけてその社会科学科で講師を務めていた。その後、歴史科に転じ、1975年まで副学科長として働いている。こうした情報を教示してくれたエドワード・M・コフマンに感謝する。優れているほうのナイの研究論文は、Roger H. Nye, *The Patton Mind: The Professional Development of an Extraordinary Leader* (Garden City Park, New York: Avery, 1993）である。

108. 同、171.

109. Diehl, *Paramilitary Politics in Weimar Germany*, 30.

110. 同、42.

111. かつての義勇軍隊員が、そうした部隊を活写し、また賛美したものとして、Ernst von Salomon, *Die Geächteten* (Berlin: Rowohlt, 1930) がある。

112. Diehl, *Paramilitary Politics in Weimar Germany*, 18.

113. Spector, "The Military Effectiveness of the U.S. Armed Forces, 1919-1939," 71.

114. 同、70.

115. 同、77.

116. Clemente, "Making of the Prussian Officer," 290.

117. Fröhlich, "Der vergessene Partner": Die militärische Zusammenarbeit der Reichswehr mit der U.S. Army 1918-1933," 3.

118. Gerhard L. Weinberg, "From Confrontation to Cooperation: Germany and United States, 1933-1945," in *America and the Germans: An Assessement of a Three-Hundred-Year History*, eds. Frank Trommler and Joseph McVeigh (Phiadelphia: University of Pennsylvania Press, 1985), 45.

119. Fröhlich, "Der vergessene Partner": Die militärische Zusammenarbeit der Reichswehr mit der U.S. Army 1918-1933," 25.

120. Harold J. Gordon Jr., *The Reichswehr and the German Repulic, 1919-1926* (Princeton, New Jersey: Princeton University Press, 1957), 191.

121. Basil Henry Liddell Hart, *Why Don't We Learn from History ?* (New York: Hawthorn, 1971), 29.

122. 最新の研究に、Hans Ehlert, Michael Epkenhans, and Gerhard P. Groß, eds. *Der Schlieffenplan: Analysen und Dokumente*, Zeitalter der Weltkriege, Bd. 2 (Paderborn: Schöningh 2006) がある。古くはなったが、なお要点を押さえているものとしては、Gerhard Ritter, *The Schlieffen Plan: Critique of a Myth* (New York: Praeger, 1958)〔ドイツ語オリジナルからの邦訳あり。ゲルハルト・リッター『シュリーフェン・プラン――ある神話の批判――』、新庄宗雅訳、私家版、1988年〕。Telence Zuber, *Inventing the Schlieffen Plan: German War Planning, 1871-1914* (Oxford: Oxford University Press, 2002) は再解釈を試みたものの、満足できる出来にはならず、エーレルト、エプケンハンス、グロースらの共著によって、完全に論破された。

123. Burchardt, "Operatives Denken und Planen von Schlieffen bis zum Beginn des Ersten Weltkrieges," 60.

124. Holger Afflerbach, *Falkenhayn: Politisches Denken und Handeln im Kaiserreich* (München: Oldenbourg, 1994). このように、シュリーフェン派の将校は、人馬の肉体的な能力を無視して、演習計画を作成するのが常であった。

125. Horne, *The Price of Glory*, 36.

126. Robert T. Foley, *German Strategy and the Path to Verdun : Erich von Falkenhayn and the Development of Attrition, 1870-1916* (Cambridge: Cambridge University Press, 2005). フォーリーは、ファルケンハインの理論を弁護しようと試みているが、失敗している。この本の存在を教えてくれたガーハード・ワインバーグに感謝する。

127. Messerschmidt, "German Military Effectiveness between 1919 and 1939," 225.

128. Johann Adolf Graf von Kielmansegg, "Bemerkungen zum Referat von Hauptmann Dr. Frieser aus der Sicht eines Zeitzeugen," in *Opretaives Denken und Handeln in deutschen Streitkräften im 19. und 20. Jahrhundert*, ed. Günther Roth (Herford: Mittler, 1988), 150.

のカメラで撮った写真を発見したのだ。

93. 演説の全文については、Bernd Sösemann, "Die sogenannte Hunnenrede Wilhelm II: Textkritische und interpretatorische Bemerkungen zur Ansprache des Kaisers vom 27. Juli 1900 in Bremerhaven," *Historische Zeitschrift* 222 (1976): 342-358 をみよ。

94. Perry L. Miles, *Fallen Leaves: Memories of an Old Soldier* (Berkeley, California: Wuerth, 1961), 132. この戦争について、あるドイツ人が記した回想は、マイルズの言が誇張でないことを示している。Georg Hillebrecht and Andreas Eckl, *"Man wird wohl später sich schämen müssen, in China gewesen zu sein." Tagebuchaufzeichnungen des Assistenzarztes Dr. Georg Hillebrecht aus dem Boxerkrieg 1900-1902* (Essen: Eckl, 2006).

95. Miles, *Fallen Leaves*, 132.

96. ウィリアム・R・グルーバー［ならびにドワイト・D・アイゼンハワー］の［旅行］日記、Dwight D. Eisenhower Papers, Box 22, ドワイト・D・アイゼンハワー大統領図書館、カンザス州アビリーン。

97. Joe Lawton Collins, *Lightning Joe: An Autobiography* (Baton Rouge: Louisiana State University Press, 1979), 27, 37.

98. 米軍が刊行していた雑誌の1945年の号には、ドイツの村や町で、それまで見下されきっていた英語教師が速成英語レッスンで引っ張りだこになるありさまを示す漫画や小話が多数みられる。そうした風刺記事によれば、いちばん人気がある文句は「ナチであったことなど一度もありません」(I have never been a Nazi.) と「ミネソタに親戚がいます」(I have relatives in Minnesota) であった。

99. George F. Hofmann, *Through Mobility We Conquer: The Mechanization of U.S. Cavalry* (Lexington: University of Kentucky Press, 2006), 443.

100. ウォルター・クルーガーの翻訳計画と調査旅行に関する書簡、Walter Krueger Papers, Box 1, West Point Library Special Archives Collection, West Point, New York.

101. Cockrell, "Brown Shoes and Mortar Boards," 40. 1910年の米軍野外令の大本はドイツに由来するものであった。のちに出された野戦教範100-5も同様である。van Creveld, *Fighting Power*, 38-40 も参照せよ。

102. Spector, "The Military Effectiveness of the U.S. Armed Forces, 1919-1939," 90.

103. Charles T. Lanham, ed. *Infantry in Battle* (Washington, D.C.: Infantry Journal, 1934). この本は、ジョージ・C・マーシャルが歩兵学校の副校長だった時代に作成された。それは、教本としてよくできており、国内ばかりか、国際的にも高く評価された。詳しくは第四章をみよ。

104. Paul Fröhlich, "Der vergessene Partner": Die militärische Zusammenarbeit der Reichswehr mit der U.S. Army 1918-1933" (ポツダム大学に提出された修士論文、2008年), 38.

105. Erich von Manstein, *Aus einem Soldatenleben 1887-1939* (Bonn: Athenäum, 1958), 73.

106. William Mulligan, *The Creation of the Modern German Army: General Walther Reinhardt and the Weimar Republic, 1914-1930* (New York: Berghahn, 2005), 150-151. ヴァイマール共和国における準軍事組織構成員の総数に関する推定は、James M. Diehl, *Paramilitary Politics in Weimar Germany* (Bloomington: Indiana University Press, 1977), 293-297 にある。しかし、この数字は、きわめて狭隘な史料基盤によるものにすぎない。

107. Jun Nakata, *Der Grenz- und Landesschutz in der Weimarer Republik 1918 bis 1933: Die geheime Aufrüstung und die deutsche Gesellschaft* (Freiburg i. Br.: Rombach, 2002), 168-169. この研究の存在を教示してくれたユルゲン・フェルスターに感謝する。

マンドを指揮し、のちにその経緯についての著作を出版した人物から借用した。Nick Vaux, *Take That Hill! Royal Marines in the Falklands War* (Washington, D.C.: Pergamon, 1986), 115. Martin Stanton, *Somalia on $5 a Day: A Soldier's Story* (New York: Ballantine, 2001), 295. 幕僚と前線将校が異なる世界に生き、異なる心性を持っていることを、他の何よりも描きだしているのは、アントン・マイアーの不朽の名作小説である。Anton Myrer, *Once an Eagle* (New York: Harper Torch, 2001).

81. Spenser Wilkinson, *The Brain of an Army* (Westminster: A. Constable, 1890; reprint, 1895); Walter Görlitz, *Der deutsche Generalstab: Geschichte und Gestalt*, 2nd ed. (Frankfurt a. M.: Frankfurter Hefte, 1953)〔ヴァルター・ゲルリッツ『ドイツ参謀本部興亡史』、守屋純訳、上下巻、学研M文庫、2000年〕; Trevor Nevitt Dupuy, *A Genius for War: The German Army and General Staff, 1807-1945* (Englewood Cliffs, New Jersey: Prentice-Hall, 1977).

82. ドイツ軍のそうした例として、中央軍集団司令官フェドーア・フォン・ボック元帥、国内補充軍司令官フリードリヒ・フロム上級大将、陸軍参謀総長フランツ・ハルダー上級大将、西方総軍司令官アルベルト・ケッセルリング元帥、第六軍司令官フリードリヒ・パウルス元帥（最終階級と職名を付した）。

83. Geoffrey P. Megargee, *Inside Hitler's High Command*, Modern War Studies (Lawrence: University Press of Kansas, 2000), 180.

84. 同、180.

85. 同、180-181.

86. そうした事情をあきらかにする新しい証拠は、Thomas Weber, *Hitler's First World War: Adolf Hitler, the Men of the List Regiment, and the First World War* (London: Oxford University Press, 2010) に在る。

87. *Gefreiter* は、通常 Corporal〔伍長〕と誤って訳されている。Corporal は下士官だが、*Gefreiter* はそうではない。Corporal は分隊、もしくは重火器分隊を率いる。ドイツ軍にあっては、*Unteroffizier*〔兵長〕の職務だ。*Unteroffizier* は下士官であり、Corporalよりも大きな責任を有する。よって、*Unteroffizier* は Sergeant〔軍曹〕とするのがより良い訳であり、ヒトラーの階級は Private 1st Class〔一等兵。以下、本書でも、そのように訳す〕とするのがベストであろう。第一次世界大戦でヒトラーが勇敢だったことは疑いないが、指揮統率能力についてはずっと低く評価されており、そのため下士官になれなかったのである。

88. *"Who's Who" Datacards on German Military, Civilian and Political Personalities 1925-1949*, RG 165, Records of the War Dept. General and Special Staffs, Office of the Director of Intelligence (G 2), 1906-1949, Box 3, National Archives II, College Park, Maryland. このカードは階級・アルファベット順に分類されており、少佐の階級にある者まで含めて、およそ1万枚ある。

89. Forrest C. Pogue, *George C. Marshall: Education of a General, 1880-1939*, 3 vols. (New York: Viking Press, 1963), 1; 101.

90. Nenninger, *The Leavenworth Schools and the Old Army*, 141.

91. George C. Marshall, "Profiting by War Experience, "*Infantry Journal* 18 (1921), 36-37.

92. Kevin Hymel, ed. *Patton's Photographs: War as He Saw It*, 1st ed. Washington, D.C.: Potomac Books, 2006), 33. 後のほうになると、「良きドイツ人」、あるいは単に「G. G.」〔Good Germanの略〕と記されている。パットン文書が議会図書館に委託されてから何十年も経っているし、この有名な司令官の分厚い伝記を書くために、多数の研究者がパットン文書を精査している。ところが、そののちにヒュメルが、戦争中パットンが私物

59. Russell Frank Weigley, "The Elihu Root Reforms and the Progressive Era," in *Command and Commanders in Modern Military History: The Proceedings of the Second Military History Symposium, U.S. Air Force Academy, 2-3 May 1968*, ed. William E. Geffen (Washington, D.C.: Office of Air Force History, 1971), 15.

60. Allsep, "New Forms of Dominance," 201.

61. 同、264.

62. Coffman, *The Regulars*, 142.

63. Theodore Schwan, *Report on the Organization of the German Army* (Washington, D.C.: U.S. Government Printing Office, 1894).

64. Schifferle, "The Prussian and American General Staffs," 69.

65. Weigley, "The Elihu Root Reforms," 18.

66. Allsep, "New Forms of Dominance," 297-298.

67. このコインの裏表ともいうべき二つの陣営の競争は、以後70年以上も続くことになる。ドイツの再軍備、ハリー・S・トルーマン大統領の軍改革、1970年代初頭のドワイト・D・アイゼンハワーの米陸軍をすべて志願兵から成るものにしようとする改革などで、競争は再燃した。Andrew J. Birtle, *Rearming the Phoenix: U.S. Military Assistance to the Federal Republic of Germany, 1950-1960*, Modern American History (New York: Garland, 1991), 259, 277. Michael J. Hogan, *A Cross of Iron: Harry S. Truman and the Origins of the National Security State, 1945-1954* (Cambridge: Cambridge University Press, 1998), 34-36, 43, 64, 149.

68. Schifferle, "The Prussian and American General Staffs," 79.

69. デニス・E・ノーラン少将のインタビュー、1947年11月14日付、*OCMH (Office of the Chief of Military History) Collection*, Box 2, 合衆国陸軍軍事史研究所、ペンシルヴェニア州カーライル。

70. ペイトン・C・マーチ大将のインタビュー、1947年10月13日付、*OCMH (Office of the Chief of Military History) Collection*, Box 2, 合衆国陸軍軍事史研究所、ペンシルヴェニア州カーライル。

71. Weigley, "The Elihu Root Reforms," 18.

72. Schifferle, "The Prussian and American General Staffs," 128.

73. Cockrell, "Brown Shoes and Mortar Boards," 184 の引用による。

74. Manfred Messerschmidt, "German Military Effectiveness between 1919 and 1939," in *Military Effectiveness: The Interwar Period*, eds. Allan Read Millet and Williamson Murray (Boston: Allen & Unwin, 1988), 223.

75. Weigley, "The Elihu Root Reforms," 18. Coffman, *The Regulars*, 185.

76. 1938年5月25日付ジョージ・A・リンチ宛ジョン・マコーレー・パーマー書簡、George C. Marshall Papers, Box 4, Folder Vancouver Barracks Correspondence, May 20-23, 1938, ジョージ・C・マーシャル図書館、ヴァージニア州レキシントン。

77. ハロルド・ディーン・ケイターによる、ウォルター・クルーガー将軍への米独参謀本部に関するインタビュー、1948年3月18日、*OCMH (Office of the Chief of Military History) Collections*, Box 2, 合衆国陸軍軍事史研究所、ペンシルヴェニア州カーライル。

78. 同。

79. 在ペンシルヴェニア州カーライルの合衆国陸軍軍事史研究所所蔵の *Office of the Chief of Military History, Collections*, Box 2 には、他にも、米軍の高級将校がドイツ参謀本部について、さまざまに間違った見解を述べている例が多数みられる。

80. 「後方勤務者の戦術」という言葉は、フォークランド戦争で英王立海兵隊第42コ

原書房、2010年がある〕

44. Othmar Hackl, ed. *Generalstab, Generalstabsdienst und Generalstabsausbildung in der Reichswehr und Wehrmacht 1919-1945,* Studien deutscher Generale und Generalstabsoffiziere in der Historical Division der U.S. Army in Europa 1946-1961 (Osnabrück: Biblio, 1999), 208 に引用されたエーリヒ・ブランデンベルガー将軍の談話をみよ。

45. Marwedel, Carl von Clausewitz, 118-119, 129, 213.

46. Förster, "The Prussian Triangle of Leadership," 135. モルトケがクラウゼヴィッツの原則に違背した他の例は、Wilhelm Deist, "Remarks on the Preconditions to Waging War in Prussia-Germany, 1866-71," in *On the Road to Total War: The American Civil War and the German Wars of Unification, 1861-1871*, eds. Stig Förster and Jörg Nagler (Washington, D.C.: German Historical Institute, 1997), 325 に記されている。

47. Marwedel, *Carl von Clausewitz*, 177.

48. John Keegan, *The First World War* (New York: Knopf, 1999), 69.

49. Barbara W. Tuchman, *The Guns of August* (New York: MacMillan, 1962)〔バーバラ・W・タックマン『8月の砲声』、山室まりや訳、上下巻、ちくま学芸文庫、2004年〕, 80. この引用箇所を指摘してくれた私の学生マンディ・メレディスに感謝する。

50. デルブリュックのモルトケに対する寸評。Bucholz, *Delbrück's Modern Military History*, 71 の引用による。

51. Alistair Horne, *The Price of Glory* (New York: Penguin, 1993), 33-40.

52. Lothar Burchardt, "Operatives Denken und Planen von Schlieffen bis zum Beginn des Ersten Weltkrieges," in *Operatives Denken und Handeln in deutschen Streitkräften im 19. und 20. Jahrhundert*, ed. Günther Roth (Herford: Mittler, 1988), 23. 興味深いことに、委任戦術を専門に扱った文献は、いずれもドイツ軍の将校によって著された2冊しかない。Dirk W. Oetting, *Auftragstaktik: Geschichte und Gegenwart einer Führungskonzeption* (Frankfurt a. M.: Report, 1993) ならびに Stephan Leistenschneider, *Auftragstaktik im preußisch-deutschen Heer 1871 bis 1914* (Hamburg: Mittler, 2002). しかし、いずれも委任戦術の発展について、異なる見解を示している。

53. Schifferle, "The Prussian and American General Staffs," 46.

54. William Babcock Hazen, *The School and the Army in Germany and France* (New York: Harper & Brothers, 1872); Emory Upton, *The Armies of Europe and Asia* (London: Griffin & Co., 1878)(イギリス版). バブコックは1855年、アプトンは1861年にウェスト・ポイントを卒業している。アプトンの著書は、彼がアメリカ南北戦争で名声を得たために、より影響力があった。

55. James L. Abrahamson, *America Arms for a New Century: The Making of a Great Military Power* (New York: Free Press, 1981), 66-68.

56. Coffman, *The Regulars*, 5.

57. "Faith—It Moveth mountains" (article draft), John E. Dahlquist Papers, Box 2, Folder Correspondence 1953-1956, 13, U.S. Army Military History Institute, Carlisle, Pennsylvania.

58. 1899年7月21日付ヘンリー・カボット・ロッジ宛セオドア・ローズヴェルト書簡。L. Michael Allsep, Jr., "New Forms for Dominance: How a Corporate Lawyer Created the American Military Establishment" (在チャペル・ヒル、ノース・カロライナ大学に提出された博士学位請求論文、2008年), 170-171の引用による。友人であり、研究仲間であるマイケルが、その素晴らしい博士学位請求論文の原稿の写しをくれ、重要な典拠となる文書を指摘してくれたことに、心より感謝する。

and Jörg Nagler (Washington, D.C.: German Historical Institute, 1997), 125. フェルスターは、「即物性の重視」という言葉を使っている。

31. Carl-Gero von Ilsemann, “Das operative Denken des Älteren Moltke,” in *Operatives Denken und Handeln in deutschen Streitkräften im 19. und 20. Jahrhundert*, ed. Günther Roth (Herford: Mittler, 1988), 42.

32. Görtemaker, “Helmuth von Moltke und das Führungsdenken im 19. Jahrhundert,” 27. クラウゼヴィッツが自ら教鞭を執ったか、そして、モルトケが彼の知己を得たのかという問題については、いまだに議論が続いている。それ以前、1810年には、クラウゼヴィッツは教官勤務を命じられ、ゲリラ戦、参謀本部の業務、砲兵戦術、野戦築城術を教えた。

33. Ulrich Marwedel, *Carl von Clausewitz: Persönlichjkeit und Wirkungsgeschichte seines Werkes bis 1918*, Militärgeschichtliche Studien 25 (Boppard a. R.: Boldt, 1978), 53-55.

34. Carl von Clausewitz, *Vom Kriege*, オリジナル版からの再版 (Augsburg: Weltbild, 1990).〔カール・フォン・クラウゼヴィッツ『戦争論』、清水多吉訳、上下巻、中公文庫、2001年〕

35. Marwedel, *Carl von Clausewitz*, 209, 232.

36. 同、109.

37. Jon Tetsuo Sumida, *Decoding Clausewitz: A New Approach to “On War”* (Lawrence: University Press of Cansas, 2008), xiv-xv, 1-2.

38. 師であり、最良の友人であったゲルハルト・フォン・シャルンホルストが亡くなったのち、1817年に、クラウゼヴィッツは、彼についての論説を書いている。この文章だけが、その心中を赤裸々に綴っているがために称賛を得た。プロイセンの歴史家レオポルト・ランケは、クラウゼヴィッツの死後に、それを出版した。

39. 1943年に、合衆国士官学校は、『ジョミニ、クラウゼヴィッツ、シュリーフェン』(“Jomini, Clausewitz and Schlieffen”) という小冊子を発行した。これは、彼ら三人の思想をまとめたもので、全部で96頁だったが、1945年、1948年、1951年、1964年、1967年に再版されている。Robert A. Dougty and Theodore J. Crackel, “The History of History at West Point,” in *West Point: Two Centuries and Beyond*, ed. Lance A. Betros (Abilene, Texas: McWhiney Foundation Press, 2004), 409, 431. 現在でも、抄訳された『戦争論』英語版は市場にあふれかえっているが、決定版は1冊もない。

40. 1939年10月18日付ベン・W・ゴールドバーグ（ミズーリ大学）宛ポール・M・ロビネット書簡、Paul M. Robinett Papers, Folder General Military Correspondence, January-December 1939, B-10/F-15, ジョージ・C・マーシャル図書館、ヴァージニア州レキシントン。Richard Carl Brown, *Social Attitudes of American Generals, 1898-1940* (New York: Arno Press, 1979), 299. I. B. Holley, Jr., “Training and Educating Pre-World War I United States Army Officers,” in *Forging the Sword: Selecting, Educating, and Training Cadets and Junior Officers in the Modern World*, ed. Elliot V. Converse (Chicago: Imprint Publications, 1998), 27.

41. Sumida, *Decoding Clausewitz*, xii.

42. Arden Bucholz, *Delbrück's Modern Military History* (Lincoln: University of Nebraska Press, 1997), 54.

43. Model, *Generalstabsoffizier*, 36. リデル＝ハートが、抑留中のドイツの将軍たちに対して行ったインタビューも参照せよ。Basil Henry Liddell Hart, *Jetzt dürfen sie reden: Hitlers Generale berichten* (Stuttgart et al.: Stuttgarter Verlag, 1950), 358.〔オリジナルは英語。その英語版から邦訳されたものとして、『ヒトラーと国防軍』、岡本鐳輔訳、新版、

12. Mott, *Twenty Years*, 29.

13. 入念に編集された Thomas S. Grodecki, "［U.S.］ Military Observers 1815-1975," （Washington, D.C.: Center of Military History, 1989） も参照されたい。

14. Peter D. Skirbunt, "Prologue to Reform: The 'Germanization' of the United States Army, 1865-1898)"（オハイオ州立大学に提出された博士学位請求論文、1983年）, 19.

15. Mott, *Twenty Years*, 117-118.

16. Jay Luvaas, "The Influence of the German Wars of Unification on the United States," in *On the Road to Total War: The American Civil War and the German Wars of Unification, 1861-1871*, eds. Stig Förster and Jörg Nagler (Washington, D.C.: German Historical Institute, 1997), 598.

17. Clemente, "Making of the Prussian Officer," 32.

18. Skirbunt, "Prologue to Reform," 26-27. ドイツ軍将兵やその施設の特質を「きちんとした」「こぎれいな」「清潔な」とする表現は、アメリカ将校の報告書に頻出する。カーニーは同年アルジェリアに赴き、フランス側に立って戦闘に参加し、受け入れ側の仏軍を驚かせた。7年後、合衆国の対メキシコ戦争で再び騎兵突撃を率いたカーニーは、片腕を失った。北軍少将となっていたカーニーは敵味方双方から高く尊敬されていたが、1862年、偵察任務中に死亡した。

19. Donald Allendorf, *Long Road to Liberty: The Odyssey of a German Regiment in the Yankee Army: The 15th Missouri Volunteer Infantry* (Kent, Ohio: Kent State University Press, 2006). 異なる見解については、Christian B. Keller, "Anti-German Sentiment in the Union Army: A Study in Wartime Prejudice"（2008年4月17日より19日までユタ州オグデンで開催された軍事史学会年次大会に提出された報告）.

この問題につき、時間を割いて、その考えを伝えてくれた筆者に感謝する。

20. Russel Frank Weigley, *The American Way of War: A History of the United States Military Strategy and Policy* (London: Macmillan, 1973), 195; Skirbunt, "Prologue to Reform," 2, 41-44.

21. Luvaas, "The Influence of the German Wars of Unification," 605.

22. 同、605.

23. Mott, *Twenty Years*, 18.

24. Edward M. Coffman, *The Regulars: The American Army, 1898-1941* (Cambridge, Massachusetts: Belknap Press, 2004), 203.

25. William Babcock Hazen, *The School and the Army in Germany and France* (New York: Harper & Brothers, 1872), 86-87.

26. Luvaas, "The Influence of the German Wars of Unification," 597-598.

27. Manfred Görtemaker, "Helmuth von Moltke und das Führungsdenken im 19. Jahrhundert," in *Führungsdenken in europäischen und nordamerikanischen Streitkräften im 19. und 20. Jahrhundert*, ed. Gerhard P. Groß (Hamburg: Mittler, 2001), 19.

28. Skirbunt, "Prologue to Reform," 57.

29. Luvaas, "The Influence of the German Wars of Unification," 605.

30. Herbert Blank, "Die Halbgötter: Geschichte, Gestalt und Ende des Generalstabes," *Noldwestdeutsche Hefte* 4 (1947): 13. モルトケのリーダーシップの主たる特徴の一つである「常識」（*gesunder Menschenverstand*）は、さまざまな評価を下す際に何度となく示された。Stig Förster, "The Prussian Triangle of Leadership in the Face of a People's War: A Reassessment of the Coflict between Bismarck and Moltke, 1870-1871," in *On the Road to Total War: The American Civil War and the German War of Unification, 1861-1871*, eds. Stig Förster

ed. Studien und Dokumente zur Geschichte des Zweiten Weltkrieges (Göttingen: Musterschmidt, 1957), 112-113.

58. Peter J. Schifferle, "The Prussian and American General Staffs: An Analysis of Cross-Cultural Imitation, Innovation and Adaptation" (在チャペル・ヒル、ノース・カロライナ大学に提出された修士論文、1981年), 30; Erfurth, *Die Geschichte des deutschen Generalstabes von 1918 bis 1945,* 127.

第一章　前触れ

1. Thomas Bentley Mott, *Twenty Years as Military Attaché* (New York: Oxford University Press, 1937), 29.

2. Annual Report of the Commandant, U.S. Infantry and Cavalry School, U.S. Signal School and Staff College for the School Year ending August 31, 1906 (Washington, D.C.: U.S. Government Printing Office, 1907), 67. Cockrell, "Brown Shoes and Mortar Boards," 36の引用。

3. *Handbook on German Military Forces*, edited by U.S. War Department (Baton Rouge: Louisiana State University Press, 1990) に付されたスティーヴン・E・アンブローズの序文、iii頁。オリジナル〔もともとは米軍のドイツ軍に関する情報レポート〕は、1945年3月に出版された。

4. Don Higginbotham, "Military Education before West Point," in *Thomas Jefferson's Military Academy: Founding West Point*, ed. Robert M. S. McDonald (Charlottensville: University of Virginia, 2004), 24; Clemente, "Making of the Prussian Officer," 10.

5. 戦争と文化についての徹底的な論究は、John Keegan, *Die Kultur des Krieges* (Berlin: Rowohlt, 1995); John A. Lynn, *Battle: A History of Combat and Culture* (Boulder, Colorado: Westview Press, 2003); Martin van Creveld, *The Culture of War* (New York: Presidio, 2008).〔マーチン・ファン・クレフェルト『戦争文化論』上下巻、石津朋之監訳、原書房、2010年〕合衆国陸軍の文化に関して、とくに重要なのは、以下の視野の広い論文である。Murray, Williamson, "Does Military Culture Matter ?" in *America the Vulnerable: Our Military Problems and How to Fix Them*, edited by John H. Lehman and Harvey Sicherman (Philadelphia: Foreign Policy Research Institute, 1999), 134-151.

6. プロイセン流の戦争方法と軍事文化についての最新研究は、以下のものがある。Sascha Möbius, *Mehr Angst vor dem Offizier als vor dem Feind ? Eine mentalitätsgeschichtliche Studie zur preußischen Taktik im Siebenjährigen Krieg* (Saarbrücken: VDM, 2007); Jörg Muth, *Flucht aus dem militärischen Alltag: Ursachen und individualle Ausprägung der Desertion in der Armee Friedrichs des Großen* (Freiburg i. Br.: Rombach, 2003).

7. Higginbotham, "Military Education before West Point," 35.

8. Muth, *Flucht aus dem militärischen Alltag*, 28.

9. Rudolph Wilhelm von Kaltenborn, *Briefe eines alten Preußischen Offiziers*, 2 vols, vol 1 (Braunschweig: Biblio, 1790; reprint, 1972), ix.

10. 傭兵とは何かについての最新の定義は、United Nations Legal Document A/RES/44/34, 72nd plenary meeting, 4 December 1989, at http: //www. un. org/documents/ga/res/44/a44r034. htm. をみよ。

11. Betros, ed. *West Point,* Robert M. S. McDonald, ed. *Thomas Jefferson's Military Academy: Founding West Point* (Charlottesville: University of Virginia, 2004).

"Anticipating Armageddon: The Leavenworth Schools and U.S. Army Military Effectiveness 1919 to 1945"（カンザス大学に提出された博士学位請求論文、2002年）.

46. Michaela Hönicke Moore, "American Interpretations of National Socialism, 1933-1945," in *The Impact of Nazism: New Perspectives on the Third Reich and Its Legacy*, eds. Alan E. Steinweis and Daniel E. Rogers (Lincoln: University of Nebraska Press, 2003); Ronald Smelser and Edward J. Davies, *The Myth of the Eastern Front: The Nazi-Soviet War in American Popular Culture* (New York: Cambridge University Press, 2007); Ronald Smelser, "The Myth of the Clean Wehrmacht in Cold War America," in *Lessons and Legacies VIII: From Generation to Generation*, ed. Doris L. Bergen (Evanston, Illinois: Northwestern University Press, 2008).

47. Alistaire Finlan, "How Does a Military Organization Regenerate its Culture ?," in *The Falklands Conflict Twenty Years On: Lessons for the Future*, eds. Stephen Badsey, Rob Havers, and Mark Grove (London: Cass, 2005), 194. フィンランは、Alistair Ian Johnston, *Cultural Realism: Strategic Culture and Grand Strategy in Chinese History*. Princeton, New Jersey: Princeton University Press, 1995 より引用している。

48. 同。

49. Friedhelm Klein, "Aspekte militärischen Führungsdenkens in Geschichte und Gegenwart," in *Führungsdenken in europäischen und nordamerikanischen Streitkräften im 19. und 20. Jahrhundert*, ed. Gerhard P. Groß (Hamburg: Mittler, 2011), 12.

50. William D. O'Neil, *Transformation and the Officer Corps: Analysis in the Historical Context of the U.S. and Japan between the World Wars* (Alexandria, Virginia: CNA, 2005), 98.

51. Wolfram Wette, *The Wehrmacht: History, Myth, Reality* (Cambridge, Massachusetts: Harvard University Press, 2006), 176-177.

52. 陸軍航空隊〔The Army Air Corps.〕は、1926年7月に陸軍の一部となった。その政治的・軍事的勢力は年を経るにつれ、多方面で増していき、1941年6月には再編改称されて、「陸軍航空軍」〔Army Air Forces.〕となった。

53. 本文中、ドイツ語オリジナルの単語については、初出イタリックで記し、そのあとに訳語を丸括弧内に付した。〔本訳書では、ドイツ語は初出の際に訳語にドイツ語読みルビを付し、そのあとの（　）内に原綴を記した〕

54. 合衆国陸軍とドイツ軍の階級については、将校階級対照表を参照されたい。

55. ドイツについては、たとえば、Hansgeorg Model, *Der deutsche Generalstabsoffizier: Seine Auswahl und Ausbildung in Reichswehr, Wehrmacht und Bundeswehr* (Frankfurt a. M.: Bernard & Graefe, 1968); Steven Errol Clemente, "Mit Gott ! Für König und Kaiser !" A Critical Analysis of the Making of the Prussian Officer, 1860-1914"（オクラホマ大学に提出された博士学位請求論文、1989年）を参照せよ。合衆国については、たとえばNenninger, *The Leavenworth Schools and the Old Army*; Boyd L. Dastrup, *The U.S. Army Command and General Staff College: A Centennial History* (Manhattan, Kansas: Sunflower University Press, 1982) をみよ。

56. ごく一部だけ挙げておく。Stephen E. Ambrose, *Duty, Honor, Country: A History of West Point* (Baltimore: Johns Hopkins Press, 1966); Theodore J. Crackel, *The Illustrated History of West Point* (New York: H. N. Abrams, 1991); Theodore J. Crackel, *West Point: A Bicentenial History* (Lawrence: University Press of Kansas, 2002); Lance A Betros, ed. *West Point: Two Centuries and Beyond* (Abilene, Texas: McWhiney Foundation Press, 2004).

57. Waldemar Erfurth, *Die Geschichte des deutschen Generalstabes von 1918 bis 1945*, 2nd

相当する将校、たとえばフランツ・ハルダーは、マーシャル以下の戦闘・指揮経験しか有していなかった。しかも、ドイツ軍の軍・軍集団司令官のなかには、アルベルト・ケッセルリングやフリードリヒ・パウルスのように、ほとんど、あるいはまったく戦闘経験を持たない者がいる。だが、両者ともに元帥にまでなっているのだ。エリスとオヴァリーの著作は、ドイツ側のことに関しては、おもにドイツ軍将校の戦後の記述に頼っているため、方法論に問題がある。

31. 同、318.

32. 同、325.

33. 同、318.

34. Charles E. Kirkpatrick, "'The Very Model of a Modern Major General' : Background of World War II American Generals in V Corps," in *The US. Army and World War II: Selected Papers from the Army's Commemorative Conference*, ed. Judith L. Bellafaire (Washington, D.C.: Center of Military History, U.S. Army, 1998), 272.

35. 同、270-274.

36. Charles E. Kirkpatrick, "Orthodox Soldiers: U.S. Army Formal School and Junior Officers between the Wars," in *Forging the Sword: Selecting, Educating, and Training Cadets and Junior Officers in the Modern World*, ed. Elliot V. Converse (Chicago: Imprint Publications, 1998), 107.

37. Karl-Heinz Frieser, *The Blitzkrieg Legend: The 1940 Campaign in the West* (Annapolis, Maryland: Naval Institute Press, 2005), 351. ドイツ語版オリジナルが刊行されたのは、1995年。〔カール＝ハインツ・フリーザー『電撃戦という幻』上下巻、大木毅・安藤公一共訳、中央公論新社、2003年〕

38. 同、353.

39. Martin Blumenson, "America's World War II Leaders in Europe: Some Thoughts," *Parameters* 19 (1989). ワイリー同様、ブルーメンソンも、こうした評価を下すには、とりわけ適任であった。彼は、第二次世界大戦に従軍し、米軍の戦史編纂官だった。パットン文書の刊行にも携わり、合衆国陸軍やその個々の将校について多数の研究を著している。

40. 同、3.

41. Kirkpatrick, "The Very Model of a Modern Major General," 273; Blumenson, "America's World War II Leaders," 13; Hugh M. Exton, and Frederick Bernays Wiener, "What is a General ?," *Army* 8, no. 6 (1958).

42. Robert H. Berlin, *U.S. Army World War II Corps Commanders: A Composite Biography* (Fort Leavenworth, Kansas: U.S. Army Command and General Staff College, 1989), 13.

43. 最後の改称により、今日では「指揮幕僚大学校（the Command and General Staff College）と定まった。

44. Ernest N. Harmon, Milton MacKaye, and William Rose MacKaye, *Combat Commander: Autobiography of a Soldier* (Englewood Cliffs, New Jersey: Prentice-Hall, 1970), 49.

45. Timothy K. Nenninger, *The Leavenworth Schools and the Old Army: Education, Professionalism, and the Officer Corps of the United States Army, 1881-1918* (Westport, Connecticut: Greenwood, 1978); Timothy K. Nenninger, "Leavenworth and Its Critics: The U.S. Army Command an General Staff School, 1920-1940," *Journal of Military History* 58, no. 2(1994); Philip Carlton Cockrell, "Brown Shoes and Mortar Boards: U.S. Army Officer Professional Education at the Command and General Staff School, Fort Leavenworth, Kansas, 1910-1940"（サウス・カロライナ大学に提出された博士学位請求論文、1991年）; Peter J. Schifferle,

12. Weigley, *Eisenhower's Lieutenants*, 432.
13. 同、589, 594.
14. 同、433.
15. 同、729.
16. 1943年2月26日付、父J・H・ロビネット宛ポール・M・ロビネット書簡。Paul M. Robinett Papers, Box 10, Folder General Military Correspondence, January-May 1943, B-10/F-8, ジョージ・C・マーシャル図書館、ヴァージニア州レキシントン。
17. Martin van Creveld, *Fighting Power: German and U.S. Army Performance, 1939-1945*, Contributions in Military History (Westport, Connecticut: Greenwood, 1982).
18. 同、168.
19. 同、168.
20. 同、168.
21. John Ellis, *Cassino: The Hollow Victory* (New York: McGraw-Hill, 1984).
22. John Ellis, *Brute Force: Allied Strategy and Tactics in the Second World War* (New York: Viking, 1990).
23. 同、331.
24. 同、532, 534.
25. Ronald Spector, "The Military Effectiveness of the U.S. Armed Forces, 1919-1939," in *Military Effectiveness: The Interwar Period*, ed. Allan Reed Millett and Williamson Murray (Boston: Allen & Unwin, 1988), 76.
26. Allan Reed Millett, "The United States Armed Forces in the Second World War," in *Military Effectiveness: The Second World War*, ed. Allan Reed Millett and Williamson Murray (Boston: Allen & Unwin, 1988), 76.
27. 同、77.
28. 同、74.
29. 同、61.
30. Richard Overy, *Why the Allies Won* (New York City: Norton, 1995). このオヴァリーの本には間違いが多い。ドワイト・D・アイゼンハワーはカンザス州「アビリーン」ではなく、テキサス州デニソンで生まれた。育ったのがカンザス州アビリーンなのである(同書144頁)。アイクが真珠湾攻撃の3週間後に陸軍省(ペンタゴン)〔1943年以降の陸軍省庁舎、現在の国防総省庁舎が五角形(英語の pentagon)の建物であることから、このように称されている〕に赴任するのも、陸軍省庁舎(ペンタゴン)が完成したのは1943年なので、不可能なことだ(同書261頁)。また、オヴァリーは、「枢軸軍は、軍隊組織や作戦実行の基本パターンをほとんど変えようとしなかったし、戦争遂行の方法を改革、もしくは近代化することもまずなかった」と述べている(同書318頁)。この一文は、少なくともドイツ国防軍(ヴェーアマハト)に関するかぎり、まったくの誤りである。〔*Wehrmacht*. 1935年の再軍備宣言とともに、ドイツ軍はそれまでの *Reichswehr* から *Wehrmacht* に改称した。日本語に訳すと、いずれも「国防軍」だが、ドイツ語の *Reich* には、ドイツ人の統一国家というニュアンスがあり、強いて訳すなら「祖国防衛軍」ぐらいになる。本書では、日本では定訳となっている「国防軍」を当て、必要がある場合には、それぞれ「ヴェーアマハト」、「ライヒスヴェーア」として区別する〕ドイツ軍の師団編制、将校団、作戦遂行方法は、1939年から1945年のあいだに、大幅に変更されている。「マーシャルやアイゼンハワーのごとき戦闘を体験していない人物が、ドイツ軍や日本軍で最高司令官になることは考えにくい」(同書同頁)。これは、リンゴとオレンジを比べるようなものである。マーシャルは陸軍参謀総長だったが、ドイツ側のそれに

註

序

1. Russell Frank Weigley, *Eisenhower's Lieutenants: The Campaign of France and Germany, 1944-1945* (Bloomington: Indiana University Press, 1981), xix の引用。

2. 両者の往復書簡は、カンザス州アビリーンのドワイト・D・アイゼンハワー大統領図書館所蔵のドワイト・D・アイゼンハワー文書ならびにウォルター・B・スミス文書中に在る。

3. Walter Bedell Smith, *Eisenhower's Six Great Decisions: Europe, 1944-1945* (New York: Longmans, 1956), 532.

4. Harry C. Butcher, *My Three Years with Eisenhower: The Personal Diary of Captain Harry C. Butcher, USNR, Naval Aide to General Eisenhower, 1942 to 1945* (New York: Simon & Schuster, 1946).

5. この本の、部分的抹消がなされる前の原稿は、アイゼンハワー図書館に現在も保管されている。残念ながら、それがオリジナルの状態で刊行されたことはない。Harry Butcher Diaries Series, Dwight D. Eisenhower Pre-Presidential Papers, Box 165+166, ドワイト・D・アイゼンハワー大統領図書館、カンザス州アビリーン。

6. George S. Patton and Paul D. Harkins, *War as I Knew it* (Boston: Houghton Mifflin, 1995). 初版刊行は1947年。Ladislas Farago, *The Last Days of Patton* (New York: McGraw-Hill, 1981).

7. Dwight D. Eisenhower, *Crusade in Europe* (Garden City, New York: Doubleday, 1947; reprint, 1948).〔D・D・アイゼンハワー『ヨーロッパ十字軍　最高司令官の大戦手記』、朝日新聞社訳、朝日新聞社、1949年。ただし、この訳書では、第13章「作戦研究」が割愛されている〕

7a. Clayton D. Laurie, "Rapido River Disaster," *http: //www. military. com.*

8. Keith E. Eiler, *Mobilizing America: Robert P. Patterson and the War Effort, 1940-1945* (Ithaca, New York: Cornell University Press, 1997), 459-460.

9. たとえば、クラーク自身の回想など、まさにこの記述通りである。Mark W. Clark, *Calculated Risk* (New York: Harper & Brothers, 1950).

10. Bernard Law Montgomery of Alamein, *The Memoirs of Field Marshal Montgomery* (Barnsley: Pen & Sword, 2005).〔B・L・モントゴメリー『モントゴメリー回想録』、高橋光夫・舩坂弘共訳、読売新聞社、1971年。ただし、これは、第21章から第32章までの戦後を扱った部分が割愛された抄訳〕

11. Weigley, *Eisenhower's Lieutenants: The Campaign of France and Germany,* Bloomington: Indiana University Press, 1981. 軍事史家ワイリーは、それ以前の研究書、Douglas Southall Freeman, *Lee's Lieutenants: A Study in Command* (New York: Scribner, 1942) に触発されている。

ら行／わ行

ま行／や行

な行／は行

た行

さ行

か行

索　引

あ行

将校階級対照表

ライヒスヴェーア／ヴェーアマハト	合衆国陸軍
元帥 *Generalfeldmarschall*　ヒトラーが制定するまでは、階級でなく、名誉称号だった。第二次世界大戦では、この階級の将校は、軍集団以上の規模の部隊を指揮した。	**元帥** Field marshal　アメリカ軍には、この階級はない。
上級大将 *Generaloberst*　軍、もしくは軍集団を指揮する。	**大将** General of the Army　階級章は五つ星。軍集団、もしくは戦域軍を指揮する。
大将 *General*　軍を指揮する。	**大将** General　階級章は四つ星。軍を指揮する。
中将 *Generalleutnant*　通常、軍団を指揮するが、師団長を拝命することもある。	**中将** Lieutenant General　階級章は三つ星。軍団を指揮する。
少将 *Generalmajor*　師団を指揮する。	**少将** Major General　階級章は二つ星。師団を指揮する。
ドイツ軍には、准将に相当する階級はなかった。	**准将** Brigadier General　階級章は一つ星。旅団を指揮する資格があるが、普通は副師団長をつとめる。**ドイツ陸軍には、これに相当する階級はない。**この事実は、歴史文献において誤解されていることが常であり、准将をドイツ軍の少将にあたるものだとする間違いを犯している。
大佐 *Oberst*　連隊を指揮するか、軍団司令部の参謀をつとめる。	**大佐** Colonel　連隊長をつとめる。
中佐 *Oberstleutnant*　大隊を指揮する。	**中佐** Lieutenant Colonel　大隊長をつとめる。
少佐 *Major*　師団の参謀をつとめる。また、大隊を指揮する資格もある。	**少佐** Major　連隊、もしくは師団の幕僚をつとめる。
大尉 *Hauptmann*　中隊長をつとめる。	**大尉** Captain　中隊長をつとめる。
中尉 *Oberleutnant*　小隊長もしくは中隊長をつとめる。	**中尉** First Lieutenant　小隊長をつとめる。
少尉 *Leutnant*	**少尉** Second Lieutenant　小隊長をつとめる。
帯剣少尉候補生 *Degen-Fähnrich*　直訳すると「短剣を帯びた候補生」。短剣 *Degen* は階級を示すものではなく、「少尉候補生」*Charakterisierter Fähnrich* と区別するために、制服に付せられる。階級としては、曹長の一段下となるが、将来の将校、すなわち将校候補生の扱いを受ける。	士官候補生 Ensign に相当する。しかし、合衆国陸軍には、この概念はない。
少尉候補生（カラクタリジールター・フェーンリヒ）」*Charakterisierter Fähnrich*　通常、少尉候補生試験（フェーンリヒスエクサメン）（*Fähnrichsexamen*）に合格したが、充分に実地体験を積んでいないとみなされる士官候補生 *Fahnenjunker* に与えられる名誉階級。階級としては、軍曹の一段上となるが、将来の将校として扱われる。	士官候補生 Ensign に相当する。しかし、合衆国陸軍には、この概念はない。
士官候補生（ファーネンユンカー）*Fahnenjunker*　合衆国陸軍には、これに相当する概念がない。士官候補生は、階級としては伍長と同格だが、将来の将校として扱われる。	合衆国陸軍には、この概念はない。

著 者　イエルク・ムート（Jörg Muth）

ドイツの軍事史家。2001年にポツダム大学で修士号取得。修士論文は『軍事的日常からの逃亡。フリードリヒ大王の軍隊における脱走の原因と個々人の特徴』（*Flucht aus dem militärischen Alltag. Ursachen und individuelle Ausprägung der Desertion in der Armee Friedrichs des Großen*, Freiburg i. Br.: Rombach, 2003）として刊行された。2010年、合衆国ユタ大学に学位請求論文『コマンドカルチャー――合衆国陸軍と米独における将校選抜と教育（1901-1940年）ならびに第二次世界大戦におけるその帰結』を提出、博士号を得た。本書の原形となったこの論文が出版されるや、米海兵隊司令官や同陸軍参謀総長によって将校向け選定図書に指定されるなど、多くの称賛を集めた。現在、サウジアラビア王国のムハンマド・ビン・ファハド大学准教授。

訳 者　大木　毅（おおき・たけし）

1961年生まれ。千葉大学その他の大学で非常勤講師、防衛研究所講師等を経て、現在著述業。最近の論文に “Clausewitz in the 21st Century Japan,” in Reiner Pommerin (ed.), *Clausewitz goes Global*, Berlin, 2011、「ドイツ海軍武官が急報した大和建造」『呉市海事歴史科学館研究紀要』、第５号（2011年）などがある。共訳書に、カール＝ハインツ・フリーザー『電撃戦という幻』上下巻、大木毅・安藤公一共訳、中央公論新社、2003年、監訳書に、ジョン・キーガン、リチャード・ホームズ、ジョン・ガウ『戦いの世界史』原書房、2014年がある。

装 幀　思瑠鉚倶＋市川真樹子

コマンド・カルチャー
――米《べい》独《どく》将《しょう》校《こう》教《きょう》育《いく》の比《ひ》較《かく》文《ぶん》化《か》史《し》

2015年4月30日　初版発行

著　者　イエルク・ムート
訳　者　大木　毅
発行者　大橋善光
発行所　中央公論新社
〒104-8320　東京都中央区京橋2-8-7
電話　販売 03-3563-1431　編集 03-3563-3664
URL http://www.chuko.co.jp/

ＤＴＰ　市川真樹子
印　刷　三晃印刷
製　本　大口製本印刷

Published by CHUOKORON-SHINSHA, INC.
Printed in Japan　ISBN978-4-12-004726-8 C0022